资源化学丛书

低维纳米碳材料

闵宇霖　李和兴　吴　彬　编著

科学出版社

北　京

内 容 简 介

本书系统介绍了近年来低维纳米碳材料的研究成果，包括合成技术、结构形貌裁剪、组成调变、表面化学修饰、功能探索及应用开发。全书共6章，主要内容为：富勒烯和C_{60}；碳纤维与薄膜；介孔碳与高分子材料；碳纳米管；石墨烯和石墨炔；碳纳米材料在生物医学中的应用。

本书可供研究低维材料、纳米材料、碳材料等方向的高等院校和科研院所的教师、研究人员及研究生阅读，也可作为相关企事业单位技术人员的参考读物。

图书在版编目(CIP)数据

低维纳米碳材料 / 闵宇霖，李和兴，吴彬编著. —北京：科学出版社，2018.6

(资源化学丛书)

ISBN 978-7-03-057939-3

Ⅰ. ①低… Ⅱ. ①闵… ②李… ③吴… Ⅲ. ①碳－纳米材料－研究 Ⅳ. ①TB383

中国版本图书馆CIP数据核字(2018)第127954号

责任编辑：张 析 李丽娇 / 责任校对：李 影

责任印制：张 伟 / 封面设计：东方人华

科学出版社 出版

北京东黄城根北街16号

邮政编码：100717

http://www.sciencep.com

北京建宏印刷有限公司 印刷

科学出版社发行 各地新华书店经销

*

2018年6月第 一 版 开本：720 × 1000 1/16

2020年1月第三次印刷 印张：16 1/2

字数：320 000

定价：88.00 元

(如有印装质量问题，我社负责调换)

“资源化学丛书”编委会名单

前　　言

低维碳材料是目前材料领域中的研究热点。碳作为一种非金属元素，以各种各样的形式存在于自然界中。碳的外层有四个价电子，有 sp^3、sp^2 和 sp 三种杂化方式，可形成不同碳材料。sp^3 杂化的碳原子可形成常见的金刚石中的强键。而 sp^2 杂化的碳原子可形成导电石墨，材料领域中的明星材料石墨烯也是由 sp^2 杂化的碳原子组成的具有六角蜂巢结构的平面二维材料。石墨炔的平面二维结构中则含有 sp 杂化的碳原子。因此，各种杂化态的碳原子可组成碳材料，如零维富勒烯、一维碳纤维和碳纳米管、二维石墨烯和石墨炔、三维金刚石及多层叠加形成的石墨。

碳材料自始至终都是人们的研究热点。自机械剥离法将石墨烯从石墨中剥离出来后，碳材料又迎来了快速发展，尤其是以石墨烯为首的碳材料。合成碳材料的方法多种多样，主要有化学法和物理法。化学法包括化学气相沉积法、前驱体分解法、溶液法；物理法包括物理气相沉积法、剥离法(液相剥离、机械剥离、化学剥离法)。不同的合成方法都有其独特之处。

本书系统介绍近年来低维纳米碳材料的研究成果，包括合成技术、结构形貌裁剪、组成调变、表面化学修饰、功能探索及应用开发，可供高等院校和科研院所的教师、研究人员及研究生阅读，也可作为相关企事业单位技术人员的参考读物，期望本书能够为进一步深化低维纳米碳材料的理论研究、加快推广其产业化在各领域中的应用做出一定贡献。

作　者

2018 年 3 月

目　录

第 1 章　富勒烯和 C_{60}

1.1　富　勒　烯

富勒烯(C_n)的发现仅有 30 余年，但因其独特的结构、物理和化学性质，在纳米传感器[1]、抗氧化剂[2]、建筑材料和太阳能电池[3]等方面具有极大的发展潜力，而且，富勒烯进一步功能化后在生命科学、材料科学和纳米技术等方面也具有广阔的应用前景，受到了全球广泛关注。富勒烯是继石墨和金刚石之后，发现的第三种碳同素异形体，也是笼状碳原子簇这一类物质的总称，包括洋葱状富勒烯、C_{60} 和 C_{70} 分子等。

1.1.1　富勒烯和 C_{60} 简介

在一般情况下，富勒烯是指含 60 个碳原子的 C_{60} 分子。1985 年，英国 Kroto 教授、美国 Smalley 和 Curl 教授在探索星际空间中碳尘埃的形成过程中，对石墨进行激光蒸发时，发现了非常稳定的富勒烯 C_{60} 集群[4]。富勒烯是全部由碳元素组成的球状分子，富勒烯的出现打开了纳米级碳同素异形体的新大门，以前人们熟知的碳同素异形体主要是金刚石和石墨。随后，更高质量的且结构不同的富勒烯被 Kikuchi 等[5]发现，如 C_{70}、C_{76}、C_{78} 和 C_{80}。迄今，C_{60} 依然是研究最为广泛的一类富勒烯，这是因为 C_{60} 是已知的最小纳米稳定结构，且是介于分子与纳米材料边缘的一类物质[6]。

1.1.2　C_{60} 的结构

$20+2n$ 个碳原子的富勒烯具有 n 个六边形，而五边形的数量则是由闭合富勒烯的形状决定的。每个 C_{60} 分子包含 60 个 sp^2 杂化碳原子形成的三十二面体，其中含有十二个五边形和二十个六边形。C_{60} 是闭合空心球形结构，具有完美的球形对称性，C_{60} 也是最小的能满足“孤立五角规则”的富勒烯，因为外表酷似足球，也被称为足球烯或巴基球[7]。C_{60} 被看作是零维纳米管，其范德瓦耳斯直径约为 1.01 nm，核与核之间的直径为 0.71 nm[7]，这意味着其在三维上的长度一般都不超过 1 nm。另外较常见的富勒烯是 C_{70}，而 C_{72}、C_{76} 和 C_{84} 富勒烯，甚至多达 100 个碳原子的富勒烯也已有报道。富勒烯中所有碳原子都是 sp^2 杂化，但碳原子的排列不是在平面上，而是像金字塔般堆积而成的，在 sp^2 杂化碳上面存在着“伪”-sp^3-杂交，因此，C_{60} 和其他较大的富勒烯可以看作是 sp^2 和 sp^3 之间的纳米同素异形体。在 C_{60} 中，五边形(或有时是七边形)的存在是必需的，它使富勒烯产生了曲率，防止富勒烯的平面化，同时也影响着笼的开闭。通过X射线衍射图可以确定 C_{60} 具有两种不同类型的键，一种为66键，是共同连接两个六边形的碳原子，其键长为1.38 Å；另一种为56键，是共同连接五边形和六边形对的碳原子，其键长为1.45 Å。富勒烯的化学性质类似有机分子，其结构中不含有氢原子但含有双键，按有机化学习惯称之为“烯”，但 C_{60} 碳与碳之间的键，并不是单纯的单键或双键，而是类似苯分子中介于单键与双键间的特殊键。

富勒烯的结构独特，其形成机理至今仍然是研究热点。最古老的是“自下而上”的理论，其中碳笼是由原子和原子互相堆叠而成的。第二个是“自上而下”的理论，表明富勒烯形成时，更大的结构分解成了所需要的富勒烯部分。经过长期探索，“自上而下”理论略占优势。研究人员发现，从更大的结构得到不对称的富勒烯，似乎更容易变成稳定的富勒烯[8]。

1.1.3 C_{60} 的基本性能

在高温和高压下，C_{60} 非常稳定，尽管由于分子特性和尺寸限制，纯 C_{60} 缺乏其他碳纳米结构材料的基本属性，如导电性和机械强度，但 C_{60} 独特的结构形态，使其成为非常有用的自由基清除剂，这是因为 C_{60} 的球形结构和30个C═C键的电子缺陷，使其很容易拥有各类自由基反应，被人们称为“激进的海绵”，并由此被评估为自由基清除剂，用来保护聚合物免受有害自由基侵袭[9]，也可作为化妆品和生物系统中的抗氧化剂[2]。为使 C_{60} 在生物系统中更有效地应用，应该使 C_{60} 外部具有亲水性，例如，将 C_{60} 转化为 $C_{60}(OH)_{24}$ 等羟基化衍生物。

C_{60} 具有缺电子烯烃的典型特征[9]，能与亲核试剂发生反应。绝大多数反应物攻击的6, 6环结，具有较高电子密度。在 C_{60} 中掺杂其他原子，如使 C_{60} 转变为 $C_{59}NH_5$，可应用于储氢。C_{60} 的另一个特性是在能量转换系统的供体-受体单元中作为电子受体，且在电化学还原中，可以还原至6个电子[10]。这与 C_{60} 的高电子亲和性和低重组能有关，由于富勒烯的球形共轭系统，显示出一个特殊的能量水平结构，其分子轨道自旋-自旋偶合常数明显高于苯，甚至比石墨烯更高。单重态和三重态分子之间能量水平的差异低于0.15 eV。因此，电子从单重态窜跃到三重态异常快速(约650 ps)，效率高达96%，光诱导电子转移反应可将具有导电功能的孔混合到供电子矩阵中。通常 C_{60} 为受体，而一些经典的材料作为供体，如卟啉、酞菁或四硫富瓦烯。C_{60} 衍生物具有优异的电子接受性能，因此可作为有机光伏组件。[6,6]-苯基-C_{61}-丁酸甲酯是在光伏领域中应用最广的 C_{60} 衍生物，在本体异质结光伏电池中，C_{60} 与聚合物相结合，具有良好的给电子性能，如聚3-己基噻吩等[11]。

不管是在固态或液态中，富勒烯都具有各种有趣特性，尤其是作为电子受体的特性[12]。例如，通过修饰一些供体官能团或金属掺杂，可制备铁磁或超导材料。

此外，富勒烯化学已经日趋成熟。富勒烯和金属富勒烯也已参与到各种生物医学的应用中。金属富勒烯的医疗应用源于笼内的金属原子，由于金属原子被困在一个碳笼子里，它们不与外界反应，因此其副作用在数量和强度上都很低。

富勒烯的另一个性质是可掺杂碱金属，形成超导晶体。C_{60} 是具有面心立方晶格(fcc)结构的晶体，具有清晰的四面体和八面体体腔。这些空腔可容纳多种物种，包括碱金属和碱土金属，且掺杂后不会显著改变晶体基本结构。碱金属可进入 fcc-C_{60} 晶体中，形成化学分子式为 M_3C_{60} 的结构，其中 M 代表碱金属，在适当低温下具有超导效应。同时，高温下可通过气相扩散或合金掺杂，得到金属掺杂的 C_{60}。当脆性转变温度(T_c)为 18 K 时，钾掺杂的 C_{60} 转变成超导体 K_3C_{60}。在 C_{60} 晶格中引入尺寸较大的碱金属，例如，Rb_3C_{60} 在低于 28 K 时为超导体，而 Rb_2CsC_{60} 的脆性转变温度为 33 K[12]。这种脆性转变温度(T_c)的改善，源于大尺寸金属原子插入空位，C_{60} 晶体结构的晶体点阵常数扩大。现已利用紫外、红外光谱、核磁共振波谱、拉曼光谱和质谱等对富勒烯进行表征[13]。在某些情况下，尤其是当 C_{60} 与其他碳纳米结构相结合时，可通过可视化显微技术观察到 C_{60} 分子，如高分辨率透射电子显微镜。C_{60} 碳的核磁共振波谱非常简单，仅在 143.2 ppm(1 ppm=10^{-6})时具有共振，这是因为 C_{60} 中所有的碳核都是等效的[14]。

1. C_{60} 的物理性质

C_{60} 是黑色粉末，其相对分子质量约为 720，密度为 1.68 g/cm^3。在固相中，C_{60} 以两种方式存在，一种是作为聚集体，另一种是形成具有面心立方晶格的晶体结构。富勒烯在水溶液中不溶，但在许多有机溶剂中可溶，其中在 2.8 mg/mL 甲苯和 8.0 mg/mL 二硫化碳组成的混合溶剂中溶解度最大[15]。C_{60} 的结构相当稳定，当温度高于 1000℃时，笼状结构才会被破坏。

2. C_{60} 的光学性质

富勒烯的光学性质由几个因素确定，如分子的尺寸与形态、形成的簇的大小、溶液的性质等。在甲苯溶液中，C_{60} 呈现出深紫色，C_{70} 呈现出红色，更大的富勒烯随着其尺寸的增大，颜色从黄色变为绿色。与这些观察一致的是 C_{60} 的紫外-可见吸收光谱图，其在 213 nm、257 nm 和 329 nm 处具有强吸收，而在 500～700 nm 之间，只有弱吸收。C_{70} 在 214 nm、230 nm、378 nm、468 nm 和 536 nm 处显示强峰。吸收带的不同显示出两种富勒烯光电性能间的特性差。

1.2　富勒烯和 C_{60} 的制备

自然界中只存在少量天然富勒烯，大量富勒烯需要人工合成。传统富勒烯的合成方法有石墨电弧放电产生的蒸发法、化学气相沉积(CVD)法和燃烧法等。这些方法存在低效和高能耗的缺点，因此，研究新合成方法，提高富勒烯的产量和纯度，是富勒烯科学发展的一个关键因素。

1.2.1 通过蒸发碳源合成富勒烯

1990 年，Krätschmer 等发展了一种规模化制备方法，生产出以“克”计的富勒烯[16]，该方法是在 He 氛围下，对石墨棒电阻蒸发加热得到富勒烯，这是富勒烯研究的一个里程碑。这种方法可以生产 C_{60} 和 C_{70}，但产率低于 1%，且需要苛刻的反应条件[温度为 1300℃和压力为 1 kbar(1 bar=1×10^5 Pa)]，在生产更大富勒烯如 C_{84} 时，产量特别低，且需烦琐的过程来净化样品。且因无法控制反应进程，不可能获得单一富勒烯或特定的异构体。因此，自 Krätschmer 实现宏观尺度生产富勒烯后，对富勒烯合成方法开展了大量的探索，以期提高产量和降低成本。如今，商业规模生产富勒烯的方法有通过高温分解蒸发石墨、无线电频率等离子体、电弧放电等离子体技术等[17]。Anctil 等分析了富勒烯生产过程中的经济和环境影响，对富勒烯生产进行优化，量化了所需原料并降低了能耗。C_{60} 的合成与分离需要消耗 106.9 GJ/kg 能量，而 2010 年一个美国家庭年平均用电量才 41 GJ，如果加上纯化及功能化富勒烯所需的能量，总能量会增加三倍，这导致富勒烯十分昂贵，因此生产富勒烯的工艺和工程还需不断完善和发展。

1.2.2 用模型来揭示富勒烯的形成

一般理论表明，富勒烯形成时，碳源首先被蒸发为最小单元，即碳原子，也可能是碳的二聚体，并在有限压力和温度范围内，经一系列反应，自组装产生富勒烯。然而，用这种简单模型说明富勒烯形成的过程，并不能令人满意。科学家们提出了不同模型来解释富勒烯的形成过程，其中，Goroff 最早发表了富勒烯形成模型[18]。

螺旋粒子成核机制是第一个揭示富勒烯形成的理论[19]。在这个模型中，螺旋成核过程是从心环烯型的 C_{20} 分子开始的，它的结构是由五个六边形围绕一个五边形得到的。这种高活性结构的生长，通常是通过在贝壳上堆积小的碳片段，随后形成鹦鹉螺型的开放性螺旋贝壳。Iijima[19]通过高分辨率电子显微镜观察到其他晶胎之间联系不紧密，且不再继续生长，形成了类似螺旋形的烟尘粒子。然而，有证据证明这个假设存在矛盾。此外，根据螺旋模型，富勒烯的形成是在 He 氛围中发生的，需要 10^{-4} s，而在实验中得到的结论是富勒烯生成所需时间更短，在 10^{-12}～10^{-9} s 之间。

1992 年，Heath 提出富勒烯形成涉及四个步骤[20]。第一步通过蒸发石墨，得到碳原子，然后形成长度达到 C_{10} 的碳链；第二步是增长链单环从 C_{10} 到 C_{20}；第三步发生三维碳网络的形成和生长；第四步通过闭合壳层机制，生产小富勒烯笼子作为稳定产品，如 C_{60}、C_{70} 及更大的富勒烯。1992 年，Wakabayashi 和 Achiba[21] 提出了 C_{60} 和 C_{70} 的生长机制，认为富勒烯是通过“环堆叠模型”形成的，具体表现在，封闭的笼子是通过没有任何损失的碳原子适量偶数碳环连续叠加成的。他们认为 C_{10} 环作为前驱体，是通过两个六边形的八个悬吊的键变形形成的，随后 C_{18} 堆满了该分子，并消除了先前的悬空键，形成新键，在后续步骤中，随着悬吊键的减少，C_{18}、C_{12} 和 C_2 分子的堆叠，最后形成了 C_{60} 笼子。C_{70} 和较大富勒烯的形成也类似于这种机制。

富勒烯形成的另一个方案是通过碳簇的退火。这些碳簇链和环粘在一起然后退火，经过两次或三次循环，可以形成含有 34～60 个原子或更大的簇或其他富勒烯。碳簇退火形成富勒烯，可以用两个机制来解释。在第一个机制中，富勒烯的形成发生在一个连续的异构转换过程中；第二个机制涉及集群液状物的结晶。Lozovik 和 Popov 提出了液相碳簇的形成机制[22]，然后通过原子和非常小的簇的激发来结晶形成富勒烯。在他们的实验中，Hunter 等发现石墨的激光蒸发生成了 C_{60}^{+} 集群离子，这些只是富勒烯的一小部分，其余的是平面多环多炔环同分异构体的混合物。通过退火，大部分纳米富勒烯 C_{60}^{+} 集群离子转换成完整的富勒烯。

随后，Askhabov 提出富勒烯的形成来自于纳米尺寸平面上的一个中间阶段(或称隐藏阶段)[23]称为 Quatarons，是在非平衡条件下生成的。Quatarons 被视为动态结构，并具有特定大小，且不断改变着形式。在物理上，这些只是中间阶段的前期结晶过程，在这个机制中，液体 Quatarons 最早出现在过饱和介质中，归因于最小化的能量，该能量是通过形成 Quatarons，转变为具有固定原子间距离的刚性集群，如富勒烯，但 Quatarons 机制缺乏足够证据，至今仍具争议。

Irle 等[24]以量子化学分子动力学模拟为基础，提出了“收缩巨热”路线[shrinking hot giant (SHG) road]解释富勒烯的形成。富勒烯是由巨型富勒烯萎缩得到的。他们认为 SHG 机制主要涉及两个步骤，一是形状增大过程，即从碳蒸气得到巨型富勒烯，其原理类似于 Heath 提出的增长方案，二是形状减小过程，巨型富勒烯通过不可逆 C_2 消除反应，萎缩形成 C_{60} 和 C_{70}，是由巨型富勒烯笼的振动激发、极不规则的形态及含有许多缺陷引起的。Irle 和同事提出的这种联合机制，同样也解释了在混乱热反应体系中 C_{60} 的形成机制。

1.2.3　化学合成法

目前，科学家们已经提出了许多化学方法来合成 C_{60}，但成功案例不多，一个特别引人注意的方法便是利用两个半径相同的半球进行组装[25]。在富勒烯合成过程中，最大的挑战是在碳网中引入曲率或金字塔般的结构。Barth 和 Lawton[26]在制备冠烯(如碗烯和心环烯等)分子时，第一次提出在芳香分子制备中引入曲率，然而由于合成过程复杂，其产率极低，只有 0.04%，因此并没有引起关注，直到 1991 年，Scott 等[27]提出了闭环步骤中，采用闪存真空热裂解合成冠烯(碗烯)。该方法随后被改进为三步合成法[28]，第一步反应是在苊醌、庚烷-2,4,6-三酮、降冰片二烯之间发生 Knoevenagel-Diels-Alder 反应，得到 7,10-双乙酰荧蒽，产率为 70%～75%；第二步是乙酰基转换为带侧链化合物，转化率为 80%～85%；第三步通过 HCl 溶液加热，真空热裂解消除一氯乙烯基链原位上的末端炔，形成碗烯，产率为 35%～40%。Scott 和同事进一步研究了富勒烯的其他片段，并提出这些片段的电子性能与 C_{60} 相似，因此有利于 C_{60} 的形成。他们研究了在 1200～1300℃下高温分解十环烯，得到三苊并苯并菲($C_{36}H_{12}$)，同时也获得了双重封闭 $C_{36}H_{14}$ 烃及单独封闭 $C_{36}H_{16}$ 烃。研究表明，当热解温度低于 1200～1300℃时，不能提供实现十环烯三倍脱氢的必要能量。他们还观察到三苊三亚苯的紫外吸收光谱类似于 C_{60}，可归因于相似的 C_{60} 片段数量。

Plater[29, 30]观察到一系列孤立片段，并预测这些片段是构成 C_{60} 的构造片，三个主要片段是十环烯($C_{36}H_{18}$)、三苯并十环烯($C_{48}H_{24}$)和三萘并十环烯($C_{60}H_{30}$)，它们经过热解可形成 C_{60}，其中卤代的片段有益于反应进行。这些多环前驱体经过吸热环偶合反应，可形成富勒烯和富勒烯片段。随后，Ansems 和 Scott[31]通过高温分解三氯十环烯来合成三苊并苯并菲，产率接近 30%。研究发现，一旦在芳族体系中引入曲率，无需附加条件便会使材料脱氢并封闭。随后，不同前驱体热分解为带曲率的芳香烃，并获得富勒烯片段[32]。

Seiders 和同事[33]通过还原偶联介导低价钛合成心环烯，心环烯核通过与 $TiCl_3/LiAlH_4$ 还原偶联，并在心环烯内部环化苄基溴化物而形成。Sygula 和 Rabideau[34]随后通过脱氢，得到产量为 18%的混合物，用于合成半侧富勒烯($C_{30}H_{12}$)。通过低价化合态钒代替钛，对溴化十二前驱体发生还原偶联反应，并导致半侧富勒烯的产生，产率为 20%，其缺点是需要很高的稀释技术和 2～4 d 反应时间，此外还需要无水无氧的清洁环境。2000 年，Sygula 和 Rabideau[35]以氢氧化钠处理 1,6,7,10-四(二溴甲基)，随后还原，碗烯产率为 55%。在第一个过程中，氢氧化钠使二溴对甲基基团去质子化，并形成溴离子，再将碳负离子插入相邻二溴甲基基团的 C—Br 键中，然后消除 HBr。在第二个过程中，四溴心环烯的溴原子形成可通过甲基或三甲基硅的取代，并允许形成新结构。Sygula 等[36]采用 Ni 为分子间还原催化剂，合成 1,2-心环烯二羧酸，主要优点是通过简单的方法获得替代的新环烯，核心是替代甲酯基基团。

Geneste 等[37]研究了 C_{60} 衍生的长片段，发现了九个等距结构，包括异相结构、四个纯手性的结构和四个非手性部分，遗憾的是，他们没有提出一种融合那些碎片并形成 C_{60} 分子的方法。Anet 等[38]通过两个等长 C_{30} 片段的二聚作用，利用碎片和不同分子的重组获得 C_{60}。2002 年，Scott 等[39]通过热解 $C_{60}H_{27}Cl_3$ 得到 C_{60}，在 1100℃热解氯化物前驱体，分子间拼接形成 C_{60}。在这个过程中，没有其他富勒烯生成，但产率低于 1%，主要是在如此苛刻条件下，反应物分子大多数被分解。Kabdulov 等[40]在氯或溴存在下，以 $C_{60}H_{30}$ 为前驱体，氟作为自由基启动子，可有效提高 C_{60} 产率。在六氟化前驱体中，氟原子位于分子边缘，并随后被消除，因此引入了曲率，并有利于热脱氢，形成 C_{60}。在非氟化分子中，六个氟原子的损失可导致 HF 消除，也能提高产率。此外，C—F 键的高稳定性减少了前驱体分解，同时，由于 F 原子小，可被引入到最具立体阻碍的位置。

2008 年，Otero 等[41]利用 Pt 催化脱氢平面 $C_{60}H_{30}$ 前驱体，获得产率接近 100% 的 C_{60}。Pt 有利于将前驱体分子固定到表面上并脱氢，前驱体分子与铂表面的相互作用消除了反应的几何和碰撞因子，有利于提高产率。在另一个合成反应中，以 $C_{57}H_{33}N_3$ 为前驱体，并在 750℃下加热，得到了闭合 $C_{57}N_3$ 三氮杂化富勒烯。此外，Henkelman 等通过计算[42]，提出了 $C_{60}H_{30}$ 环化的一般途径，整个过程始于中心键的环化反应，并产生了接近分子臂的曲率，有利于后续其他键的形成。不久，Amsharov 等[43]报道了一系列取代烃的脱氢反应应用于富勒烯合成，同时提出了一系列基于自由基的反应步骤，并探讨了不同自由基启动子的作用。用 Cl 原子和 F 原子作为自由基启动子，并从甲基和苯基基团的裂解中得到 C—H 键，重排反应引起自由基形成，并生成荧蒽。他们还提出了两种不受自由基影响的途径，在第一条路线中，F 的 HF 消除引起了苯的反应，并进一步产生荧蒽和苯并芘。在第二条路线中，HF 参与 1,5-消除，直接导致形成苯并荧蒽。

1.2.4 其他合成方法

Yasuda[44]以苯环和乙炔棒为基础合成了四面体前驱体，这些四面体类似物具有相同的 C_{60} 对称性，可取代杂原子，导致富勒烯如 $C_{48}N_{12}$ 的形成，苯分子中的卤素原子产生的高反应性前驱体和乙炔衍生物是该方法获得成功的基础。Rubin 等[45]和 Tobe 等[46]各自提出了使用大环球状富碳炔，通过炔环化反应机理生成 C_{60}，优点是它只涉及键的形成反应，并避免了代价很高的键的断裂和键的重组过程，而这两个过程在 C_{60} 从碳蒸气形成时是很有可能发生的[47]。即使通过激光解吸质谱已经确认这些前驱体中含有许多富勒烯离子，但通过这个方法制备 C_{60} 至今仍没有成功，这说明前驱体的改组是非常必要的。

在理论研究中，Viñes 和 Görling[48]分析了从简单的前驱体制备富勒烯的过程，如采用金属纳米粒子负载甲烷和乙烯为模板合成富勒烯的可能性。在这种情况下，富勒烯的形成是通过模板纳米金属颗粒电子形成的，此外，该金属颗粒也作为过程中的催化剂。在合成过程中，也必须满足富勒烯的环境条件，在金属作用下，前驱体分子必须完全脱氢，碳原子和碳化合物必须保留在金属颗粒中。在此基础上，发展了另一个方案，采用 Pt(111)单晶催化脱氢[49]，在 460～500℃之间可使甲烷完全脱氢[50]。分子束实验并结合密度泛函计算表明[51]，甲烷脱氢发生在小颗粒 Pt 的边缘和角落，由于低能量壁垒，使反应可在较低温度下进行。Viñes 和 Görling[48]计算了 C_{60} 中每个碳原子的内聚能，发现其比少于 200 个原子的石墨烯片层高，这表明 C_{60} 的热力学稳定性优于石墨烯片层。为研究 Pt 纳米颗粒上富勒烯的形成过程，在 Pt 催化剂上优化了不同的碳结构，包括分散的碳原子、石墨烯和富勒烯结构。对于低覆盖率，碳原子被分散在 Pt 粒子表面；对于中覆盖率，产生石墨烯状结构；对于高覆盖率，碳原子易吸附在富勒烯状的结构上。与其他方法相比，富勒烯可在更低反应温度下生成，这是因为当达到脱氢温度时，碳原子可在纳米颗粒表面扩散。

事实上，C_{60} 像其他的有机化合物一样，很容易在氧化条件下转化为二氧化碳。Chen 等[52]通过可逆反应合成了 C_{60}。在 700 K 和 100 MPa 下，金属锂催化还原二氧化碳，得到产率为 0.2%的 C_{60}。研究发现，C_{60} 产率主要取决于温度和压力，改变温度和压力，甚至可产生不同碳产品，如金刚石、碳纳米管、纳米碳球和无定形碳等。Chen 等[52]证明，通过上述方法也可合成单一碳基如 CO_2 阴离子自由基、碳质沥青和甲基自由基等，并作为中间体参与制备 C_{60}。Chuvilin 等[53]提出，石墨烯在透射电子显微镜实验条件下也可生成 C_{60}，当在 80 keV 电子束轰击下，石墨烯片层的边缘不断改变，导致产生 C_{60}。富勒烯的化学合成快速发展，已有多种方法合成 C_{60}，同时发展了多种机制解释 C_{60} 的形成，其中，完整深刻理解环化过程，是高效合成富勒烯的关键。有关富勒烯片段作为前驱体分子，通过二聚作用合成富勒烯的研究也不断深化[54]。但总而言之，要高效合成纯相富勒烯仍有很长的路要走。

1.3 富勒烯的分离和纯化

1.3.1 C_{60} 和 C_{70} 的提取

由石墨电弧放电得到的富勒烯具有很多杂质，其中大部分为烟灰，因此需要将 C_{60} 和 C_{70} 从烟灰中有效地提取，目前主要采用萃取法和升华法。

萃取法主要是利用 C_{60} 和 C_{70} 可以溶解于非极性溶剂中，如苯、甲苯、氯仿和 CS_2 等，而烟灰中的其他成分却不溶于上述溶剂，从而将 C_{60} 和 C_{70} 从烟灰中提取出来。在甲苯溶液中，C_{60} 呈现出深紫色，C_{70} 呈现出红色，因此，C_{60} 和 C_{70} 的苯或甲苯溶液呈现褐色或深红色，且 C_{60} 和 C_{70} 在溶液中的含量越多，颜色越深。随后，将上述溶液蒸发，得到深色 C_{60} 和 C_{70} 的粉末结晶。

用升华法提取 C_{60} 和 C_{70}，需注意的是，为了得到完整性好的晶体，需要控制扩散速度和加惰性气体保护，升华室一般都为真空状态或充有惰性气体如氮气或氩气。在高温区(400～500℃)将烟灰混合物升华，然后将 C_{60} 和 C_{70} 由烟灰中升华出来，输送到冷凝区使其成为饱和蒸气，再凝聚到沉底上，经冷凝成核生长成为褐色或灰色的颗粒状膜，获得 C_{60} 和 C_{70}，其中 C_{70} 含量约为 10%。

1.3.2　C_{60} 和 C_{70} 的分离

C_{60} 和其他富勒烯是通过电弧和等离子放电或激光照射石墨，产生蒸气得到。生产富勒烯最流行的物理方法是由 Krätschmer 等[16]在 1990 年提出的。在 He 氛围中和高压下，于石墨电极之间进行电弧放电。这个方法主要是利用电极间接触点产生的高热量来合成富勒烯，但碳的蒸发也促进了烟灰形成。通常，烟灰中约含 15%富勒烯，其中 C_{60} 和 C_{70} 分别为 13%和 2%，分离富勒烯与烟灰的常用方法是液相色谱分离[55]。

由于富勒烯在水中溶解性差，因此在很大程度上限制了其应用，尤其是在生物科学方面的应用。已经报道了两种不同的方法来克服这个问题，一是将富勒烯分子非共价包封入可溶性聚合物或主体分子中；二是通过化学修饰，引入亲水性官能团，该方法也可进一步调控富勒烯的分子结构。未经修饰的富勒烯难溶于水，易聚集为几十纳米或几百纳米甚至更大粒子。为了得到小簇富勒烯，可将分散到水中的富勒烯进行溶剂交换或搅拌、超声。虽然目前并不完全清楚该机理，但是，可以初步断定在纳米颗粒形成过程中，发生了富勒烯分子的自组装，并且在不同溶剂中，观察到 C_{60} 的聚合。此外，通过测试这些富勒烯的电动电势，发现其呈负电荷。

1.4　富勒烯的结构调变

1.4.1　富勒烯组装

在富勒烯的早期研究中，主要集中于富勒烯家族化合物的合成及其基本理化性质的探索，尤其是对富勒烯进行官能团化[56-59]。近来，在有序结构中，富勒烯及其衍生物基于共价键或非共价键连接的组装，因其在有机电子器件的设计与制造中具有巨大潜力，而备受关注[60-63]，被用于液晶、纳米纤维、薄膜等，往往发生在溶液、表面和接口上[64-66]。原始富勒烯缺乏偶极相互作用，在固体状态下很难被组装，因此，溶剂在富勒烯聚合组装中发挥重要作用。Li 等在溶液中对 C_{60} 采用了液体后滴方法，该 C_{60} 在场效应晶体管中表现出良好的性能[67]。

富勒烯液晶既具有富勒烯优良的光电性能，又具有液晶有序结构，在研究与应用方面均具有潜力。一般而言，为形成液晶，对特定分子，其宽高比超过 3 是必要的[68]。然而，作为一个球形分子，富勒烯本身并不能满足这个要求。因此，引进极长的液晶单元，有助于富勒烯液晶性的实现。过去几年已报道了许多各种形貌的包含液晶的富勒烯，如向列相、近晶相、胆甾相、柱状相[69]。1996 年，Chuard 和 Deschenaux 通过 C_{60} 框架和两个胆甾醇衍生物的相互作用，第一次观察到含热致液晶富勒烯[70]，最近也有 C_{60} 互变向列型材料制备的报道。

富勒烯的另一个常规组装是形成包合物。在室温下，Cyclotriveratrylene 衍生物取代 18 长烷基链，表现出向列相性质，和预期一样，其与 C_{60} 结合的超分子复合物表现出流体双折射相的现象。但是，当加热温度超过 70℃时，显微镜下可观察到双折射纹理消失，并形成了立方相。在这种情况下，尤其需要注意的是，液晶的行为主要来源于大环衍生物亚基[71]。与液晶树枝状聚合物共价连接的官能化的 C_{60} 能够实现热致液晶，这种有序结构在光伏和分子开关中具有广阔的应用前景[72]。

形成液晶的有效方法是分子组装，得到的液晶表现出超分子结构层次，而这种结构在常用的液晶系统中并不存在。2002 年，Sawamura 等第一次利用 C_{60} 分子的对称性来组装具有各向异性的“纳米球”，该 C_{60} 分子随后被堆叠在一维柱状超分子结构中，并表现出了液晶行为[73]。

1.4.2 二维富勒烯薄膜

无论是单层或多层富勒烯膜沉积，都是传输富勒烯属性到散装材料，并频次通过表面涂层或接口组件，形成自组装膜[74]，这些 2D 结构富勒烯可作为 n 型半导体，在有机场效应晶体管和有机光伏电池中发挥应用[75]。富勒烯薄膜的组件通常是基于范德瓦耳斯力相互作用或共价键的结合，除了溶液法制备富勒烯薄膜，物理气相沉积法也应用于富勒烯薄膜制备，通过表面结构的电化学还原得到高度有序形态的纳米结构[76,77]。获得富勒烯薄膜最简单的方法之一是蒸发溶剂，在 Pt 电极上蒸发制备 C_{60} 薄膜，大大促进了 C_{60} 的电化学性能研究[78]。另外，朗缪尔-布洛杰特（LB）组件是另一种制备富勒烯薄膜的技术[79]。

1.4.3 富勒烯的超分子共组装

另一个备受关注的研究领域是自发的 C_{60} 超分子自组装和聚合物或在纳米尺寸上的共轭分子，能够实现功能化的组装。在分子水平上，多组件的超分子组装可以传递具有特殊功能的组装结构。在纳米尺度上加工常用自下而上的方法，形成含有富勒烯的共组装。

Pantos 等以氨基酸官能团化萘二酰亚胺（NDI）为聚合物前驱体及动态螺旋碳纳米管受体 **1**（图 1.1）[80]，在 **1** 的氯仿溶液中加入 C_{60} 时，由于超分子包合物的形成，溶液颜色在几分钟内急剧从浅黄色变化为深橙色或褐色。NDI 纳米棒中含有手性 C_{60}，在圆二色性（CD）光谱的 595 nm 和 663 nm 处有显著的科顿（Cotton）效应，这归因于 C_{60} 的电子跃迁。C_{60} 腔内的络合导致了 C_{60} 的 ^{13}C 的核磁共振信号在高磁场下偏移了 1.4 ppm，表明萘基单元附近具有屏蔽效果。

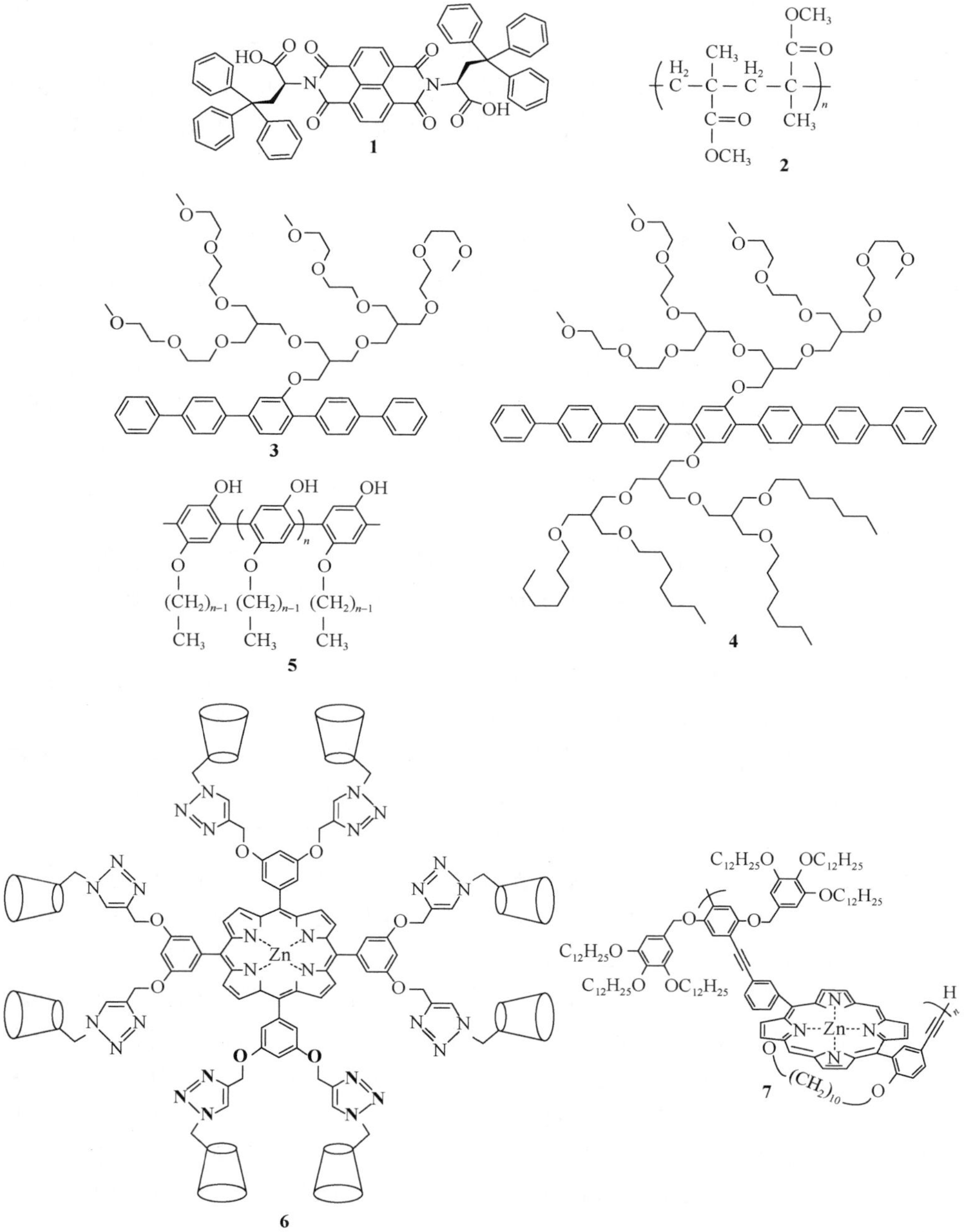

图 1.1　化合物 **1**～**7** 结构示意图

Yashima 等通过立体络合物的形成，来发展纳米球超分子和/或 C_{60}-封端和间规的聚(甲基丙烯酸甲酯)的纳米网络[81]。他们也报道了在螺旋的间规聚(甲基丙烯酸甲酯)内腔里包裹着豆荚状晶型的 C_{60}[82]。如图 1.1 所示，当 **2** 和 C_{60} 的热甲苯溶液冷却到室温时，得到了有机溶胶，当温度低于 60℃时，具有优良热稳定性，这表明包封的 C_{60} 分子加强了物理凝胶性能，原子力显微镜(AFM)显示晶体为棒状螺旋捆绑结构，单个条纹图链与链之间的横向距离为 1.90 nm，而其螺距长为 0.90 nm。

Lee 等[83]通过横向接枝聚苯棒双亲的共组装，实现具有疏水腔水溶性环的 C_{60} 触发管状堆积。如图 1.1 所示，在 **3** 和 **4** 的共组装过程中，当 **3** 含量为 80 mol%(mol%表示摩尔分数)时，由于共组装导致亲水性片段的体积分数增加，带状结构将会转化为高度弯曲的筒状环。环由高度均匀横截面直径的单一分子层组成，拥有一个直径为 2 nm 的疏水性腔和一个直径为 10 nm 的亲水性外表。将 30 mol% C_{60} 的 **3** 和 **4** 共组装后，透射电镜(TEM)显示直径为 10 nm 的圆柱状聚集体，疏水空腔内 C_{60} 的有效封装可通过在 **3** 和 **4** 的混合溶液中加 30 mol% C_{60} 实现，C_{60} 驱动超分子环交替堆叠，形成管状结构。

高长径比的纳米纤维可通过协同自组装 C_{60} 和两亲聚(对亚苯基)获得[84]，其直径和长度分别为 355 mm 和 3050 mm，并用平行的方式填充形成晶须，TEM 图显示沿生长轴生成有规律的晶格条纹纳米结构。通过调整溶剂蒸发动力学，实现纵横比的微调。有趣的是，使用不同的溶剂混合物，可有效控制纳米晶须形貌，例如，当使用甲苯和氯仿混合溶剂时，得到具有高度方向性的蜂窝结构，而采用氯仿则产生立方八面体富勒烯结构的有序聚合物薄膜蜂窝阵列；采用二硫化碳和氯仿混合溶剂，则导致 C_{60} 的控制结晶，形成纳米杂化薄膜集成到蜂窝矩阵。

Jayawickramarajah 等[85]采用β-环糊精(β-CD)官能化的八合四苯基卟啉 **6**(图 1.1)和溶于 DMF-甲苯混合液的 C_{60}，结合 β-环糊精空腔可封装 C_{60} 分子的能力，获得水溶性单向 C_{60}-卟啉纳米棒。TEM 显示其符合单向结构，长度为 300～500 nm。另外，通过卟啉-C_{60} 共组装的 150～250 个单元的包合作用，形成了纳米棒长轴。

C_{60} 和共轭的 *p*-聚合物之间的相互作用已成功用于开发超分子组装。Takeuchi 等[86]通过卟啉聚合物辅助超分子自组装，能够控制合成具有面心立方纳米片结构和单结晶 C_{60} 微球。同样，通过 C_{60} 与卟啉聚合物 **7**(图 1.1)的相互作用，可制备围绕聚合物链的 C_{60} 分子的预组装和圆盘状物体及微球[87]。如图 1.2 所示，由于聚苯乙烯-嵌段-聚(4-乙烯基吡啶)共聚物 **8** 中聚苯乙烯(PS)和聚乙烯吡啶(P4VP)结构域的表面碱性不同，酸性物质与 P4VP 结构域的选择性相互作用形成 C_{60} 羧酸衍生物 **9**。

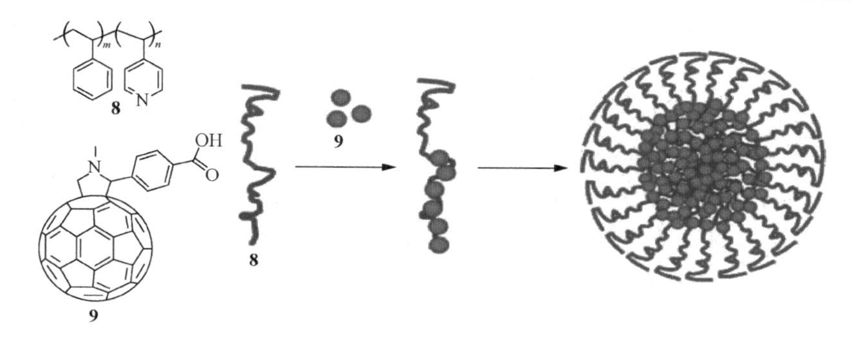

图 1.2　PS-P4VP 嵌段共聚物 **8** 和 C_{60} 羧酸衍生物 **9** 的化学结构
及产生 C_{60} 包封的胶束超分子棒材-聚合物的形成示意图

Ikkala 和同事[88]通过 C_{60} 和 **8** 间的电荷转移络合物，从圆柱到球形结构，首次实现自组装富勒烯形貌调谐。在二甲苯中，C_{60} 与共聚物 **8** 的络合物，保留住了原 C_{60} 的特征紫红色。随时间增加，逐渐变成褐色，并且嵌段共聚物的吡啶单元和 C_{60} 之间电荷转移络合物在 450～550 nm 区域的吸光度增加。有趣的是，在聚苯乙烯基体中，这种相互作用产生了由 P4VP 组成的圆柱形形态。这种不寻常现象归因于在络合时，从主要的聚苯乙烯域到较少的 P4VP 域时，C_{60} 分子运动变化，导致与 PS 有关的 P4VP 的主要领域内有效体积分数增加，形成的聚集体提供了相应的形态转变。

1. 两亲性分子自组装

通过控制平衡竞争作用，两亲分子组装是超分子化学中构建纳米结构的有效方法，优点是在极性介质中可以溶解极其疏水的 C_{60}，并可利用两亲性富勒烯的性质，形成具有优良性能的组件，因其结构单元的灵敏度和可调谐，已被广泛应用。Hirsch 等和 Nakamura 等报道了大量关于两亲性富勒烯及其衍生物的自组装[89-91]。如图 1.3 所示，在水性条件下，用五对十二烷基链、一对聚酰胺树突(**10**)[89]，并和五苯基富勒烯的钾盐(**11, 12**)[90, 91]共同去修饰 C_{60}，形成囊状结构。有趣的是，非极性/极性/非极性三元基(对全氟辛基)苯基的钾盐官能化的 C_{60}(**12**)，在水中也自发地形成囊状结构。

Guldi 等在极性溶剂中，将酞菁-C_{60} 两亲衍生物(**13**)(图 1.3)作为受体-供体插入一维碳纳米管。与单体 3ns 相比，系统内电子转移过程具有超长寿命[92]。在远可见光区(850 nm)出现最大峰，瞬态吸收谱证实电子转换过程对应着锌酞菁($ZnPc^{\cdot+}$)单电子-自由基阳离子，在近红外区(1010 nm)，有类似 $C_{60}^{\cdot-}$单电子还原，该系统中，酞菁和 C_{60} 通过分子间作用力，增加了电荷分离状态的寿命。

在另一个受体-供体系统中，Fukushima 等报道了含 C_{60} 和两亲性六苯并蔻(HBC)**14**(图 1.3)的自组装及其光伏性能。在单层 C_{60} 分子上通过堆叠 HBC，形成同轴纳米管[93]，其中 **14** 的一端是石蜡族的长侧链，另一端是包含 C_{60} 的三甘醇。

他们测量了场效应电荷载流子迁移率，显示一个双极性的电荷载流子迁移率。由于其独特的同轴配置，具有光电响应效应。而不含 C_{60} 的 HBC 衍生物 **15**(图 1.3)共组装纳米管，其激发电子和空穴值呈非线性关系。共组装的优势是可以优化 p/n 异质结并增强双极性的载波传输特性，从而提高光伏的开路电压输出。10 mol% **14** 共组装形成的纳米管上空穴迁移率为 2.0 $cm^2/(V·s)$，与石墨的内层电子迁移率相似。两个两亲性分子 **14** 和 **15** 可通过共组装方法控制系统性能，主要是依靠平衡分子组件中空穴和电子的传输而实现的。

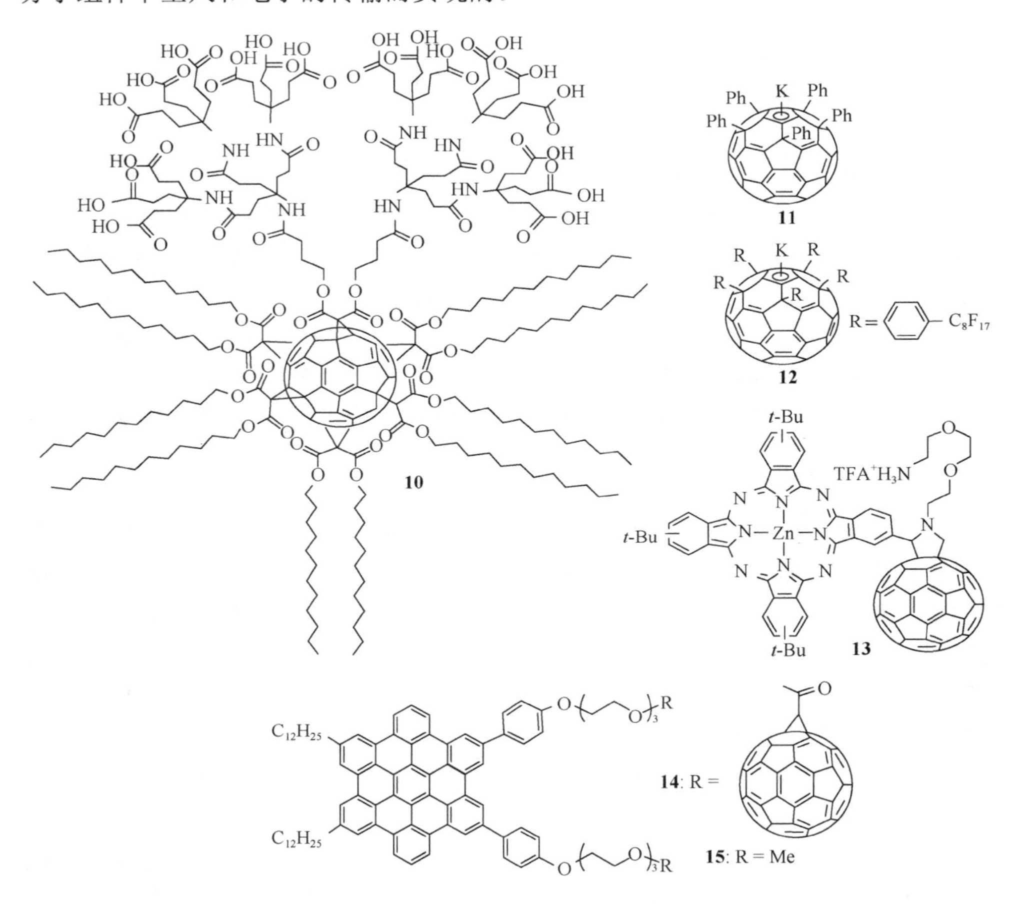

图 1.3　化合物 **10**～**15** 结构示意图

Charvet 等[94]采用亲水性卟啉供体和疏水性 C_{60} 受体作为侧链的嵌段共聚物 **16**(图 1.4)，合成了可剪裁尺寸的域隔离纳米线光电导薄膜。使用基板或者通过旋涂或滴氯仿溶液来铸造，均获得一维纳米线，由于具有两亲性，在光盘上下方，嵌段共聚物的自组装分别与卟啉/C_{60} 形成了隔离盘，通过自识别进一步叠加成纤维结构，形成堆放有序的超分子 p/n 异质结。通过 FP-TRMC 测量，整体电导率和电荷载流子迁移率分别为 6.4×10^{-4} $cm^2/(V\cdot s)$ 和 0.26 $cm^2/(V\cdot s)$。

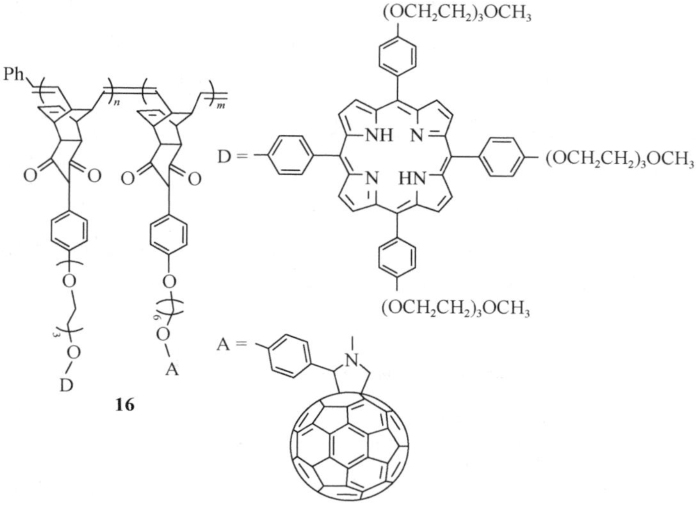

图 1.4 化合物 **16** 的结构示意图

2. 两亲性-疏水性组装

近年来，科学家致力于在溶液中或界面上构建自组装阵列的烷基化富勒烯[95]。Patnaik 等报道了烷基链功能化修饰的亚甲基富勒烯的自组装(**17**)(图 1.5)[96, 97]。Nakamura 等在空气/水界面合成了三(十二烷氧基)苯甲酰胺功能化的富勒烯有机凝胶因子的单层纳米结构(**18**)(图 1.5)[98]。相比传统的疏水性-亲水性共组装，C_{60} 和脂肪链的疏水性-两亲性组合，可增强疏水性和载体的机动性，是基于超分子组装的富勒烯先进功能软材料，具有良好的应用前景。

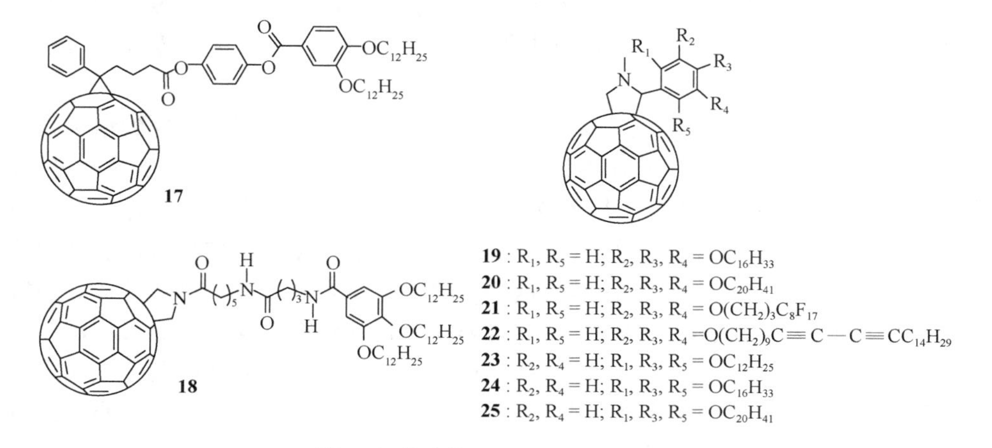

图 1.5 化合物 **17**～**25** 结构示意图

Nakanishi 等[99]在无溶剂条件下，用多(烷氧基)-苯基官能化富勒烯吡咯烷，形成高度有序的中间相，并通过改变溶液性质，调控材料结构。不同分子间力，如 C_{60} 曲面堆叠的相互作用，长脂肪链间的范德瓦耳斯力，都将导致不同形状的超分子结构。有趣的是，在自组装过程中，当冷却 **19**(图 1.5)的 1,4-二氧六环溶液，会导致单一双层圆片 **20**(图 1.5)变化为层状微观花状结构，其尺寸为 3～10 nm，而片状纳米结构厚度为几十纳米(**5**)。连续边缘卷曲导致圆片弯曲、伸展和断裂，结合边缘的双分子层生长，形成花型物质。高分辨率低温透射电镜和 X 射线衍射证实，多层纳米结构是由相互交叉的烷基链功能化修饰的 19 层状双分子层组装得到的。另外，在高定向热解石墨(HOPG)上旋涂氯仿溶液，也得到了一维层状结构，长度超过了 100 nm[100, 101]。

具有高粗糙度的宏观球状物质在微-纳米长度尺寸范围内具有超疏水表面[102, 103]。在硅片上 **20** 的球状薄膜大约有 20 nm 厚，并形成抗水的超疏水表面，与水的接触角为 152°，这些膜在极性有机溶剂、酸性/碱性水介质及加热条件下，都是持久耐用的。防水性和耐久性可归因于 **20** 的球状物的形貌和粗糙度，其形成来自于 C_{60} 部分键的相互作用和脂肪链之间的范德瓦耳斯力作用。有趣的是，使用自组装方法获得的超疏水薄膜可通过溶解在 $CHCl_3$ 中复原，并能重复使用。

探索自组装过程中烷基尾部和 C_{60} 的控制因素[103]，发现在非极性溶剂中(如正癸烷和正十二烷)，可形成球形颗粒，在 1,4-二氧六环中也有类似结果。扫描电镜显示加热和冷却后得到约 5 mm 和 10 mm 微粒，具有纳米片状外表面，与水的接触角分别为 163°和 164°。从非极性溶剂中组装的物质具有更高的接触角值，这归因于更疏水烃尾的存在。在这样的背景下，设计和合成了用于增强除湿性能的具有低表面自由能且更疏水的氟化尾巴的烃链。在–13℃和二乙氧基乙烷存在时，三个半全氟烷基链 **21**(图 1.5)与 C_{60} 衍生物的自组装导致 2～5 mm 大小的颗粒与纳米片状外部形态的形成，且在分子水平上进行层状排列，与水的接触角为 148°。表明类似于烃的衍生物，在极性溶剂中得到自组装组件，C_{60} 部分暴露于纳米片表面导致防水功能微粒的形成。

防水性物质的疏水性在 C_{60} 基等功能材料上具有潜在应用，但受到结构脆性的限制。提高稳定性的方法是在不妨碍组装纳米结构、表面形貌和性质的情况下，发生光交联反应[104]。含用烷基尾部 **22**(图 1.5)的可交联丁二炔修饰 C_{60} 进行自组装，获得 1 mm 的片状颗粒，具有 100 nm 厚度的褶皱花瓣状结构和多片层结构的分子排列。值得注意的是，即使是将这些材料浸泡在对单体(**22**)溶解性良好的极性溶剂中，如浸泡在氯仿中 12 h，紫外辐照交联片状颗粒可保持其原形状，并对大多数有机溶剂具有高电阻率。在 DSC 和 AFM 测试中，颗粒的热稳定性和刚性也得到了显著增强。片状颗粒的水接触角大约是 146.2°，远高于旋涂获得材料的接触角(102.1°)。在交联前后对自组装结构进行热处理，材料的水接触角明显不同。

在分子层面上，通过附加一个 2, 4, 6-三(烷氧基)苯基到 C_{60} 上(**23～25**)(图 1.5)，可起到精细调谐 C_{60} 聚集物的作用，烷基链的取代方式和长度应作为稳定剂来防止 C_{60} 聚集，导致室温条件下，液体材料作为一种新型的纳米碳流体[105]。与固体形态的衍射图案相比，液体形态的 X 射线衍射图呈现一个非常广泛的峰域。通过比储能模量(G')和损耗模量(G'')值，证实了衍生物的液体性质，其流体特性(如黏度)可通过改变链长度控制。除了流体性质，液体富勒烯保留 C_{60} 特性，如电化学性能和载流子迁移率，表现出高空穴迁移率[约 3×10^{-2} $cm^2/(V\cdot s)$]。由于结构缺陷的存在，这些功能有望开发非常有吸引力的新型碳材料。

1.4.4　C_{60} 的自组装控制

在不同样品制备中，原始 C_{60} 可形成不同形状的结晶组件，包括气相驱动的结晶和溶液驱动的自组装，如液-液界面沉淀、模板辅助浸渍干燥法和液滴干燥过程等[106-108]。通过三维 P-P 的相互作用，形成各种紧密堆积球形 C_{60} 结构，产生 C_{60} 微晶组件。具有特定几何形状的结晶 C_{60} 将具有广泛应用。在 C_{60} 溶剂控制结晶区，可形成不同大小和形状的规整纳米结构，如纳米棒、纳米管、纳米片和纳米晶须等。有趣的是，通过调变几何形状，可保留、增强或调控 C_{60} 的电学和光学性质。

Liu 等[108]在室温下，通过在玻璃、硅、钻石和不同金属基板上，蒸发间二甲苯 C_{60} 溶液，合成了微米和纳米级的六方单晶 C_{60} 间二甲苯纳米棒。热重分析表明，在 112℃时，呈现质量损失，归因于间二甲苯去除，可由红外光谱上 770 cm^{-1} 处的峰值进一步证实。荧光研究表明，相比于原始 C_{60} 晶体，掺杂间二甲苯后，C_{60} 的光致发光强度提高约两个数量级，分子之间范德瓦耳斯力相互作用，降低了 C_{60} 分子的二十面体对称性从而提高荧光强度。在异丙醇/甲苯界面，Miyazawa 等[106, 109]制备了 C_{60} 纳米晶须，呈现针状形貌，24 h 后在界面上形成亚微米直径和 10 nm 厚度的纤维材料，其长度对时间有一定依赖性，在 53 h 达到最大值(10 mm)。透射电镜显示两种不同类型的针状晶体，一个是较小和稳定的 A 型，另一个是耐电子束和太稳定的 B 型，其中，A 型晶体的稳定性是由 C_{60} 纳米晶须的聚合决定的。2007 年，该课题组通过酒精/四氯化碳界面沉淀法，制备出了大小可调、稳定和透明的 C_{60} 六角形晶体薄片[110]。改变溶剂，可导致厚度均匀的六边形纳米片的直径有序下降。碳原子数和醇的极性在粒径变化中起着至关重要的作用。高极性醇导致正六边形纳米片的形成，透射电镜研究表明了纳米片的多孔性，选区电子衍射也证实了六方结晶。自组装受制于多种因素的相互作用，由此要获得特定形貌的纳米和微结构非常困难。自组装过程中，一维棒、均匀状六边形、菱形和多边形 C_{60} 可分别在吲哚丙酸/四氯化碳、叔丁醇和甲苯、叔丁醇和苯的混合物界面上形成，叔丁醇/甲苯中的菱形薄片为面心立方和六边形 C_{60} 的混晶，而从吲哚丙酸/四氯化碳中得到的纯 C_{60} 粉末和六边形纳米片，显示面心立方和六方晶体结构[111]。

Cha 等[112]报道了一种制备大面积垂直排列的六角形 C_{60} 微米管阵列的简单方法。以 0.05 mL/min 的速率注射 IPA 到 C_{60}/甲苯溶液，引起阳极氧化铝膜处过饱和，使 C_{60} 晶体异质成核，通过改变生长条件，实现 C_{60} 微管的直径和密度调控，当 IPA 的注射速率降低时，基片上 C_{60} 微管的密度增加，并且垂直排列的 C_{60} 微米管尺寸分布缩小。Masuhara 等[113]用间二甲苯和异丙醇沉淀法合成独特多分支结构的 C_{60} 微/纳米晶体(M/NC)。当间二甲苯浓度增加时，C_{60} 微/纳米晶体的尺寸逐渐下降。当注入溶液的浓度从 0.5 mmol/L 增加到 1.5 mmol/L 时，形态从多枝状变化为立方结构。当 C_{60} 的间二甲苯溶液的浓度固定时，注入溶液的体积在调控晶体形貌方面起到了至关重要的作用。例如，具有束结构的棒状纳米晶体和各中空纳米晶体，可分别在 100 mL 和 500 mL 间二甲苯 C_{60} 溶液中获得。此外，老化温度也影响 C_{60} 细晶体的大小和形状，例如，353 K 时，得到两边比中部直径小的长棒状结构。

Ogawa 等[114]使用异丙醇/间二甲苯，通过液-液界面沉淀法合成了 C_{60} 纳米晶须。在真空和室温条件下，具有六角截面的长直纳米线可作为 FET 中桥接电极的渠道，并且载流子迁移率为 $2\times10^{-2}\ cm^2/(V\cdot s)$。尽管可制备不同形状和纵横比的 C_{60} 微/纳米结构，但直到现在，对不同结晶顺序和光电子或光电导性能之间并没有公认的相关性。此外，C_{60} 的结构尺寸并不足够大到工业上对功能性材料的需求。因此，制备微/厘米大小的 C_{60} 有待探索，同时，精确定位结构并降低载流子迁移率等的研究仍有待深化。

1.5　富勒烯的机械化学反应

由于富勒烯独特的球形结构和巨大的应用潜力，其成为全球的研究热点，目前主要是功能化富勒烯的制备。最常见的反应包括富勒烯的亲核反应，自由基加成，[2+1]、[2+2]、[2+3]和[2+4]环加成，卤化、氧化和还原等反应，大多数反应是在液相中进行的，在此主要描述富勒烯在无溶剂条件下的化学反应。

1.5.1　二聚和三聚

富勒烯聚合物的形成、结构鉴定和性质对其在分子器件、光电子和纳米技术等领域的应用具有重要意义。然而，由于它们在有机溶剂中的溶解度差，这些特性测定极为困难。在富勒烯的低聚物和聚合物中，其二聚体和三聚体被认为是必不可少的亚基。在二聚和三聚阶段，制备聚合物的常用方法，如高压/高温处理或光照射，不适合停止[2+2]反应，机械力化学法是获得富勒烯二聚体和三聚体的有效方法。

1. C_{60} 二聚体的合成

由于溶解度极低，富勒烯的溶液反应中需要大量溶剂，这成为一大限制。为解决该问题，机械球磨促进富勒烯的无溶剂反应成为热点。1995 年，Wudl 等[115]报道了 C_{60} 和 NaCN 在液相中的反应，作为概念的证明，Wang 等[116]在固相条件下，尝试了高速振动球磨(HSVM)驱动 C_{60} 和 KCN 的无溶剂亲核反应。此外，碱金属 Na 和 K 及其他金属，如 Mg、Al、Fe、Zn 和 Cu 对于 C_{60} 的二聚化有效。有机碱如 4-二甲基氨基吡啶、3,4-二氨基吡啶、咪唑、2,3-二氮杂萘和 4-氨基吡啶等可作为电子供体促进反应。使用非常少量的金属可获得 C_{120}，产率随金属量增加而增加。各种添加剂中，4-氨基吡啶最有效，C_{120} 产率可达 30%，可用常见有机溶剂洗涤和分离。

2. C_{60} 三聚体的合成

C_{60}、钾盐、金属或固体芳族胺在 HSVM 条件下，经机械球磨促进化学合成富勒烯二聚体 C_{120}，不仅可形成 C_{60} 的二聚体，而且可形成 C_{60} 的三聚体。C_{60} 和 4-氨基吡啶以摩尔比 1∶1 混合，在 HSVM 下处理 30 min，获得 C_{180} 和 C_{120} 的产率分别为 4%和 34%。

3. C_{60}-C_{70} 交叉二聚体的合成

类似于 C_{60} 的二聚化，C_{60}-C_{70} 交叉二聚体 C_{130} 可通过 HSVM 下的机械化学固态反应合成[117, 118]。将等量 C_{60} 和 C_{70} 及两当量的 4-氨基吡啶放入容器中，并通过 HSVM 处理 30 min，除得到 6% C_{120}、46% C_{60} 和 44% C_{70} 外，还得到 1.5% C_{130}，其中 C_{60} 是以[2+2]方式以 1,2-键连接到 C_{70} 上的。相比之下，将 1 当量 C_{60}、1 当量 C_{70} 和 4 当量无水 K_2CO_3 的混合物放置在研钵中，用研杵手工研磨 15 min，得到 3% C_{130} 和 8% C_{120} 两种异构体。在 C_{130} 的手工研磨合成中，K_2CO_3 的作用重要，而其他试剂如 4-氨基吡啶在反应中作用不明显。

4. C_{70} 二聚体的合成

在 5 GPa 高压和 200℃下，摩尔比为 1∶2 的 C_{60} 和双(亚乙基二硫基)四硫富瓦烯发生共聚，获得产率约 80%的 C_{120}。C_{70} 在高压(1 GPa)和高温(200℃)下，也可发生二聚反应，获得 C_{140}，通过[2+2]环加成帽-帽反应，得到 C_{2h} 对称分子这种单一产品[119]，用于合成 C_{60} 和 C_{70} 二聚体的所有方法均需要高温和高压及特殊装置。尽管通过 HSVM 技术可以成功地实现 C_{60} 二聚体和 C_{60}-C_{70} 交叉二聚体的合成，但无法实现 C_{70} 二聚化。Shinohara 等[120]开发了一种手工研磨法，采用无水碳酸钾作为催化剂生产 C_{70} 二聚体。将 C_{70} 和过量的 K_2CO_3 混合放入研钵，并用研杵搅拌 15 min，C_{140} 的分离产率为 8%，其中，K_2CO_3 对促进反应至关重要。

5. 桥状 C_{60} 二聚体的合成

上述 C_{120} 的机械化学合成是在惰性气氛下进行的，而通过 HSVM 进行反应时不需要氮气保护，除了 C_{120} 外，还发现两个氧桥连的 C_{60} 二聚体[121]。通常情况下，C_{60} 和 K_2CO_3 的混合物置于 HSVM 反应器中，并在空气气氛下以 2500 r/min 的速率振动 1 h，得到 C_{120}、$C_{120}O$ 和 $C_{120}O_2$ 的混合物，可通过 HPLC 进行分离。与之前的方法相比，这种 HSVM 方法更方便实用。在 175℃下加热 15 min，可定量解离为 C_{60}，而 $C_{120}O$ 和 $C_{120}O_2$ 二聚体更稳定。例如，$C_{120}O$ 在 200℃下不分解，甚至在 350℃下加热 4 h 后也只能检测到极少量 $C_{120}O_2$ 二聚物的解聚物。

1.5.2 亲核加成

烷基锂或格氏试剂的亲核加成是 C—C 键形成的基本反应。富勒烯作为亲电试剂，容易被各种亲核试剂攻击。载体阴离子亲核试剂如有机锂、格氏试剂、氰化物、碳阴离子及含有羰基、炔基、氰基和硝基的 α-卤代碳酸酯与 C_{60} 在溶液中均可发生反应。

1. *有机锌试剂亲核加成到* C_{60}

在富勒烯无溶剂化学反应中，Wang 等[122]研究了 C_{60} 的 Reformatsky 型反应。如图 1.6 所示。在氮气保护下的胶囊中放入摩尔比 1∶5∶20 的 C_{60}、溴乙酸乙酯和锌粉，以 2800 r/min 的转速剧烈搅拌 20 min，再用三氟乙酸处理，得到了预期的加合物 **26**，产率为 17.2%，与此同时，又得到少量副产物 **27**(0.8%)、**28**(3.9%)和 **29**(1.8%)。产物 **28** 显然是通过向 **26** 中加入 $BrZnCH_2CO_2Et$ 形成的，因此可作为有机锌试剂的指示剂。反应时间对产物分布具有显著影响。C_{60} 的转化率在反应 40 min 时达到最大值 40%，而副产物 **28** 的增加是以 **26** 的损失为代价的。当混合反应进行 1 h 时，**26** 的产率降至 13%，而 **28** 的产率提高至 8%。当用镁代替锌时，加合物 **28** 为主要产物。

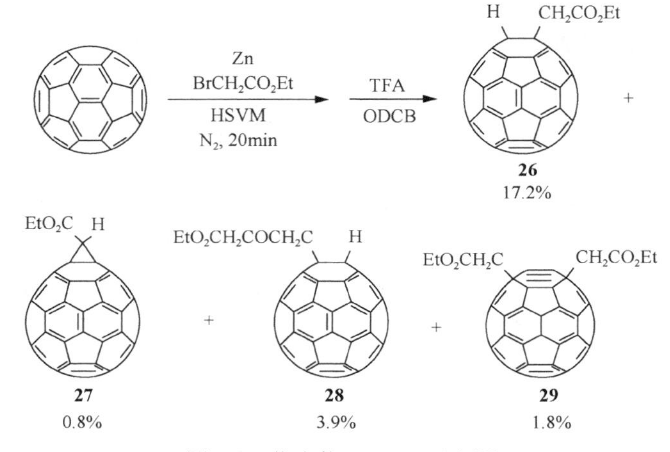

图 1.6 化合物 **26**～**29** 示意图

2. C_{60}与有机溴化物和碱金属的反应

通过机械研磨技术，成功地对 C_{60} 进行了 Reformatsky 型亲核加成反应，为其他类似的亲核反应铺平了道路。1999 年，Tanaka 和 Komatsu[123]报道了在碱金属存在下，烷基或芳基溴化物与 C_{60} 在 HSVM 条件下的无溶剂反应。将 C_{60}、芳基溴或烷基溴和金属钠以摩尔比为 1∶(2～3)∶(4～6)混合，然后在 HSVM 条件下研磨 30 min，再用三氟乙酸淬灭，获得烷基化或芳基化的 C_{60} 衍生物 **30a~e**(图 1.7)，产率为 6%～24%，同时有 3%的 C_{120}。其他碱金属如钾和锂，也在该反应中有效，而镁得不到理想的结果。

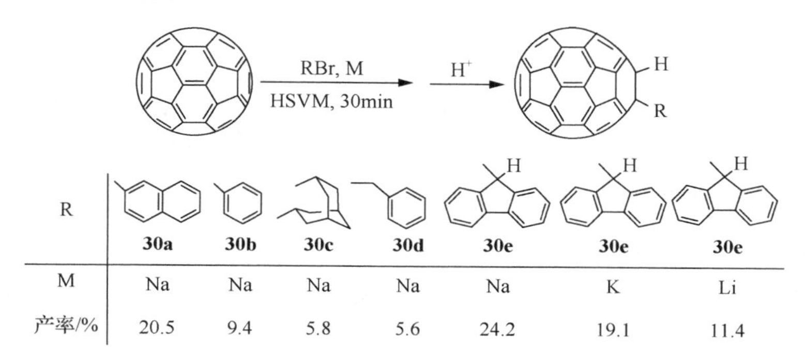

R	30a	30b	30c	30d	30e	30e	30e
M	Na	Na	Na	Na	Na	K	Li
产率/%	20.5	9.4	5.8	5.6	24.2	19.1	11.4

图 1.7　化合物 **30** 的结构示意图

3. 活性亚甲基化合物亲核加成 C_{60} 和 C_{70}

在富勒烯化各种反应中，环丙烷化富勒烯的 Bingel 反应是最为广泛研究的反应之一[124]。通常通过 α-卤代丙二酸酯或 α-卤代 β-二酮的去质子化作用产生碳亲核试剂，攻击 C_{60} 的 C═C 双键，随后分子内亲核取代导致 C_{60} 环丙烷化生成。在四溴化碳存在下，α-溴代羰基化合物也可由活性亚甲基化合物原位产生。在典型的 Bingel 反应中，使用有机碱如 1,8-二氮杂双环[5.4.0]十一碳-7-烯，实现活性亚甲基化合物去质子化，可扩展至 C_{70} 的环丙烷化，得到单-和双-环丙烷化 C_{70}，产率略高于 C_{60}。C_{70} 与溴代丙二酸二乙酯在 HSVM 条件下反应，可选择性产生异构体亚甲基富勒烯 **31**，这是由 C_{70} 中最具活性的 1,2-键反应得到的。与 C_{60} 的反应类似，加入 NaOAc 与 C_{70} 和溴丙二酸二乙酯反应，得到 74%的 **31**，而使用 K_2CO_3 会导致大量双加合物的形成，包括比例为 1.3∶2.8∶1 的 **32a~c** 三种异构体，总产率为 29%。在球磨机中进行更大规模的 Bingel 反应也是可行的(图 1.8)[124]。例如，当使用质量比为 82∶18 的 C_{60} 与 C_{70} 在 HSVM 条件下，与溴丙二酸二乙酯和 Na_2CO_3 反应 1 h，得到 44%的单加合物和 19%的双加合物异构体。

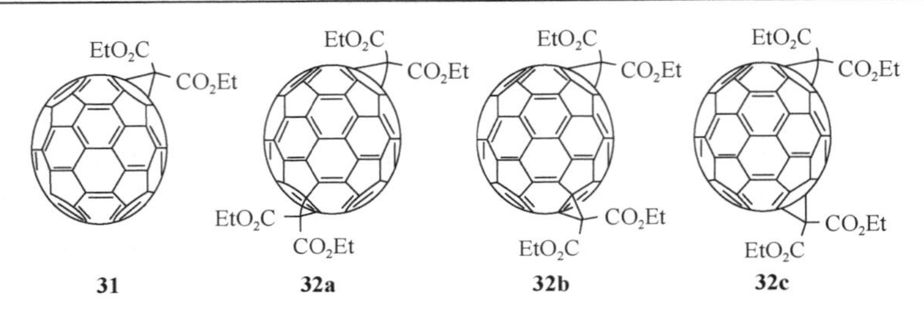

图 1.8　化合物 **31** 和 **32** 的结构示意图

1.5.3　C_{60} 的环加成反应

1. C_{60} 的[2+3]环加成反应

除 Bingel 反应外，1,3-偶极环加成反应也是合成富勒烯衍生物的重要反应。各种 1,3-偶极子，包括偶氮甲碱内鎓盐、重氮化合物、叠氮化物、氧化腈、腈内鎓盐、腈亚胺和吡唑啉鎓内鎓盐均可与富勒烯发生反应。

1) C_{60} 的[2+3]有机叠氮化物环加成反应

自 1993 年 Prato 等[125]发现有机叠氮化物与 C_{60} 的反应以来，这种液相 1,3-偶极环加成反应已经得到广泛应用。有机叠氮化物与 C_{60} 反应仅在低温下产生三唑啉衍生物，且在加热时，三唑啉衍生物将转化为 5,6-开环和 6,6-封闭的氮杂富勒烯。如图 1.9 所示，将 C_{60} 和叠氮化物 **33** 的混合物在 HSVM 条件下剧烈振动 30 min 后，可获得产率为 62%～76%的三唑啉衍生物 **34**。当三唑啉 **34b** 在固体状态下，120℃条件下加热 2 h 后，分别获得产率为 41%和 19%的 5,6-开环和 6,6-封闭的氮杂富勒烯 **35b** 和 **36b**。

有机叠氮化物也可原位合成。如图 1.9 所示，C_{60}、苯肼盐酸盐 **37a** 和亚硝酸钠以 1∶2∶6 的摩尔比混合，并在 HSVM 条件下反应 30 min，获得富勒并三唑啉 **38a**，产率为 22%，并可很容易地消除分子氮，得到单一异构体的氮杂氰烷 **39a**。通过与芳基叠氮环加成形成全六甲三唑啉 **38a**，其中，芳基叠氮化物由苯肼盐酸盐 **37a** 和 $NaNO_2$ 原位形成[126]。

2) C_{60} 的[2+3]重氮化合物环加成反应

在早期研究中，有将重氮化合物加成到 C_{60} 上合成亚甲基富勒烯。例如，图 1.10 中，C_{60} 与单苯基重氮甲烷和二苯基重氮甲烷、重氮甲烷和二甲基重氮甲烷、重氮乙酸盐与重氮丙二酸盐和重氮酰胺的反应[127-132]，可合成全氟吡唑啉衍生物 **40**，再加热或光照可转化为 5,6-开环的富勒烯(**41**)和/或 6,6-封闭的亚甲基富勒烯(**42**)。

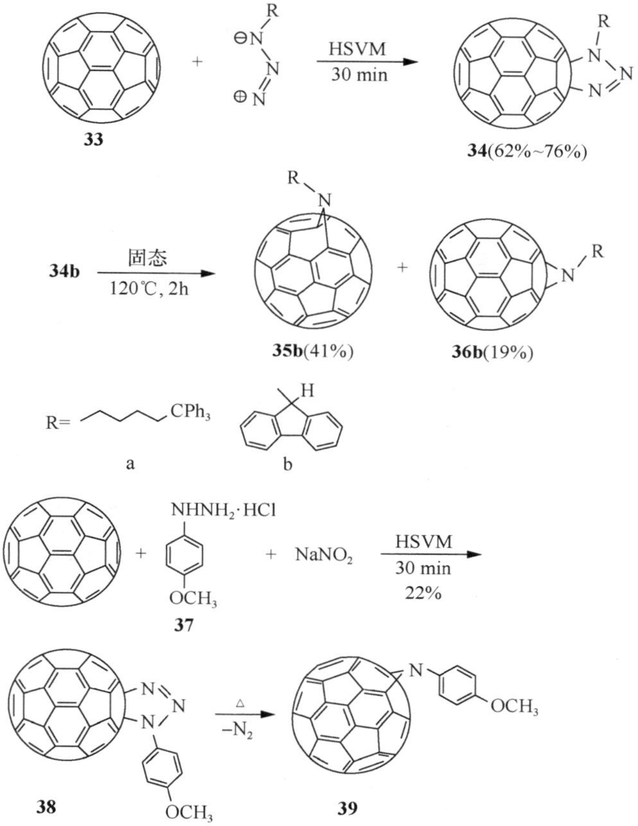

图 1.9　化合物 **33**～**39** 的结构示意图

Komatsu 等[133]采用 HSVM 下 C_{60} 与 9-重氮芴反应合成 9,9-荧光富勒烯 **44**，但吡唑啉前体 **43** 不能被分离(图 1.10)。Wang 等[134]用烷基重氮乙酸盐代替 9-重氮芴，也在 HSVM 条件下制得全氟吡唑啉。如图 1.10 所示，将 C_{60}、甘氨酸乙酯盐酸盐和 $NaNO_2$ 按照摩尔比 1∶1∶2 混合，剧烈研磨后在 HSVM 下反应 30 min，得到 C_{60}-稠合的 2-吡唑啉 **46**，产率为 48%。重氮乙酸乙酯 C_{60} 的 1,3-偶极环加成合成重氮乙酸乙酯 C_{60}，再与甘氨酸酯盐酸盐和亚硝酸钠反应获得 1-吡唑啉 **45**，经异构化可成功产生 2-吡唑啉 **46**。

尽管室温时也可在溶液中实现反应，但需要过量原料和长时间反应，表明 HSVM 条件下反应具有节能和省材的优点；当反应在回流甲苯中进行时，仅获得亚甲基富勒烯 **47** 和富勒烯 **48**、**49**，表明 HSVM 条件下反应更加高效。吡唑啉 **46** 在甲苯中回流是稳定的，因此，C_{60} 与重氮基乙酸烷基酯在 110℃下反应形成 **47**～**49**，源于卡宾机理，而非 1,3-偶极环加成机理[135]。

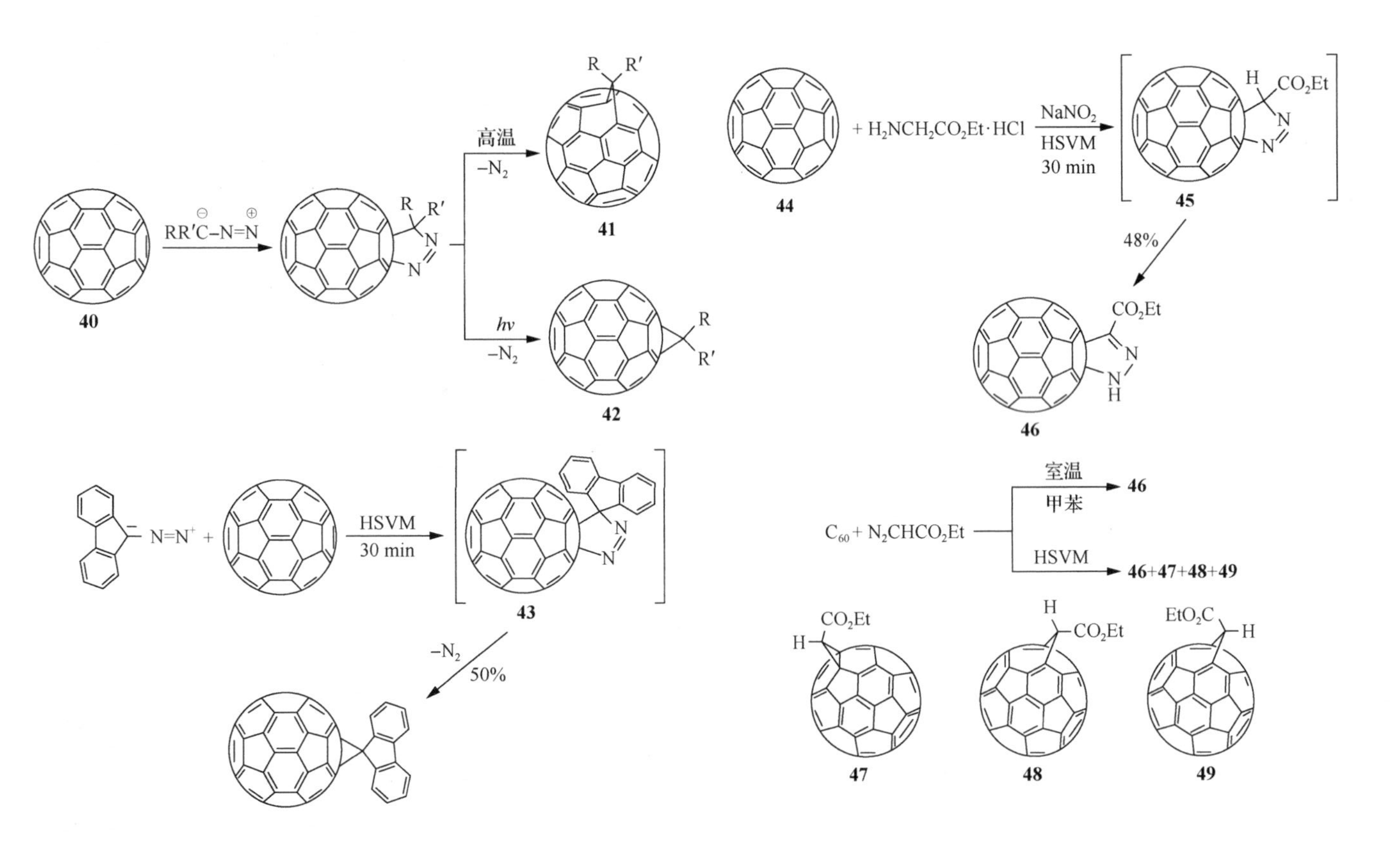

图1.10 化合物**40～49**的结构示意图

3）偶氮甲碱叶立德对 C_{60} 和 C_{70} 的 1,3-偶极环加成

偶氮甲碱叶立德对 C_{60} 的 1,3-偶极环加成，也称为 Prato 反应，是官能化富勒烯的最通用方法。如图 1.11 所示，Wang 等[136]在 2003 年首次报道了 HSVM 技术应用于 Prato 反应，将 C_{60}、*N*-甲基甘氨酸和各种醛 **50a~e** 按照摩尔比为 1∶1∶1 混合，剧烈研磨 1 h，获得产率为 18%～30%的富勒烯并吡咯烷 **52a~e**。在水和空气存在下，C_{60} 与氨基酸直接在 HSVM 条件下进行 Prato 反应，也形成富勒烯并吡咯烷产物。在 C_{60}、O_2 和 H_2 存在下，氨基酸罕见地发生 C—N 键裂解产生相应的醛，再与氨基酸反应得到偶氮甲碱叶立德，最后获得 C_{60} 的 1,3-偶极环加成产物富勒烯并吡咯烷。

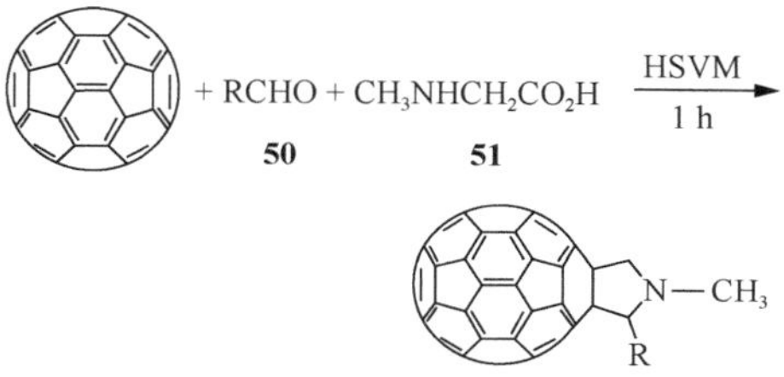

+ RCHO + $CH_3NHCH_2CO_2H$ HSVM / 1 h

50　**51**

N—CH_3　R

52a~e

52a: R = H; **52b**: R = C_6H_5; **52c**: R = *p*-NO_2-C_6H_4;
52d: R = *p*-CH_3O-C_6H_4; **52e**: R = *p*-$(CH_3)_2N$-C_6H_4

图 1.11　化合物 **50**～**52** 的结构示意图

2. C_{60} 的[4+2]环加成反应

1）缩合芳烃与 C_{60} 的 Diels-Alder 反应

Komatsu 等[137]报道 HSVM 驱动固态 C_{60} 的[4+2]环加成反应。如图 1.12 所示，C_{60} 与蒽以摩尔比为 1∶1.2 混合反应 1 h，同时得到单加合物 **53** 和双加合物 **54**，产率为 55%和 19%，而研磨得到的单加合物 **53** 产率只有 2%。与萘溶液在 200℃下反应 48 h 获得 39%的产物 **53**，HSVM 条件下反应时间最短，仅需 1 h。已知 Diels-Alder 反应为可逆反应，通过 HPLC 检测显示，反应约 30 min 后，达到 **53** 合成与解离的平衡。随着 **53** 量逐渐减少，双加合物 **54** 逐渐增加；同样，HSVM 条件下在 C_{60} 和其二聚体 C_{120} 之间也观察到类似现象。

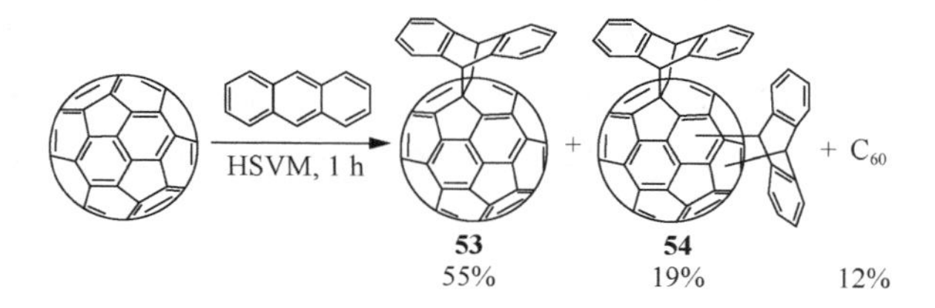

图 1.12　化合物 **53** 和 **54** 的结构示意图

2)酞嗪与 C_{60} 的 Diels-Alder 反应

如上所述，HSVM 条件下化学反应比液相反应更具有优越性。例如，如图 1.13 所示，C_{60} 与氰化钾或氰化钠在 HSVM 条件下选择性反应产生[2+2]二聚体 C_{120}，而在溶液中，相同反应仅产生氰化的 C_{60} 衍生物[138]。另外，C_{60} 与并五苯在溶液中反应，产生 1∶1 环加成产物，而在 HSVM 条件下进行相同反应，获得 C_{60}-并五苯 2∶1 加合物[138]。再有，HSVM 条件下，摩尔比为 1∶4 的 C_{60} 和酞嗪混合物反应 1 h，再在 200℃下加热 2 h，得到具有两个 C_{60} 笼的双环框架产物 **55**，产率为 14%。而当 C_{60} 与 1 当量的酞嗪在 1-氯萘溶液中，于 255℃下反应 1 h，得到开环富勒烯 **56**，产率为 44%[139]。

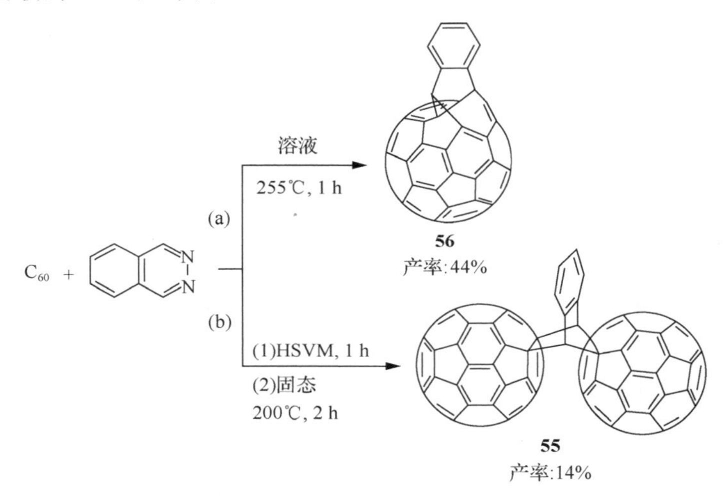

图 1.13 化合物 **55** 和 **56** 的结构示意图

3)二-(2-吡啶基)-1,2,4,5-四嗪与 C_{60} 的 Diels-Alder 反应

如图 1.14 所示，正如酞嗪与 C_{60} 的 Diels-Alder 反应，当等摩尔量的 C_{60} 和 3,6-二-(2-吡啶基)-1,2,4,5-四嗪在氮气气氛中 HSVM 条件下反应 1 h，获得超过 90% 产率的[4+2]环加成产物 **57**，产率几乎定量，明显高于在甲苯中回流得到的产率，**57** 对水高度敏感，且可以通过不寻常的重排过程转化为产物 **58**。然而，当 C_{60} 与 3,6-二-(2-吡啶基)-1,2,4,5-四嗪的比例增加至 2∶1 时，HSVM 条件下反应后再在 150℃下加热 2 h，获得两个 C_{60} 笼结合在 2,3-二氮杂双环[2.2.2]辛-2-烯骨架中的双富勒烯化合物 **59**，产率为 27%。与大富勒烯化合物 **55** 类似，可见光照射下，**59** 可在 ODBC 中经历分子内[2+2]反应，定量给出产物 **60**[140]。

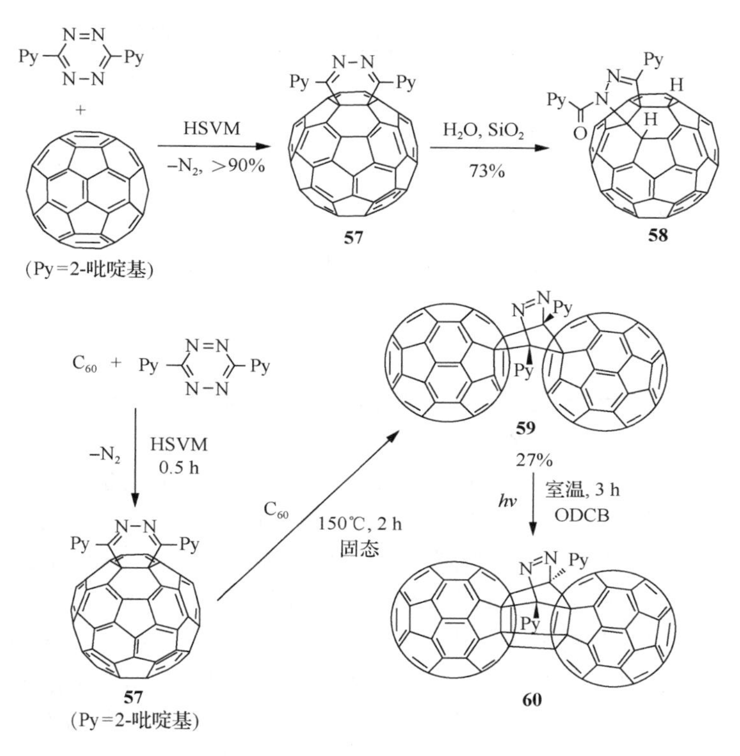

图 1.14　化合物 **57**～**60** 的结构示意图

1.5.4　C_{60} 自由基加成反应

自由基反应也是官能化富勒烯非常有效的方法。在有机合成中，乙酸锰(III)二水合物[Mn(OAc)$_3$ · 2H_2O]常用于羰基化合物产生碳中心自由基，由 Mn(OAc)$_3$· 2H_2O 促进活性亚甲基化合物与 C_{60} 进行自由基反应，可合成多种富勒烯衍生物。

氢化富勒烯 C_{60}HR 是非常有用的前驱体，可进一步官能化，也可以容易地去质子化，得到中间体 $C_{60}R^-$。通过 C_{60} 与锌和烷基卤化物或与烷基/芳基溴化物在碱金属存在下反应，获得固态氢化富勒烯 C_{60}HR[122]。另据报道，C_{60} 与苯肼盐酸盐在氯苯中回流反应可获得新的氢化富勒烯 C_{60} HAr[141]。然而，HSVM 条件下进行无溶剂反应却未能获得产物。如图 1.15 所示，当加入无机或有机碱以除去氯化氢时，反应可顺利进行，在最佳条件下，反应 30 min 得到了 1-芳基-1,2-二氢[60]富勒烯 **61a~e**，产率为 20%～30%。

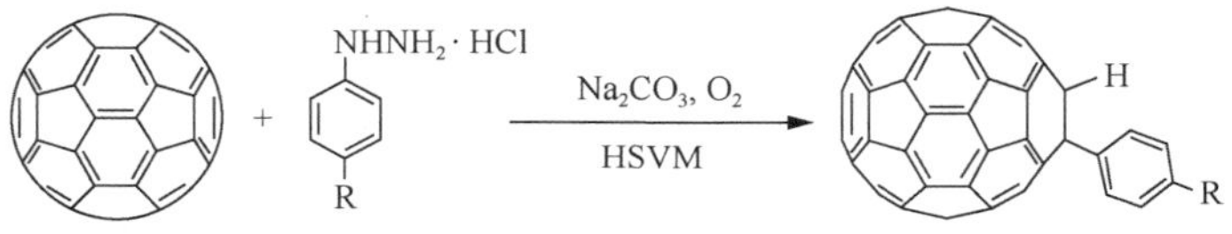

$NHNH_2 \cdot HCl$

Na_2CO_3, O_2

HSVM

37a~e　**61a~e**

37a, **61a**: R=OCH_3; **37b**, **61b**: R=CH_3; **37c**, **61c**: R=H;
37d, **61d**: R=Cl; **37e**, **61e**: R=NO_2

图 1.15　加入无机或有机碱的反应示意图

1.5.5　C_{60} 氧化反应

据报道，C_{60}在苯中通过光照被氧化为$C_{60}O$。富勒烯二聚体C_{120}可通过 HSVM 技术在惰性气氛下使C_{60}与 KOH 反应形成。然而，当在空气中进行反应时，获得完全不同的产物。将 45 mg C_{60}与 250 当量的 KOH 放置在研磨机中，并在空气中反应 1 h，得到产率为 84%的$C_{60}(OH)_n$(n=27.2)，反应过程中，KOH 与C_{60}反应形成了$C_{60}(O)_n$，随后被亲核攻击，得到了$C_{60}(O)_n^-(OH)_m$。再以 550 r/min 的球磨 1 h，获得经验式为$C_{60}(OH)_{27.6}H_{7.1}$的富勒烯醇[142]。用$LiNH_2$代替 KOH 将会导致含有 OH 和NH_2基团加合物的形成，获得经验式为$C_{60}(OH)_{8.7}$-$(NH_2)_{3.5}H_{3.5} \cdot 3HCl$的富勒烯醇。当用对氨基苯甲酸、$\varepsilon$-氨基己酸和磺胺酸机械化学处理$C_{60}$时，也获得富勒烯衍生物。由于存在羟基、羧基和磺酸基团，所得衍生物是水溶性的，这有助于它们在聚乙烯醇基质中均匀分布以形成纳米复合材料[142]。在 1 atm(1 atm=101325 Pa)氧气气氛下，C_{60}在 HSVM 条件下进行氧化反应，形成含有 C—O—C 和 C═O 键的聚氧化富勒烯$C_{60}O_n$，根据研磨时间、振幅和球密度的不同，n可在 1.4～12.4 范围内调变，有趣的是，在机械研磨期间，发现在C_{60}的存在下，产生$^1O_2$并发挥关键作用[143]。

1.5.6　富勒烯配合物的形成

富勒烯在水中的溶解度对其在生物、药物和化妆品中的应用极为重要。富勒烯与环糊精(CD)及聚乙烯吡咯烷酮的复合是提高溶解度的有效方法。溶液中进行络合相当耗时，因此，HSVM 技术由于快捷和简单而更具吸引力。

1. 富勒烯包合物的形成

Braun 等[144]首先将 HSVM 技术应用于C_{60}与 CD 的络合。将 10 mg C_{60}与 100 mg CD 放在玛瑙研磨机中混合反应 20 h，形成C_{60}和 CD 的超分子主-客体复合物，在水中的溶解度为1.5×10^{-4} mol/L，C_{70}与 CD 的络合物也可用相同球磨法制备。与低能球磨法相比，HSVM 技术在C_{60}和C_{70}与 CD 的络合中更有效。当

C_{60} 和 4 当量 CD 混合物通过 3500 r/min 速率摇动，仅反应 10 min 就获得目标产物，溶于水后呈品红色，在水中的饱和浓度为 1.4×10^{-3} mol/L，溶解度显著高于其他方法获得的络合物。两周后，从溶液中分离出紫色结晶，得到了具有双键结构的 1∶2 C_{60}-CD 络合物。

将 C_{70} 与 8 当量的 CD 混合，再在 HSVM 条件下处理 10 min，可得 C_{70} 的络合物，水中溶解度为 7×10^{-4} mol/L，比其他方法获得的络合物溶解度提高一个数量级[145, 146]。杯芳烃也可用作 C_{60} 及其衍生物的主体。类似地，当等摩尔量的磺基芳烃混合物 **62**（图 1.16）和 C_{60} 在 HSVM 条件下处理 10 min，获得络合物的溶解度为 1.3×10^{-4} mol/L。富勒烯二聚体 C_{120} 几乎不溶于大多数有机溶剂。然而，当使用 **62** 并通过 HSVM 下处理 10 min 时，形成的复合物溶解度显著改善，达到 1.6×10^{-4} mol/L。

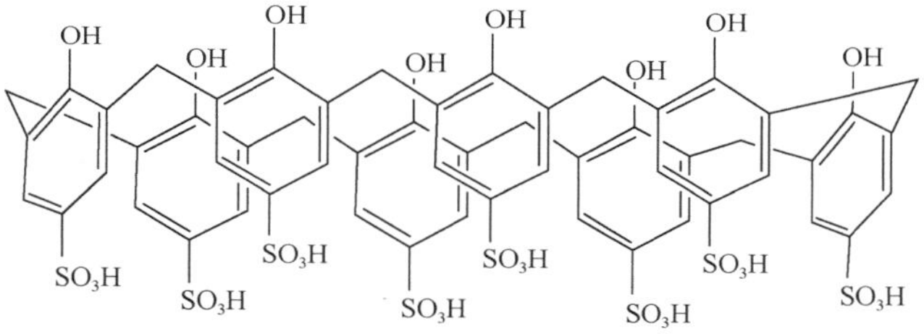

62

图 1.16　化合物 **62** 结构式

2. 富勒烯电荷转移络合物的形成

富勒烯可与富电子叔胺形成电荷转移络合物。尽管在水溶液中 DABCO（1,4-二氮杂双环辛烷）与 C_{60} 不能反应获得电荷转移络合物[$DABCO^{+}(x)^{-}C_{60}^{-}(y)$]，但可通过手动研磨并干燥制备，该络合物可溶于水介质，并显示弱顺磁性。同样，C_{60} 和六胺的电荷转移络合物也可通过室温下手工研磨合成，且在水中显示良好的溶解性[147]。

1.6　纳米复合物

纳米复合材料具有独特性质，是作为金属、陶瓷和聚合物增强剂的候选物，本节重点介绍机械法合成富勒烯纳米复合材料。

1.6.1　C—M 键的形成

1. C—Al 键

富勒烯相关材料与金属或金属合金纳米复合材料一起研磨的过程中，在碳材料和金属中都将引入一些缺陷，并形成 C—M 键[148]。富勒烯（C_{60}/C_{70}）比石墨更易与铝形成合金，获得 Al-富勒烯或 Al-石墨复合材料。Al-富勒烯在 773 K 和 100 MPa 下以 3.3 K/s 的加热速率进行 10 min 放电等离子体烧结，可完全转化为 Al_4C_3，而在 Al-石墨复合材料中仅观察到碳的部分转变。

碳纳米管（CNT）可与金属 Al 或 Al 合金形成 C—Al 键，300 r/min 球磨 CNT 与 Al 即可形成 C—Al 键，该过程中，CNT 分解成高活性 C 原子并溶解到 Al 基体中以形成无定形 Al—C 相，碳化铝 Al_4C_3 可通过球磨和后续加热由碳纳米管和 Al 形成，当多壁碳纳米管（MWNT）浓度为 0.25wt%～2.0wt%（wt%表示质量分数）时均能够形成 Al_4C_3，其得率随 MWNT 浓度增加而增加。5%体积的 CNT 和 Al 粉以 400 r/min 球磨 20 h，再经 873 K 烧结可完全转化为 Al_4C_3。与 CNT 和富勒烯相比，尽管石墨烯片状物具有一定程度化学惰性，但也能与 Al 粉反应形成 Al_4C_3[149]。

2. 其他 C-金属（M）键

富勒烯、碳纳米管和石墨均能通过机械研磨形成各种 C—M 键，包括 Ti、V、Cr、Mo 和 W 都能够与富勒烯（C_{60}/C_{70}）进行合金化。在氩气气氛下，金属 Ti 与富勒烯以摩尔比 1∶1 混合，在常规卧式球磨机中 95℃下研磨 3.5 h，可观察到碳化物形成[150]。但即使研磨金属 Ti 和富勒烯 10 h，也没有观察到形成碳化物。加热处理 V-富勒烯，观察到了碳化物。与富勒烯类似，在加热球磨石墨和金属 V 混合物后可以获得碳化物[150]。锂可通过球磨嵌入石墨中形成 Li—C 键，采用不同研磨方法，可分别获得 LiC_6、LiC_{12} 和 Li_2C_2 三种碳化物[151]。

1.6.2 富勒烯-金属复合材料

C_{60} 因其独特结构使其成为金属基体很有价值的添加剂，以改善其机械性能，生产新材料或形成金属富勒烯。通过球磨或机械混合，再经热压技术制备纳米复合材料如 Al-C_{60}、Cu-C_{60} 和 $(Bi, Sb)_2Te_3$-C_{60}，观察到物理性质如硬度和塞贝克系数的改善[148, 152-154]。例如，Al-C_{60} 复合材料的硬度比纯 Al 高 6 倍，Cu-C_{60} 复合材料的硬度比纯 Cu 增加 10 倍，而 $(Bi, Sb)_2Te_3$-C_{60} 复合材料晶格热导率和电导率降低，但塞贝克系数增加。

1.6.3 碳纳米管-无机复合材料

碳纳米管（CNT）具有约 1.8 TPa 的杨氏模量，是复合材料的理想增强材料。通过机械研磨可制备许多 CNT-无机纳米复合材料，包括 CNT-Al[155]、CNT-Mg[156]、CNT-Co[157]、CNT-Cu[158]和 CNT-Ti[159]、CNT-Al 合金[160]、CNT-Mg 合金[161]、CNT-NiCoAlMn[162]、CNT-LiTiO[163]和 CNT-TiCuNiSn[164]、CNT-Si[165]、

CNT-MgH_2[166]、CNT-$LiBH_4$[167]、CNT-羟基磷灰石[168]和 CNT-钨磷酸等[169]。

将 CNT 等复合材料进行研磨，可增强机械性能，包括硬度[155]、杨氏模量[170]、屈服强度[164]、最大强度[171]、拉伸强度[172]和断裂强度[164]。例如，研磨负载 CNT 2wt%的 CNT-Al 复合材料 72 h，可使硬度增加 2 倍，拉伸强度提高约 21%，同时，研磨负载 12 vol%（vol%表示体积分数）CNT 的 CNT-$Ti_{50}Cu_{28}Ni_{15}Sn_7$ 复合材料，硬度和断裂强度均显著增加。而具有 1.5 wt% CNT 的 CNT-AA5083 复合材料研磨后，杨氏模量、屈服强度和拉伸强度分别增强了 3%、27%和 18%。球磨也能提高储氢能力和电化学性能。例如，球磨 60 min 后，CNT-MgNi 复合电极的放电容量从 400（mA·h）/g 增加到 480（mA·h）/g，CNT-Si 复合材料的最高可逆容量的变化（C_{rev}）和最低不可逆容量的变化（C_{irr}）分别达到了 1845（mA·h）/g 和 474（mA·h）/g，库仑效率从 46%增至 80%。

1.6.4　石墨烯（或石墨）-无机材料形成的纳米复合材料

研磨可制备石墨烯（或石墨）-Al 或 Al 氧化物、石墨-Mg、石墨-Li、石墨-$MmNi_{5-x-y-z}Co_xAl_yMn_z$（AB5，Mm 是混合金属）、石墨烯-$LiNiCoMnO_2$、石墨烯-$TiO_2$、石墨-$MgH_2$、石墨-NaH 和石墨-$CaH_2$ 等复合材料，同时改善复合材料的机械和电化学性能，取决于研磨时间和石墨含量[149, 151, 173-177]。例如，石墨-Al 复合材料硬度可增加 4 倍，同时屈服强度和硬度也显著增加。同样，石墨烯纳米片-Al_2O_3 复合材料的渗透阈值降低到 3 vol%，且电导率增加到 5709 S/m。与 $LiNiCoMnO_2$ 相比，$LiNiCoMnO_2$-石墨烯复合材料表现出高放电容量、良好的倍率性能和循环性能。石墨烯氧化物-P25 光电极的孔隙率界面复合电阻和短电流密度随石墨烯氧化物添加量而增加，添加 4.5 mL 时，最大光电转换效率达 5.09%，明显高于纯 P25 的 4.43%。

1.6.5　碳纳米管-聚合物纳米复合材料

通过机械球磨法可将 CNT 掺入聚 L-赖氨酸、聚苯乙烯、聚丙烯、聚乙烯、聚甲醛、环氧树脂、乙烯基酯-聚酯树脂、聚对苯二甲酸乙二醇酯、聚对苯二甲酸丁二醇酯和聚氨酯等聚合物基质中，制备均匀分散的 CNT-聚合物纳米复合材料，可改善聚合物性能，如热稳定性、力学行为和电子性能，并由此拓展应用[178]。例如，将 1wt%～2wt%的 CNT 掺到聚乙烯基质后热降解显著延迟，弹性模量增加约 80%，拉伸强度和拉伸模量提高约 25%，挠曲模量和强度分别提高了 36%和 33%，同时导电性和机械参数也显著改善。

1.6.6　石墨烯（或石墨）-聚合物纳米复合物

石墨-聚合物纳米复合材料制造的关键问题是确保石墨的良好剥离和在聚合

物基质中的高分散，机械研磨具有显著优越性[179]。例如，通过机械研磨法制得了石墨烯纳米片-聚苯乙烯（PS）、石墨-聚丙烯（PP）、石墨烯纳米片-环氧树脂、石墨-硅氧烷、石墨烯纳米片-聚乙烯（PE）和石墨烯纳米片-乙烯-乙酸乙烯酯（EVA-g-MAH）等复合材料。石墨纳米片原位剥离成石墨烯纳米片，且在掺入聚合物基质时发生横向碎裂。所制备的纳米复合材料表现出非凡的电性能、热稳定性、机械性能和热导率。石墨烯纳米片-PS 纳米复合材料表现出非凡的电性能，渗透阈值约为 2.7 wt%，远远超过作为参照物的原始石墨或炭黑。将膨胀石墨烯纳米片掺入环氧树脂中，改善了挠曲模量和硬度，并将断裂韧性提高到 60%，导热性提高 36%。25 wt%石墨烯纳米片与硅氧烷复合材料，其热导率达到 3.15 W/(m·K)，比单独硅氧烷增加了约 18 倍。当含有 20 wt%石墨烯纳米片时，复合材料的模量增加了 1.5 倍，另外，石墨烯纳米片-EVA-g-MAH 纳米复合材料也显示出低渗滤阈值和高热稳定性。

1.7 杂化材料

1.7.1 碳相关材料及其储氢性能

氢存储能力可通过碳相关材料中的缺陷结构提升，因为缺陷能够充当氢捕获位点[180]，机械研磨是增加碳相关材料缺陷的有效方法之一[181]。CNT 的精细结构调控有利于电化学氢存储，球磨已用于大规模生产 CNT，由于不能将分子氢分解成原子氢，CNT 的储氢能力有限，但微孔体积、比表面积和适当的缺陷对储氢能力有促进作用。通过球磨形成 CNT-Mg、CNT-Mg_2Ni、CNT-MgH_2 和 CNT-$LiBH_4$ 复合材料可改善储氢能力。例如，在 2.0 MPa 氢压和在 373 K、473 K 和 553 K 下，Mg-5wt% CNT 复合材料的最大储氢容量分别为 5.34 wt%、5.89 wt%和 6.08 wt%。研磨 1 h 的 $LiBH_4$-30 wt% CNT 复合材料也显著改善氢储存性能，在 450℃下，在 50 min 内释放 9.4 wt%氢，且在 10 MPa 氢压下，于 400℃实现超过 6.0 wt%氢的可逆存储[156, 167]。

机械研磨的石墨中，总氢浓度随着研磨时间增加而增加。在氢压约 1 MPa 下，400 r/min 转速研磨 80 h 后，氢存储浓度达 7.4 wt%[182]。Chen 等[183]发现氢化学吸附量随研磨氢压增加而降低，而物理吸附量增加。通过球磨制备的石墨-金属或金属合金纳米复合材料已用于氢存储，包括石墨-MgH_2、石墨-CaH_2、石墨-Li 和石墨-AB5 等复合材料，存储氢至少以两种状态存在，即与石墨组分形成 C—H 键和与金属组分形成氢化物，存在的石墨可提高氢吸收-解吸性能。

1.7.2 石墨烯纳米片

温和条件下，湿法研磨制备单层和多层石墨烯片，实现高产率和低成本生产。

将商业石墨颗粒与作为稳定剂的十二烷基硫酸钠（SDS）水性表面活性剂分散在水中，在温和研磨条件下搅拌 5 h，获得石墨烯片超过 50%的厚度小于 3 nm。SDS 可防止石墨烯片团聚[184]。Wong 等[185]结合球磨和超声处理，在 SDS-水溶液中，生产出大型单层和寡层石墨烯纳米片。Chen 等[186, 187]使用湿剪切力为主的球磨方法直接将石墨薄片剥落到有机溶剂中，获得石墨烯片的胶体分散体。首先将厚度为 30～80 nm 的石墨纳米片均匀分散在 *N,N*-二甲基甲酰胺溶剂中，以 300 r/min 的速率研磨 30 h，离心后，得到高产率的厚度为 0.8～1.8 nm 的形状不规则的单层和寡的石墨烯片。

1.8　富勒烯的应用

富勒烯因其优良氧化还原、光学和光电性能备受青睐，尤其是富勒烯的自组装更为关注[188]。富勒烯的低重组能、加速前进和减速向后等特点，使其在下一代有机电子器件如场效应晶体管（FET）和太阳能电池（SC）中有望发挥重要作用[189, 190]。

1.8.1　液晶富勒烯

液晶（LC）是在某精确的温度范围具有独特自组装性能及高光电性能的软质材料，已经得到广泛应用。基于 C_{60} 的 LC 被应用于光电器件中，如太阳能电池。为获得高度有序排列，需要合理选择 C_{60} 各向异性的组件。Deschenaux 等[191]和 Felder-Flesch 等[192]揭示了如何利用设计策略，使具有各向异性的液晶性能传递给具有完全同向性的富勒烯。尽管 C_{60} 被认为是一个有潜力的 n 型有机半导体，然而，在液晶下的富勒烯载流子迁移率还没有被详细研究。Nakanishi 等合成了长程有序的层状烷基化富勒烯 LC，其 C_{60} 含量高达 50 wt%，电子迁移率达到了 3×10^{-3} $cm^2/(V\cdot s)$[193]，满足了对于高载流子迁移的要求。极化光学显微镜显示 **63**（图 1.17）具有双折射光学质地，并在 62～193℃温度范围内，显示优异的流体性质。液晶的 XRD 衍射谱显示多个布拉格峰，表明该材料具有异常的长程有序结构，可推断分子在长轴上是以头对头的方式垂直于 C_{60} 平面层结合[194]。在相转变温度时，玻碳电极上介晶富勒烯膜具有可逆的电化学性能。

Nakamura 等制备了各种极性柱状结构的液晶富勒烯[195]。他们也报道用含线性烷基链 **64**（图 1.17）的甲硅烷乙炔系链修饰的两亲性富勒烯，制备出层状液晶结构[196]。在相邻 C_{60} 层间，C_{60} 与 C_{60} 通过层状物质紧密相连，而烃与烃之间依靠范德瓦耳斯力相互作用。X 射线衍射图显示结构上更有序的近晶相结构。因为烷基链的长度和蓬松度的增加，使相互交叉的二聚体结构被破坏并且形成真正的层状结构，因此，**64** 被认为在室温下呈液晶性。Li、Fukushima 和 Aida 等通过在两个端部装饰亲水性的三乙二醇链和疏水性的烷烃链，由光电低聚噻吩-C_{60} 对子组成双连续

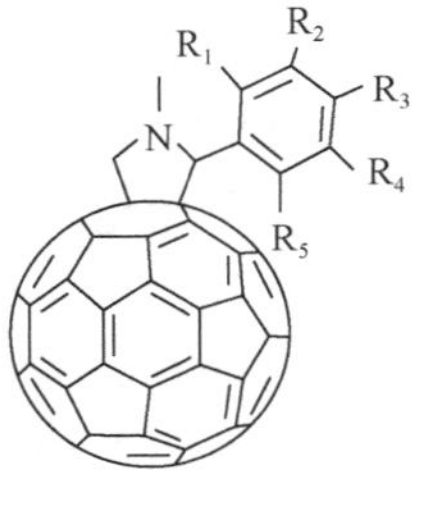

63: $R_1, R_5 = H, R_2, R_3, R_4 = OC_{20}H_{41}$

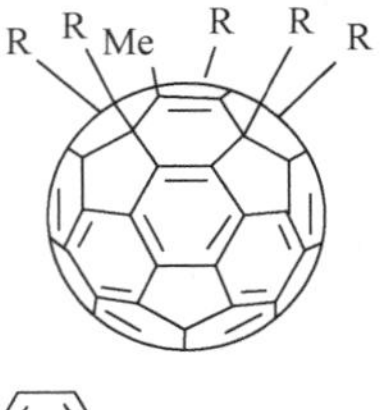

64: R= $-C_6H_4-C\equiv C-SiMe_2(C_{14}H_{29})$

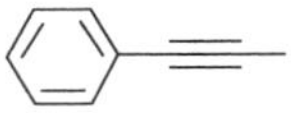

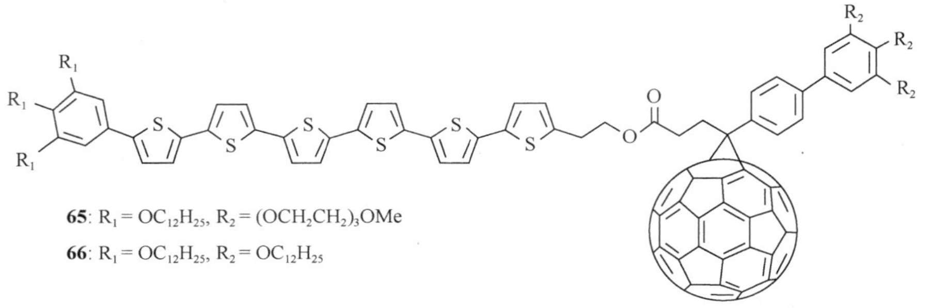

65: $R_1 = OC_{12}H_{25}, R_2 = (OCH_2CH_2)_3OMe$

66: $R_1 = OC_{12}H_{25}, R_2 = OC_{12}H_{25}$

图 1.17　化合物 **63**～**66** 的结构示意图

密实填集的受体-供体阵列，制备两亲性液晶(图 1.17)**65**[197]。极化光学显微镜(POM)显示出了近晶 A 相结构，小角度 X 射线散射谱显示出对应的层状结构，具有 10.6 nm 层间距。非两亲性衍生物 **66**(图 1.17)包含着两端是疏水楔的二价低聚噻吩-C_{60}，在层状结构上，由不均匀头/尾形成的取向，其近晶 A 相的层宽为 5.7 nm。

1.8.2　自组装异质结及其在光伏中的应用

近年来，通过不同供体分子在 C_{60} 分子上进行官能化，实现 C_{60} 的有序超分子构建，因具有优异的光电特性，被广泛应用于电子领域。与限制激子扩散长度的双层器件相比，显著提高了太阳能转换效率。在本体异质结器件中，影响其性能的主要因素之一是纳米级的形态管理，其主要原因是形态影响着界面激子的解离和相应电极载流子的传输。因此，在纳米尺度上，控制形状、大小和结晶性具有重要影响[198]。Heeger 等首次报道了[2-甲氧基-5-(2′-乙基己氧基)-对苯乙炔]-C_{60} 本体异质结太阳能电池，并通过优化形态来实现效益最大化[198]。Janssen 等[199]详细研究了形态对器件的影响，包括活性层和器件性能的相分离等。考察 **68** 和 **67**(图 1.18)共混物，当 **67** 含量极少时，其表面极其光滑，当 **67** 含量达到 50%时，相分离引起了供体基体 **67** 结构域的增加。共混物的光电测量表明了形态和性能之间的相关性，当受体质量分数达到 80%时，电荷传输和收集效率增加，电荷重组达到最小，并导致性能最优化。

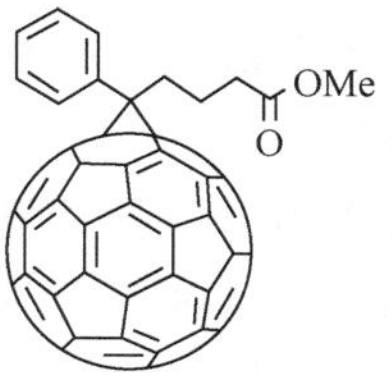

67

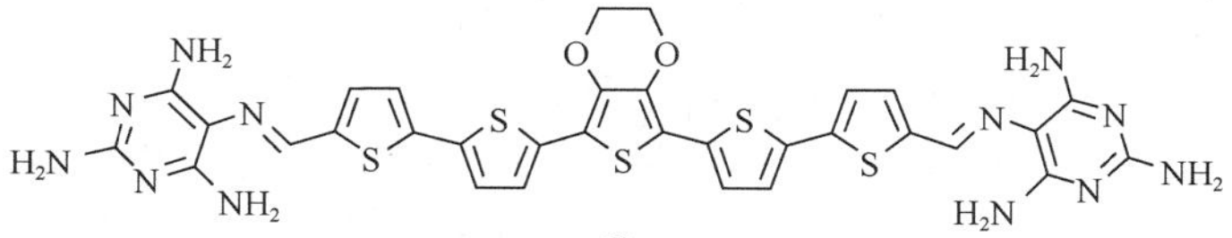

69

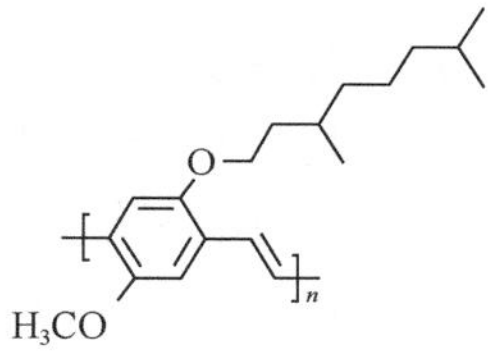

68

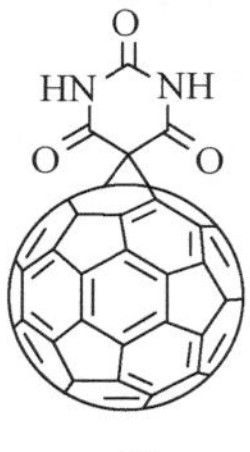

70

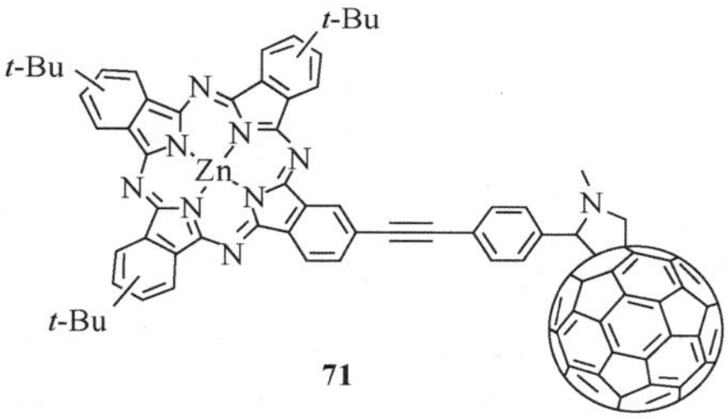

71

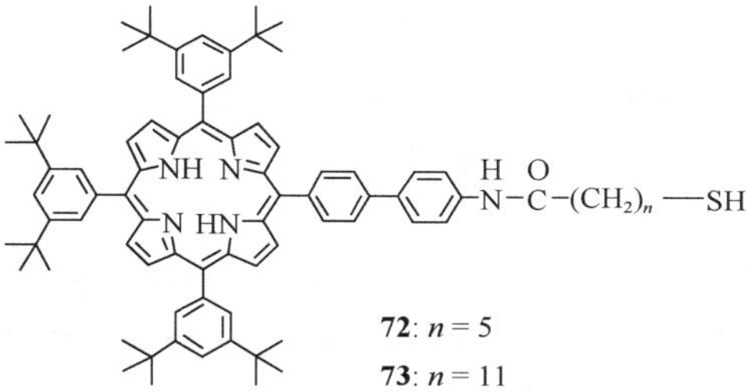

72: $n = 5$

73: $n = 11$

74: $n = 15$

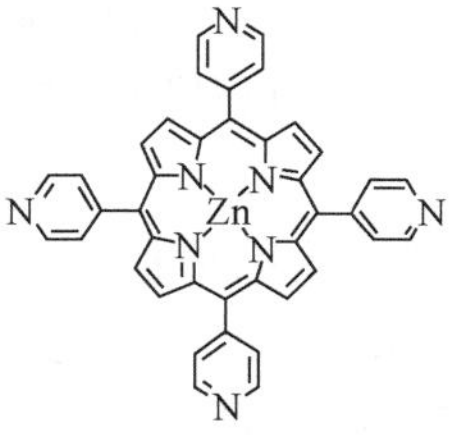

75

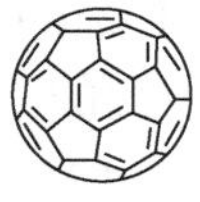

C_{60}

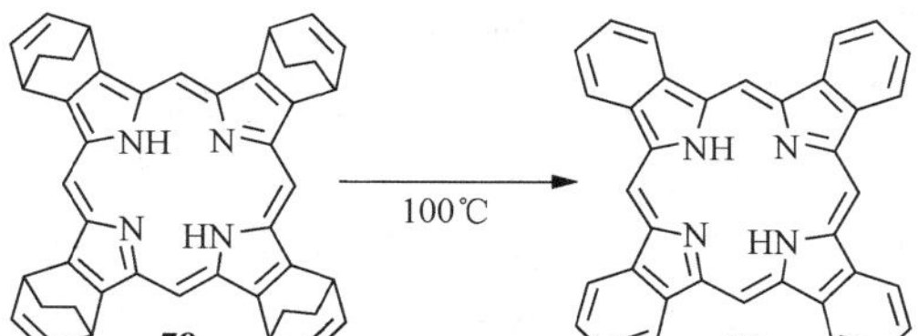

78　　**76**

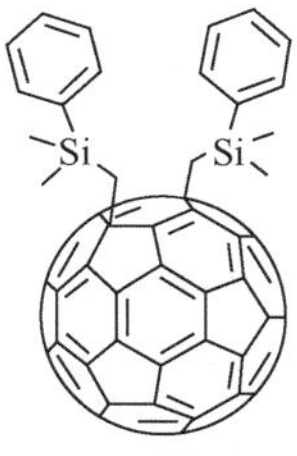

77

图 1.18　化合物 **67**～**78** 的结构示意图

Sariciftci 等[200]研究了在不同条件下，纳米级形态和器件性能之间的关系。共混物的形态与甲苯、氯苯自旋流延薄膜相比，相分离有着显著差异，这使得含有纳米簇的甲苯流延薄膜比氯苯流延薄膜具有数量级的高度变化。未遏制甲苯流延薄膜的光激发，导致 **67** 的残留光致发光，这预示着在到达界面前，大型集群激子的辐射复合，而体界面激子的解离导致氯苯流延薄膜的光致发光检测不到。因此，在太阳能电池中，与氯苯流延薄膜相比，甲苯流延薄膜的光电流值更小，导致其更低的功率转换效率。应该指出的是，除了激子扩散和相分离参数，各电极间的连通性和传输相的渗透性，也有利于提高有机太阳能电池的效率。

除了机械混合，受体和供体间的多个氢键相互作用也可作为开发异质结材料的一个基础。如图 1.18 所示，Bassani 等[201]利用三聚氰胺和巴比妥酸间互补，获得三聚氰胺功能化的聚噻吩 **69**，与纯 C_{60} 或巴比妥酸盐取代的富勒烯 **70** 共同测得的光电响应，可作为滴铸膜。在外加电压为 100 mV 时，与纯的 C_{60} 相比，添加了 **70**，导致光电流增加了 5 倍，可归因于 **70** 加入后，噻吩超分子具有更好的混溶性和附加的分子辨识度，提高电荷分离。C_{60} 衍生物 **70** 的加入使材料在分子层面上具有相互作用，并在甲基紫精充气的水溶液中，担当保持效率的电子输送剂。Torres 等研究了自组织纤维和薄膜共价连接的酞菁富勒烯对子 **71**（图 1.18）在纳米尺度上的电性能[202]。通过导电原子力显微镜（CAFM）测定了电输送特性，揭示了 **71** 在不同超分子纳米结构中具有最高的电导率。

Imahori 等共同报道了四个一组的自组装卟啉和金纳米颗粒修饰的 C_{60} 有机太阳能电池[203]。在乙腈/甲苯混合溶剂中，由卟啉-烷硫醇单层保护的金纳米粒子形成复杂 C_{60} 体系，其可变尺寸集群取决于卟啉部分的烷基链长，例如，如图 1.18 所示，**72** 具有不规则的大小和随机的形状，烷基链长度为 50～500 nm，而 **73** 的烷基链长度为 200～300 nm，**74** 的烷基链长度为 50～100 nm。使用电泳沉积技术在纳米结构的 SnO_2 薄膜上沉积自组装结构，其单色光电转化效率，即入射单色光子-电子转化效率达到 54%，并且宽光电流作用光谱达到了 1000 nm。卟啉-烷硫醇烷基链长度的变化对功率转换效率有显著的影响，例如，当链长从 11（**73**）增加到 15（**74**）时，功率转换效率从 0.61%增加到了 1.5%。

Hasobe 等[204]在 DMF 和乙腈中，通过十六烷基三甲基溴化铵表面活性剂，制备了六边形纳米棒的 C_{60} 包封的锌-四（4-吡啶基）卟啉 **75**（图 1.18），并测定了其光转化性能。溶液中含有 **75** 和 C_{60}，导致了卟啉薄片的组装，C_{60} 纳米颗粒的分离。随着反应时间增加，C_{60}-**75** 纳米棒得到了共组装，其长度为 0.94～4.12 mm，外直径为 90～490 nm。在纵向上，包封的 C_{60} 的晶体各向异性，受到了键的相互作用影响，并导致了纳米管的长度从 **75** 的 2.13 mm 增长到了共组装后的 4.12 mm，而其直径并没有多大变化。纳米棒的瞬态吸收光谱测量结果表明了瞬态频带的存在，对应于 1080 nm 处，而 C_{60} 的自由基阴离子在 680 nm 处，这说明电荷分离后，在 460 nm 处，最大单色光电转化效率达到了 20%，比未组装系统提高一倍以上。

Nakamura 等[205]报道了溶液处理过的小分子有机光伏器件，如图 1.18 所示，该器件包含了 3 层的 p-i-n 结构，具体是由高度结晶的四苯并卟啉（BP）**76** 作为供体，bi（dimethylphenyl-silylmethyl）fullerene 的 **77** 作为受体，功率转换效率高达 5.2%[205]。当用氯仿/氯苯旋涂后，采用热加工技术实现了 **78** 到 **76** 的转换，在这个过程中，i 层自发结晶相分离形成具有明确限定的交叉结构，这一系列的变化导致了一个叉指本体异质结结构的形成。当 *n* 层形成后，退火温度增至 180℃，而制作电池的功率转换效率略有增加，从 4.1%增至了 4.5%，归因于 *n* 层 **77** 的结晶作用。

过去几年开展了大量本体异质结太阳能电池性能的研究，但有机太阳能电池的整体效率只在 10%以下。未来在太阳能电池方面最具挑战的是商品化及其稳定性。因此，需要设计新的、稳定的和可持续的供体-受体系统，才能使太阳能电池在未来能源领域有更好的发展。使用简单的球面-叠加作用制备各类超分子富勒烯组件，特别是获得高 C_{60} 含量的功能组件，疏水性具有特别重要的意义。C_{60} 的共价和非共价功能化在自组装过程中发挥巨大潜力。

1.9　总　　结

富勒烯、碳纳米管和石墨烯/石墨在化学、物理、生命科学、医学、材料科学和纳米技术方面具有巨大的应用潜力。富勒烯仅少量溶于极性较低的溶剂如二硫化碳、甲苯、氯苯和邻二氯苯，但不溶于极性溶剂，包括甲醇、*N,N*-二甲基甲酰胺、水等，而碳纳米管和石墨烯/石墨完全不溶于水性和非水性溶剂。在普通有机溶剂和水中溶解度低或不溶，严重阻碍了其研究和实际应用。因此，通过机械研磨技术促进富勒烯、碳纳米管和石墨的无溶剂反应成为重要途径。迄今已经报道了各种机械化学反应，如亲核加成、1,3-偶极环加成反应、Diels-Alder 反应、卡宾和氮烯的环加成、自由基反应及富勒烯、碳纳米管和石墨的氧化等。

富勒烯和相关材料在机械研磨条件下的无溶剂反应已证明优于相应的液相反应。一是在反应过程中避免使用有害的有机溶剂；二是反应通常进行得更快，提供更好的选择性和更高的产物产率；三是一些富勒烯的反应只能在机械研磨条件下发生；四是一些无溶剂反应经历不同的反应途径以提供完全不同类型的产物。特别值得注意的是哑铃形 C_{120} 的偶然发现和几种其他富勒烯二聚体和三聚体的合成。此外，机械研磨技术已用于促进富勒烯、碳纳米管和石墨烯/石墨复合物及其他纳米复合物的形成，也成功用于生产石墨烯纳米片并增强碳相关材料的储氢能力。

机械研磨技术包括高速振动磨、行星式球磨机及研钵和杵等技术，但大多数球磨化学反应是通过高能 HSVM 技术进行的，而纳米复合材料合成通常通过低能球磨法实现。机械研磨技术还广泛应用于富勒烯、碳纳米管和石墨烯/石墨功能化，为研究其性质和开拓应用奠定了坚实基础。

参 考 文 献

[1] Kalanur S S, Jaldappagari S, Balakrishnan S. Enhanced electrochemical response of carbamazepine at a nano-structured sensing film of fullerene-C_{60} and its analytical applications[J]. Electrochimica Acta, 2011, 56(15): 5295-5301.

[2] Dugana L L, Lovett E G, Quick K L, et al. Fullerene-based antioxidants and neurodegenerative disorders [J]. Parkinsonism and Related Disorders, 2001, 7 (3) : 243-246.

[3] Janssen R A J, Hummelen J C, Sariciftci N S. Polymer-fullerene bulk heterojunction solar cells[J]. MRS Bulletin, 2005, 30 (1) : 33-36.

[4] Kroto H, Heath J, O'Brien S, et al. C_{60}: Buckministerfullerene [J]. Chemical Review, 1985, 91 (6) : 1213-1235.

[5] Kikuchi K, Nakahara N, Wakabayashi T, et al. NMR characterization of isomers of C_{78}, C_{82} and C_{84} fullerenes [J]. Nature, 1993, 24 (2) : 142-145.

[6] Kroto H W. C_{60} Buckminsterfullerene [J]. Nature, 1985, 318 (6042) : 162-163.

[7] Briggs J B, Miller G P. Fullerene-acene chemistry: A review [J]. ComptesRendus—Chimie, 2006, 9 (7) : 916-927.

[8] Hawkins J M, Nambu M, Meyer A. Resolution and aonfigurationalstability of the chiral fullerenes C_{76}, C_{78}, and C_{84}: alimit for the activation energy of the stone-wales transformation [J]. Journal of the American Chemical Society, 1994, 116 (17) : 7642-7645.

[9] Bethune D S, Johnson R D, Salem F, et al. Atoms in carbon cages: The structure and properties of endohedral fullerenes [J]. Nature, 1993, 366 (6451) : 123-128.

[10] de Coulon V, Martins J L, Reuse F A, et al. Electronic structure of neutral and charged C_{60} clusters [J]. Physical Review B: Condens Matter and Materials Physics, 1992, 45 (23) : 13671-13675.

[11] Geiser A, Fan B, Benmnasour H, et al. Poly (3-hexylthiophene) /C_{60} heterojunction solar cells: Implication of morphology on performance and ambipolar charge collection [J]. Solar Energy Materials and Solar Cells, 2008, 92 (4) : 464-473.

[12] ChaiY ,Guo T, Jin C, et al. Fullerenes with metal inside [J]. Journal of Physical Chemistry, 1991, 95: 7564-7568.

[13] Takata M, Machida N, Nishibori E, et al. The MEM charge density study of Rb_2CsC_{60}, K_2RbC_{60}, and Li_2CsC_{60} by synchrotron radiation powder method [J]. Japanese Journal of Applied Physics, 1999, 38 (S1) : 122.

[14] Hawkins J M, Loren S, Meyer A, et al. 2D nuclear magnetic resonance analysis of osmylated C_{60} [J]. Journal of the American Chemical Society, 1991, 113 (20) : 7770-7771.

[15] Ruoff R S, Tse D S, Malhotra R, et al. Solubility of fullerene (C_{60}) in a variety of solvents [J]. Journal of Physical Chemistry, 1993 (13) : 3379-3383.

[16] Krätschmer W, Lamb L D, Fastiropoulos K, et al. Solid C_{60}: A new form of carbon [J]. Nature, 1990, 347 (6291) : 354-358.

[17] 盛蓉生, 徐知三, 朱绫, 等. 工业规模制备富勒烯 C_{60}/C_{70} 的方法: 中国, CN93104758.7 [P]. 1994-11-02.

[18] Goroff N S. Mechanism of fullerene formation [J]. Accounts of Chemical Research, 2009, 29 (2) : 77-83.

[19] Iijima S. Helical microtubles of graphitic carbon [J]. Nature, 1991, 354 (6348) : 56-58.

[20] Heath J R. Synthesis of C_{60} from cmallcarbon clusters [J]. Fullerenes, 1992.

[21] Wakabayashi T, Achiba Y. A model for the C_{60} and C_{70} growth mechanism [J]. Chemical Physics Letters, 1992, 190 (5) : 465-468.

[22] Lozovik Y E, PopovA M. Formation and growth of carbon nanostructures: Fullerenes, nanoparticles, nanotubes and cones [J]. Physics-Uspekhi, 1997, 40 (7) : 717-737.

[23] Askhabov A M. Aggregation of quatarons as a formation mechanism of amorphous spherical particles [J]. Doklady Earth Sciences, 2005, 400 (1) : 92-94.

[24] Irle S, Zheng G, Wang Z, et al. The C_{60} formation puzzle "solved": QM/MD simulations reveal the shrinking hot giant road of the dynamic fullerene self-assembly mechanism [J]. Journal of Physical Chemistry B, 2006, 110 (30) : 14531-14545.

[25] Scott L T. Methods for the chemical synthesis of fullerenes [J]. Angewandte Chemie, 2004, 43(38): 4994.

[26] Barth W E, Lawton R G. Dibenzo[ghi, mno]fluoranthene [J]. Journal of the American Chemical Society, 1966, 88(2): 380-381.

[27] Scott L T, Hashemi M M, Meyer D T, et al. Corannulene. A convenient new synthesis [J]. Journal of the American Chemical Society, 1991, 113(18): 7082-7084.

[28] Scott L T, Cheng P C H, Hasheim M M, et al. Corannulene. A three-step synthesis1 [J]. Journal of the American Chemical Society, 1997, 119(45): 10963-10968.

[29] Plater M G. Fullerene tectonics. Part 1. A programmed precursor to C_{60} [J]. Journal of the Chemical Society Perkin Transactions, 1997, 19(19): 2897-2901.

[30] Plater M G. Fullerene tectonics. Part 2. A programmed precursor to C_{60} [J]. Journal of the Chemical Society Perkin Transactions, 1997, 19(19): 2903.

[31] Ansems R B M, Scott L T. Circumtrindene: Ageodesic dome of molecular dimensions. Rationalsynthesis of 60 of C_{60}[1][J]. Journal of the American Chemical Society, 2000, 122(12): 2719-2724.

[32] Tsefrikas V M, Scott L T. Geodesic polyarenes by flash vacuum pyrolysis [J]. Chemical Reviews, 2006, 106(12): 4868-4884.

[33] Seiders T J, Baldridge K K, Siegel J S. Synthesis and characterization of the first corannulenecy clophane[J]. Journal of the American Chemical Society, 1996, 118(11): 2754-2755.

[34] Sygula A, Fronczek F R, Sygula R, et al. A double concave hydrocarbon buckycatcher [J]. Journal of the American Chemical Society, 2007, 129(13): 3842-3843.

[35] Sygula A, Rabideau P W. A practical, large scale synthesis of the corannulene system [J]. Journal of the American Chemical Society, 2000, 122(26): 6323-6324.

[36] Sygula A, Karlen S D, Sygula R, et al. Formation of the corannulenecore by nickel-mediated intramolecular coupling of benzyl and benzylidenebromides: A versatile synthesis of dimethyl 1,2-corannulene dicarboxylate [J]. Organic Letters, 2002, 4(18): 3135-3137.

[37] Geneste F, Moradpour A, Dive G, et al. Retrosynthetic analysis of fullerene C_{60}: Structure, stereochemistry, and calculated stability of C_{30} fragments [J]. Journal of Organic Chemistry, 2002, 33(23): 605-607.

[38] Anet F A L, Miura S S, Siegel J, et al. La coupe du roi and its relevance to stereochemistry. Combination of two homochiralmolecules to givean achiral product [J]. Chemischer Informationsdienst, 1983, 14(38): 1419-1426.

[39] Scott L T, Boorum M M, Mcmahon B J, et al. A rational chemical synthesis of C_{60} [J]. Science, 2002, 295(5559): 1500.

[40] Kabdulov M A, Amsharov K Y, Jansen M. A step toward direct fullerene synthesis: C_{60} fullerene precursors with fluorine in key positions [J]. Tetrahedron, 2010, 66(45): 8587-8593.

[41] Otero G, Biddau G, Sánchez-Sánchez C, et al. Fullerenes from aromatic precursors by surface-catalysed cyclode hydrogenation [J]. Nature, 2008, 454(7206): 865-868.

[42] Henkelman G, Uberuaga B P, Jónsson H. A climbing image nudged elastic band method for finding saddle points and minimum energy paths [J]. The Journal of Chemical Physics, 2000, 113(22): 9901-9904.

[43] Amsharov K Y, Kabdulov M A, Jansen M. Highly efficient fluorine-promoted intramolecular condensation of benzo[c]phenanthrene: A new prospective on direct fullerene synthesis [J]. European Journal of Organic Chemistry, 2009, 2009(36): 6328-6335.

[44] Yasuda A. Chemical synthesis scheme for a C_{60} fullerene [J]. Carbon, 2005, 43(4): 889-892.

[45] Rubin Y, Parker T C, Pastor S J, et al. Acetyleniccyclophanes as fullerene precursors: Formation of $C_{60}H_6$ and C_{60} by laser desorption mass spectrometry of $C_{60}H_6(CO)_{12}$ [J]. Angewandte Chemie International Edition, 1998, 37(9): 1226-1229.

[46] Tobe Y, Nakagawa N, Naemura K, et al. [16.16.16](1,3,5)Cyclophanetetracosayne($C_{60}H_6$): A precursor to C_{60} fullerene [J]. Journal of the American Chemical Society, 1998, 120: 4544-4545.

[47] Rubin Y. Organic approaches to endohedral metallofullerenes: Cracking open or zipping up carbon shells? [J]. ChemInform, 1997, 3(7): 1009-1016.

[48] Viñes F, Görling P. Template-assisted formation of fullerenes from short-chain hydrocarbons by supported platinum nanoparticles [J]. Angewandte Chemie, 2011, 123(20): 4707-4710.

[49] Creighton J R, White J M. A SIMS study of the dehydrogenation of ethylene on Pt(111)[J].Surface Science, 1983, 129(2): 327-335.

[50] Papp C, Tränkenschuh B, Streber R, et al. Influence of steps on the adsorption of methane on platinum surfaces [J]. The Journal of Physical Chemistry C, 2007, 111(5): 2177-2184.

[51] Viñes F, Lykhach Y, Staudt T, et al. Methane activation by platinum: Critical role of edge and corner sites of metal nanoparticles [J]. Chemistry—A European Journal, 2010, 16(22): 6530-6539.

[52] Chen C, Lou Z, Supercrit J. Formation of C_{60} by reduction of CO_2 [J]. Fluids, 2009, 50: 42.

[53] Chuvilin A, Kaiser U, Bichoutskaia E, et al. Direct transformation of graphene to fullerene [J]. Nature Chemistry, 2010, 2(6): 450.

[54] Mojica M, Méndez F, Alonso J A. Growth of fullerene fragments using the Diels-Alder cycloaddition reaction: first step towards a C_{60} synthesis by dimerization [J]. Molecules, 2013, 18(2): 2243.

[55] Hu Y, Feng Y, Da S. Separation and purification of fullerenes [J]. Chemistry, 2001, 64(3): 141-145.

[56] Stephens P W, Cox D, Lauher J W, et al. Lattice structure of the fullerene ferromagnet TDAE-C_{60} [J]. Nature, 1992, 355: 331-332.

[57] Boudon C, Gisselbrecht J P, Gross M, et al. Electrochemistry of mono-through hexakis-adducts of C_{60} [J]. Helvetica Chimica Acta, 1995, 78: 1334-1344.

[58] Diederich F, Isaacs L, Philp D. Syntheses, structures, and properties of methanofullerenes [J]. Chemical Society Reviews, 1994, 23(4): 243-255.

[59] Hahn U, Vögtle F, Nierengarten J. Synthetic strategies towards fullerene-rich dendrimer assemblies [J]. Polymers, 2012, 4(1): 501-538.

[60] Diederich F, Gomez-Lopez M. Supramolecular fullerene chemistry [J]. Chemical Society Reviews, 1999, 28(5): 263-277.

[61] Guldi D M, Zerbetto F, Georgakilas V, et al. Ordering fullerene materials at nanometer dimensions [J]. Accounts of Chemical Research, 2004, 38(1): 38-43.

[62] Babu S S, Mohwald H, Nakanishi T. Recent progress in morphology control of supramolecular fullerene assemblies and its applications [J]. Chemical Society Reviews, 2010, 39: 4021-4035.

[63] Nakanishi T, Schmitt W, Michinobu T, et al. Hierarchical supramolecular fullerene architectures with controlled dimensionality [J]. Chemical Communications, 2005, 37(15): 5982-5984.

[64] Zhang E Y, Wang C R. Fullerene self-assembly and supramolecular nanostructures. Curr. Opin. Colloid [J]. Interface Science, 2009, 14: 148-156.

[65] Liu C, Li Y, Li Y. Supramolecular self-assembly of [60] fullerenes [J]. Chemistry(HuaxueTongbao), 2012, (7): 579-591.

[66] Shrestha L K, Shrestha R G, Hill J P, et al. Self-assembled fullerene nanostructures [J]. Journal of Oleo Science, 2013, 62(8): 541-553.

[67] Geng J, Zhou W, Skelton P, et al. Crystal structure and growth mechanism of unusually long fullerene(C_{60}) nanowires [J]. Journal of the American Chemical Society, 2008, 130(8): 2527-2534.

[68] Flory P. Molecular Theory of Liquid Crystals [M]. Berlin: Springer, 1984.

[69] Kato T, Yasuda T, Kamikawa Y, et al. Self-assembly of functional columnar liquid crystals [J]. Chemical Communications, 2009, 40(7): 729-739.

[70] Chuard T, Deschenaux R. First fullerene[60]-containing thermotropicliquid crystal. preliminary communication [J]. Helvetica Chimica Acta, 1996, 79(3): 736-741.

[71] Felder D, Heinrich B, Guillon D, et al. A liquid crystalline supramolecular complex of C_{60} with a cyclotriveratrylene derivative [J]. Chemistry—A European Journal, 2000, 6(19): 3501-3507.

[72] Deschenaux R. Liquid-crystalline fullerodendrimers [J]. New Journal of Chemistry, 2007, 38(31): 1064-1073.

[73] Sawamura M, Kawai K, Matsuo Y, et al. Stacking of conical molecules with a fullerene apex into polar columns in crystals and liquid crystals [J]. Nature, 2002, 419(6908): 702-705.

[74] Bonifazi D, Enger O, Diederich F. Supramolecular[60]fullerenechemistry on surfaces [J]. ChemInform, 2007, 36: 390-414.

[75] Dubacheva G V, Liang C K, Bassani D M. Functional monolayers from carbon nanostructures-fullerenes, carbon nanotubes, and graphene-as novel materials for solar energy conversion [J]. Coordination Chemistry Reviews, 2012, 256: 2628-2639.

[76] Xiao R, Ho W, Chow L, et al. Physical vapor deposition of highly oriented fullerene C_{60} films on amorphous substrates [J]. Journal of Applied Physics, 1995, 77(7): 3572-3574.

[77] Janda P, Krieg T, Dunsch L. Nanostructuring of highly ordered C_{60} films by charge transfer [J]. Advanced Materials, 1998, 10(17): 1434-1438.

[78] Jehoulet C, Bard A J, Wudl F. Electrochemical reduction and oxidation of C_{60} films [J]. Journal of the American Chemical Society, 1991, 113(14): 5456-5457.

[79] Schreiber F. Structure and growth of self-assembling monolayers [J]. Progress in Surface Science, 2000, 65(5): 151-257.

[80] Pantos G D, Wietor J L, Sanders J K. Filling helical nanotubes with C_{60} [J]. Angewandte Chemie, 2007, 46(13): 2238-2240.

[81] Kawauchi T, Kumaki J, Yashima E. Nanosphere and nanonetwork formations of [60] fullerene-end-capped stereoregular poly(methyl methacrylate)s through stereocomplex formation combined with self-assembly of the fullerenes [J]. Journal of the American Chemical Society, 2006, 128(32): 10560.

[82] Kawauchi T, Kumaki J, Kitaura A, et al. Encapsulation of fullerenes in a helical PMMA cavity leading to a robust processable complex with a macromolecular helicity memory [J]. Angewandte Chemie, 2008, 120(3): 525-529.

[83] Lee E, Kim J K, Lee M. Tubular stacking of water-soluble toroids triggered by guest encapsulation [J]. Journal of the American Chemical Society, 2009, 131(51): 18242-18243.

[84] Nurmawati M H, Ajikumar P K, Renu R, et al. Amphiphilic poly(P-phenylene)-driven multiscale assembly of fullerenes to nanowhiskers [J]. ACS Nano, 2008, 2(7): 1429-1436.

[85] Fathalla M, Li S C, Diebold U, et al. Water-soluble nanorods self-assembled via pristine C_{60} and porphyrin moieties [J]. Chemical Communications, 2009, 28(28): 4209.

[86] Zhang X, Takeuchi M. Controlled fabrication of fullerene C_{60} into microspheres of nanoplates through porphyrin-polymer-assisted self-assembly [J]. Angewandte Chemie, 2009, 48 (51): 9646-9651.

[87] Fujita N, Yamashita T, Asai M, et al. Formation of [60] fullerene nanoclusters with controlled size and morphology through the aid of supramolecular rod-coil diblockcopolymers [J]. Angewandte Chemie, 2005, 44 (8): 1257.

[88] Laiho A, Ras R H A, Valkama S, et al. Control of self-Assembly by charge-transfer complexation between C_{60} fullerene and electron donating units of block copolymers [J]. Macromolecules, 2016, 39 (22): 7648-7653.

[89] Bretreich M, Burghardt S, Bottcher C, et al. Globular amphiphiles: Membrane-forming hexaadducts of C_{60} [J]. Angewandte Chemie International Edition, 2000, 39 (10): 1845-1848.

[90] Zhou S, Burger C, Chu B, et al. Spherical bilayer vesicles of fullerene-based surfactants in water: A laser light scattering study [J]. Science, 2001, 291 (5510): 1944.

[91] Homma T, Harano K, Isobe H, et al. Nanometer-sized fluorousfullerene vesicles in water and on solid surfaces [J]. Angewandte Chemie, 2010, 49 (9): 16605.

[92] Guldi D M, Gouloumis A, Vάzquez P, et al. Nanoscale organization of a phthalocyanine-fullerene system: Remarkable stabilization of charges in photoactive 1-d nanotubules [J]. Journal of the American Chemical Society, 2005, 127 (16): 5811-5813.

[93] Yamamoto Y, Zhang G, Jin W, et al. Ambipolar-transporting coaxial nanotubes with a tailored molecular graphene-fullerene heterojunction [J]. Proceedings of the National Academy of Science, 2009, 106 (50): 21051.

[94] Charvet R, Acharya S, Hill J P, et al. Block-copolymer-nanowires with nanosized domain segregation and high charge mobilities as stacked p/n heterojunction arrays for repeatable photocurrent switching [J]. Journal of the American Chemical Society, 2009, 131 (50): 18030-18031.

[95] Nakanishi T. Supramolecular soft and hard materials based on self-assembly algorithms of alkyl-conjugated fullerenes [J]. ChemInform, 2010, 46 (20): 3425.

[96] Gayathri S S, Agarwal A K, Suresh K A, et al. Structure and dynamics in solvent-polarity-induced aggregates from a C_{60} fullerene-based dyad [J]. Langmuir the ACS Journal of Surfaces and Colloids, 2005, 21 (26): 12139.

[97] Gayathri S S, Patnaik A. Aggregation of a C_{60}-didodecyloxybenzene dyad: Structure, dynamics, and mechanism of vesicle growth [J]. Langmuir the ACS Journal of Surfaces and Colloids, 2007, 23 (9): 4800.

[98] Tsunashima R, Noro S, Akutagawa T, et al. Fullerene nanowires: Self-assembled structures of a low-molecular-weight organogelatorfabricated by the Langmuir-Blodgett method [J]. Chemistry—A European Journal, 2008, 14 (27): 8169-8176.

[99] Nakanishi T, Schmitt W, Michinobu T, et al. Hierarchical supramolecular fullerene architectures with controlled dimensionality [J]. Chemical Communications, 2006, 37 (15): 5982.

[100] Nakanishi T, Ariga K, Michinobu T, et al. Flower-shaped supramolecular assemblies: Hierarchical organization of a fullerene bearing long aliphatic chains [J]. Small, 2007, 3 (12): 2019.

[101] Nakanishi T, Miyashita N, Michinobu T, et al. Perfectly straight nanowires of fullerenes bearing long alkyl chains on graphite [J]. Journal of the American Chemical Society, 2006, 128 (19): 6328.

[102] Nakanishi T, Michinobu T, Yoshida K, et al. Nanocarbon superhydrophobic surfaces created from fullerene-based hierarchical supramolecular assemblies [J]. Advanced Materials, 2008, 20 (3): 443-446.

[103] Nakanishi T, Shen Y, Wang J, et al. Superstructures and superhydrophobic property in hierarchical organized architectures of fullerenes bearing long alkyl tails [J]. Journal of Materials Chemistry, 2010, 20 (7): 1253-1260.

[104] Wang J, Shen Y, Kessel S, et al. Self-assembly made durable: Water-repellent materials formed by cross-linking fullerene derivatives [J]. Angewandte Chemie, 2009, 48 (12): 2166-2170.

[105] Michinobu T, Nakanishi T, Hill J P, et al. Room temperature liquid fullerenes: An uncommon morphology of C_{60} derivatives [J]. Journal of the American Chemical Society, 2006, 128 (32): 10384-10385.

[106] Miyazawa K, Kuwasaki Y, Obayashi A, et al. C_{60} nanowhiskers formed by the liquid-liquid interfacial precipitation method [J]. Journal of Materials Research, 2002, 17 (1): 83-88.

[107] Liu H, Li Y, Jiang L, et al. Imaging as-grown [60] fullerene nanotubes by template technique [J]. Journal of the American Chemical Society, 2002, 124 (45): 13370-13371.

[108] Wang L, Liu B, Yu S, et al. Highly enhanced luminescence from single-crystalline C_{60}·1m-xylene nanorods [J]. Chemistry of Materials, 2007, 18 (17): 4190-4194.

[109] Miyazawa K, Hamamoto K, Nagata S, et al. Structural investigation of the C_{60}/C_{70} whiskers fabricated by forming liquid-liquid interfaces of toluene with dissolved C_{60}/C_{70} and isopropyl alcohol [J]. Journal of Materials Research, 2003, 18 (5): 1096-1103.

[110] Sathish M, Miyazawa K. Size-tunable hexagonal fullerene (C_{60}) nanosheets at the liquid-liquid interface [J]. Journal of the American Chemical Society, 2007, 129 (45): 13816-13717.

[111] Sathish M, Miyazawa K, Hill J P, et al. Solvent engineering for shape-shifter pure fullerene (C_{60}) [J]. Journal of the American Chemical Society, 2009, 131 (18): 6372-6373.

[112] Cha S I, Miyazawa K, Kim J D. Vertically well-aligned C_{60} microtubecrystal array prepared using a solution-based, one-step process [J]. Chemistry of Materials, 2011, 20 (5): 1667-1669.

[113] Tan Z, Masuhara A, Kasai H, et al. Multibranched C_{60} micro/nanocrystals fabricated by reprecipitation method [J]. Japanese Journal of Applied Physics, 2008, 47 (2): 1426-1428.

[114] Ogawa K, Kato T, Ikegami A, et al. Electrical properties of field-effect transistors based on C_{60} nanowhiskers [J]. Applied Physics Letters, 2006, 88 (11): 112109-112113.

[115] Jehoulet C, Bard A J, Wudl F. Electrochemical reduction and oxidation of C_{60} films [J]. Journal of American Chemical Society, 1991, 113: 5456-5457.

[116] Wang G W, Komatsu K, Murata Y, et al. Synthesis and X-ray structure of dumb-bell-shaped C_{120} [J]. Nature, 1997, 387 (6633): 583-586.

[117] Komatsu K, Fujiwara K, Tanaka T, et al. The fullerene dimer C_{120} and related carbon allotropes [J]. Carbon, 2000, 38 (11): 1529-1534.

[118] Komatsu K, Fujiwara K, Murata Y. The fullerene cross-dimer C_{130}: Synthesis and properties [J]. Chemical Communications, 2000, 17 (17): 1583-1584.

[119] Iwasa Y, Tanoue K, Mitani T, et al. High yield selective synthesis of C_{60} dimers [J]. Chemical Communications, 1998, 13 (13): 1411-1412.

[120] Forman G S, Tagmatarchis N, Shinohara H. Novel synthesis and characterization of five isomers of $(C_{70})_2$ fullerene dimmers [J]. Journal of the American Chemical Society, 2002, 124 (2): 178.

[121] Zhang J, Porfyrakis K, Sambrook M R, et al. Determination of the thermal stability of the fullerene dimers C_{120}, CdO, and $C_{120}O_2$ [J]. Journal of Physical Chemistry B, 2006, 110 (34): 16979.

[122] Wang G W, Murata Y, Komatsu K, et al. Cheminform abstract: The solid-phase reaction of (60) fullerene: Novel addition of organozinc reagents [J]. ChemInform, 1996, 28 (1): 2059-2060.

[123] Tanaka T, Komatsu K. Mechanochemical arylation and alkylation of fullerene C_{60} under the solvent-free conditions [J]. Synthetic Communications, 1999, 29 (24): 4397-4402.

[124] Bingel C. Cyclopropanierung von fullerenen [J]. European Journal of Inorganic Chemistry, 1993, 126 (8): 1957-1959.

[125] Prato M, Li Q C, Wudl F, et al. Addition of azides to fullerene C_{60}: Synthesis of azafulleroids [J]. Journal of the American Chemical Society, 1993, 115 (3) : 1148-1150.

[126] Chen Z X, Zhu B, Wang G W. Solvent-free mechanochemical reaction of [60] fullerene with phenylhydrazine hydrochlorides [J]. Letters in Organic Chemistry, 2008, 5 (1) : 65.

[127] Suzuki T, Li Q, Khemani K C, et al. Systematic inflation of buckminsterfillerene C_{60}: Synthesis of diphenyl fulleroids C_{61} to C_{66} [J]. Science, 1991, 254 (5035) : 1186-1188.

[128] Shi S, Khemani K C, Li Q, et al. A polyester and polyurethane of diphenyl C_{61}: Retention of fulleroid properties in a polymer [J]. Journal of the American Chemical Society, 1992, 114 (26) : 10656-10657.

[129] Suzuki T, Li Q, Khemani K C, et al. Dihydrofulleroid H_3C_{61}: Synthesis and properties of the parent fulleroid [J]. Journal of the American Chemical Society, 1992 (114) : 7301-7302.

[130] Isaacs L, Diederich F. Structures and chemistry of methanofullerenes: a versatile route into *N*-[(methanofullerene) carbonyl]-substituted amino acids [J]. Helvetica Chimica Acta, 2004, 76(7): 2454-2464.

[131] Diederich F, Isaacs L, Philp D. Syntheses, structures, and properties of methanofullerenes[J]. Chemical Society Reviews, 1994, 23 (4) : 10948-10953.

[132] Skiebe A, Hirsch A. A facile method for the synthesis of amino acid and amido derivatives of C_{60} [J]. ChemInform, 1994, 25 (24) : 335-336.

[133] Komatsu K, Murata Y, Wang G W, et al. The solid-state mechanochemical reaction of fullerene C_{60} [J]. Fullerene Science and Technology, 1999, 7 (4) : 609-620.

[134] Wang G W, Li Y J, Peng R F, et al. Are the pyrazolines formed from the reaction of [60] fullerene with alkyl diazoacetates unstable [J]. Tetrahedron, 2004, 60 (17) : 3921-3925.

[135] Isaacs L, Wehrsig A, Diederich F. Improved purification of C_{60} and formation of σ-and π-homoaromatic methano-bridged fullerenes by reaction with alkyl diazoacetates [J]. Helvetica Chimica Acta, 1993, 76: 1231.

[136] Wang G W, Zhang T H, Hao E H, et al. Solvent-free reactions of fullerenes and n-alkylglycines with and without aldehydes under high-speed vibration milling [J]. Tetrahedron, 2003, 59 (1) : 55-60.

[137] Murata Y, Kato N, Fujiwara K, et al. Solid-state [4+2] cycloaddition of fullerene C_{60} with condensed aromatics using a high-speed vibration milling technique [J]. Journal of Organic Chemistry, 1999, 64 (10) : 3483-3488.

[138] Keshavarzk M, Knight B, Srdanov G, et al. Cyanodihydrofullerenes and dicyanodihydrofullerene: The first polar solid based on C_{60} [J]. Journal of the American Chemical Society, 1995, 117 (45) : 11371-11372.

[139] Murata Y, Kato N, Komatsu K. The reaction of fullerene C (60) with phthalazine: The mechanochemical solid-state reaction yielding a new C (60) dimer versus the liquid-phase reaction affording an open-cage fullerene [J]. Journal of Organic Chemistry, 2001, 66 (22) : 7235-7239.

[140] Murata Y, Suzuki M, Komatsu K. Synthesis and electrochemical properties of novel dimeric fullerenes incorporated in a 2,3-diazabicyclo [2.2.2] oct-2-ene framework [J]. ChemInform, 2002, 33 (8) : 2338-2339.

[141] Chen Z X, Wang G W. One-pot sequential synthesis of acetoxylated [60] fullerene derivatives [J]. Journal of Organic Chemistry, 2005, 36 (32) : 2380.

[142] Muradyan V E, Arbuzov A A, Smirnov Y N, et al. Mechanochemical synthesis and properties of fullerene derivatives [J]. Russian Journal of General Chemistry, 2011, 81 (8) : 1671-1675.

[143] Watanabe H, Matsui E, Ishiyama Y, et al. Solvent free mechanochemical oxygenation of fullerene under oxygen atmosphere [J]. Tetrahedron Letters, 2007, 48 (46) : 8132-8137.

[144] Braun T, Buvári-Barcza A, Barcza L, et al. Mechanochemistry: A novel approach to the synthesis of fullerene compounds. Water soluble buckminsterfullerene-γ-cyclodextrin inclusion complexes via a solid-solid reaction [J]. Solid State Ionics, 1994, 74 (1-2) : 47-51.

[145] Komatsu K, Fujiwara K, Murata Y, et al. Aqueous solubilization of crystalline fullerenes by supramolecular complexation with γ-CD and sulfocalix [8] arene under mechanochemical high-speed vibration milling [J]. Journal of the Chemical Society Perkin Transactions, 1999, 1 (20) : 2963-2966.

[146] Andersson T, Sundahl M, Westman G, et al. Host-guest chemistry of fullerenes: A water-soluble complex between C_{70} and γ-cyclodextrin [J]. Tetrahedron Letters, 1994, 35 (38) : 7103-7106.

[147] Mohan H, Priyadarsini K I, Tyagi A K, et al. Formation of water soluble complexes of: solid-state reaction between tertiary amines and [J]. Journal of Physics B: Atomic Molecular and Optical Physics, 1996, 29 (29) : 5015.

[148] Hernάndez F C R, Calderon H A. Nanostructured Al/Al_4C_3 composites reinforced with graphite or fullerene and manufactured by mechanical milling and spark plasma sintering [J]. Materials Chemistry and Physics, 2012, 132 (2-3) : 815-822.

[149] Bartolucci S F, Paras J, Rafiee M A, et al. Graphene-aluminum nanocomposites [J]. Materials Science and Engineering A, 2011, 528 (27) : 7933-7937.

[150] Liu Z G, Tsuchiya K, Umemoto M. Mechanical milling of fullerene with carbide forming elements [J]. Journal of Materials Science, 2002, 37 (6) : 1229-1235.

[151] Miyaoka H, Ishida W, Ichikawa T, et al. Synthesis and characterization of lithium-carbon compounds for hydrogen storage [J]. Carbon, 2013, 56 (3) : 50-55.

[152] Medvedev V V, Popov M Y, Mavrin B N, et al. Cu-C_{60} nanocomposite with suppressed recrystallization [J]. Applied Physics A, 2011, 105 (1) : 45-48.

[153] Gothard N, Spowart J E, Tritt T M. Thermal conductivity reduction in fullerene-enriched p-type bismuth telluride composites [J]. Physica Status Solidi, 2010, 207 (1) : 157-162.

[154] Gothard N W, Tritt T M, Spowart J E. Figure of merit enhancement in bismuth telluride alloys via fullerene-assisted microstructural refinement [J]. Journal of Applied Physics, 2011, 110 (2) : 507-511.

[155] So K P, Kim E S, Biswas C, et al. Low-temperature solid-state dissolution of carbon atoms into aluminum nanoparticles [J]. Scripta Materialia, 2012, 66 (1) : 21-24.

[156] Chen D, Chen L, Liu S, et al. Microstructure and hydrogen storage property of Mg/MWNTs composites [J]. Journal of Alloys and Compounds, 2004, 372 (1-2) : 231-237.

[157] Du H, Jiao L, Wang Q, et al. Structure and electrochemical properties of ball-milled Co-carbon nanotube composites as negative electrode material of alkaline rechargeable batteries [J]. Journal of Power Sources, 2011, 196 (13) : 5751-5755.

[158] Nie J, Jia C, Jia X, et al. Fabrication, microstructures, and properties of copper matrix composites reinforced by molybdenum-coated carbon nanotubes [J]. Rare Metals, 2011, 30 (4) : 401-407.

[159] Kumar R S, Cornelius A L, Pravica M G, et al. Bonding changes in single wall carbon nanotubes (SWCNT) on Ti and TiH_2 addition probed by X-ray Raman scattering [J]. Diamond and Related Materials, 2007, 16 (4) : 1136-1139.

[160] Deng C, Zhang X, Wang D. Chemical stability of carbon nanotubes in the 2024Al matrix [J]. Materials Letters, 2007, 61 (3) : 904-907.

[161] Gao X P, Wang F X, Liu Y, et al. Electrochemical hydrogen discharge properties of MgNi-carbon nanotube composites [J]. Journal of the Electrochemical Society, 2002, 149 (12) : A1616-A1619.

[162] Li S, Pan G L, Gao X P, et al. The electrochemical properties of $MmNi_{3.6}Co_{0.7}Al_{0.3}Mn_{0.4}$ alloy modified with carbon nanomaterials by ball milling [J]. Journal of Alloys and Compounds, 2004, 364 (1-2) : 250-256.

[163] Yi R J, Duh J G. Synthesis of entanglement structure in nanosized $Li_4Ti_5O_{12}$/multi-walled carbon nanotubes composite anode material for Li-ion batteries by ball-milling-assisted solid-state reaction [J]. Journal of Power Sources, 2012, 198 (1) : 294-297.

[164] Hsu C F, Lin H M, Lee P Y. Characterization of mechanically alloyed Ti-based bulk metallic glass composites containing carbon nanotubes [J]. Advanced Engineering Materials, 2010, 10 (11) : 1053-1055.

[165] Eom J Y, Park J W, Kwon H S, et al. Electrochemical insertion of lithium into multiwalled carbon nanotube/silicon composites produced by ballmilling [J]. Journal of the Electrochemical Society, 2006, 153 (9) : 8-9.

[166] Verón M G, Troiani H, Gennari F C. Synergetic effect of Co and carbon nanotubes on MgH_2 sorption properties [J]. Carbon, 2011, 49 (7) : 2413-2423.

[167] Fang Z Z, Kang X D, Wang P, et al. Improved reversible dehydrogenation of lithium borohydride by milling with as-prepared single-walled carbon nanotubes [J]. Journal of Physical Chemistry C, 2008, 112 (43) : 17023-17029.

[168] Pei X, Wang J, Wan Q, et al. Functionally graded carbon nanotubes/hydroxyapatite composite coating by laser cladding [J]. Surface and Coatings Technology, 2011, 205 (19) : 4380-4387.

[169] Xu W, Liu C, Xing W, et al. A novel hybrid based on carbon nanotubes and heteropolyanions as effective catalyst for hydrogen evolution [J]. Electrochemistry Communications, 2007, 9 (1) : 180-184.

[170] George R, Kashyap K T, Rahul R, et al. Strengthening in carbon nanotube/aluminium (CNT/Al) composites [J]. Scripta Materialia, 2005, 53 (10) : 1159-1163.

[171] Pérez-Bustamante R, Gómez-Esparza C D, Estrada-Guel I, et al. Microstructural and mechanical characterization of Al-MWCNT composites produced by mechanical milling [J]. Materials Science and Engineering A, 2009, 502 (1) : 159-163.

[172] Esawi A M K, Morsi K, Sayed A, et al. Fabrication and properties of dispersed carbon nanotube-aluminum composites [J]. Materials Science and Engineering A, 2009, 508 (1) : 167-173.

[173] Imamura H, Tabata S, Takesue Y, et al. Hydriding-dehydriding behavior of magnesium composites obtained by mechanical grinding with graphite carbon [J]. International Journal of Hydrogen Energy, 2000, 25 (9) : 837-843.

[174] Li X, Wang L, Dong H, et al. Electrochemical hydrogen absorbing properties of graphite/AB5 alloy composite electrode [J]. Journal of Alloys and Compounds, 2012, 510 (1) : 114-118.

[175] Rao C V, Reddy A L M, Ishikawa Y, et al. $LiNi_{1/3}Co_{1/3}Mn_{1/3}O_2$-graphene composite as a promising cathode for lithium-ion batteries [J]. ACS Applied Materials and Interfaces, 2011, 3 (8) : 2966-2972.

[176] Fang X, Li M, Guo K, et al. Improved properties of dye-sensitized solar cells by incorporation of graphene into the photoelectrodes [J]. Electrochimica Acta, 2012, 65 (1) : 174-178.

[177] Miyaoka H, Ichikawa T, Fujii H. Thermodynamic and structural properties of ball-milled mixtures composed of nano-structural graphite and alkali (-earth) metal hydride [J]. Journal of Alloys and Compounds, 2007, 432 (1-2) : 303-307.

[178] Hansen V, Maigaard S, Allen J, et al. Incorporation of carbon nanotubes into polyethylene by high energy ball milling: morphology and physical properties [J]. Journal of Polymer Science Part B: Polymer Physics, 2007, 45 (5) : 597-606.

[179] Li B, Zhong W H. Review on polymer/graphite nanoplatelet nanocomposites [J]. Journal of Materials Science, 2011, 46 (17) : 5595-5614.

[180] Nakamizo M, Honda H, Inagaki M. Raman spectra of ground natural graphite [J]. Carbon, 1978, 16 (4) : 281-283.

[181] Chen X H, Yang H S, Wu G T, et al. Generation of curved or closed-shell carbon nanostructures by ball-milling of graphite [J]. Journal of Crystal Growth, 2000, 218(1): 57-61.

[182] Orimo S, Majer G, Fukunaga T, et al. Hydrogen in the mechanically prepared nanostructured graphite [J]. Applied Physics Letters, 1999, 75(20): 3093-3095.

[183] Chen D M, Ichikawa T, Fujii H, et al. Unusual hydrogen absorption properties in graphite mechanically milled under various hydrogen pressures up to 6 MPa [J]. Journal of Alloys and Compounds, 2003, 354(1-2): L5-L9.

[184] Knieke C, Berger A, Voigt M, et al. Scalable production of graphene sheets by mechanical delamination [J]. Carbon, 2010, 48(11): 3196-3204.

[185] Yao Y, Lin Z, Li Z, et al. Large-scale production of two-dimensional nanosheets [J]. Journal of Materials Chemistry, 2012, 22(27): 13494-13499.

[186] Zhao W, Fang M, Wu F, et al. Preparation of graphene by exfoliation of graphite using wet ball milling [J]. Journal of Materials Chemistry, 2010, 20(28): 5817.

[187] Zhao W, Wu F, Wu H, et al. Preparation of colloidal dispersions of graphene sheets in organic solvents by using ball milling [J]. Journal of Nanomaterials, 2010, 2010(1): 6.

[188] Prato M. Fullerene chemistry for materials science applications [J]. Journal of Materials Chemistry, 1997, 7(7): 1097-1109.

[189] Hasobe T. Supramolecular nanoarchitectures for light energy conversion [J]. Physical Chemistry Chemical Physics, 2010, 12(1): 44.

[190] Segura J L, Martin N, Guldi D M. Materials for organic solar cells: The C_{60}/π-conjugated oligomer approach [J]. ChemInform, 2005, 34(1): 31.

[191] Campidelli S, Bourgun P, Guintchin B, et al. Diastereoisomerically pure fulleropyrrolidines as chiral platforms for the design of optically active liquid crystals [J]. Journal of the American Chemical Society, 2010, 132(10): 3574-3581.

[192] Mamlouk H, Heinrich B, Bourgogne C, et al. A nematic [60] fullerene supermolecule: When polyaddition leads to supramolecular self-organization at room temperature [J]. Journal of Materials Chemistry, 2007, 17(21): 2199-2205.

[193] Nakanishi T, Shen Y, Wang J, et al. Electron transport and electrochemistry of mesomorphic fullerenes with long-range ordered lamellae [J]. Journal of the American Chemical Society, 2008, 130(29): 9236-9237.

[194] Fernandes P A L, Yagai S, Möhwald H, et al. Molecular arrangement of alkylated fullerenes in the liquid crystalline phase studied with X-ray diffraction [J]. Langmuir the ACS Journal of Surfaces and Colloids, 2010, 26(6): 4339-4345.

[195] Matsuo Y, Muramatsu A, Hamasaki R, et al. Stacking of molecules possessing a fullerene apex and a cup-shaped cavity connected by a silicon connection [J]. Journal of the American Chemical Society, 2004, 126(2): 432-433.

[196] Zhong Y W, Matsuo Y, Nakamura E. Lamellar assembly of conical molecules possessing a fullerene apex in crystals and liquid crystals [J]. Journal of the American Chemical Society, 2007, 129(11): 3052-3053.

[197] Li W S, Yamamoto Y, Fukushima T, et al. Amphiphilic molecular design as a rational strategy for tailoring bicontinuous electron donor and acceptor arrays: Photoconductive liquid crystalline oligothiophene—C_{60} dyads [J]. Journal of the American Chemical Society, 2008, 130(28): 8886-8887.

[198] Lee J K, Ma W L, Brabec C J, et al. Processing additives for improved efficiency from bulk heterojunction solar cells [J]. Journal of the American Chemical Society, 2008, 130(11): 3619-3623.

[199] van Duren J, Yang X, Loos J, et al. Relating the morphology of poly (*p*-phenylenevinylene) /methanofullerene blends to solar-cell performance [J]. Advanced Functional Materials, 2004, 14 (5) : 425-434.

[200] Hoppe H, Niggemann M, Winder C, et al. Nanoscale morphology of conjugated polymer/fullerene-based bulk-heterojunction solar cells [J]. Advanced Functional Materials, 2004, 14 (10) : 1005-1011.

[201] Huang C H, Mcclenaghan N D, Kuhn A, et al. Enhanced photovoltaic response in hydrogen-bonded all-organic devices [J]. Organic Letters, 2005, 7 (16) : 3409-3412.

[202] Bottari G, Olea D, Gómez-Navarro C, et al. Highly conductive supramolecular nanostructures of a covalently linked phthalocyanine—C_{60} fullerene conjugate [J]. Angewandte Chemie, 2008, 47 (11) : 2026.

[203] Hasobe T, Imahori H, Kamat P V, et al. Photovoltaic cells using composite nanoclusters of porphyrins and fullerenes with gold nanoparticles [J]. Journal of the American Chemical Society, 2005, 127 (4) : 1216-1228.

[204] Hasobe T, Sandanayaka A S, Wada T, et al. Fullerene-encapsulated porphyrin hexagonal nanorods. An anisotropic donor-acceptor composite for efficient photoinduced electron transfer and light energy conversion [J]. Chemical Communications, 2008, 29 (29) : 3372-3374.

[205] Matsuo Y, Sato Y, Niinomi T, et al. Columnar structure in bulk heterojunction in solution-processable three-layered p-i-n organic photovoltaic devices using tetrabenzoporphyrin precursor and silylmethyl[60]fullerene [J]. Journal of the American Chemical Society, 2009, 131 (44) : 16048.

第 2 章　碳纤维与碳薄膜

2.1　碳　纤　维

2.1.1　引言

碳纤维(carbon fiber)是一种新型高强度富碳纤维材料，碳含量可高达 95%，直径为 5～10 μm[1]。国际纯粹与应用化学联合会(International Union of Pure and Applied Chemistry, IUPAC)将碳纤维定义为丝、线或卷，其中含碳超过 92%，并通常呈现出非石墨态。这就意味着碳材料可被描述为一个二维长程有序，碳原子在平面六角网络无晶相有序，且在第三方向或多或少地平行叠加。碳纤维具有很多特性，如高刚度、高强度、低密度、高化学稳定性、高温耐受性及耐腐蚀性等，已经逐渐成为军用工业和国民经济的重要组成部分，且正在趋向多样化发展，满足生产和生活的需要[2]。

2.1.2　碳纤维简介

随着世界科技的发展，传统复合材料已无法满足工业需求。碳纤维是一种新型的无机高分子纤维，其含碳量达到了 90%，作为一种结构-功能化材料，具有较好的力学、耐腐蚀、耐高温、导电导热、电磁屏蔽等性能，被广泛应用于航空航天、军用武器、汽车和医疗等。碳纤维的微观结构类似于石墨，是一种乱层石墨结构，但其平面内的碳原子发生了一定程度的平移与转动，片层之间也发生了一定程度的交叉，由此增强了碳纤维强度。自 20 世纪 60 年代开始，碳纤维已逐渐进入市场化。此外，碳纤维还用于土木工程、赛车运动等。尽管碳纤维具有很好的结构整体性，但目前还主要和其他材料复合使用，而活性碳纤维由于多孔结构具有很好吸附性，目前使用较多。近年来，活性碳纤维作为吸附剂在净化污染气体、水及其他化学修复操作方面逐渐增加应用[2-5]。关于其制备、表征和应用的报道越来越多。很多材料都可用于制备活性碳纤维，如聚丙烯腈(PAN)、多酚黏胶、酚醛树脂、沥青纤维等。此外，许多生物材料也可用于合成活性碳纤维，如亚麻纤维、棕榈树纤维及棉纤维等。而由生物材料合成活性碳纤维，则必须要经过碳化和活化两个步骤或者是直接活化，形成孔道及使碳基官能团化[6-9]。

当然，碳基体的比表面积和孔道可通过物理活化和化学活化去除部分碳原子得到，相比于物理法活化，化学法活化无需高温处理，有利于获得大比表面积和微孔，同时产量高、孔多及反应时间短等。缺点是每次活化之后都需要洗涤除去多余的活化剂。碳纤维中的碳原子呈现化学惰性，高温下也不容易熔融，所以一般是通过碳化有机高分子得到的。制备碳纤维的有机高分子材料很多，常用的有聚丙烯腈、聚苯并咪唑、黏胶纤维、沥青等。考虑碳化过程、生产成本等因素，目前工业化生产碳纤维的只有聚丙烯腈、黏胶纤维和沥青。

2.1.3　碳纤维的分类与制备

1. 聚丙烯腈碳纤维

由聚丙烯腈制备得到的碳纤维，性能较其他有机高分子纤维合成的碳纤维性能要好，特别是力学性能等，而且生产工艺较为纯熟，聚丙烯腈也易得，其已成为制造碳纤维的主要原料[10-13]。聚丙烯腈制造碳纤维是由日本大阪工业技术研究院的近藤昭南在 20 世纪 50 年代首先发现的。在制备碳纤维的过程中，聚丙烯腈需要先经过氧化处理。之后在 1963 年，以 Watt 的研究为基础，英国 Courtaults 公司研发出了高性能碳纤维，从而为聚丙烯腈生产碳纤维奠定了工业化生产之路。日本的东丽公司一直是碳纤维的主要生产厂家与研发公司。1967 年，东丽公司率先使用共聚原丝，制备出性能优异的 T300 碳纤维和 M40 碳纤维。中国对聚丙烯腈生产碳纤维的研究始于 20 世纪 60 年代，近年来也取得了巨大进展。

聚丙烯腈，顾名思义，是由丙烯腈聚合而成。虽然耐化学腐蚀，但其强度一般，耐磨性差。一般来说，聚丙烯腈制备碳纤维的生产工艺可以分为四步，一是制备聚丙烯腈纺丝原液，二是制备聚丙烯腈原丝，三是聚丙烯腈原丝的预氧化，四是聚丙烯腈的碳化。每一步都涉及很多工艺，且每个工艺都受到很多参数控制，改变其中任何一个参数都有可能影响碳纤维的性能与结构。

1) 聚丙烯腈纺丝原液的制备

聚丙烯腈一般是由丙烯腈与特定的共聚用单体通过自由基聚合而成，其中共聚用单体可用来改善聚丙烯腈纤维的加工性能和力学性能。此外，羧酸盐也可以作为共聚用单体，这是因为在反应中羧酸盐有利于氧化放热并控制反应速率，同时，还有助于提高前驱体中碳的含量。

聚丙烯腈纺丝原液的制备通常可以分为一步法和两步法，一步法是通过均相溶液聚合过程来获得聚丙烯腈溶液，但这种溶液聚合是一个放热过程，如果外界的冷却达不到条件，聚合反应放出的大量热就会使局部温度迅速上升，无法控制反应，使聚丙烯腈分子量分布不均匀。其优点是聚合反应结束后即可得到混合均匀的溶液，后续净化处理后可直接用于纺丝，不需要二次溶解，可大大简化生产工艺，适用于一些大型企业。两步法是通过非均相溶液聚合过程得到聚丙烯腈粉末，而非均相聚合又可分为水相沉淀聚合、水相悬浮聚合、混合溶剂沉淀聚合。非均相聚合得到的聚丙烯腈粉末一般会储存备用，需要时再进行溶解即可。该方法最大的好处是聚丙烯腈不会溶解在水相，而是缓慢沉淀析出，整个聚合过程较易控制，反应条件温和，且聚丙烯腈分子量可人为控制。很多酯类如乙酸乙烯酯、甲基丙烯酸酯及甲基丙烯酸酯甲酯可作为塑化剂破坏聚丙烯腈的结构使其易溶于纺丝原液。在两步法中，需要溶解聚丙烯腈粉末，常用的溶剂有二甲基亚砜(DMSO)、二甲基乙酰胺、碳酸乙烯酯和二甲基甲酰胺等，都是强极性的非质子溶剂。溶解方式主要有高速球磨溶解、溶解釜搅拌溶解和超声强化溶解等。

2) 聚丙烯腈原丝的制备

原液经过喷丝孔进入第一级凝固浴，在牵引力的作用下会慢慢变细而后发生凝固继而成型，获得聚丙烯腈的初生纤维。聚丙烯腈原丝的生产工艺有干法纺丝、湿法纺丝和干湿法纺丝。湿法纺丝是市场上的很多碳纤维的主要生产工艺，其过程简单，将带有孔的喷丝板放到凝固浴中，将制备好的原液倒入喷丝孔后，即可成型。在成型过程中会仔细地过滤掉一些聚丙烯腈并调整浓度以获得最佳聚合物溶液的流变行为，这些聚合物溶液旋转通过喷丝孔获得凝固纤维。为了提高拉伸性能，这一步可在高温下进行。最后，凝固纤维需进一步清洗并在水中或者蒸汽中进行拉伸以去除多余溶剂来增加聚合物链间的分子取向。纺丝原液由液体转变为固体的过程对纤维的结构转变起到了重要作用，湿法纺丝较简单也易操作，即使是在喷丝过程中发生了一些意外情况如断丝，也不会影响整个过程的继续。在成型过程中，聚丙烯腈的高分子溶液黏度较高，在出口的时候会发生明显的膨胀效应。使用湿法纺丝制得的纤维会发现其表面凹凸不平，且大分子的结构取向性也很差，会对碳纤维的拉伸强度产生很大的影响，同时湿法纺丝过程中溶剂处理成本过高。干法纺丝与湿法纺丝恰恰相反，在生产工艺中并没有凝固浴，使用的是热空气取代进行单向扩散的溶剂。日本东丽公司对干湿法纺丝进行改进，让带有孔的喷丝板与凝固浴中间隔出一段距离，纺丝原液进入凝固浴之前要先经过一段空气层，接着发生双扩散和相分离，最后产生白丝。干湿法纺丝可避免湿法纺丝的弊端，生产出高拉伸性能的碳纤维。此外，干湿法纺丝生产出的碳纤维具有密度高、表面光滑、结构致密、生产速度快等优点。干湿法纺丝还可提高喷丝孔处的拉伸性能，并可以加工高浓度的聚丙烯腈溶液。干湿法纺丝优于湿法纺丝是因为在纺丝原液进入凝固浴之前经过空气层时会在表面形成致密的薄膜，阻碍大孔生成。但是使用干湿法纺丝也有其弊端，例如，生产出的碳纤维表面上会有有机溶剂，而这些溶剂又很难除去。目前制备 PAN 原丝的溶剂主要是二甲基亚砜，它是一种典型的非质子溶剂。与其他溶剂相比，利用二甲基亚砜作为溶剂的制备过程简单，而且得到聚丙烯腈的浓度高，纤维表面没有沟槽，有利于制备高性能碳纤维。

3) 聚丙烯腈原丝的预氧化

在得到聚丙烯腈原丝后，后续还要经历一步预氧化，形成梯形结构，预氧化过程起到了承上启下的作用。聚丙烯腈原丝的预氧化一般在200～280℃下进行，且在空气气氛中发生，这样可使纤维保持原形，并且在高温碳化时不会熔解也不会燃烧。在空气中进行预氧化时，聚丙烯腈纤维的颜色会发生一系列变化，这说明了聚丙烯腈纤维内部发生了一些化学反应，而普遍认为这些化学反应包括脱氢反应、环化反应和氧化反应。于小强等考察了聚丙烯腈环构化反应，对其机理进行了解释，并说明关于PAN原丝的环构化反应受构象反转控制。这些反应主要是放热反应，由于是工业化生产，一次投料会很多，所以会放出大量热，如果没有及时排去大量热，有可能会导致局部温度过高，使纤维发生断裂，因此目前生产预氧化聚丙烯腈主要还是使用梯度升温。随着预氧化过程进行，结构会发生变化，例如，链状聚丙烯腈分子结构在氧化作用下会发生交联，从而使分子结构变为交联环状。在预氧化过程中，预氧化时间、温度、反应进度、张力及升温速率对获得高质量的纤维有重要影响。如果预氧化温度低，会使反应速率降低，且氧化也不够充分，导致效率降低；如果温度过高，且反应时间过长，就会发生过度氧化现象，使得纤维内部的孔洞增多，碳纤维的强度会随之大大降低。因此，设置合理的升温速率及预氧化工艺，有利于获得高质量的预氧化聚丙烯腈纤维。

4) 聚丙烯腈的碳化

虽然聚丙烯腈经过了预氧化过程，结构也发生了变化，但其力学性能仍然不是很好。为获得高质量力学性能，在生产工艺中还需要对其进一步进行高温碳化。而高温碳化过程是将聚合物从有机碳化成无机材料，一些非碳原子也会发生裂解而被除去。高温碳化通常是在惰性气体中发生的，一般会选择高纯氮，而碳化又分低温碳化(300～700℃)和高温碳化(1300～1600℃)，若是温度高于2000℃则可发生石墨化。在低温碳化阶段，以发生热解反应为主，预氧化的聚丙烯腈纤维会发生交联继而转变成类石墨微晶结构，其中的H主要以水、氨气及HCN的形式被除去，而氮主要以氨气和HCN的形式被除去。在高温碳化阶段，类石墨微晶结构会更加完善，主要以热缩聚反应为主，其中的O会以一氧化碳、二氧化碳、水的形式被除去，氮主要以氮气的形式被除去。随着高温碳化过程的进行，大量气体逸出会使得所得到的碳纤维内部的孔洞增多，因此碳化工艺对获得高质量的碳纤维起到了重要作用。

2. 中间相沥青基碳纤维

在制备碳纤维的前驱体中除聚丙烯腈外，还有一类重要材料便是中间相沥青。中间相沥青基碳纤维不仅价格便宜且具有高模量、高热导、低热膨胀等优点。相比于聚丙烯腈碳纤维，中间相沥青基碳纤维更加适用于人造卫星及空间技术等领域。沥青原是由木材或者其他材料如煤干馏时得到的油状液体，再热处理后在常温下呈现固态。沥青结构比较复杂，化学成分也相当复杂，一般是由带有烷基侧链的稠环芳烃化合物和杂环化合物所组成的混合物。沥青的分子量不定，一般是在 300～1000 之间。而沥青又可以分为石油沥青和煤沥青，常含有大量的 C、H 和 O，在高温碳化过程中逐渐脱去非碳原子，最后，由 sp^2 碳原子组成平面网状结构，形成乱层结构的石墨，称为碳纤维。而我们所说的中间相沥青中的中间相是液晶学中的专用术语，是指处于晶体和液体之间的中间态物质，常说的炭质中间相是一种中间液晶状态，即指由沥青类有机物料向固体半焦过渡的一种物态。炭质中间相还具有光学异性、抗磁各向异性、可逆效应和容纳效应。大谷山郎在 1963 年成功研制出沥青基碳纤维，过程也很简单[14]，于 1975 年实现了工业化生产。沥青基碳纤维可分为普通型(通用级)和高性能碳纤维，前者的力学性能很一般而后者的力学性能则很好，这归因于组成沥青原料的成分不同。调制纺丝沥青的原理也不同，可分为各向同性调制法和各向异性调制法，前者的调制过程包括萃取、蒸馏及加氢处理等工艺，而后者主要是需要用喹啉和吡啶溶液进行处理，即将喹啉或者吡啶溶液加热到 120℃左右，同时把沥青加入并发生溶解，这样可除去一些不溶物，因为这些不溶物会阻碍中间相小球的生长，接着在 350℃氮气或氩气等惰性气体气流的保护下，进行分子间脱氢缩聚反应，逐渐转变为热力学稳定的二维多核芳烃分子，再通过分子间的 π-π 共轭和范德瓦耳斯力使缔合分子呈液晶态取向排列，然后在表面张力作用下形成稳定的球体，称为中间相微球，即高定向的中间相沥青。与传统的炭质中间相的形成过程不同，日本有学者提出了另外一种形成理论“微域构筑”[15]，认为要想形成中间相，必须先要形成一定形状的平面分子堆积单元，接着自组装形成类似球形的微域，再由这些微域形成炭质中间相球体。李同起和王成扬[16]提出了另外一种理论，即粒状基本单元构筑，认为炭质中间相的形成与后续发展要经过一个三级结构的连续构筑过程。中间相沥青的生产方式有两种，一种是催化萘、甲萘等芳香烃化合物发生热聚反应形成中间相沥青；另一种是加热处理或者氢化处理，后续利用溶剂抽提或者高速离心来得到中间相沥青。相比于第二种方式，第一种方式可以得到更多的中间相沥青，同时软化点可控。与聚丙烯腈碳纤维相比，中间相沥青碳纤维有很多优势，如中间相沥青基碳纤维具有高模量、高强度等性能，目前可达到的模量为 930 GPa，是理论值的 91%，几乎是聚丙烯腈碳纤维模量的 1.5 倍。中间相沥青基碳纤维具有高热导率，其中 λ 可达 800 W/(m·K)，是聚丙烯腈的 4.5 倍，同时具有比聚丙烯腈碳纤维更好的耐冲击性。中间相沥青基碳纤维的生产过程可以分为各向同性的沥青的精制、熔融纺丝、预氧化及沥青基碳纤维的碳化与石墨化，最后是碳纤维的后处理。

1) 中间相沥青的精制

沥青是稠环芳烃化合物和杂环化合物所组成的混合物，含有一些杂质，可能在纺丝时堵孔，使生产过程无法继续。如果不进行沥青精制，在沥青中残留的杂质则有可能使沥青基碳纤维发生断裂。精制过程很简单，先将沥青加热到 100℃左右，同时需要将溶剂加入沥青中，接着在惰性气体保护下过滤即可，之所以要在惰性气体下进行操作，主要是考虑到沥青在空气中有可能会被氧化。

2) 熔融纺丝

熔融纺丝是制备高性能沥青基碳纤维的基础步骤，该过程与高分子处理也不同，需要在非常短的时间内进行固化然后不能再进行牵引拉伸。熔融纺丝将直接决定沥青基碳纤维的性能，为了增强沥青基碳纤维的强度，在纺丝时就需要将沥青基碳纤维的直径控制在 15 μm 以下。工业上常用的沥青基碳纤维制备方法主要有熔吹法、离心法、涡流法和挤压法。顾名思义，熔吹法就是将已经熔化的高温液态沥青输送到喷丝头内，从小孔被挤压出来后，即刻被高速流动的气体冷却和携带牵伸成纤维丝。而离心法是将已经熔化的高温液态沥青放在高速旋转的离心机转鼓内，然后在离心力的作用下将液态沥青强力甩出，凝固形成碳纤维丝。涡流法比较复杂，是将已熔化的高温液状沥青通过热气流在其流出的切线方向吹出并在牵伸作用下形成不规则的蜷曲状沥青基碳纤维。挤压法是利用高压泵将已熔化的高温液状沥青压入喷丝头，通过挤成丝，形成碳纤维丝。四种方法都需要将沥青进行高温熔化，其间容易被氧化，同时黏度也很易受到温度影响。熔融纺丝的装置也可以分为气压式纺丝机、柱塞式纺丝机及螺杆与计量泵配合挤压纺丝机。气压式纺丝机通过氮气或氩气加压生产碳纤维丝，因为受到物料黏度等影响，尺寸不均匀且纤维直径会发生节级状波动，同时也会有一部分惰性气体分散在纺丝中，挤压后会使得纺丝中的惰性气体从碳纤维中溢出，影响沥青基碳纤维性能。柱塞式纺丝生产出的碳纤维丝均匀稳定，且不会发生节级状波动，也不会发生并丝及氧化不透等问题，但仪器结构比较复杂，同时制造成本也很高。螺杆与计量泵配合挤压纺丝机的优点是通过在纺丝期间投入一定量的物料，可以避免纺丝直径波动，其缺点是结构复杂、造价高，同时因为需要在高温下工作，对零件要求也很高。前面探讨的都是高温沥青，事实上沥青进入熔融纺丝装置的方式有热态和冷态两种方式。热态进入方式是通过高温把沥青加热成液态然后进入熔融纺丝装置，并且保持一定温度。该方法可以连续操作，适合工业化生产，其缺陷是长时间高温会导致沥青发生变性，进而会降低碳纤维性能。而冷态进入方式是采用螺杆挤压装置，即在常温下将沥青投入料斗内，再由螺杆将沥青推进去同时进行加热，待沥青加热到纺丝温度后，再将其挤压进入纺丝装置方可进行纺丝过程。冷态进入方式有很多优点，如操作简便，同时在纺丝过程中通过一些排气设备将沥青产生的气体排出。

在熔融纺丝过程中，影响沥青基碳纤维的性能的因素有很多，如原料沥青性质、纺丝温度、纺丝过程压力、卷绕速度、喷丝孔大小及沥青的流动状态等。熔融纺丝过程中的温度可对沥青的黏度和流动性产生影响，进而会影响到沥青基碳纤维的内部结构排列。在这里黏度最容易受到温度影响，发生不同的变化。如果纺丝温度过低，那么没有熔化的固体杂质则有可能会将喷丝孔堵住；如果纺丝温度过高，则会使可挥发组分增多，影响沥青在纺丝装置中的流动性，使沥青基碳纤维发生断丝。不同原料的沥青因其结构不同，很多性质会不同，如软化点等，其对应的纺丝温度也会发生变化，因此工业化生产过程中需要选择合适的纺丝温度来提高沥青基碳纤维的性能。纺丝压力的变化也会对沥青基碳纤维的半径和性能产生影响，研究表明当纺丝压力增加时沥青基碳纤维的直径也会随之增加，高温对沥青基碳纤维的影响会更大。如果纺丝过程中压力过大，则会使流体流动不稳定，进而影响沥青基碳纤维的性能。因此，在工业化生产过程中，应该尽可能在低温下进行纺丝。同时，卷绕速度也可影响沥青基碳纤维的性能。一般情况下，沥青基碳纤维的直径会随着卷绕速度的增加而变小，牵伸比(喷丝孔直径与碳纤维的直径之比)也会随着卷绕速度的增加而变大，但是牵伸比增加也会降低中间相沥青的可纺性，严重时会发生断丝，影响纺丝过程进行。因此，在获得高性能沥青基碳纤维及不发生断丝的前提下，应该提高纺丝过程中的卷绕速度。喷丝孔有很多种形状，如 Y 形、带形及圆形，不同的喷丝孔形状也会影响沥青基碳纤维的性能。同时，喷丝孔尺寸及进入喷丝孔的熔体流动情况也会影响沥青基碳纤维的力学性能和导热性能。当纺丝工艺过程中的其他条件不变时，如果将喷丝孔长度加长，则很容易获得放射状结构的沥青基碳纤维，倘若喷丝孔长度很长，则很容易获得径向劈裂的放射状结构的沥青基碳纤维。如果在纺丝过程中将喷丝孔直径加大也很容易获得放射状结构的沥青基碳纤维；若将喷丝孔的直径固定在 0.1～0.2 mm，则易得到径向劈裂的放射状结构的沥青基碳纤维。

3) 预氧化

沥青属于热塑性物质，也就是说在工业化生产过程中，若将其加热到高温状态下，则会因为软化和熔融，使沥青在高温状态下发生黏合而无法保持原有的纤维形状，因此不能直接进行高温碳化。所以在高温碳化前，要把沥青由热塑性转变为热固性，这样才可以保证沥青在后续的生产工艺中维持原有的形态和择优取向。预氧化有两种方法，分别为气相法和液相法。气相法是通过一些气体作氧化剂，如空气、三氧化硫、臭氧等，氧化温度因氧化性气体的不同而不同，如空气下的氧化温度就比臭氧条件下的氧化温度高，虽然在臭氧条件下的氧化温度低，但是利用臭氧的氧化过程比较烦琐而且复杂，对设备的要求也很高，所以工业化生产过程中，还是采用空气氧化。通过气相法氧化可以引入一些含氧官能团，这些含氧官能团具有很高的热反应性，且气相法氧化还可使沥青纤维在不达到熔点的温度下即可发生缩合反应。而液相法通常是使用一些具有强氧化性的溶液来实现的，如高锰酸钾、硫酸及硝酸等。氧化的温度幅度通常在200～400℃。氧化处理不仅可提高沥青基碳纤维的力学性能，还可使纤维内晶体表面增加。需要注意的是，如果氧化温度很高，则会降低沥青基碳纤维的性能，而且因为局部大量放热，很有可能使沥青基碳纤维发生断裂。在预氧化过程中，影响沥青基碳纤维性能的因素有很多，如升温速率、恒温时间及氧化温度等。同时在预氧化过程中，会发生很多反应如氧化、缩聚反应等，因生成大量含氧基团，导致氧含量及氢含量增加，与此同时，碳含量也会因此而减少，因此，需要适宜的温度进行氧化。

4) 碳化与石墨化

经过预氧化处理后的沥青基碳纤维含有很多氢原子、氧原子及氮原子等其他非碳原子，导致性能变差，如力学性能及密度。因此需要在惰性气氛中进行进一步处理，如碳化与石墨化高温化处理，这样可以除去一些非碳原子，以提高沥青基碳纤维的力学及强度等性能。碳化一般是在惰性气氛中进行，通常在1800℃以下进行，可使分子间发生交联反应和缩聚反应。与此同时，在高温碳化过程中，分子间还会发生脱水反应及脱甲烷等反应。在高温碳化过程中，因为非碳原子不断被除去，这样沥青基碳纤维中碳含量就会逐渐增加，甚至可达到92%及以上。这样碳的固有特性得到有效发展，单丝的拉伸强度、模量增加。热处理的最后一步便是石墨化，而石墨化的温度要比碳化温度更高，可达到3000℃，需要在惰性气氛如高纯氩中进行。在石墨化过程中，沥青中的碳原子会从无序的二维石墨结构转变为一个三维的石墨结构，与此同时微晶层间距也会在石墨化的过程中随之减小。一般来说，石墨化过程分别涉及易石墨化碳与难石墨化碳，中间相沥青基碳纤维就属于易石墨化碳，而各向同性的沥青基碳纤维则属于难石墨化碳。

5) 沥青基碳纤维的表面处理

对沥青基碳纤维表面进行处理，可提高沥青基碳纤维与树脂基体的亲和力与结合力。表面处理主要是去除杂质，且形成微孔，增加表面能等。关于处理方法有很多种，如气相氧化法(氧化剂通常为氧气、臭氧等)、液相氧化法(氧化剂通常为硝酸、硫酸、次氯酸钠、高锰酸钾溶液等)、电解氧化法和表面清洁法等，还有表面涂层法、表面接枝法、化学气相沉积法和等离子体氧化法等。

气相氧化法就是利用具有氧化性的气体作氧化剂，如空气、臭氧、氧气等，通过加热或在催化剂作用下，使沥青基碳纤维表面生长一些活性基团如羧基、氨基、羟基等。通过气相氧化法处理后的沥青基碳纤维的表面积增大，表面官能团也增多，同时弯曲模量及强度增大。根据不同氧化剂，气相氧化法可分为空气氧化法、臭氧氧化法、氨气氧化法、惰性气体氧化法。就工业生产而言，空气氧化法较多用在沥青基碳纤维的预氧化阶段，温度是主要制约因素。而臭氧氧化法可提高纤维表面的官能团如羟基。当用氨气氧化法对沥青基碳纤维进行表面氧化时，有助于在其表面形成氨基官能团，而氨基可以与水或者环氧基团形成氢键，有助于提高沥青基碳纤维在环氧树脂中的浸润性，而且还可以改善沥青基碳纤维与树脂在界面处的物理及化学结合力，以提高沥青基碳纤维与树脂复合后形成的复合材料的力学性能。惰性气体氧化法研究较少，其中氩气使用较多，氩气等惰性气体在高温时容易刻蚀沥青基碳纤维表面，使沥青基碳纤维的表面变得更加不规整，沟壑也会明显加深，这样有助于提高沥青基碳纤维复合材料的力学性能。而且惰性气体属于环境友好型气体，不会对环境造成污染，有望推广应用。

液相氧化法是将沥青基碳纤维放入溶液中，利用强酸或者强氧化剂的氧化性对碳纤维表面进行氧化刻蚀，这个过程通常是在室温或者加热的情况下进行，在碳纤维表面形成一些氧化性的基团如羟基、羧基等。液相氧化法相较于气相氧化法而言更加温和，影响因素主要有温度和时间，同时液相氧化法对纤维表面的刻蚀不会很严重，有利于改善纤维与树脂之间的剪切作用力，同时也不会对碳纤维造成裂解。液相氧化法常用的强酸有浓硫酸、浓硝酸、混酸，而常见的强氧化剂有过氧化氢、重铬酸钾、次氯酸钠及过硫酸钾等。液相氧化法的氧化时间较长，不适合长时间操作。因为采用强酸或强氧化剂，长时间操作也会对设备造成腐蚀，同时加热强酸也会挥发到空气中，对其他设备造成腐蚀。

电解氧化法也称为阳极氧化法，就是把沥青基碳纤维作为电解池的阳极，利用石墨作阴极，在电解水过程中利用阳极电解产生的“氧”，氧化沥青基碳纤维表面的碳及含氧官能团，先将含氧官能团氧化成羟基，再将其氧化成酮基、羧基及二氧化碳。之所以使用电化学氧化法，主要考虑到沥青基碳纤维的导电性，使电解池的沥青基碳纤维作为阳极，通过电解产生的氧气来氧化碳纤维表面从而引入极性基团，可以提高碳纤维复合材料的力学性能等。影响碳纤维表面氧化的因素有很多，如电解质浓度、氧化时间、反应温度及电流密度等，通过电化学氧化法在碳纤维表面引入含氧官能团，从而改变碳纤维复合材料的润湿性，以及改善复合材料的力学性能等。引入电解氧化法对水的纯度要求特别高，如水中含有杂质，则会使负离子电极电位低于氢氧根离子的电极电位，阳极便不会得到氧气，对正离子也有要求，为了保证阴极只是产生氢气，则需要正离子的电极电位低于H^{-}的电极电位，而且阴极必须为惰性电极，不能参与电氧化过程。

在电氧化过程中，可以选择各种各样的电解质，常用的酸有硝酸、盐酸、硫酸及磷酸等，常用的碱有氢氧化钠、氢氧化钾等，常用的盐有磷酸氢铵、碳酸氢铵、乙酸铵、硝酸铵等。当选用酸作为电解质时，因为电解产生的氢气主要是由阴极的氢离子得到电子还原产生，氢离子主要是来自酸溶液，水的电解会受到很大影响。当用碱性物作电解质时，一般情况下，先通过电解碱性电解质使其产生氢氧根离子，此时氢氧根离子就会在沥青基碳纤维的表面聚集，有可能与具有活性的碳原子发生化学反应，这样就可以在碳纤维表面生成很多含氧活性官能团。如果选用盐类物质作电解质，电解液基本上呈中性，通过水电解产生氧气来氧化碳纤维，使其表面产生含氧官能团。之所以不用硝酸钾、硫酸镁、氯化钠等金属盐，主要是因为在电解过程中金属离子会渗入碳纤维的表面褶皱及微孔里，造成后处理过程中很难除去金属离子，会降低碳纤维复合材料的性能如力学性能等。如果采用铵根离子或者碳酸氢根离子则不会发生以上现象，这是因为在后续的加热过程中铵根离子很容易挥发而被除去，且铵根离子含有氮元素，很可能在电解过程中在纤维表面引入一些含氮基团。很多研究表明，碳酸氢铵作为电解质的效果最好，磷酸盐类次之。

在电化学氧化碳纤维过程中，处理时间及电流密度对碳纤维的后处理效果也会有差异，提高电流密度或者增加处理时间，均会使纤维发生进一步氧化刻蚀，因此这两种因素具有等效性。电解质浓度不同对纤维的影响不是很明显，但浓度过低，会使碳纤维的氧化不明显。因为电化学氧化法的反应过程较缓和，也容易控制，所以适用于工业化生产中氧化碳纤维。

等离子体氧化法是指利用氧气、氨气、二氧化硫、一氧化碳或者是氦气、氩气、氮气等，对碳纤维表面进行物理和化学处理。在这里，氧气、氨气、一氧化碳等气体称为活性气体或者反应性气体，而氦气、氩气、氮气等则称为惰性气体或者非反应气体。最常用的是等离子体氧，当轰击纤维表面时，可将碳纤维的缺陷或者双键结构氧化成含氧官能团。如果利用等离子体氮或者氨，则有可能在碳纤维的表面生成含氮的氨基基团。利用等离子体氧化，对碳纤维强度的损伤较小，弊端是成本高且需高真空环境。

表面接枝法是指利用聚合物对碳纤维表面进行改性，可分为等离子体接枝、辐射接枝及电聚合接枝与化学接枝等。接枝的物质可为有机硅、胺类等单体，这些单体通常都带有羧基、羟基、氨基或者酰胺基。当聚合物接枝在碳纤维表面后，纤维基体中的含氧活性官能团可与聚合物中的羧基、羟基或者氨基发生反应，以增加化学结合点。同时在碳纤维表面接枝聚合物形成复合材料后，可提高复合材料的机械结合力，从而使其力学性能等提高。如果在纤维表面接枝聚吡咯，可明显增加碳纤维表面自由能，同时也提高了基体与碳纤维之间的润湿性。

表面涂层是指利用一系列化学、物理或者物理化学方法在纤维表面形成一定厚度的界面层，这个界面层不仅在高温下不会引起组织的功能失效，而且也不会引起结构变化，同时这个界面层还可以润湿纤维和基体，并具有一定的剪切强度，可提高碳纤维与树脂间的界面性能。涂层改性有很多种，大致上可分为聚合物涂层、电沉积涂层、气相沉积涂层、化学接枝聚合物涂层、偶联剂涂层、表面晶须化及硅烷偶联剂涂层。纤维经过表面处理后，再在其表面覆盖一层或者多层聚合物涂层形成保护层，对碳纤维表面起到保护作用，且碳纤维对基体树脂的浸润性也得到提高。常用的聚合物有聚乙烯醇、酚醛树脂、环氧树脂、糠醛树脂、聚乙酸乙烯等，这些聚合物涂层不会使纤维分束发生分散。偶联剂是一种双官能团分子，一部分官能团可与纤维表面发生结合而形成化学键，而另一部分官能团可与树脂结合形成化学键。如此，偶联剂便可将纤维与树脂连接在一起。工业化生产中用到的偶联剂有很多种，如硅有机化合物、钛酸酯及铬络合物等。表面晶化过程包括成核及在纤维表面生长单晶的过程。通过化学气相沉积法在纤维表面生长碳化硅、硼化金属、二氧化钛、硼氢化合物晶相，以提高碳纤维与基体材料之间的层间剪切强度。这种方法可以获得很好的效果，但是费用昂贵，也很难精确处理，因此工业上使用较少。

3. 黏胶纤维

随着化纤工业发展，黏胶纤维需求量日益增加。黏胶纤维也称为人造丝或冰丝，属于一种再生纤维素纤维。利用一种称为天然纤维素的高聚物原料，经碱化、老化和磺化等化学处理后，再通过湿法纺丝制成再生纤维素纤维。黏胶纤维的密度比聚丙烯腈纤维和沥青基碳纤维小，所以其复合材料质量相对较轻，同时，黏胶纤维的石墨微晶排列不好，取向与强度都较低。但黏胶纤维的韧性好，易加工，且抗氧化性及耐腐蚀性都很好。根据生产工艺与原料不同，可将黏胶纤维分为普通黏胶纤维、高强力黏胶纤维及高湿模量黏胶纤维。普通纤维又有中长型、毛型及棉型，也就是我们常说的人造丝、人造毛及人造棉。高强力黏胶纤维有高强度及耐疲劳性。高湿模量黏胶纤维则有高强度与湿模量。纤维素及其衍生物在我们的日常生活中扮演着重要的角色，不仅应用在塑料、纺织、食品工业中，而且在医药工业及膜分离技术方面都有巨大应用。

1) 黏胶纤维的性质

黏胶纤维有很多优异性质，如容易纺织和染色，以及其优良的吸湿性、抗静电性能、力学性能、服用性能、耐热性，可与天然纤维棉相媲美。黏胶纤维虽不耐酸和氧化剂，但耐碱性很强，且具有很好的耐日光性，易于染色。

黏胶纤维的出现可追溯到 20 世纪，现可分为普通黏胶纤维、高湿模量黏胶纤维和新型黏胶纤维。普通黏胶纤维属于第一代，可分为黏胶短纤和黏胶长丝。高湿模量黏胶纤维是在 20 世纪 50 年代出现的第二代黏胶纤维，此外还有高卷曲纤维和玻利诺西科纤维。高湿模量纤维也称为富强纤维，具有高强度和高聚合度，且缩水率小、弹性好、耐碱性强，最重要的是湿强与干强的比例达到 80%。为了改善黏胶纤维质量，需要发展新生产工艺。一是寻找新溶剂溶解纤维素，直接纺丝得到纤维素纤维；二是寻求新的可直接形成纺丝原液的非黄原酸酯衍生物；三是通过使用闪爆法和熔融增塑法加快纤维素溶解或熔融。最具代表性的是 Tencel 纤维、Lyocell 纤维、Richcel 纤维、Modal 纤维、Viloft 纤维及竹纤维，统称为新型黏胶纤维。Lyocell 纤维湿强度要高于棉纤维，同时其湿模量也比棉纤维高，染色性也好。与其他纤维混纺，并不会降低材料整体性能，反而会提高复合材料性能。Modal 纤维具有高强力、高湿模量等优点，对人体无害，也不会造成环境污染，其弹性也特别好，同时具有纤维的柔软、无刺痒感。Richcel 纤维是利用天然针叶树作原料生产的具有优异性能的植物纤维素纤维，对环境和人体安全，其优点是吸湿性好、强度高、聚合度高、耐洗、光泽好、耐碱性好、价格便宜等。竹纤维是以天然竹子作原料生产的，有极好的放湿和导湿性及抗菌效果，其耐热性要比棉纤维及亚麻纤维好。

2) 黏胶纤维的结构与性能

黏胶纤维品种繁多，性质各异，主要取决于结构。黏胶纤维的结构一般可分为分子结构、聚集态结构及形态结构。

首先是分子结构。我们知道，黏胶纤维是纤维素纤维的一种，在大自然中储量丰富。其化学组成主要是由葡萄糖吡喃环连接起来，黏胶纤维主要是由 C、H、O 三种元素组成，其中 C 的含量一般为 44.44%，O 的含量一般为 49.39%，H 的含量一般为 6.17%，聚合度通常在 200 以上，但是其结晶度较低，在 30%～40%之间。因含有葡萄糖，在工业化生产过程中易被氧化，所以分子通常含大量醛基和羟基基团。黏胶纤维有六种不同的晶型，称为纤维素Ⅰ、纤维素Ⅱ及纤维素$\mathrm{III_{I}}$、纤维素$\mathrm{III_{II}}$、纤维素$\mathrm{IV_{I}}$和纤维素$\mathrm{IV_{II}}$。天然纤维素主要是以纤维素Ⅰ晶型结构存在，又可分为I_{α}和I_{β}两种形式，在一定的条件下可相互转化。对纤维素Ⅰ进行碱处理或再生，则可以将纤维素Ⅰ转化为纤维素Ⅱ。而分别对纤维素Ⅰ与纤维素Ⅱ进行液氨处理可得到纤维素Ⅲ。纤维素Ⅲ的分子结构与先前分子结构很像，将纤维素Ⅲ的两种晶型在乙醇中热处理，可得纤维素Ⅳ的两种晶型，均为正交晶系。因为纤维素的结构是由葡萄糖分子组成的，而且含有大量的羟基及羧基等含氧活性官能团，所以分子间易形成氢键，同时纤维素与水分子之间也容易形成氢键。氢键的存在对复合材料性能的提高有很大的作用，如可以提高复合材料的机械性能和力学性能等。

其次是聚集态结构，也可称为超分子结构，主要是指纤维素分子间的排列结构，分为取向结构、原纤结构及结晶结构三种。黏胶纤维是一种属于部分结晶的高分子化合物，分为结晶区和非结晶区。在结晶区，纤维素呈现大分子的规则排列。黏胶纤维的结晶度低，即使结晶，其尺寸也很小，而且在电镜下也无法观察到原纤结构，黏胶纤维的结晶部分是由折叠链组成的，每一个结晶部分都可以称为微晶体，该区域有一个显著的特点就是纤维素大分子链的取向较好，且分子之间的结合力也最强，同时结晶区密度较大，结晶区最有可能提高复合材料的性能。

在黏胶纤维的非晶部分，纤维素大分子的排列就不如结晶部分整齐，属于无定形区。相比于结晶区，非结晶区对复合材料性能的提高贡献不大，这是因为该部分的纤维素分子的排列比较疏松，密度也小，而且所含氢键量少。黏胶纤维从结晶区到非晶区这个过程是逐步过渡完成的，理论上来说没有明显的界限，纤维素分子可以横跨结晶区和非晶区。

最后是形态结构。黏胶纤维的纵向呈现出一种柱体，这个柱体通常为平直的结构，而柱体的截面则是一种不规则的锯齿状，而且截面的结构也不相同。黏胶纤维的内层与外层也有很多不同，主要的区别还是结构与性质。就结构而言，外层的结构要比内层更加紧密，同时结晶度和取向度都要比内层高。

3) 黏胶纤维的制备

黏胶纤维在自然界中的储量非常丰富，甚至比石油还多，但其生产仅有 100 年，远远晚于石油。之所以称之为黏胶纤维，主要是因为在生产工艺上采用黏胶法。但不管是生产黏胶纤维的原料还是最后成品，黏胶纤维的化学组成都是纤维素，只是形态、结构、物理性质发生了变化。生产方法有黏胶法合成黏胶纤维、溶剂法制备 Lyocell 纤维等，Carbacell 法生产纤维素氨基甲酸酯纤维，熔融增塑纺丝法获得新纤维素纤维，闪爆法生产新纤维素纤维，传统黏胶法和溶剂法在生产上使用得比较多。

黏胶法是最传统的生产工艺，以含有纤维素的物质经蒸煮、漂白等过程制成黏胶纤维浆粕，再经湿法纺丝后制成黏胶纤维。这个生产工艺适合生产普通黏胶和竹纤维及高湿模量纤维。黏胶纤维的生产过程主要包括以下四个过程，一是制备黏胶，包括制备浆粕、碱纤维素及老成，还有制备纤维素磺酸酯及其溶解；二是纺丝的准备，包括黏胶的混合、过滤及脱泡；三是纤维成型，包括黏胶在经过计量及纺丝前的过滤后，再通过喷丝孔以形成多股黏胶细流，然后再进入凝固浴固化成丝条，接着还要对形成的丝条进行塑化拉伸及受丝卷曲；四是纤维后处理，包括纤维的水洗、脱硫、漂白、酸洗、上油和干燥等步骤。

黏胶法属于传统工艺，有很多不完善的地方。该生产工艺不仅消耗大量能源，而且生产成本也很高。在生产过程中，还会排出大量的有毒气体，如 CS_2、H_2S 等，对健康构成危害，同时，还会排出大量废水、废液、废渣，造成环境污染。Lyocell 法相比于传统黏胶法而言，不需要发生化学反应就可以生产纤维素纤维。以 *N*-甲基吗啉-*N* 氧化物为溶剂，可溶解纤维素，溶解过程中几乎没有发生结构变化，且溶剂回收很方便。Lyocell 法制得的纺丝原液浓度高，非常适合干法纺丝和湿法纺丝。相比于传统黏胶法，Lyocell 法的工艺流程短，且溶剂 *N*-甲基吗啉-*N* 氧化物属于无毒试剂，不会对人和自然造成危害。此外，Lyocell 法容易制得机械性能优良的高湿模量纤维素纤维。该生产工艺的缺点是吸湿性高而且容易变质，生产价格昂贵。Carbacell 法也称为 CC 法，主要建立在纤维素氨基甲酸酯的合成上，纤维素氨基甲酸酯的化学反应式如下：

$$\text{Cell}-\text{OH}+\text{H}_2\text{N}-\overset{\overset{\displaystyle\text{O}}{\|}}{\text{C}}-\text{NH}_2 \rightleftharpoons \text{Cell}-\text{O}-\overset{\overset{\displaystyle\text{O}}{\|}}{\text{C}}-\text{NH}_2+\text{NH}_3\uparrow$$

此化学反应是以纤维素和尿素为原料，在140～165℃下进行。反应前必须把浆粕预处理，使其具有一定溶解度，同时控制纤维素的聚合度。在反应过程中，纤维素和尿素会发生一定副反应，对纤维性能会产生一定影响。在Carbacell法工艺中，最重要的是制备出具有特定取代度的纤维素氨基甲酸酯，对后续的溶解和纺丝都有一定影响。相比于黏胶法，Carbacell法在生产过程中不会对环境造成污染，也不会对人体产生危害，制备出的氨基甲酸酯稳定性高，可存放数月。

4) 黏胶纤维的表面接枝

表面改性会赋予物质新的性质和功能。表面改性的技术有很多，如火焰处理、表面活性剂处理、电晕放电处理、表面涂覆、酸蚀处理、辐射处理和等离子体处理等。但各种技术都有缺点，例如，处理时间过长，会导致退化现象，还有表面涂覆稳定性不够等。为了改善表面改性技术，开发了材料的表面接枝聚合物，表面接枝一层聚合物后，可避免表面改性存在的缺点，同时，通过改变聚合物种类，可调控复合材料性能。表面接枝聚合物的方法很多，如等离子体法、电子辐射与伽马射线法等。通常来说表面接枝聚合物首先要固定活性引发基团，其次是进行单体活性聚合。

表面接枝聚合反应体系包括基体材料、单体、引发剂和溶剂等组分。可用作基体材料的有很多，如聚丙烯、聚碳酸酯、尼龙6和聚甲基丙烯酸甲酯等。基体材料的形式也可以多种多样，如片板、膜和颗粒及纤维等。很多单体都可以用来改性材料表面，如常见的丙烯酸、丙烯腈、苯乙烯及甲基丙烯酸等。接枝聚合方式通常分为四种，分别是热引发接枝聚合、光引发接枝聚合、等离子体接枝聚合及臭氧氧化接枝聚合。热引发接枝聚合和光引发接枝聚合均需要引发剂，前者的引发剂有H_2O_2和过氧化苯甲酰等，后者用到引发剂二苯甲酮、安息香类及芳香酮与其衍生物等。等离子体接枝聚合及臭氧氧化接枝聚合不需要引发剂。在接枝聚合过程中需要溶剂，使底物表面润湿，同时，溶剂在底物中的渗透将影响接枝反应程度。

表面接枝的处理方法有三种。一是表面光接枝，想要在表面接枝一层聚合物，首先要在表面生成引发中心，即表面自由基。自由基的产生方法可根据产生方式的不同来划分。表面光接枝可分为气相接枝与液相接枝两大类，可添加光敏剂，也可不添加光敏剂。前者可获得不同厚度的接枝层与不同的表面结构，而后者可提高紫外光吸收。表面光接枝中用到的单体很多，如丙烯酸、甲基丙烯酸和丙烯腈等，选择的溶剂将会影响气相接枝效果。二是辐射接枝，分别为共辐射法、预辐射法及过氧化法。在共辐射法表面接枝中，可根据不同状态下的单体将共辐射法分为气相法和液相法。此外，辐射法对接枝的单体有一定要求，否则会有接枝单体的均聚物生成。而预辐射法要比共辐射法的操作条件更严格，通常需要在一定温度下进行操作，此时对聚合物基体进行预辐射，接着在无氧条件下接触单体。需要注意的是，反应的单体不能用射线直接辐射，而且聚合物接枝与辐射只有分别进行才可掌控均聚反应。过氧化法是指在有氧辐射下聚合物基体接受辐射，而辐射后的活性基团甚至可保持 6 个月以上，在此期间还可多次进行聚合物接枝反应。将辐射后的过氧化物在真空或者惰性气氛中引入单体后，进行升温，便可发生聚合物接枝反应。三是化学接枝，顾名思义，就是通过发生化学反应而进行表面接枝，这些化学反应是由基体表面的活性基团与要被接枝的单体或是大分子链引起的。

2.1.4　碳纤维材料的应用

纤维正向多功能化方向发展，具有各种优异性能，如力学性能和热学性能，同时兼具光、电磁性能。碳纤维因具有多项优异性能，如高比强度、耐疲劳及高比模量，在复合材料领域中逐渐占据主导地位。碳纤维可应用在很多领域，如锂离子电池、钠离子电池、超级电容器、太阳能电池、催化和水分解等，并开始应用在能源、国防及航空航天领域中。我们知道，碳纤维表面属于乱层的石墨结构，表面能大，活性低，与其他材料的复合性也很差。因此需要对碳纤维材料进行修饰，或者与其他材料复合来弥补缺点。

1. 锂离子电池

锂离子电池因具有高能量、高功率及长循环寿命而受到广泛关注。传统锂离子电池的电极材料已无法满足生产和生活需要，因此需要研发一种新的电池电极材料。碳的理论比容量较低，而硅的理论比容量高达 4200(mA·h)/g，但硅基材料在循环过程中会因为锂离子迁移而发生膨胀，将硅材料与碳纤维复合可抑制硅膨胀并缓解电容量衰减。Park 等[13]合成了三维柔性的$(Si@Si_3N_4)/CNF$ 复合材料用于锂离子电池负极，其表现出优异的储锂性能，在 10 A/g 电流密度下容量为 665(mA·h)/g。锡的理论比容量为 994(mA·h)/g，比碳的理论比容量高，其来源广泛，储量丰富，价格也相对便宜，可作为锂离子电池负极材料的锡基材料有单质锡、锡基合金及锡氧化物等。但是在锂离子电池充放电过程中，锡基材料也会发生体积膨胀，甚至膨胀到原来的 4 倍，与碳纤维复合是解决上述问题的一条有效途径。

2. 超级电容器

超级电容器也称为化学电容器，具有高功率密度、快速充放电等优点。柔性电子学的兴起及可穿戴器件的发展，使得柔性超级电容器拥有巨大市场。碳基材料作为柔性超级电容器的基底材料正发挥着重要作用，其中碳布是柔性基底的绝佳材料。碳布是碳纤维纺织物，由聚丙烯腈纤维织物转化而来[2]。例如，北京理工大学王博等在碳布上涂覆 ZIF-67 再沉积聚苯胺，组合成对称型柔性超级电容器[17]。

2.2 碳 薄 膜

2.2.1 引言

碳在自然界中主要以 sp、sp^2 和 sp^3 杂化形式存在，常见的石墨和金刚石分别是以 sp^2 和 sp^3 杂化。而非晶碳薄膜则是 sp^2 和 sp^3 混合杂化，是一种拓扑网络结构，并且不具备长程有序的晶体结构，类金刚石就属于非晶碳薄膜[18]。碳薄膜包括常见的石墨烯薄膜、石墨烯复合材料薄膜及逐渐兴起的 C-N 薄膜，这些碳基薄膜材料因为具有各种优异性能，逐渐在生活及社会经济发展中发挥重要作用。

2.2.2 简介

碳有三种杂化形式，即 sp、sp^2 和 sp^3。在 sp 杂化中，分子结构属于直线形，sp^2 杂化属于平面结构，而 sp^3 杂化呈现出四面体结构。在自然界中，碳主要以 sp^3 杂化的四面体结构金刚石和 sp^2 杂化的片状结构石墨两种晶态形式存在。当然，还有一些其他的碳形式存在，如 C_{60}、C_{70}、无定形碳和碳氢化合物等。因为碳有三种杂化形式，所以呈现出多种晶态或者无定形态。常见的碳薄膜主要是类金刚石薄膜、非晶碳氮薄膜(CN_x)及石墨烯薄膜。不管是固、液还是气态物质均可制备薄膜，也可用一些单质元素、无机或有机材料制备薄膜[19-21]。

2.2.3 类金刚石薄膜

金刚石是天然物质中最坚硬的材料，其由于具有硬度大、光学透明性高、化学稳定性好及高硬度、高耐磨性等优点，应用范围极广[22, 23]。众所周知，金刚石在世界范围内储量稀少，导致价格昂贵，而现有工艺不可能大规模生产金刚石，因此人工合成金刚石成为发展重点，产品称为类金刚石薄膜(diamond like carbon, DLC)，被认为是最有前景和利用价值的功能材料。类金刚石薄膜是一种亚稳态材料，是含有 sp^2 和 sp^3 杂化键的一类非晶态碳膜。通常来说，如果 sp^3 杂化键含量越多，那么膜层就会变得坚硬且致密，同时电阻率也会变大，宏观上就会越来越接近金刚石[24]。

类金刚石薄膜首先是由 Asienberg 和 Chabot 于 1971 年在室温下利用离子束沉积法制备的[25]。随后，苏联研制出一种类金刚石薄膜，其维氏硬度可达 18000，远超过金刚石的 12000。从 20 世纪 80 年代中期开始，世界范围内开始了研发和应用类金刚石的热潮。制备方法多种多样，可根据类金刚石薄膜中是否含有 H 元素而把薄膜分为以下四种[26]：一是非晶态碳薄膜，结构中含有 sp^2 和 sp^3 杂化键；二是含有一定数量 H 的非晶态碳薄膜，结构中不仅含有 sp^2 和 sp^3 杂化键，还含不定量的 H 元素；三是非晶金刚石薄膜，属于四面体结构，且含大量 sp^3 杂化的碳原子；四是含 H 四面体非晶碳。

图 2.1 的三元相图表明类金刚石由 H、sp^2 和 sp^3 三部分组成。为了能更好地认识到类金刚石薄膜的结构与性质，相继提出了各种各样的类金刚石薄膜的结构模型图，其中以两相模型和完全抑制网络模型最为流行。

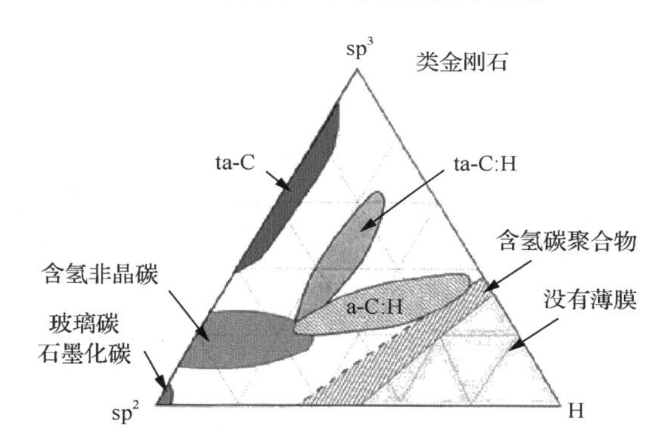

图 2.1　含 H 非晶态碳的三元相图[27]

ta-C 表示四面体配位碳；ta-C:H 表示四方体含氢非晶碳；a-C:H 表示非晶态碳

1. 两相模型

两相模型也可以称为团簇模型，最早由 Robertson 和 O'Reilly 提出[28, 29]。两相模型认为含 H 非晶态碳薄膜是由 sp^2 杂化碳团簇嵌在 sp^3 杂化碳结构中。简言之，类金刚石薄膜是由两相组成，其中一相属于 π 键团簇相，类金刚石薄膜的电子性能就取决于这一相，同时这一相也是嵌在另一相中，也就是前面提到的 sp^2 杂化碳团簇嵌在 sp^3 杂化碳结构中。而另一相是由有缺陷的边或者 sp^3 杂化相互连接形成的束边界，可决定类金刚石薄膜的机械性能。该模型已经得到广泛应用，模型计算得到的结果与实验结果大致吻合。

2. 完全限制网络模型

完全限制网络模型简称 FCN 模型，最早由 Angus 和 Jahnsen 提出，用于分析氢和类金刚石薄膜结构模型[30, 31]。该模型认为，在非晶的随机网络共价结构中，如果原子的平均抑制数和其机械自由度达到相等时，那么该网络共价结构就会被完全抑制。此时，若将配位数增加，会因为有更多的共价键生成而使得体系的总能量降低，固体的网络结构也因此稳定。但需要注意的是，键的拉伸及犄角畸变会引起更大的应变能。若网络共价结构的自由度数与平均抑制数一致，那么两方面的效应刚好可相互抵消，使得共价网络结构达到一个平衡稳定态。此模型认为非晶态的网络共价结构只能维持一定的键长和犄角畸变。如果网络共价结构允许的原子自由度数大于平均抑制数时，那么该共价网络结构就是属于过抑制的，这种结构的类金刚石模型有着很高的硬度和内应力。如果网络共价结构允许的原子自由度数小于平均抑制数时，那么该共价网络结构就属于软的而且是松弛的。

3. 类金刚石薄膜的性能及其应用

类金刚石薄膜与金刚石有许多类似性能，如高硬度、高耐磨性、电绝缘性、光透过性及很好的化学稳定性。而类金刚石薄膜作为一种新型功能薄膜材料，它还有许多独特优点，如机械性能、光、电、声及生物相容性。与金刚石薄膜相比，类金刚石薄膜沉积时的温度不仅低而且沉积时的面积也很大，制备条件也很简单，沉积获得的薄膜表面光滑，使其可应用在很多金刚石薄膜无法应用的领域，如计算机光盘和磁盘表面膜保护等。

1) 机械性能及其应用

众所周知，类金刚石薄膜具有高硬度、低摩擦系数及高弹性模量，不同方法制得的类金刚石薄膜，其硬度也有很大差别。同时需要注意，类金刚石薄膜也有较高的内应力，其将决定类金刚石薄膜的稳定性及使用寿命，且内应力也会对类金刚石薄膜的厚度产生限制。大的内应力将会使 sp^3 和 sp^2 的比例变大，影响到类金刚石薄膜性能，而大的内应力是由类金刚石薄膜的 H 导致的。研究表明，类金刚石薄膜所含的 H 的含量如果小于 1%时，应力将会大大降低。同时，类金刚石薄膜的内应力也会受到薄膜均匀性的影响。如果在制备金刚石薄膜过程中加入硅、氮、氧或金属元素，那么其内应力也将会相应减小，但内应力减小也会影响其硬度和弹性模量。同时，类金刚石薄膜具有很好的耐磨性及很低的摩擦系数，是一种很好的表面抗磨损改性膜。研究表明，交界层的低剪切应力将会影响类金刚石薄膜的低摩擦系数与磨损度，同时测试环境也会影响到类金刚石薄膜的性能。需要注意的是，类金刚石薄膜的结构与组成可使其摩擦系数值发生较大的变化。通过在合成过程中加入 H 能够提高类金刚石薄膜在交界层的润滑作用，如果在合成中加入水或氧，将会降低类金刚石薄膜在交界层的润滑作用。研究表明，类金刚石薄膜中 H 的含量如果超过 40%，可获得较低的摩擦系数，可在超高真空环境下实现。但如果 H 的含量过多则会提高内应力，同时减弱类金刚石薄膜与基体之间的结合力和表面硬度。

类金刚石薄膜具有高硬度及很好的抗磨损性能，可以应用在刀具涂层，明显提高刀具的使用寿命及边缘硬度，减少刃磨时间。由于类金刚石薄膜具有低摩擦系数，因此也可用作空间润滑材料，已应用于太空领域的润滑材料。同时，可将类金刚石薄膜应用在防划伤领域。研究表明，在钢片或者铁钉等表面涂覆上一层类金刚石薄膜后，暴露在空气中可在长达五年甚至更长时间内不发生明显磨损[32]。若在光盘或者磁带表面镀上一层类金刚石薄膜后，可最大限度地降低摩擦磨损度，还可防止表面被划伤，提高光盘的使用寿命[33]。另外，类金刚石薄膜还有良好的化学惰性，可提高光盘表面的抗氧化性[34]。

2) 电阻率、耐腐蚀性能及应用

判断膜耐腐蚀性的重要标准就是膜的表面电阻率，而类金刚石薄膜本身就有很好的化学稳定性，所以其表面电阻率很高，这导致其优良的耐腐蚀性能[35]。

3) 电学性能及应用

近年来，类金刚石薄膜因其独特且优异的电学性能逐渐应用于微电子领域，例如，类金刚石薄膜可作为铜散热器的绝缘电阻器件。类金刚石薄膜还有较低的介电强度和介电常数，并且容易在基底上大范围成膜，使其有可能代替传统半导体 SiO_2 成为集成电路的首选材料，也可用作电路板的保护膜，预防操作过程中的表面划伤。同时，类金刚石薄膜有较低的电子亲和势，可作为冷阴极场发射材料应用在场发射的平面显示器件上[36]。

4) 光学性能与应用

类金刚石薄膜在可见光波长范围内是透明的，而且对红外线和紫外线也有一定的透过性，因此可将其应用在光学镜片上和作为硅太阳能电池的减反射膜，也可作为红外监测和控制仪器的光学元件涂层[37]。由于类金刚石薄膜有着良好的化学稳定性，因此可长时间使用而不被腐蚀。研究表明，单层的类金刚石薄膜有很好的光热转换效率。同时，金刚石薄膜有着很好的化学惰性和低摩擦系数，因此在作为光学元件的同时，也可作为保护眼镜片膜、光盘表面和汽车的挡风玻璃[38]。另外，类金刚石薄膜也可用作光致发光和电致发光材料[39, 40]。

5) 化学性能及应用

类金刚石薄膜有良好的化学惰性和化学稳定性，可以耐各种酸和碱，即使是王水都无法侵蚀类金刚石薄膜[41, 42]。但如果类金刚石薄膜在制备过程中掺杂其他元素，其化学稳定性就会下降。遇到酸碱时，类金刚石薄膜中掺杂的元素首先被腐蚀，使类金刚石薄膜的连续性结构遭到破坏。

6) 生物性能及应用

当今社会广泛使用生物医用材料，类金刚石薄膜是由碳、氢、氧三种元素组成的功能材料，符合生物医用材料的标准。类金刚石薄膜具有良好的化学稳定性和耐磨性，生物应用前景巨大，例如，在制备人工心脏的不锈钢或者钛合金表面镀上一层类金刚石薄膜，可大大改善机械性能、耐磨性和耐腐蚀性，且能提高生物相容性。如果在纤维表面镀上一层类金刚石薄膜作为人体假肢，发现其可以促进人体组织快速生长，并且可与人体及血液很好地相容。虽然类金刚石薄膜在生物医学领域的应用广泛，但还有很多问题亟待解决，包括如何获得大面积均匀沉积的类金刚石薄膜等[43]。

4. 类金刚石薄膜的制备方法和机理

类金刚石薄膜的合成方法可参考金刚石薄膜，离子束沉积法被最早使用。目前已经有很多方法用来制备类金刚石薄膜，归结起来可分为两大类，即化学气相沉积法(chemical vapor deposition, CVD)和物理气相沉积法(physical vapor deposition, PVD)。CVD 是在高温下利用卤化物、氢化物、氧化物的分解、氧化还原、聚合等反应来制备类金刚石薄膜，其他方法如微波等离子体辅助沉积法等也有报道。CVD 又可分为等离子体化学气相沉积、电子回旋共振化学气相沉积及等离子增强化学气相沉积，还可以根据电源不同，分为直流等离子体沉积法和射频等离子体辅助沉积法。物理气相沉积法也可分为过滤式真空阴极弧技术、磁控溅射、脉冲光沉积及离子束沉积。

1) 离子束沉积

离子束沉积的基本原理是先让各种离子源变为一种高密度子，再在加速电极的作用下，使带有一定能量的由烃类化合物产生的碳离子束进入离子沉积室，在衬底表面形成一层类金刚石薄膜[44]。在沉积过程中，为了获得完整的类金刚石薄膜及防止反溅射现象发生，通常会用有着较低能量的离子束(91～100 eV)。同时，沉积过程中还会有氩气、甲烷等各种中性粒子等释放，这些气体通常都没有经过离子化，因此可利用磁场加以过滤，只留下碳离子束。离子束沉积的优点是得到的类金刚石薄膜不易被污染，且很容易控制沉积参数，也可在低温下进行沉积，其缺陷是沉积过程特别慢，且薄膜较厚。

2) 喷射 CVD 法

喷射 CVD 法用很高的冷却速率淬灭等离子体，以获得快速生长的类金刚石薄膜，可快速获得类金刚石薄膜，但面积较小，不利于大面积合成[45]。

3) 等离子增强化学气相沉积法

CVD 虽可得到大面积且均匀的薄膜，但需要在高温下进行。为解决很多衬底在高温下不稳定的问题，发展了等离子增强化学气相沉积[46]。按照产生等离子体的方法不同，可将等离子体化学气相沉积法分为直流等离子体沉积法、微波等离子体沉积法和高频等离子体沉积法，其基本过程是利用等离子体放电，将含有碳源的气体分子等离子化，分解生成碳、氢气、氢离子及 C_xH_y 等离子体，配合适当的电子浓度而维持电中性。此时，电子能量会高于中性粒子或者离子，并且有很多不同状态的游离基生成。在衬底负压的状态下，使含碳原子的活性基团沉积在衬底表面，这时氢原子会刻蚀 sp^2 碳，在衬底表面沉积一层类金刚石薄膜。该方法有很多优势，如有效降低沉积时的温度、生产设备相对简单、有利于大面积沉积类金刚石薄膜等。

4) 溅射沉积法

溅射沉积与离子束沉积类金刚石薄膜不同，通过溅射沉积方式制备合成类金刚石薄膜时并不需要复杂的离子源，可利用射频振荡激发出的离子去轰击溅射碳原子，这样便可以在衬底上沉积上类金刚石薄膜[47]。溅射沉积的优势是沉积时的离子能量范围较广，可分为二极溅射、三极溅射和磁控溅射。也可根据溅射偏压将溅射沉积分为直流溅射、低频溅射、高频溅射和射频溅射。磁控溅射的基本过程是通过在真空下用加速电压电离化学惰性气体如氩气产生等离子体，然后等离子体在靶负压吸引下直接轰击靶心，溅射出的金属粒子便可沉积到衬底上。选择氩气作为电离气体，是因为其溅射率最高，直流二极溅射是溅射沉积中最简便的，但其缺点是沉积速率慢。

5) 磁过滤阴极弧沉积法

磁过滤阴极弧放电是在真空条件下，在阳极和碳阴极之间引燃电弧，通过电场和磁场共同作用，碳被等离子化，进而沉积出类金刚石薄膜[48]。在沉积过程中，等离子体中的大颗粒或者杂质可通过改变磁场强度和偏压等参数而过滤，从而获得纯相类金刚石薄膜。磁过滤阴极弧沉积法相比于离子束沉积法的优势是投入低，同时高度等离子化的等离子体为中性流体，使沉积速率可达 1 nm/s，因而可大规模在衬底上沉积类金刚石薄膜。

6) 脉冲激光沉积法

脉冲激光沉积起源于 20 世纪 80 年代，基本原理是脉冲激光引入聚光透镜和石英窗口，轰击位于真空腔内旋转的靶材，由于脉冲激光具有高能量密度和光率密度，靶材经过轰击后会被电离成等离子体，同时产生很多高能量碳离子，然后在衬底表面形成类金刚石薄膜[49]。脉冲激光沉积法有很多独特的优势，如脉冲激光沉积的温度低，适用于在实验室的室温情况或者低温下进行沉积。此外，脉冲激光沉积还适用于氧化物和碳化物的薄膜制备，同时，脉冲激光沉积的沉积速率要比磁过滤阴极弧沉积快，可达 10～20 nm/min，另外，脉冲激光沉积设备简易且效率高，但这种方法不适合大面积沉积类金刚石薄膜，而且成本也很高。

5. 类金刚石薄膜存在的问题

虽然对类金刚石薄膜进行了大量研究，制备方法也很多，但至今还不能完全理解其生长机理。而且不同方法制备出的类金刚石薄膜，其性能有很大区别，对类金刚石薄膜的应用有一定的限制。

1) 类金刚石薄膜的热稳定性

类金刚石薄膜为非晶态结构，属于热力学亚稳态，尤其是在升温过程中，类金刚石薄膜将会向稳定结构转化，发生石墨化。如果类金刚石薄膜结构中含有氢原子，那么在温度升高的过程中，在类金刚石薄膜转向石墨化的过程中氢会从薄膜结构中逸出，使其结构及性能发生转变，不含氢的类金刚石薄膜相对稳定。

2) 类金刚石薄膜的内应力

类金刚石薄膜常作为耐磨防护涂层，必须具有一定的厚度及使用寿命，但是防护涂层厚度却受到内应力限制。一般来说，类金刚石薄膜硬度越大，那么其内应力也越大。如果类金刚石薄膜中含有大量氢，产生的内应力就会变大。氢含量在 1%以下，内应力最小。此外，类金刚石薄膜的均匀性也会影响内应力，薄膜表面均匀时，只有当薄膜厚度超过 0.3 μm 时，才会发生膜褶皱。如果薄膜厚度不均匀且表面有缺陷，那么当膜厚度超过 0.05 μm 时便会发生褶皱。不同沉积方法得到的类金刚石薄膜，其膜的内应力也会不同。真空阴极电弧沉积得到的类金刚石薄膜，内应力相对来说比较大，最高可达 14 GPa；采用磁控溅射得到的类金刚石薄膜，内应力最大也只有 2.5 GPa；等离子体化学气相沉积法得到的类金刚石薄膜的最大内应力也只有 4.7 GPa，最小为 0.18 GPa；即使是使用同一种方法制备类金刚石薄膜，薄膜的内应力也会因为衬底材料、薄膜表面的均匀性而受到影响。

3) 湿度对类金刚石薄膜的影响

不管类金刚石薄膜是否含氢，一般环境下摩擦系数都比较低，只有 0.15～0.22。干燥环境下的含氢类金刚石薄膜，摩擦系数要比潮湿环境下低，可能是因为类金刚石薄膜在潮湿环境下发生了一定的氧化作用，使摩擦面之间有一定的化学键作用，若类金刚石薄膜不含氢，那么干燥环境下，薄膜摩擦系数会降低。

4) 大面积制备类金刚石薄膜

由于类金刚石薄膜的制备需要在真空条件下进行，因此大面积制备类金刚石薄膜就受到了限制，目前随着设备的发展，类金刚石薄膜的大面积制备有可能实现。

6. 类金刚石薄膜的研究进展

类金刚石薄膜的制备受各种因素影响，会存在多种问题。近年来，已提出了许多解决的办法，如掺杂、退火、不含氢及多层类金刚石薄膜等。掺杂其他元素可很好地提高类金刚石薄膜性能；金属元素及一些非金属元素的掺杂可降低内应力，且显著提高薄膜热稳定性。非金属元素掺杂尤其是 N 元素掺杂可显著提高薄膜硬度及弹性模量，同时还可获得较低的摩擦系数。为了降低薄膜内应力，可采用高温退火法，该方法可保留薄膜原有的独特性质，如高硬度等。近年来，多层膜不仅应用在光学器件、半导体，而且还应用在耐磨材料上。一般来说，可将多层膜分为两大类，一是把具有不同性质的薄膜复合在一起，二是把具有不同性能的薄膜交错叠合在一起。第一种复合薄膜可集多种优异性能于一身，实现薄膜功能的最大化，而第二种方法可最大限度地降低内应力。

20 世纪 80 年代，日本学者 Fujimori 等[50]首次利用 PLD 制备不含氢的类金刚石薄膜，目前无氢类金刚石薄膜快速发展。这种无氢类金刚石薄膜中含有大量 sp^3 杂化碳原子，比含氢类金刚石薄膜硬度更高，且弹性模量和化学稳定性更好。含氢类金刚石薄膜也有很多优势，如制备过程中沉积较简单、温度低、在大气环境中具有更低的摩擦系数、薄膜表面光滑等。无氢类金刚石薄膜的优点体现在热稳定性更好、硬度更高、弹性模量更高、摩擦系数更低、膜表面更加平滑、光学稳定性更好和电阻率更高等。

2.2.4　CN_x 薄膜

除类金刚石薄膜外，随着科学技术的发展，越来越多的新型薄膜材料有待开发，非晶碳氮材料应运而生。金刚石是已知的自然界中硬度最大的，但 Liu 和 Cohen 经理论计算发现，非晶碳氮（CN_x）是世界上硬度最大的物质之一，可超过金刚石[51]，有望代替金刚石作为某些产品的防护涂层，以提高使用寿命。

材料硬度是指材料对外界物体的抵抗力，取决于材料本性及其微观结构。从材料微观结构来看，其硬度取决于晶体的各种缺陷，如点缺陷、线缺陷及面缺陷，材料的显微组织也影响硬度。从材料本性来说，材料弹性模量将会影响硬度，而材料模量又受到化学键影响。Cuomo 等[52]用溅射沉积法沉积得到具有平面结构的 CN 薄膜，随后，Liu 和 Cohen[51]通过研究大量超硬物质的弹性模量，提出了以下计算公式：

$$B = \frac{19.71 - 2.20\lambda}{d^{3.5}} \times \frac{N_c}{4}$$

式中，B 为体弹性模量，GPa；d 为共价键长，10^{-1} nm；N_c 为配位数。根据公式，如果两个元素间共价键越短，离子性越小，就会具有大的体弹性模量，材料体弹性越大，硬度越高。从元素周期表中可见，C 和 N 组成的共价化合物具有最短共价键，比 C—C 键短，所以，如果能够形成稳定化合物，其硬度有可能超过金刚石。

1. CN_x 薄膜的性质

CN_x 薄膜具有很多优异性质，如力学性质、光学性质、电学性质、热稳定性。

1) 力学性质

CN_x 具有优异的力学性质，主要包括硬度、内应力、摩擦性及抗腐蚀性能。制备方法和各项工艺参数都可影响其硬度，同时硬度会随着基底偏压不同发生变化，一是最高硬度下的最高偏压值，二是硬度随着基底偏压增加而成单调增加，这和等离子体的电离化程度有关[53, 54]。许多研究表明，这与 sp^3 含量有关。金刚石硬度大是因为其碳原子均呈现 sp^3 杂化，而石墨因存在 sp^2 杂化的碳原子而较脆。如果碳膜只是由 sp^3 杂化的碳组成，这时氮原子引进便会使部分 sp^3 杂化转变为 sp^2 杂化，导致碳膜硬度降低。反之，如果碳膜是由 sp^2 杂化的碳组成，那么氮原子引入便会使部分 sp^2 杂化转变为 sp^3 杂化，相应的碳膜硬度也会增加。CN_x 薄膜的寿命及其稳定性取决于内应力和结合强度，优质 CN_x 薄膜应该有适当的内应力及结合强度，CN_x 薄膜的内应力过高或者结合强度过低都会影响薄膜的力学性能。

2) 光学性质

CN_x 薄膜的带隙可达 2.55 eV，带隙值受很多因素影响，如氮气含量、压力和基底偏压等。研究表明，如果在 CN_x 薄膜的制备过程中将基底偏压提高，那么其光学带隙就会减弱，可归因于 sp^2 杂化的增加。如果将氮气换成氩气，则 CN_x 薄膜的光学带隙很有可能变为 0 而成为一种半金属[55]。如果提高 N 原子与 C 原子的比例，则 CN_x 薄膜的光学带隙会变为 1.5 eV，又成为典型半导体[56]。现有研究表明，在制备 CN_x 薄膜过程中，氢的存在也有可能影响其光学性质[57]。CN_x 薄膜的其他光学性质体现在消光系数和折射率上，范围分别在 0～1.6 之间和 1.465～3.7 之间。CN_x 薄膜的消光系数会随着波数与氮含量而发生变化，波数增加消光系数随之降低，而氮含量增加会使 CN_x 薄膜的消光系数增加，同时，CN_x 薄膜的折射率也会受氮含量影响，呈单调函数关系[57]。

3) 电学性质

电阻率是 CN_x 薄膜的一个重要电学性质，其随温度而变化。研究表明，CN_x 薄膜的电阻率通常在 10^{-14}～10^{-12} $\Omega\cdot cm$ 之间，sp^3 杂化越多，电阻率越高，同时，CN_x 薄膜的电阻率也受到氮含量影响[58]。

4) 热稳定性

CN_x 薄膜的热稳定性较差，应用受到限制。通常可通过退火增强热稳定性，但在退火过程中很容易将 C—N 键破坏，且 C—N 键在薄膜中的比例也会因此受到影响。

2. 晶态 β-C_3N_4 薄膜

Cohen 等[51]认为，在 Si_3N_4 结构中如果把 Si 原子换成 C 原子，便可形成 C_3N_4 化合物。氮原子半径比碳原子半径小，因此 C—N 键的键长小于 C—C 键，这样，C_3N_4 的原子密度就会比金刚石大，导致 C_3N_4 的硬度超过金刚石。理论计算发现，Si_3N_4 的晶格常数为 0.761 nm，实验值为 0.7608 nm，两者非常接近，而理论计算发现 C_3N_4 的晶格常数为 0.644 nm。C_3N_4 的碳原子呈现出 sp^3 杂化的四面体结构，氮原子为 sp^2 杂化的平面结构，因此 C_3N_4 呈现出六角晶格结构。在 C_3N_4 中，4 个 N 原子分别占据着四面体的四个顶点，剩下的 C 原子则会和 N 原子连接在一起形成共价键，其中三个 C 原子与每一个 N 原子形成一个近似平面结构。C_3N_4 的键角与其他四面体结构的键角不同，约为 120°(C—N—C)，可推测 C_3N_4 的每个晶胞含 8 个氮原子和 6 个碳原子，在 C_3N_4 中，碳原子与氮原子最紧密排列，原子之间键合很强。采用局域密度近似法对材料的总能量进行理论计算，发现 C_3N_4 具有高稳定性和聚合能。C_3N_4 不仅有高硬度和高弹性模量，还具有较宽的禁带宽度及高热导性，热稳定性也比金刚石好，所以，C_3N_4 越来越被重视。早期研究发现，碳氮化合物中除 C_3N_4 外，还有很多其他碳氮组成，如聚氰状 CN 和石墨状 C_5N 等。从 20 世纪 90 年代起，已经合成出多种 C_3N_4 薄膜，但都是复合结构，尚未获得单晶 C_3N_4，实际上是非晶碳氮(CN_x)及类金刚石薄膜。目前已经发展了多种方法用于合成 C_3N_4 薄膜：一是物理气相沉积法，可分为磁控溅射、弧光沉积、离子束沉积、各种激光消融；二是高温高压法，可在极端条件下合成 C_3N_4 薄膜，对设备要求很高；三是离子注入法，利用高能离子去轰击已经注入基底材料的活性材料，使活性材料发生相变、物质组成及结构变化；四是化学气相沉积法，可分为热丝化学气相沉积法、辉光等离子体辅助化学气相沉积法、激光等离子体辅助化学气相沉积法等[59]。可见，制备碳氮薄膜的方法多种多样，可通过控制工艺参数获得不同碳氮薄膜材料，但一般均为非晶态，很难获得单晶碳氮薄膜。大量理论分析和实验发现，各种亚稳态结构的碳氮材料之间的结合能差别不大，因此在制备过程中，很小的参数变化，都可能影响碳氮薄膜材料的结构，也会得到混合结构的碳氮材料。此外，还需要注意在碳氮材料的结构中，C 与 N 往往存在着多种共价键方式如单键、双键、三键，使 C 和 N 两种元素所处的化学环境有所不同。未来发展的目标是希望通过选用适当的沉积方法及调节参数来获得性质不同的碳氮薄膜材料。

3. 非晶碳氮薄膜

非晶碳氮薄膜(CN_x)中，氮原子以 sp、sp^2 和 sp^3 三种杂化方式存在，这和 C

的杂化方式相似，氮原子不仅以共价键存在，还作为 C 的掺杂剂存在，因此，碳氮材料结构非常复杂。

1) 非晶碳氮薄膜

非晶碳氮薄膜的制备技术与晶态 C_3N_4 的制备方法类似，分为离子束溅射沉积法、脉冲激光沉积法、离子束辅助沉积法、化学气相沉积法、磁控溅射技术和离子束辅助沉积法等。

目前非晶态碳氮薄膜存在许多问题，如氮元素含量调控、特定化学键设计及内应力和机械性能调变。非晶态碳氮薄膜的各项性质会随着氮含量而变化，氮含量也会影响到非晶态碳氮薄膜的机械性质，碳氮薄膜材料中，氮含量一般小于50%，因此提高氮含量非常重要。

2) 类富勒烯结构碳氮薄膜材料

自 20 世纪 90 年代 Sjöström 发现类富勒烯结构的碳氮薄膜以来[60]，已开展了大量研究。通过高倍透射电镜可发现，这种薄膜材料的结构呈现出纳米洋葱状，其中碳原子和氮原子在空间排列上属于部分长程有序，是一种非晶态结构。类富勒烯结构的碳氮薄膜材料，其制备方法主要依靠磁控溅射和脉冲激光沉积，前者更加常用。基本原理是通过减弱偏压或增加衬底材料到靶材的距离，产生低能离子，沉积在衬底材料上生成了类富勒烯碳氮薄膜材料。研究发现，针对类富勒烯结构碳氮薄膜材料有两个主要问题需要解决，一是如何控制调节制备过程中的沉积参数及工艺参数，由此得到特定的类富勒烯结构碳氮薄膜；二是在类富勒烯结构中引入氮原子的结构调控。目前还没有从本质上去理解氮元素对类富勒烯碳氮结构的影响机制。有观点认为氮元素在石墨结构中引起的奇数环缺陷将可能导致石墨卷曲，另一种观点认为石墨层间的氮元素处于交联结构的位置上，也会引起石墨卷曲。

4. SiCN 薄膜

SiCN 薄膜是一种新型半导体材料，具有很宽带隙且可调，高硬度、高热导率、高离子迁移率及高击穿电压，使其能够与硅、二氧化硅等材料很好地结合，应用在微电子机械系统，另外，SiCN 薄膜也适用做高功率、高温及大电流器件[61]。

1) SiCN 薄膜的结构

SiCN 薄膜含 Si、C、N 三种元素，其相互作用形成一个复杂的网络结构。目前对 SiCN 薄膜结构还不是很清楚，只停留在通过修正 SiC 和 Si_3N_4 的结构参数来模拟 SiCN 薄膜结构。理论计算表明，在 α-SiCN 的结构中，碳氮共价键的含量越多材料硬度越大，机械性也越好。现有制备技术还无法制备出理想的单晶 SiCN，实际上获得的 SiCN 都是一些非晶或者多晶混合材料，而 SiCN 薄膜的诸多性质如机械性质、光学性质、电学性质都会随 SiCN 结构的改变而变化。

2) SiCN 薄膜的制备方法

SiCN 薄膜的制备方法有很多种，主要集中在物理气相沉积法和化学气相沉积法，不同方法制备的 SiCN 薄膜的结构、成分及性质也会不同[62]。物理气相沉积法可分为磁控溅射法、电弧等离子体镀膜法、离子注入法及脉冲激光沉积法等，基本原理为在真空条件下，利用物理方法如热蒸发、溅射及激光等使金属或合金、化合物等发生热蒸发或电离成离子，然后在衬底表面沉积形成薄膜材料，这种方法的好处是不需要高温，节能且易操作。

化学气相沉积法可分为热丝化学气相沉积法、微波等离子化学气相沉积法、等离子增强化学气相沉积法等。化学气相沉积制备 SiCN 薄膜是把含有 Si、C 和 N 的单质气体、化合物供给基底材料，然后借助加热、光辐射等沉积得到 SiCN 薄膜，其优势是沉积速率很快，而且成膜面积大、质量好，缺点是必须在高温下才能进行。

3) SiCN 薄膜存在的问题

现有技术还无法制备理想的单晶 SiCN，其很多性质还不明确，如 SiCN 薄膜的发光机制等，对 SiCN 薄膜的结构研究也有待深化。

5. BCN 薄膜

除了 SiCN 薄膜，还有另外一种重要的薄膜材料，称为 BCN 薄膜。众所周知，石墨和六方氮化硼(BN)有着相同的结构及六角密堆积，晶格参数和原子尺寸也类似，但它们的性质差别很大，石墨是一个优良导体，而氮化硼(BN)却几乎是一个绝缘体，主要性质对比见表 2.1[63]。

表 2.1　石墨和六方氮化硼的主要性质对比

性质或参数	石墨	六方氮化硼
晶格参数/nm	$a=0.2456$，$c=0.6696$	$a=0.2054$，$c=0.6661$
密度/(g/cm^3)	2.26	2.0～2.2
带隙/eV	0.04	>3.8(3.5～6.4)
导电性	好，导体	绝缘体，高温下为半导体
耐氧化性	一般，加热易被氧化	好
耐高温性	好	好
热导率	高	高

将石墨和六方氮化硼进行杂化，即用 C 原子部分取代六方氮化硼中的氮原子和硼原子，或用硼原子和氮原子部分取代石墨结构中的 C 原子，形成一种新型层

状材料，即 BCN。目前对这一材料的研究尚处于初级阶段，偏重于研究生长机理、结晶状态、硬度等，许多机理方面的研究还在不断深化过程中。1989 年，Liu 和 Cohen[51]提出了 BC_2N 可能具有三种平面原子的排列模型，同时研究了其电子结构及导电性。他认为具有反对称结构的 BC_2N，有着独特的金属性质，而具有最高内聚能的 BC_2N 却不是反对称结构，虽然没有金属性，但是有半导体性质。随后 Nozaki 和 Itoh[64]研究了有五种晶体结构的 BC_2N 的晶格动力学，大量计算发现，β-BC_2N 的体模量介于金刚石与立方氮化硼之间。Cohen 教授预测 BCN 薄膜具有优异性质，引发其制备和研究热潮。BCN 薄膜的制备主要依赖于物理气相沉积法和化学气相沉积法，在物理气相沉积法中较常用溅射法、脉冲激光沉积法及离子束辅助沉积法，而化学气相沉积法中常用等离子体辅助化学气相沉积法、冷壁化学气相沉积法、热丝化学气相沉积法。BCN 薄膜的表征通常采用傅里叶变换红外光谱、拉曼光谱、X 射线衍射、扫描电镜、电子能量损失谱、卢瑟福背散射、原子力显微镜及 X 射线光电子能谱等。虽然建立了很多理论模型，但这些模型只能从某个角度说明问题，目前对 BCN 薄膜的生长过程还不清楚，迫切需要解决的问题是提高其生长速率和薄膜的内应力等。

2.2.5 应用

CN_x 薄膜、SiCN 薄膜和 BCN 薄膜由于独特的性能，有望代替金刚石应用于齿轮、钻头，以及作为防腐蚀材料。CN_x 薄膜具有很好的生物相容性，可用在手术刀上，还可用在心脏及其他人体材料上。同时，这些薄膜材料具有很好的光学性质，可用作光学材料。此外，这些薄膜材料还具有半导体特性，可制作半导体器件。

参 考 文 献

[1] 佟沐霖. 碳纤维复合材料钻削过程仿真与实验研究[D]. 哈尔滨: 哈尔滨理工大学硕士学位论文, 2014.

[2] 张焕侠. 碳纤维表面和界面性能研究及评价[D]. 上海: 东华大学博士学位论文, 2014.

[3] 李素敏. 结构-储能型碳纤维/环氧树脂基复合材料的制备及性能研究[D]. 镇江: 江苏大学博士学位论文, 2015.

[4] 牟书香, 贾智源. 碳纤维增强环氧树脂复合材料的液体成型及其性能研究[J]. 玻璃钢/复合材料, 2013(Z2): 16-20.

[5] Montesmorán M A, Martínezalonso A, Tascón J M D. Effect of sizing on the surface properties of carbon fibres[J]. Journal of Materials Chemistry, 2002, 12(12): 3843-3850.

[6] Yue Z, Economy J. 4-Carbonization and activation for production of activated carbon fibers[J]. Activated Carbon Fiber and Textiles, 2017: 61-139.

[7] Hassani A, Khataee A R. Activated carbon fiber for environmental protection. Activated Carbon Fiber and Textiles[M]. New York: Elsevier Science, 2016.

[8] Huang Y. Thermal and Electrical Properties of Activated Carbon Fibers. Activated Carbon Fiber and Textiles[M]. New York: Elsevier Science, 2016.

[9] Andideh M, Esfandeh M. Statistical optimization of treatment conditions for the electrochemical oxidation of PAN-based carbon fiber by response surface methodology: Application to carbon fiber/epoxy composite[J]. Composites Science and Technology, 2016, 134: 132-143.

[10] Wu S, Liu Y, Ge Y, et al. Surface structures of PAN-based carbon fibers and their influences on the interface formation and mechanical properties of carbon-carbon composites[J]. Composites Part A: Applied Science and Manufacturing, 2016, 90: 480-488.

[11] 邱军, 陈典兵. 碳纳米管及碳纤维增强环氧树脂复合材料研究进展[J]. 高分子通报, 2012(2): 9-15.

[12] 李昭锐. PAN 基碳纤维表面物理化学结构对其氧化行为的影响研究[D]. 北京: 北京化工大学博士学位论文, 2013.

[13] Kim S J, KimM C, Han S B, et al. 3D flexible Si based-composite($Si@Si_3N_4$)/CNF electrode with enhanced cyclability and high rate capability for lithium-ion batteries[J]. Nano Energy, 2016, 27: 545-553.

[14] 贺福. 碳纤维及其应用技术[M]. 北京: 化学工业出版社, 2004.

[15] Yoon S H, Korai Y, Mochia I, et al. Axial nano-scale microstructures in graphitized fibers inherited from liquid crystal mesophase pitch[J]. Carbon, 1996, 34(1): 83-88.

[16] 李同起, 王成扬. 碳质中间相形成机理研究新型炭材料[J]. 新型炭材料, 2005, 20(3): 278-283.

[17] Wang L, Feng X, Ren L, et al. Flexible solid-state supercapacitor based on a metal-organic framework interwoven by electrochemically-deposited PANI[J]. Journal of the American Chemical Society, 2015, 137(15): 4920.

[18] Shroder R E, Nemanich R J. Analysis of the composite structures in diamond thin films by Raman spectroscopy[J]. Physical Review B, 1990, 41(6): 40-47.

[19] Voevodin A A, Walck S D, Zabinski J S. Architecture of multilayer nanocomposite coatings with super-hard diamond-like carbon layers for wear protection at high contact loads[J]. Wear, 1997, 203(96): 516-527.

[20] Kim Y T, Cho S M, Choi W S, et al. Dependence of the bonding structure of DLC thin films on the deposition conditions of PECVD method[J].Surface and Coatings Technology, 2003, 169-170(3): 291-294.

[21] Robertson J. Diamond-like amorphous carbon[J]. Materials Science and Engineering, 2002, 37(4-6): 129-281.

[22] 张东灿. 金刚石薄膜和类金刚石薄膜摩擦学性能试验及其应用研究[D]. 上海: 上海交通大学硕士学位论文, 2010.

[23] Ueng H Y, Guo C T, Dittrich K H. Development of a hybrid coating process for deposition of diamond-like carbon films on microdrills[J]. Surface and Coatings Technology, 2006, 200(9): 2900-2908.

[24] 彭鸿雁, 赵立新. 类金刚石膜的制备、性能与应用[M]. 1 版. 北京: 科学出版社, 2004.

[25] Aisenbbrg S, Chabot R. Ion-beam deposition of thin films of diamondlike carbon[J]. Journal of Applied Physics, 1971, 42(7): 2953-2958.

[26] 陈林林. 类金刚石薄膜制备工艺与特性研究[D]. 北京: 中国科学院研究生院(光电技术研究所)硕士学位论文, 2013.

[27] 陆家和. 表面分析技术[M]. 北京: 电子工业出版社, 1987.

[28] RobertsonJ, O'reilly E P. Electronic and atomic structure of amorphous carbon[J]. Physical Review B, 1987, 35(6): 2946.

[29] Robertson J. Mechanical properties and coordinations of amorphous carbons[J]. Physical Review Letters, 1992, 68(2): 220.

[30] Angus J C, Jansen F. Dense "diamondlike"hydrocarbons as random covalent networks[J]. Journal of Vacuum Science and Technology A: Vacuum, Surfaces, and Films, 1988, 6(3): 1778-1782.

[31] Angus J C. Diamond and diamond-like films[J]. Thin Solid Films, 1992, 216(1): 126-133.

[32] Ueda N, Yamauchi N, Sone T, et al. DLC film coating on plasma-carburized austenitic stainless steel[J]. Surface and Coatings Technology, 2007, 201 (9-11) : 5487-5492.

[33] 周坤, 曹伟民, 周瑞花. 类金刚石碳膜在硬磁盘中的应用[J]. 功能材料, 1995 (1) : 58-61.

[34] Vercammen K, Meneve J, Dekempeneer E, et al. Study of RF PACVD diamond-like carbon coatings for space mechanism applications[J]. Surface and Coatings Technology, 1999, 120-121 (99) : 612-617.

[35] 陈大伟, 刘玉学, 齐秀英, 等. 类金刚石碳基薄膜微结构及其电学性质的研究[J]. 功能材料, 1998, 30: 492-494.

[36] 彭鸿雁, 赵立新. 类金刚石膜的制备、性能与应用[M]. 北京: 科学出版社, 2004.

[37] Werner M, Locher R. Growth and application of undoped and doped diamond films [J]. Journal of Report Process of Physics, 1998, 61 (12) : 1665-1710.

[38] Bakon A, Szymanski A. Practical Uses of Diamond [M]. PWN-Polish Scientific Publishers, 1993.

[39] 王小平, 王丽军, 张兵临, 等. 掺稀土 Ce 的金刚石薄膜光致发光研究[J]. 物理实验, 2003, 23 (1) : 18-20.

[40] 王丽军, 王子, 朱玉传, 等. Ce^{3+}注入掺杂金刚石薄膜蓝区电致发光研究[J]. 光学学报, 2011, (3): 298-301.

[41] Matsumoto S, Sato Y, Kamo M, et al. Vapor deposition of diamond particles from methane[J]. Japanese Journal of Applied Physics, 1982, 21 (4A) : 183-185.

[42] Matsumoto S, Sato Y, Tsutsumi M, et al. Growth of diamond particles from methane-hydrogen gas[J]. Journal of Materials Science, 1982, 17 (11) : 3106-3112.

[43] 吴鹏. 类金刚石薄膜的性能及结构的研究[D]. 济南: 山东大学硕士学位论文, 2009.

[44] Koshel D, Ji H, Terreault B, et al. Characterization of CFX filmsplasma chemically depositied from C_3F_8/C_2H_2 precursors [J]. Surface and Coatings Technology, 2003 (173) : 161-174.

[45] 张敏, 程发良, 姚海军. 类金刚石膜的性质贺制备及应用[J]. 表面技术, 2006, 35 (2) : 4-6.

[46] 马国佳, 邓新绿. 类金刚石膜的应用及制备[J]. 真空, 2002, 2002 (5) : 27-31.

[47] Hahovirta M, Verda R, He X M, et al. Heat resistance of fluorinated diamond-like carbon films [J]. Diamond and Related Materials, 2001, 10 (8) : 1486-1490.

[48] Kumar S, Sarangi D, Dixit P N, et al. Diamond-like carbon films with extremely low stress [J]. Thin Solid Films, 1999, 346 (1-2) : 130-137.

[49] 夏天荣. 脉冲激光沉积类金刚石薄膜过程中工艺参数对薄膜质量影响的研究[D]. 合肥: 合肥工业大学硕士学位论文, 2010.

[50] Fujimori S, Kasai T, Inamura T. Carbon film formation by laser evaporation and ion beam sputtering [J]. Thin Solid Film, 1982, 92 (1) : 71-80.

[51] Liu A Y, Cohen M L. Prediction of new low-compressibility materials[J]. Science, 1989, 245 (4920) : 841.

[52] Molzen W W, Broers A N, Cuomo J J, et al. Materials and techniques used in nanostructure fabrication [J]. Journal of Vacuum Science and Technology, 1979, 16 (2) : 299-302.

[53] Jung H S, Park H H. Micro-structure analysis carbon nitride (CN_x) film prepared by ion beam assisted magenetron sputtering [J]. Diamond and Related Materials, 2002, 11 (3-6) : 1205-1209.

[54] Liu W J, Zhou J N, Rar A, et al. X-ray reflectivity and nanotribological study of deposition-energy-dependent thin CN_x overcoats on CoCr magnetic films [J]. Applied Physics Letters, 2001, 78 (10) : 1427-1429.

[55] Mubumbila N, Tessier P Y, Angleraud B, et al. Effect of nitrogen incorporation in CN_x, thin films deposited by RF magnetron sputtering[J]. Surface and Coatings Technology, 2002, 151 (1) : 175-179.

[56] Zhang X W, Cheung W Y, Ke N, et al. Optical properties of nitrogenated tetrahedral amorphous carbon films[J]. Journal of Applied Physics, 2002, 92 (3) : 1242-1247.

[57] Ogata K, Chubaci J F D, Fujimoto F. Properties of carbon nitride films with composition ratio C/N=0.5～3.0 prepared by the ion and vapor deposition method[J]. Journal of Applied Physics, 1994, 76(6): 3791-3796.

[58] Yu Y H, Chen Z Y, Luo E Z, et al. Optical and electrical properties of nitrogen incorporated amorphous carbon films[J]. Journal of Applied Physics, 2000, 87(6): 2874-2879.

[59] 许展. 氮化碳薄膜的制备及其光学性质[D]. 武汉: 武汉大学硕士学位论文, 2005.

[60] Sjöström H, Stafström S, Boman M, et al. Superhard and elastic carbon nitride thin films having fullerenelike microstructure[J]. Physical Review Letters, 1995, 75(7): 1336.

[61] 陈光华. 纳米薄膜技术与应用[M]. 北京: 化学工业出版社, 2004.

[62] 赵艳艳. 硅碳氮薄膜的制备及性能研究[D]. 大连: 大连理工大学硕士学位论文, 2008.

[63] Karim M Z, Cameron D C, Hashmi M S J. Characterization of mixed-phase BN thin films deposited by plasma CVD[J]. Surface and Coatings Technology, 1993, 60(1): 502-505.

[64] Nozaki H, Itoh S. Lattice dynamics of BC_2N[J]. Physical Review B, 1996, 53(21): 14161.

第 3 章　介孔碳与高分子材料

3.1　介　孔　碳

3.1.1　多孔材料

多孔材料是一种由相互贯通或封闭的孔洞构成的网络结构材料，孔洞的边界或表面由支柱或平板构成。孔隙的分布、数量和尺寸是影响其性能的主要因素，多孔材料被应用于很多领域，如催化剂和催化剂载体、离子交换、主客体化学等。

根据国际纯粹和应用化学联合会的规则，按照孔径大小，多孔材料可分为大孔材料、介孔材料和微孔材料，其中，大孔材料孔径为 50 nm 及以上，介孔材料孔径范围是 2～50 nm，微孔材料孔径为小于 2 nm。大孔材料具有孔径尺寸大、分布范围宽的特点，主要应用于色谱或催化剂载体等，微孔材料主要包括活性炭、泡沸石、硅钙石等，最典型的是人工合成的沸石分子筛。介孔材料属于纳米材料范畴，具有高比表面积和孔容，在催化、吸附、光学、大分子分离、生物传感器及制备新型纳米材料等领域具有广阔的应用前景。

3.1.2　介孔材料

介孔材料涉及硅基介孔材料和非硅基介孔材料，可分为六方相、立方相、层状、三维简单立方、三维六方结构和无序排列六方结构，还可分为有序介孔材料和无序介孔材料。有序介孔材料是 20 世纪 90 年代迅速兴起的新型纳米结构材料，其合成是以表面活性剂形成的超分子结构聚集体为模板，利用溶胶-凝胶工艺，通过有机物-无机物界面间的定向作用，组装成孔径介于 2～50 nm、孔径分布窄、具有规则孔道结构的无机或有机多孔材料。无序介孔材料则具有不规则复杂孔结构，且互相连通。

3.1.3　介孔碳材料

介孔碳是一类新型的非硅基介孔材料，孔径在 2～50 nm 之间，具有巨大的比表面积，可高达 2500 m^2/g，孔体积也可达 2.25 cm^3/g。

1. 介孔碳材料的发展

介孔材料在 1992 年第一次被报道[1]，称为 M41S 家族，因其具有高表面积、孔径可调、多元化孔隙形状、可控孔隙性、高热力稳定性和化学惰性等特点，迅速引起全球关注。1999 年，Ryoo 等以介孔二氧化硅为硬模板通过复制得到了高度有序的介孔碳(ordered mesoporous carbon, OMC)[2]可用作电化学传感器、吸附剂、燃料电池和催化剂等。当功能化的 OMC 引入其他组件时，得到了碳基复合材料，提高了材料性能，并进一步拓展了应用。

2. 介孔碳材料的结构

OMC 通常由模板法生产，包括单晶体、坝段形、纤维形、纳米形、小囊泡形和薄膜形，具有长程有序介孔结构，并可设计成六边形、立方、板层或蠕虫状介孔结构，具有高比表面积[3]。

Ryoo 等[2]率先合成 OMC，记为 CMK-1，是具有 *Ia3d* 对称性的 MCM-48 模板的逆转，并由两个断开交织的三维孔隙组成多孔结构。CMK-1 具有高吸氮-脱氮比表面积(1500～1800 m^2/g)，大孔隙总体积高达 0.9～1.2 cm^3/g，平均孔径约为 3 nm，远大于 MCM-48，这说明 OMC 并不是简单复制，在 MCM-48 框架拆卸过程中发生结构变化。可通过改变介孔二氧化硅模板，方便控制有序结构。例如，利用具有 *Ia3d* 对称性的 MCM-48 和 FDU-5 二氧化硅模板，分别合成了 *I4Ia* 对称性碳和 *Ia3d* 对称性碳，利用 *Pm3n* 和 *p6mm* 结构的 SBA-15 模板，可分别合成立方 *Pm3n* 对称性的 CMK-2 碳和 2D 六边形对称性的 CMK-3 碳及 CMK-5 碳[4-9]。

3. 介孔材料的合成

硬模板和软模板可用来合成有序介孔碳材料。Ryoo 等首次使用立方介孔二氧化硅 MCM-48 作为硬模板，合成出 OMC。基本步骤是将碳源溶液浸渍到 MCM-48 模板中，然后加热到约 800℃碳化，再用氢氟酸和氢氧化钠溶液刻除二氧化硅获得 OMC。除 MCM-48 外，SBA 系列、M41S 家族、MSU-H 和六边形介孔二氧化硅都可作为硬模板，糠醇、蔗糖、萘、沥青、乙炔、聚丙烯腈和酚醛树脂通常作为碳源[3-9]。

软模板法是指采用表面活性剂嵌段共聚物自组装获得相应模板，该模板同时也可作为碳源[10-12]。首先，酚醛树脂和嵌段共聚物表面活性剂组装成三维有序介孔结构，然后去除表面活性剂，获得有序介孔高分子材料，最后，聚合物碳化产生有序介孔碳。软模板合成主要依赖于前驱体和模板间的氢键作用，与硬模板相比，软模板具有廉价、方便、适合大规模生产等特点，是合成 OMC 材料的有效途径，所合成的碳材料可更精确调整结构并提高机械性能和稳定性。软模板合成的碳材料，孔径一般较小，约为 3 nm，因此，它们常与其他模板相结合，如氧化铝模板、硅反蛋白石、无机纳米纤维、生物陶瓷等，产生不同层次结构。更重要的是，官能化和改性 OMC 材料具有很大的商业价值，如石墨化 OMC、氮掺杂 OMC 和硼氮掺杂 OMC 等。

4. 介孔碳材料的性质

OMC 由于存在三维有序介孔结构，在能量存储方面有巨大的吸引力。OMC 显示高表面积，可达 2910 m^2/g[5]，可调的孔径及良好的传质效率。软模板法可为孔隙和/或孔壁中的其他部分引入客体分子，改善性能。研究表明，OMC 的电阻低于碳纳米管，可作为电极和电解质间的良好电子通路。然而，它在实际应用中受到许多参数的影响，包括电解质性质和溶剂分子大小等。碳材料已从简单的碳化纤维素生物质或煤前驱体，发展到可调节尺寸、孔结构的材料，并进一步发展到掺杂其他元素或形成杂化材料，实现精确控制纳米材料的合成和生长，并伴随许多新的功能出现。虽然这些材料的实验室规模合成已经成熟，但高品质碳纳米材料的制备还需不断完善，使其更有效和更环保，达到商业化要求。

3.2 介孔碳材料功能化与改性

修饰 OMC 有两种方法，即直接合成和后处理。前者可在宽范围内调变，碳材料修饰具有高负荷且分布均匀的官能团，但有可能带来结构有序性损坏。后者可引入高变异性官能团。但单一方法制备多功能化 OMC 仍面临挑战，直接合成与后处理相结合可能是一个有效的方法。因为经过高温炭化，减少了含氧基团数量，所有 OMC 表现出化学惰性，不易进一步化学修饰。目前主要通过后续氧化反应[13]或用不同功能的 N 和 S 杂原子来代替含氧官能团，从而增加其他官能团的数量[14,15]。

3.2.1 表面处理

通过表面氧化或激活、卤化、磺化、重氮化嫁接，可使一系列官能团连接到碳表面，其中，表面氧化是碳表面改性最简便的方法之一，它不仅引入含氧基团，也可改变表面疏水-亲水性平衡，一般包括干氧化和湿氧化两种，如等离子体处理、电化学改性和在高温下氧化气体反应等。湿式氧化法已被广泛采用，可在相对温和的条件下完成。在各种氧化剂中，过硫酸铵是一个温和、低毒和高活性的氧化剂，对多孔结构也无明显损伤，而其他氧化剂在一定程度上有结构损伤，有时释放有毒气体。SO_3H 功能化的 OMC 材料具有大比表面积和孔径，在许多反应中表现出优异的性能[16]。浓硫酸是一种高效磺化剂，但磺化碳需在高温下进行。OMC 材料在高温下被浓硫酸磺化[17]，结构没有明显破坏，表面磺酸基的微观结构及其稳定性和容量，主要取决于反应温度。

除了用酸改性 OMC 外，也可用碱改性获取特殊性能。例如，氧化镁在催化和药物中具有特殊的重要性，有序介孔氧化镁/碳材料具有强表面碱性，有望成为高效选择性吸附剂和催化剂[18, 19]。这些化学修饰的缺点在于官能化程度低，且在氧化处理过程中碳表面被腐蚀。OMC 功能化的另一个途径是水热碳化[20, 21]，所获得材料具有亲水性外壳，含有大量官能团，如—COOH、—OH 和 C═O，因而可应用于许多领域。

3.2.2 杂原子处理

多孔碳材料的性能在很大程度上取决于原材料及其表面结构、孔隙率以及杂原子种类和含量。材料表面的化学性质可由杂原子如氧、氮、磷、硫、硼等的引入进行改性。例如，含氧官能团提高碳表面亲水性，在催化反应或阳离子选择性吸附中作为活性位点。当提供活性位点时，可促进金属在碳表面的分散[22]。含氮官能团有利于增加酸性分子吸附，提高氧化还原反应的催化活性，并通过氧化还原反应，提高碳的阴离子交换性能以提高赝电容的性能[23,24]。另外，含表面基团磷的碳材料具有高抗氧化性并增强强酸性阳离子交换特性，提高了超级电容器的能量密度。掺杂过程不仅需要在碳表面上引入大量杂原子基团，而且需要精确的表征来调控化学性质，具有挑战性。为了揭示掺杂碳材料的表面化学特性，OMC 通过 SBA-15 作为固体模板，间氨基苯甲酸作为碳、氮、氧前驱体，磷酸作为磷源进行掺杂[25]，酸浓度和碳化温度是设计特定表面成分有序介孔碳的关键。

3.2.3 碳-无机纳米复合材料

吸附、催化、分离和能源相关领域通常需要 OMC 或碳-无机纳米复合材料。此外，将硅酸盐加入酚醛树脂可提高聚合物和碳的韧性，降低热收缩。许多研究表明，与硬模板比较，软模板法更适合于无机纳米粒子的加入及无机前驱体的形成[26]。此外，胶体模板适用于在碳材料中掺入无机纳米粒子，因为这些颗粒易与二氧化硅胶体组成硬模板。胶体硬模板和软模板的结合可设计介孔无机碳复合材料的高负荷无机物种，可用于嵌段共聚物模板和无机纳米粒子及正硅酸乙酯碳前驱体的自组装，并得到介孔二氧化硅-碳复合材料。

3.2.4 碳结构设计

设计和构建多孔碳材料的孔结构、微晶结构和表面化学有多种方法，例如，通过 $ZnCl_2$、KOH、CO_2 和 NH_3 活化处理，为纳米碳提供微孔和介孔结构，可拓展其应用。然而，许多情况下，这些活化处理往往破坏介孔结构，甚至导致骨架崩溃。Wu 等[19]在不损害三维介孔纳米网络结构的基础上，采用 NH_3 作为致孔剂和表面改性剂，在碳气凝胶的骨架上引入微孔。与传统活化方法相比，通过 NH_3 的合成再活化的方法，提供了一个简单而有效的途径来制造微孔，并具有更高的氮官能团活化能力，并保持原有纳米结构。

3.3 介孔碳材料的应用

在应用方面，OMC 比传统微孔碳材料具有明显优势，包括用作电化学电容器、电池或电化学检测的电极，海水淡化生产淡水，自然环境中有毒有害固体或气体去除，以及用作催化剂或催化剂载体。

3.3.1 介孔碳材料应用于储能

日益严重的生态问题，迫切需要发展低成本和环境友好的能源存储系统，例如，伴随便携式电子设备和电动汽车的快速发展，刺激了高功率和能量密度的新能源存储设备发展。能量存储是通过充电和放电电化学过程实现的，在充电过程中，两个电极间施加外部电压以促进电极间电子运动并发生化学反应，在放电过程中，电化学反应产生电子，并通过外部电路产生电流。储能装置通常由阳极、阴极、隔膜和电解质组成。能量存储的改进主要取决于电极中使用新材料，碳材料在电化学储能中有望发挥重要作用。活性炭作为廉价材料长期用于电化学储能，近年来，碳纳米材料如碳纳米管、石墨烯和 OMC，因优良的机械和电子性能，已在储能方面被广泛应用。

1. 锂离子电池

锂是最轻的金属元素，密度为 0.53 g/cm^3，也是还原性最强的元素，具有产生高电压和提供高能量密度的能力。Li 变为 Li^+的理论电化学容量为 3860 (mA · h)/g，其作为锂电池的负极材料始于 20 世纪 70 年代，并率先在手机和笔记本电脑中得到了使用，缺点是安全性差、成本高和寿命短等，制约了锂离子电池(LIB)在现代电动车和其他领域的进一步应用。20 世纪 90 年代发现了 $LiCoO_2$ 作为正极电池材料，提供了安全、高效和大容量能源存储。相对于传统二次电池，如铅-酸电池或镍-镉电池，锂离子电池表现出了优异性能，包括循环寿命长、比能量高、无记忆效应等。在 LIB 系统中，在低电化学电位时，碳的主体结构代替了金属锂，能够可逆吸收和释放锂离子。因此，锂离子在插入阴极和插入阳极之间穿梭，与金属锂相比，能量密度只有略微的降低，但大大改善了循环寿命和安全性。

碳是通过化学法插入锂离子电池中，在典型碳材料如石墨中，碳原子的基本建筑单元是一个在平面上排列的六角形晶格，锂嵌入碳层形成了 Li_xC 合金，其理论比容量达 372 (mA · h)/g，潜在电位低于 0.5 V(*vs.* Li^+/Li_6)，实际性能在很大程度上取决于碳材料结晶度、微观结构和形貌。

多孔碳已被广泛应用在阴极和阳极中，也作为导电添加剂。由于存在可调谐的孔径和壁厚、孔体积和表面积及孔隙通道间内连接和易于官能化，多孔碳有望解决储能中的许多问题，如低电导率、大体积膨胀和电解质溶解等。

1) OMC 电极

CMK-3 是具有三维有序六角形结构的一种 OMC，其初始电容量为 3100 (mA·h)/g，对应于锂组成为 $Li_{8.4}C_6$，可逆容量为 850～1100 (mA·h)/g。研究表明，CMK-3 形态对电化学性能起关键作用。Yu 等比较了不同长度的棒状有序介孔碳材料，发现最短的棒状有序结构具有最高的可逆放电容量，在 0.1 A/g 时，达到 1012 (mA·h)/g，在循环 100 次后，容量保存率为 86.6%[27]。显然，较短的介孔碳材料提供了一个更快速扩散和运输的锂离子和电解质通道以及相对较低的固体电解质的相间电阻和接触电阻。虽然在开始时库仑效率较低，但在 10 个周期后，迅速提高到很高水平。为了进一步增强其电化学性能，可桥接高导电的碳纳米管，电导率从 138 S/m 增加到 645 S/m，导致锂离子电池拥有更长的寿命和更高的效率。

2) 有序介孔碳复合电极

许多活性物质，特别是过渡金属氧化物，如氧化铁、氧化锡、氧化镍、五氧化二钒和氧化钼，已集成到 OMC 材料并用于储能，通过限制体积变化和减少锂离子嵌入和脱嵌过程中表面的粉碎，可达到容量减缓衰减的目的。OMC 具有良好的阳极性能，极少有 OMC 用于阴极材料报道。然而，FeF_3/OMC 复合物比 FeF_3 具有更好的循环性能，与碳纳米管和活性炭复合材料等的复合材料相比，FeF_3/OMC 具有高容量。例如，Jung 等合成了 FeF_3/OMC 杂化物[28]，显示良好倍率性能，电流在 0.1 *C*、0.25 *C*、0.5 *C*、1 *C*、2 *C*、5 *C* 和 10 *C* 时，电容分别达 165 (mA·h)/g、156 (mA·h)/g、143 (mA·h)/g、131 (mA·h)/g、117 (mA·h)/g、90 (mA·h)/g 和 69 (mA·h)/g。当电流倍率达到 0.5 *C* 或更高时，FeF_3/OMC 杂化材料的放电容量均超过 FeF_3 的 3 倍。此外，当电流密度下降到 0.1 *C* 时，FeF_3 和 FeF_3/OMC 的容量保持率分别为 48%和 89%，显然，OMC 的引入提高了结构稳定性和容量可逆性。

OMC 形成杂化负极材料已广泛应用于复合电极中，相较于 OMC 复合不同金属氧化物的阳极材料，它的电化学性能得到了显著提升[29-39]。目前有两种方法将 Fe_2O_3 纳米颗粒复合 OMC。一是聚吡咯包覆氧化铁/OMC 杂化材料，通过在管状介孔 OMC 中，引入 Fe_2O_3 纳米粒子，随后在原位表面涂覆聚吡咯层密封。在锂离子电池中，Fe_2O_3 作为阳极受到了很大的限制，主要归因于剧烈的体积变化，超过了 200%，导致电池容量保持率差。使 Fe_2O_3 粒子均匀分散在碳基上，并在 OMC 外表面涂聚吡咯层，则显示出高稳定周期性能和优良的反应动力学性能。因此，在 Fe_2O_3 存在时，效率更高，在 1 A/g 时，达到了 528 (mA·h)/g，并具有更大的容量。当循环到第二个周期时，容量的保持率为 97%。通过氨处理和后续热解合成的 Fe_2O_3/OMC 杂化材料，可得到 47 wt%的高含量 Fe_2O_3，并提供相当稳定的循环性能，例如，在 100 次循环后，容量保持在 683(mA·h)/g，且在第二次循环后，容量保持率达到 99%，还具有良好的充电速度。

SnO_2 颗粒可通过原位水解引入管状 OMC[31]，含量达 80 wt%，导致优异可逆容量，在 0.2 A/g 和 0.005～3 V 时，容量达 978(mA·h)/g。循环 100 次后，可逆容量增加到 1039(mA·h)/g，比 SnO_2 的理论容量[782(mA·h)/g]高很多。卓越的电化学性能来自独特的碳壁和高孔体积。反应可逆性取决于 SnO_2 的固有导电性对 Li、Li_2O 和 Sn 的晶粒大小、分散度和导电添加剂的影响。其他活性物质，如 NiO、CoO、CuO、V_2O_3、TiO_2、MoO_2 和 SnO 也可引入 OMC 通道，稳定性有显著增强，速率容量也有所增加。

2. 电化学电容器

电化学电容器，也被称为超级电容器，被认为是一种最有效的储能装置。这个概念首次由 Becker 在 1957 年提出[40]，1978 年，Panasonic 首次将其商业化[41]。与锂离子电池相比，超级电容器的优势体现在：①高功率传输能力或更高的功率密度；②快速充电，能满足短时间完全充电；③稳定性高、寿命长，在几千次充放电周期后，比电容没有明显衰减；④库仑效率高。但超级电容器的能量密度通常比锂离子电池低。

超级电容器基于电能的存储机制，可分为双电层电容器(electrical double-layer capacitor, EDLC)和赝电容。前者与传统电容器相似。例如，都是通过电荷分离来存储能量，不同的是 EDLC 分离过程不仅发生在阳极，也发生在阴极，因此形成双电层，每层相当于一个传统电容器。然而，双电层电容器的比电容比传统电容器高出几个数量级，在双电层电容器中，电荷分离发生在电极和电解质间的一个更小距离的界面上，并且仅仅是表面离子运动。因此，EDLC 的电容取决于电极表面积。碳材料包括活性炭[42,43]、介孔碳[44,45]、碳纳米管[46-48]和石墨烯[47,49,50]，因为高比表面积和快速电传输，有望用于高性能超级电容器。赝电容的机理与双层电容器完全不同，主要表现在可逆法拉第赝电容电荷转移的发生以及电极上活性物质与电解质中离子之间的化学氧化还原反应。赝电容的反应行为更像锂离子电池，常用材料是过渡金属氧化物如二氧化锰、氧化镍、氧化钌、五氧化二钒和导电聚合物如聚噻吩、聚苯胺、聚吡咯及衍生物。超级电容器和锂电池相结合可实现优势互补，双电荷层在正电极形成，在负极电解质中发生含 Li^+ 法拉第电荷转移反应[51-53]。这些混合储能装置已应用于电动汽车，超级电容器提供加速或爬坡时所需峰值功率，锂离子电池提供正常驾驶电力。一维、二维和三维的碳纳米管、石墨烯和 OMC 在超级电容器中已被广泛应用。

活性炭因廉价目前还是 EDLC 中的主要电极材料，但受微孔限制，不易在湿润的电解质溶液中储存。另外，即使在溶液中，微孔可能被电解质润湿，如此小的毛孔中离子运输显得极慢，难以实现高比电容。介孔碳具有大比表面积、可调控的孔径和尺寸分布，有利于高电荷积累，增强电解质润湿性和快速离子传输，提高电荷的积累和运输。

1) OMC 电极

以介孔二氧化硅为模板制备介孔碳材料，二维六角形和三维立方介孔二氧化硅可分别生产二维和三维有序的介孔碳材料。研究表明，比表面积和电容间并没有呈线性关系，在不同电解质和孔径情况下，效果也不同[54, 55]。例如，在有机电解质中，孔隙小于 1 nm 并不能接近尺寸大于 1 nm 的溶剂化离子[56]。即使水合离子也需要至少 0.5 nm 的孔径。在 2～5 nm 范围的孔径分布，两溶剂化离子的尺寸增大，可提高能量密度和功率能力[55]。同时发现，大量孔可减少因碳材料低密度引起的体积电容[57, 58]。一些高容量的介孔碳含大量小微孔，导致一部分离子的溶剂化，因此改善了电容器性能[46]，但仅能有限改进介孔碳的电化学性能[42, 59]。

Frackowiak 等[44]进一步研究了孔隙大小对电化学性能的影响。分别从介孔二氧化硅模板和 SBA-16 聚糠醇碳前驱体合成两个高度有序的介孔碳材料，标记为 C-1 和 C-2，比表面积为 1880 m^2/g 和 1510 m^2/g。对于 C-1，观察到微孔尺寸小于 2 nm，具有大表面积。在不同电解质溶液如酸性、碱性和对质子惰性溶剂中，用两电极法对 C-1 和 C-2 进行了各种测试，在阻抗为 1 mHz、恒流放电电流密度 0.1～1 A/g、伏安循环扫描率在 1～20 mV/s 条件下，发现 C-1 比 C-2 具有更高的电容，这与 C-1 具有大比表面积的结论一致，且在酸性介质中的电容均高于碱性介质，在碱性介质中，C-2 在很大程度上失去了高电流密度的电荷积累能力，在 0.5 A/g 电流密度时，只有 87 F/g，而 C-1 保持更高电容，为 145 F/g，C-2 电容急剧下降的原因可能是孔隙间糟糕的连接，然而，无论是在酸性还是碱性介质中，随着电流密度或扫描速度的增加，两个样品的电容都缓慢降低。在非水电解质溶液中，电容接近 100 F/g，而在有机溶液中，电容值相对更高。

2) 功能化 OMC 电极

对于高电流负载的电容，小孔有利于电荷传播和电容量，因此，需要在介孔碳中引入微孔。例如，当经过 CO_2 活化后，电容量从 115 F/g 增加至 223 F/g[60]。当硫酸、硝酸或硫酸铵溶液作为活化剂时，能产生各种官能团，有利于离子吸附，增强亲水性或亲油性，不仅可以提高电容量，还可通过改善电解质和碳电极之间的润湿过程和微孔内离子运输速度，提高电容量。例如，用硝酸活化 OMC 材料产生微孔，并在表面功能化—OH、—COOH 或—C═O 官能团[61]，其双峰孔径分布在 2.1～2.3 nm 和 5.3 nm，比表面积为 465～578 m^2/g。引入官能团后，在 10 mV/s 扫描速率和 6 mol/L KOH 溶液中，比电容从 117 F/g 提高到 295 F/g，循环次数超过 500 以后，电容保持在 85%左右。

在电容器性能提升方面，OMC 材料的氮掺杂被广泛应用。氮掺杂 OMC 可采用水溶性酚醛树脂作为碳源，双氰胺作为氮源，商业三嵌段共聚物 F127 为软模板，通过溶剂蒸发诱导自组装合成[62]，所获材料呈 *p6mm* 和 *Im*3*m* 对称性介孔结构，孔径为 3.1～17.6 nm，比表面积为 494～586 m^2/g，氮含量达 13.1%。氮掺杂可提高介孔碳表面极性、导电性和电子给体倾向，改善电容器性能。当电流密度为 0.2 A/g 时，比电容达到 262 F/g。除了孔径和表面改性外，孔道结构也影响 OMC 材料的电容性能。例如，通过使用 SBA-15 和 MCM-48 二氧化硅模板分别制备出二维六方介孔和三维立方介孔碳材料，用作电极材料时，三维结构的性能更好，这归因于更低的离子转移电阻[63]。

3) OMC 基复合电极

OMC 复合材料可改善电化学性能，如导电聚合物和金属氧化物，均是广泛使用的赝电容材料。通过化学氧化聚合法合成聚苯胺纳米线与有序介孔碳的复合材料[64]，由直径为 2.4 nm 的小孔和直径为 5 nm 的大孔结合形成网络结构，比表面积为 599 m^2/g。通过聚合形成的聚苯胺纳米线，长度为 20～30 nm，比电容高达 517 F/g，并具有优良的循环稳定性，在充放电循环 1000 次后，保持率仍为 91.5%。大孔和小孔共存有利于电解液渗透，而独特的层状结构缩短了电荷转移距离，促进离子扩散。

3. 传感器

碳纳米材料由于其具有高电导率、大比表面积和良好的化学稳定性，适合作为电极传感材料用于电化学检测。传统电极的主要缺点是低灵敏度和选择性，常用大比表面积的纳米材料修饰电极。碳纳米材料应用于电极传感材料，不仅比表面积大、孔径分布均匀和可调，还具有远程结构有序等优点，将中孔通道特意安排在六边形、立方、片状或蠕虫样结构上，优良的导电性使 OMC 电极适于电化学检测，特别是碳纳米结构进行杂原子掺入，可大大拓宽应用范围。

3.3.2 吸附

已经证明吸附是一种简单、有效、省时的污染物去除技术，关键是开发经济和高效的吸附剂。OMC 具有独特的物理、化学性质和机械稳定性，在吸附应用方面具有巨大优势，特别是介孔在重金属、维生素、染料、药物、氨基酸的吸附过程中具有重要作用。OMC 的吸附效率受吸附物质的分子质量及大小、几何形状、溶解性、极性和官能团影响。有序介孔材料，有利于活性化合物的控制释放和吸附。此外，在 OMC 中加入金属，可加强和扩大其吸附浸渍能力，引入 OMC 的金属可以是 Fe、Ni、Mn、Co 等，这些金属将提供磁性和结合位点，可有效促进吸附。此外，通过施加外部磁场，也使它们不需要离心或者过滤，容易从水溶液中分离。

1. 有机污染物吸附

众所周知，染料分子体积大，生物降解性差，如亚甲蓝、碱性品红、罗丹明B、甲基橙和苏丹 G 等已成为水中严重污染物。许多方法可用于染料去除，常用混凝和絮凝法。但由于污泥产生，导致在脱水环节发生困难。化学氧化法表现出较高的去除效率，但可能会导致有害副产物产生。近年来，微生物生物降解和吸附发展迅速，但仍受制于时间长、效率低。对于传统活性炭，其不规则结构的微孔和缺陷之间有限的互联互通，导致传质效率和扩散动力学较低，限制了吸附效率。OMC 已迅速成为一种新型功能吸附剂，与商业活性炭相比，OMC 显著提高了对颜料的吸附性能[65]，由于其大比表面积和孔体积，吸收颜料量几乎是活性炭的两倍。OMC 吸附剂对低浓度染料的吸附率高达 99%以上，并具有良好的脱色性，在染料脱洗后，仍保持基本特性和高稳定性。改变材料的表面化学性能，可更好地净化水质。此外，碳材料表面的杂原子可与碳层成键，改善碳表面的化学性质。例如，通过氨气热处理，碱性氮官能化的 OMC，表现出对三阴离子染料如橙Ⅱ、活性红 2、酸性黑 1 的吸附能力增强，这是商业活性炭和没有官能化的碳无法比拟的，这归因于含氮官能团的引入，使碳表面和染料分子间色散力增加。研究发现，介孔富氮碳材料具有去除苯酚的能力，不仅依靠吸附作用，也依靠光催化降解。OMC 含有磁性材料或金属纳米粒子时，也显示出了优异的吸附性能，如吸收有毒罗丹明 B、碱性品红、亚甲基绿、4-硝基苯酚等，金属修饰后，吸附能力大大提高，通过调控化学性质和微孔壁，甚至可实现在混合物中选择性分离水。此外，磁性吸附剂可通过乙醇洗涤后重复运用于吸附中。OMC 材料的惰性和疏水性导致其润湿性和水分散性较差，不利于吸附性能，多孔碳材料表面改性或功能化是改善疏水性和亲水性的一个有效方法，也可选择性去除某些有机污染物和生物材料。例如，碳表面改性后的—COOH 基团有助于提高极性溶剂的润湿性，使蛋白质共价固定的表面活性增加，吸附能力也增强。进一步用过氧化氢氧化处理后，纳米复合材料具有亲水性框架，介孔结构和孔体积增加，对水中染料分子碱性品红的吸附性能显著提高。此外，介孔材料特有的疏水性及尺寸排阻性质，使 OMC 材料在提取血清肽中效率提高，并加速了其回收。同样，全氟化合物和磁性介孔碳氮化物材料之间的静电作用和疏水作用，能够有效提高水溶液中吸附去除某些污染物的效率。

以 OMC 中的 CMK 为例，通过比较维生素 E、组氨酸和 L-苯丙氨酸的吸附去除效果，来说明极性溶剂的吸附条件的影响。维生素 E 被吸附在 CMK 上，吸附效果取决于溶剂及吸附剂的孔体积和表面积，起主导作用的是比孔体积。实验发现，非极性溶剂如正庚烷与极性溶剂正丁醇相比，更容易达到高吸附量维生素 E。CMK-3 在等电点附近，达到组氨酸或 L-苯丙氨酸的最大吸附量。与有序介孔二氧化硅相比，CMK-3 具有更大组氨酸或苯丙氨酸吸附量，这是因为，与介孔二氧化硅不同，氨基酸的非极性侧链和 OMC 的疏水性表面间存在强疏水性相互作用。

无机材料吸附剂涂层具有优良性能，如低压力降、大比表面积、短扩散长度、磨损振动不足、抗热冲击、无需外部磁场等，应用领域广泛。Wan 等[66]将 OMC 涂层蜂窝状陶瓷直接用来吸附含氯有机物，当污染物浓度低时，吸附率高，在 200 次大处理量和重复使用吸附剂后，其吸附容量和吸附剂质量并没有太大的变化，显示出良好的使用寿命。另外，碳表面和溶剂特性、OMC 形态和孔隙结构也对吸收效果有明显的影响。

2. 重金属离子吸附

重金属离子被普遍认为对人类健康和生态系统有害，吸附是去除重金属离子污染物常用的技术，其优点是操作简单、对有毒物质不敏感、吸附剂可回收再利用。活性炭是最广泛使用的吸附剂，其缺点是非选择性和难过滤性，需要开发新型多孔材料，增大比表面积、孔体积和孔径，同时使官能团均匀分布在基质中，并牢固锚定。例如，硫修饰的 OMC 在很宽的 pH 范围内对汞有优良的吸附性能，远远优于硫醇类吸附剂或大多数硅基吸附剂。另外，在高温和极端 pH 下，介孔杂碳具有高稳定性，是一类理想的重金属离子吸附材料。

掺杂原子或其他金属颗粒进入孔道有利于增加吸附位点。通过熔融的果糖和尿素混合料为前驱体，在无溶剂条件下多孔二氧化硅作为结构框架合成氮氧 OMC 复合材料，O 和 N 含量可达 7.5 wt%和 19.1 wt%。该材料对 Cu^{2+}具有高吸附能力。此外，纳米铁粒子在去除有机污染物、重金属离子和染料中显示优越性，体现在成本低、反应条件温和和易分离等方面。Tang 等[67]在 OMC 和 CMK-3 上通过掺杂铁纳米粒子(FeO、Fe_3O_4 和 Fe_2O_3)，对吸附剂进行改性，可显著增强吸附性能，同时可还原 Cr(Ⅵ)，吸附剂可通过外加磁场方便分离、收集和重复使用，在去除 Cr 的过程中，失活后的吸附剂可在 0.01 mol/L NaOH 溶液中处理后再生。

近年来，广泛分布的廉价木质材料在合成吸附材料方面被广泛采用。利用水葫芦作为一种高效原材料前驱体，通过磷酸活化得到介孔活性炭，介孔碳含量达到 93.9%，比表面积为 423.6 m^2/g，并含有丰富的含氧官能团，如羟基、羧基、羰基和磷酸基团，该材料允许 Pb(Ⅱ)在孔隙中扩散，其最大单层容量为 118.8 mg/g，可重复使用至少六次，吸附能力没有明显降低，失活吸附剂可在 0.1 mol/L HCl 溶液中处理后再生。通过浮萍也可制备介孔活性炭，其表面易于 Pb(Ⅱ)通过，在 25℃时，吸附容量可达 170.9 mg/g。另外，以商业 T 恤纯棉织物和硝酸铁为前驱体，可制备新型吸附剂，比棉纤维和碳纤维具有更高的去除 Cr(Ⅵ)的能力，且吸附速率快。

3. 气体捕捉和分离

伴随对大气中二氧化碳温室效应的忧虑，介孔材料吸附和分离气体的研究逐渐增加。衡量吸附材料优劣的关键因素是快速、大容量和长寿命吸附。虽然活性炭能可逆吸附大量二氧化碳，但在高温下，吸附能力迅速减弱，在水和其他气体同时存在下，活性炭对二氧化碳的选择性差。通过胺改性吸附剂，可提高二氧化碳与固体的相互作用。氮官能化的吸附剂材料有利于吸附二氧化碳，该方法很易操作，且在吸附过程中不会产生腐蚀问题。

鉴于含氮官能团的 OMC 可增加与二氧化碳的亲和力，通过碳化 MF/二氧化硅复合前驱体，制备出含氮官能团的介孔碳材料框架，800℃碳化后，比表面积达 974 m^2/g，具有发达介孔结构。在 25℃时，其吸附容量也可达 106 mg/g。氮掺杂的 OMC 可从间苯二酚-三聚氰胺-甲醛（RMF）和间苯二酚-尿素-甲醛（RUF）两个前驱体得到，在捕获 CO_2 方面显示几乎相同的性能。平均直径为 240 nm 的氮掺杂 OMC 纳米球，表面氮含量为 0.38 wt%～1.4 wt%，平均孔径为 2.8 nm，氮原子被绑定在石墨网状上，它们提供了酸性气体吸附位点。氮掺杂 OMC 材料对典型酸性气体的吸附性能优异，例如，CO_2 和 SO_2 吸附量分别达 2.43 mmol/g 和 119.1 mg/g，且至少可重复五次，吸附量没有明显减少。

氢是替代化石燃料的一种很有前途的可再生无污染能源，储氢材料尤为关键。存在的问题是虽然碳基材料吸附有许多优势，但纯碳吸氢容量很低。当金属颗粒分散在活性炭孔隙中时，可大大提高储氢能力。例如，氢吸附可通过包覆镍纳米颗粒作为氧化还原位点来改进，同时，多孔碳中加入镍也有利于储氢，然而，镍和氮的结合对储氢容量有害。此外，在高温下用 KOH、CO_2 或水蒸气活化 OMC，由于促进了微孔碳结构生成，可大大提高储氢性能。作为自然界最丰富的生物聚合物，基于螯合机理，壳聚糖存在丰富的氨基和仲羟基基团，被广泛用于吸附过渡金属、贵金属和稀有金属离子，钴螯合壳聚糖溶液作为合成有序介孔碳的碳前驱体，钴嵌入所制备的材料中，显著提高了氢气的吸附能力。

迄今，已经开发了各种技术用于分离和纯化气体，如低温精馏、吸收、膜分离和吸附。其中，吸附由于高效、易控制和低成本而广受欢迎。从 CH_4 中分离出 O_2 和 N_2，对天然气升级非常重要；从空气或氮气中，捕捉和去除 CO_2 和甲烷，有利于控制温室气体排放。Deng 等[68]报道了一种新型多功能 OMC 材料，具有高选择性和大容量吸附分离 CO_2/CH_4、CH_4/N_2、CO_2/N_2 混合物的能力。此外，一些介孔碳复合膜也表现出良好的性能。

4. 海水淡化

水资源短缺已成为一个严重的全球性问题，海水淡化凸显重要性。传统工艺包括反渗透、蒸发和电渗析法，但都存在一定缺陷。电吸附去离子被认为是去除苦咸水中盐离子的有效方法。通常情况下，多孔碳材料被用作电极，当带低压电时，拥有高度带电表面并诱导盐离子在表面吸附，这一过程是可逆的，吸附的盐离子可解吸，电极得以重复使用。与活性炭除盐能力相比，采用电吸附去离子 OMC 作为电极材料进行电吸附，在去除水中盐分时更有效，吸附离子分别达 11.6 mmol/g 和 4.3 mmol/g，OMC 电极电吸附的高效脱盐，可归因于适宜的孔径和有序的介孔结构，有利于盐离子传输。

3.3.3　催化剂载体或催化剂

在工业催化中，固体催化剂可重复使用并减少环境污染，降低生产成本。金属氧化物、分子筛、活性炭和离子交换树脂等均可作为催化剂载体。与上述材料相比，OMC 具有可调大孔径和大比表面积以及周期排列的单孔结构和选择性孔隙形状，更适合作为环境友好固体催化剂或催化剂载体。以 OMC 为基础的催化剂广泛应用于碱催化反应、选择性氧化、脱氢反应、光催化和电催化等，其表面或框架功能化有利于提高催化效率。OMC 材料中，有大量催化活性位点存在，大比表面积和良好的导电性，使它们在没有任何导电支持的情况下，对单相催化剂有吸引作用。例如，非晶碳负载 SO_3H 官能团，在各种酸催化反应和亲水反应物显示高效催化性能，应用于酯化、酯交换、水化和水解反应等。

碳材料中引入氮基及非贵金属氧化物，可改变表面性质，有利于增加催化反应活性组分/启动子的分散性。氮官能团的类型和氮掺杂水平强烈依赖合成条件。此外，催化剂结构特征如孔隙结构、碳骨架氮、亲水性、疏水性也在催化反应中发挥重要作用。例如，过渡金属氧化物的加入或氮掺杂碳材料，可提高氧还原反应。碳材料表面能有效地吸附疏水长链有机分子，如游离脂肪酸，并避免水副产品的吸附而导致失活，获得高效催化性能。而在碳颗粒上修饰亲水性官能团，能防止疏水物掺入碳体。孔径大小是催化应用中的另一个关键要素，尤其在涉及有机大分子的合成反应，如生物柴油，孔径增大有利于大分子扩散，改善其催化性能。

负载型金属催化剂，不仅要控制纳米粒子的大小和形状，而且要考虑载体与金属的相互作用。金属纳米粒子最主要的缺点是团聚倾向，可通过软模板路线掺入 OMC 并保持有序介孔结构，也可通过硬模板法实现。这种负载型催化剂，金属纳米颗粒高度分散，具有更好的催化活性。

碳材料本身也可作为催化剂，与工业催化剂相比，碳材料 OMC 可在温和条件下进行脱氢反应，具有高选择性和活性。反应过程中形成的表面碱性氧官能团，被认为是活性位点，用 HNO_3 激活 OMC，可获得一种稳定的无金属催化剂，在丙烷直接脱氢时，无任何辅助蒸气，便具有高选择性和稳定性。其他元素如 N、S、

P、B、Cl、I 和 Se 也可被掺杂到碳材料中，改善催化性能。氮和硫共掺杂的 OMC，作为无金属电催化剂，具有非常高的电催化活性。与市售的铂/碳催化剂相比，稳定性更好，且在碱性介质中，对甲醇渗透也更好。磷掺杂的 OMC 作为无金属电极，同样具有优良的电催化活性。与碱性燃料电池的商业 Pt/C 催化剂相比，CMK-3 在选择性氧化中具有更优催化性能，且稳定性和甲醇耐受性更好。近年来，在能源、光催化和环境等相关领域，无金属石墨相氮化碳已成为一种重要的高分子半导体。研究表明，在一些催化过程中，氮化碳性能并不理想，但当更加无序时，聚合物表现出优异催化性能，结构缺陷或表面终端在催化活化中发挥了关键作用。

3.4　高分子材料

高分子也称为聚合物、大分子、高分子化合物和高分子物等，是指那些由众多原子或原子团以共价键连接的大分子，分子量为 10000。尽管高分子分子量大，但其组成通常比较简单，往往是许多结构单元的周期性排列。

3.4.1　高分子材料分类

高分子材料按应用功能可分为通用高分子材料、特种高分子材料和功能高分子材料。通用高分子材料是指能够大规模工业化生产，且已经运用于电气电子、交通运输、建筑等领域和人们日常生活所需的高分子，如黏合剂、塑料、纤维和涂料等。特种高分子材料主要是指具有良好耐热性能和机械强度的高分子材料，包括聚酰亚胺和聚碳酸酯等。功能高分子材料是指具有特定功能的材料，包括医用高分子材料、功能性分离膜、导电材料和液晶高分子材料等。按高分子主链几何形状可分为线型高分子、支链型高分子和体型高分子。按高分子微观排列还可分为结晶高分子、半晶高分子和非晶高分子。

碳链高分子主链由 C 原子组成，如聚氯乙烯、聚丙烯、聚乙烯等。碳链高分子具有柔性好、化学稳定性高、流动温度或熔点低、易成型加工等特点，同时不易水解、醇解和酸解，缺点是热稳定性差、软化温度低、易燃和遇热易变形等。杂链高分子是指分子主链是由 C、O、N 或 P 等原子构成的材料，如硅油和聚酯等，其优点是力学强度高且热稳定性好，缺点是极性大、易水解、易醇解和易酸解，且加热温度较高。元素有机高分子是指分子主链不含 C 原子，仅由一些杂原子组成的高分子，如硅橡胶等。

3.4.2　高分子材料的结构

过去几十年里，化学家们一直在不断地探索新方法制备功能性聚合物和改进性能。在有机化学领域中的许多知名反应已引入高分子化学中，使高分子化学快速发展，例如，从原子转移自由基加成反应中得到的原子转移自由基聚合(ATRP)。由于活性聚合的发现，在过去50年中，聚合物合成进展巨大。由于不同聚合方法间的不相容性，导致不同聚合物主链不易组合成单嵌段共聚物结构。高分子化学家已探索出多种方法来结合不同的聚合物链，包括使用多功能引发剂。此外，通过偶合预聚实现有机化学和聚合化学结合，为合成新型聚合物开辟了新途径。

3.4.3 叠氮-炔点击化学

点击化学又称为链接化学、动态组合化学和速配接合组合式化学，原理是通过小单元拼接，快速可靠地完成各种化学合成，尤其注重发展碳-杂原子键合成为目标的组合化学新方法，简单高效地获得分子多样性。在高分子领域，点击化学的概念由 Hawker 和 Sharpless 等[69]引入，点击化学是具有活性可控的聚合方法，允许与炔基或叠氮基官能化聚合。相比之下，叠氮-炔环加成反应的双炔和叠氮单体，也可用于逐步聚合，形成主链含1,2,3-三唑的聚合物。Reek 等[70]通过环加成点击聚合反应，制备叠氮和二乙炔共轭聚合物。同样，Matyjaszewski 等[71]证明，可以通过柔性聚合物，逐步增长点击聚合来制备共轭聚合物，并进一步形成扩链聚合物，同时，Qing 等[72]采用叠氮聚(环氧乙烷)等合成交替共聚物。将点击化学应用到逐步点击聚合上，为链增长和交替共聚物制备提供了高效而温和的新平台，点击化学更大的作用是在系统控制时，探索新型合成方法，不断增加聚合物结构的复杂性。

1. 聚合物端基官能化

聚合物端基官能化是由 Lutz 等[73]在对聚苯乙烯(PS)末端功能化时提出的，常用原子转移自由基聚合机理，以叠氮化钠并通过卤素链的交换端，进行叠氮官能化聚合，通过点击化学在链端连接难以接近的功能化官能团，可用来定量制备聚合物。由叠氮基 PS 修饰的多功能乙炔铜(Ⅰ)催化环加成，实现伯醇官能化、羧酸或乙烯基组末端功能化的 PS 定量合成。也可通过铜(Ⅰ)催化叠氮-炔环加成法，并利用生物相容的叠氮基官能化聚[聚(环氧乙烷)丙烯酸酯]，合成各种功能性聚合物及制备高分子生物。Cornelissen 和 Rutjes 等[74]还利用点击化学，铜(Ⅰ)催化环加成，在水溶液中自组装成胶束结构，制备出了两亲 PS 生物，优点是无需官能团保护和脱保护步骤。

Chen[75]和 Sumerlin 等[76]用相似方法合成了大分子单体，利用原子转移自由基聚合机制，通过点击炔丙基甲基丙烯酸酯到叠氮基官能化聚合物。这些大分子单体的自由基聚合反应，导致了多样性(亲水性)梳状(共)聚合物的形成，更为重要的是，这种大分子单体的可控聚合，可合成新型的完好定义的梳状聚合物。

Matyjaszewski 等[71]研究了在聚合物中丙炔醇铜(Ⅰ)催化的点击反应，发现针对同一聚合物链，第一次点击的化学反应比第二次快三倍。

2. 嵌段共聚物

在高分子科学中，嵌段共聚物非常重要，归因于在块状材料(相分离)或溶液(自组装)中具有分层行为。点击化学非常适合嵌段共聚物合成。Opsteen 和 van Hest[77]率先报道铜(Ⅰ)催化 1,3-偶极环加成反应制备嵌段共聚物，包括叠氮基和叠氮 PS、乙炔官能化的聚(甲基丙烯酸甲酯)及叠氮化物和乙炔官能化的聚氧化乙烯。此外，还合成了基于 PS 和聚氧化乙烯(poly ethylene oxide, PEO)的两亲嵌段共聚物。Hizal 和 Tunca 等[78]通过两个同步偶合程序，采用一锅法合成了嵌段共聚物，是一种颇具发展前途的新方法。

3. 环状聚合物

环状聚合物具有丰富多彩的物理和化学性质，虽然已有许多方法制备环状聚合物，但收益率特低。Laurent 和 Grayson[79]采用 1,3-偶极环加成反应法，合成了环状聚合物。为制备完好定义的聚苯乙烯，在苯乙烯的原子转移自由基聚合中，采用了炔烃官能引发剂，使含炔基的引发剂在一个链端，而转化为叠氮功能的溴原子在链的另一端。在高度稀释的培养基中，通过点击化学反应实现环化，同时，叠氮-炔烃官能化聚合物不断加入反应混合物中，避免了分子间的反应，环状聚合物产量可达 80%，是目前最好的方法之一。

4. 侧链修饰

对聚合物结构和组成进行调控，实现其改性，是科研人员追求的目标。寻找新的聚合物往往包括各种各样的不同聚合物的合成和表征，为了加快这一过程，非常有希望的一个设计是采用通用的聚合物主链与可变侧链，以调整共聚物的性能。聚合物侧链改性仍然存在挑战，因为空间位阻导致低转化率。铜(Ⅰ)催化叠氮-炔环加成反应是聚合物侧链功能化的重要方法，可实现聚合物性质调控。

高分子化学中，点击化学的首个案例是聚(乙烯基乙炔)叠氮官能化树突状楔的环加成反应。聚合物尺寸取决于树突状楔三代尺寸，显示其成功偶合，而第四代树突状楔子不能偶合。Binder 和 Kluger[80]由不同单体制备出乙炔侧基或烷基溴基团，并作为叠氮官能单体的前驱体，研究了开环易位聚合(ring-opening metathesis polymerization, ROMP)与叠氮-炔点击化学结合，显示首先在单体上进行点击反应，接着发生 ROMP 反应，也可能首先发生 ROMP 反应，接着进行单体上的点击反应，这两种反应顺序都是可能的。各种官能团的聚合物主链的点击反应包括烷基链、含氟链及胸腺嘧啶和作为氢键的所谓汉密尔顿受体。氢键识别单元被用来绑定到聚合物薄膜的纳米粒子上，因氢键受体密度变化，需考虑其对结合键的影响。令人惊讶的是，受体密度的改变是通过改变共聚物结构实现的，而不是改变叠氮-炔点击反应的化学计量。Matyjaszewski 等[71]利用原子转移自由基聚合为点击化学提供聚合物支架，探索乙炔和叠氮官能单体的直接聚合，由此产生炔丙基甲基丙烯酸酯和 3-叠氮基丙基甲基丙烯酸酯，在随后的铜(Ⅰ)催化烯烃环加成反应中导致了聚合物侧链的羧酸、醇、三苯基膦或卤素官能化。Haddleton 等[81]采用 ATRP 克服了甲基丙烯酸丙炔不可控聚合的缺点，在三甲基甲硅烷基炔烃脱保护后，叠氮糖衍生物偶合到聚合物上，导致糖聚合物可有效结合外源凝集素。同样，Weck 等[82]合成了对氯甲基苯乙烯和乙烯基咔唑共聚物，并在侧链氯甲基结合了叠氮基团。这些叠氮基团被用来点击铱(III)金属配合物光催化剂，这种光催化剂和空穴传输的聚(乙烯基咔唑)组合，被认为可提高发光二极管效率。

Hawker 等[83]通过氮氧自由基制备出侧链为炔基和羟基两轴承功能化的完整聚合物，并通过点击化学与羟基基团的衍生化进行后期功能化，而羟基基团衍生化是通过酸酐酯化或与琥珀酰亚胺酯偶合实现的。此外，由此方法也可制备完好定义的具有炔烃或琥珀酰亚胺酯侧链的聚合物。采用一锅串联反应可进一步功能化，包括点击化学步骤和酯化或酰胺化反应，使聚合物官能团与连接基团发生反应。通过选择聚合物官能团(如炔烃)、链接基官能团(如叠氮化物和胺)和末端基团的功能，实现了高保真级联功能化。

点击化学也被应用于生物降解和生物相容性的聚合物侧链修饰。除了柔性聚合物的侧链功能化，点击化学也应用于刚性共轭聚合物的侧链功能化。Bunz 等[84]利用保护的炔合成出炔烃官能化的聚(对苯乙炔)，在脱保护后，再用点击化学连接聚合物。除了使用点击化学修饰聚合物侧链外，Hawker 等[85]发现一些新型三唑基单体也可通过点击化学制备，为新功能化的单体和聚合物的制备开辟了新途径。

5. *超支化聚合物和树枝状大分子*

超支化聚合物与线型聚合物相比，显示高溶解度、高功能组密度和低黏度。但超支化聚合物的结构较难控制。Voit 等[86]通过 1,3-偶极环加成反应单体，得到了具有一个炔和两个叠氮化物或两个炔烃与一个叠氮化物的超支化聚合物。催化聚合反应在室温下进行，获得水溶性的同时含 1,2,3-三氮唑的 1,4-和 1,5-位置异构体的混合超支化聚合物。在聚合过程中加入铜(Ⅰ)催化剂，可实现只产生 1,4-二取代的 1,2,3-三氮唑环，由此产生的超支化聚合物在普通溶剂中不溶。

超支化聚合物属于树枝状大分子，其优点是尺寸可控，合成成本低。可使用不同策略，通过重复有机偶合反应来制备树枝状大分子。有机偶合反应包括 Michael 反应和 Williamson 反应等，大分子支架的合成需要一个有机偶合过程，以实现高产量并提供高官能团稳定性。因此，叠氮-炔点击化学似乎是树状大分子合成的理想方法。Hawker、Sharpless 和 Fokin[87]采用多种叠氮、乙炔作为前驱体，探索了以 1,2,3-三氮唑为原料的树状大分子合成。研究表明，完好定义的树枝状聚合物在第四代时，可以得到定量产品。同样，Hawker 等[88]也探索了 1,2,3-三氮唑的发散合成。

除了 1,2,3-三氮唑新类的合成是以树状大分子为基础，点击化学还探讨了一些著名的树枝状聚合物衍生物的合成。Hawker 等[87]证明，对于外围功能化树枝状大分子和超支化结构，点击化学的合成产品显示多样性。各种炔基官能化的树枝状聚合物均可以以市售的炔丙基衍生物为原料制备。后续的功能不同的叠氮化合物通过点击化学获得高产量功能化树枝状大分子。Liskamp 等[89]使用类似方法制备出多价肽分子，其中，点击化学允许使用未受保护的肽衍生物。Shabat 等[90]对乙炔官能化的树突状前驱体的聚氧化乙烯共轭采用了点击化学，增加其亲水性，从而降低水溶液中的聚集。Riguera 等[91]证明，使用叠氮基官能化的树枝状聚合物和乙炔官能化糖衍生物，可以合成糖树状大分子。

6. *星型聚合物*

星型聚合物和星型共聚物表现出低黏度和良好的溶解度，其应用前景可与树枝状聚合物相媲美。虽然星型聚合物的官能团密度低，但合成完好定义的星型聚合物与多步合成的高代树枝状聚合物相比，容易得多。星型(共)聚合物可通过两个主要合成方法得到，一是从多功能引发剂聚合，二是采用多功能偶联剂偶合链端基官能化(共)聚合物，后者受到空间位阻的严重影响，在很大程度上限制了低分子量聚合物的制备，但可以通过点击化学来克服这一缺点。

7. *交联网状聚合物*

点击化学可合成一系列完好定义的可溶性聚合物，作为可调谐交联材料被广泛应用，包括药物输送系统、细胞包封材料或组织工程。在温和条件下，点击化学制备交联材料非常有效，官能团的稳定性对各种各样添加剂的掺入有利。利用铜(Ⅰ)催化的 1,3-偶极环加成，可通过两种方法制备出交联材料。一种是一步法制备多功能炔和叠氮前驱体，形成交联材料；另一种是两步法，先是含炔和叠氮基团聚合物混合，然后铜(Ⅰ)催化反应形成交联。点击反应的高产量可导致高交联效率，这些交联方法可采用叠氮基团的聚合物与含炔基的聚合物前驱体，或者是一个高分子前驱体承载叠氮化物和炔烃，在分子内发生偶联。

Ossipov 和 Hilborn[92]研究了以聚乙烯醇(PVA)为原料的水凝胶合成。先是叠氮化物和炔烃官能化的聚乙烯醇及叠氮 PEO 的制备，混合后进行铜催化下，得到水凝胶。他们研究了水凝胶性能，包括溶胀率、存储和损耗模量，发现这些性能强烈依赖于试剂的化学计量比及浓度。与具有普通交联剂的类似结构相比，通过点击反应制备的水凝胶具有更好的性能。Hedrick 和 Hawker 等[93]用硫酸铜和抗坏血酸钠为催化剂，合成水凝胶。紫外吸收光谱和荧光光谱表明水凝胶中只存在0.2%的未反应叠氮基团，通过改变制备条件、水凝胶属性，如溶胀度、应力和扩展等可方便调整。

除了水凝胶，点击化学还应用于其他功能化交联聚合物制备。Finn、Koberstein 和 Turro 等[94]在含可降解的双官能团引发剂的丙烯酸丁酯中，制备出一个双叠氮官能化聚合物，并由此合成三乙炔和四乙炔交联聚合物，形成的交联网络可被臭氧氧化。交联聚合物网络的另一个潜在应用领域是黏合剂，Fokin 和 Finn 等[95]对用铜(Ⅰ)催化点击化学，当多炔和叠氮成分的混合物压在两个铜板之间，可从金属铜中原位生成铜(Ⅰ)，并催化合成交联的黏合剂涂层。这些黏合剂的最大负载可以通过混合叠氮炔成分的变化调整，显示点击化学具有一定灵活性。此外，Li 和 Finn[96]利用点击化学合成对 pH 有敏感响应的交联网络，由叔胺官能化修饰的三炔烃与叠氮的化合物之间聚合，由于存在三氟乙酸，因此，交联网络质子化后能够可逆膨胀。

3.4.4　聚合物纳米复合材料的制备

根据纳米复合材料的形成过程，合成方法大致可分为直接合成和原位合成[97]。

1. 直接合成

直接合成法由于其操作方便，生产成本较低，适宜大批量生产，已广泛用于制备聚合物纳米复合材料中。基本步骤是先分别制备纳米填充物和聚合物，然后通过溶液、乳液、融合或机械混合[98-103]。由于聚合物基体上的纳米颗粒空间分布参数很难确定，纳米填料的直接合成只取得了有限的成功。在混合过程中，纳米粒子通常易于聚集，大大降低了小尺寸的优点。此外，熔融共混聚合物的降解和从聚合物相分离出纳米相的情况有时也很严重。在合成过程中还需采用纳米粒子的各种表面处理方法，并对反应器的温度和时间、剪切力和反应器的结构等条件进行调整，以实现纳米粒子在聚合物基体中的良好分散[104,105]。有时加入适当的分散剂和增容剂，可提高纳米颗粒与基体之间粒子的分散性、相容性及附着力。

2. 原位合成

原位合成法被广泛用于制备纳米复合物，许多过渡金属硫化物或卤化物颗粒也可通过原位合成法获得。根据原料和制造工艺，原位合成可大致分为三种类型[106-117]。在第一种方法中，首先，金属离子在聚合物基体中预装并作为纳米前驱体，然后，前驱体暴露在含有 S^{2-}、OH^{-}或 Se^{2-}的液体或气体中，获得目标纳米颗粒[106-111]。在第二种方法中，将聚合宿主的单体和目标纳米填充物作为原料[112-117]，纳米粒子首先分散到聚合物宿主的单体或前驱体中，优化条件包括添加适当的催化剂实现聚合，制备出的纳米复合材料具有特定的物理性质。纳米粒子良好分散到液体单体或前驱体中，可避免在聚合反应中团聚，并改善界面相互作用。第三种方法是在适当的溶剂中加入特定引发剂，通过纳米颗粒的前驱体和聚合物的单体混合，同时制备出纳米粒子和聚合物。

3. 其他合成方法

近几年，已发展了多种方法用来制备纳米复合物，如模板法、相分离、自组装和电纺等。模板合成以纳米多孔材料为模板，进行固体(纤维)或空心(小管)形态的纳米尺寸上的填充。最主要的特征在于制备纳米小管和各种原料纤维，如导电聚合物、金属、半导体和碳。Cepak 等[118]以直径为 200 nm、厚度为 60 mm 的氧化铝为模板，制备出了半导体管状纳米复合材料。在进行热处理之前，通过溶胶-凝胶法在氧化铝膜的孔内合成了二氧化钛管，采用化学聚合法，使聚吡咯线生长在半导体管上，导电聚合物增强材料导电性，聚吡咯-TiO_2作为光催化剂，提高光催化效率。相分离包括溶解、凝胶化和溶剂提取，在冷冻或干燥下，形成纳米多孔泡沫材料。自组装技术通常用于各种具有理想厚度的纳米复合薄膜的制备，纳米粒子往往不是通过强化学键联系，而是通过氢键、范德瓦耳斯力和电/磁偶极相互作用结合。静电纺丝技术已被广泛用于制备纳米纤维的无纺膜，但受聚合物类型、聚合物链、溶液黏度、溶剂的极性、表面张力及喷丝板和收取者间的电场强度和距离等因素影响。

3.4.5 纳米复合物的环境应用

众多纳米复合物已应用于各种环境净化，如水或工业废水、废气和土壤的污染治理，主要机理是催化降解和吸附。与此同时，纳米复合物也可用作传感器，检测痕量污染物。

1. 催化氧化还原污染物降解

纳米复合物比表面积大、活性高，适合作为催化剂和氧化还原活性位应用于环境净化，尤其是作为高效光催化剂。然而，催化剂微粒的分离和回收利用尚未切实解决，由此水悬浮液限制了其广泛应用。将纳米复合物固定在聚合物基质上，如多孔树脂、离子交换器和聚合物膜，可减少粒子损失、防止颗粒结块及独立粒子发生潜在对流，有望解决上述问题。例如，采用光催化剂 TiO_2，与聚合物基体形成杂化材料，在紫外光或可见光照射下，显示高活性并能够重复使用。聚合物基材通常是饱和碳链聚合物或含氟聚合物，如聚二甲基硅氧烷、聚乙烯吡咯烷酮、聚乙烯、聚丙烯、聚 3-己基噻吩、聚苯胺和聚四氟乙烯等。Ameen 等[119]通过原位聚合法，制备聚 1-萘胺-二氧化钛纳米复合材料，在可见光下降解亚甲基蓝，显示出高活性，这归因于电子-空穴对的有效分离及光吸收红移。

2. 吸附污染物

吸附技术广泛应用于水处理和气体净化，是目前最有效和最简单的去除有毒、难降解有机污染物的方法。许多环保无机粒子，即金属(氢)氧化物[如 Fe(III)、Mn(IV)]和 $M(HPO_4)_2$(M=Zr、Ti、Sn)均可有效去除污染物，当粒径进入纳米级时更有效，这归因于大表面积和高反应活性。制备混合吸附剂时，多孔聚合物吸附剂或离子交换剂已被证明是理想材料，这归因于优异的机械强度和聚合物载体可调的化学表面。唐南膜理论[120,121]解释了固定的带电基团结合到聚合物基质，增强反电荷无机污染物渗透的机制。

与非磁性纳米粒子相比，磁性纳米粒子具有以下优势。一是在磁场作用下，很容易从水中分离催化剂。磁场梯度分离广泛应用于医药和矿石加工，在这个过程中，纳米颗粒很容易从水中除去，而且也容易再利用或再生。已经设计了许多磁铁矿(Fe_3O_4)、赤铁矿(Fe_2O_3)和锰等纳米粒子负载的聚合物基体，用于除去水中的重金属离子如钴(II)、铬(VI)、铅(II)、Cu(II)、Mn(II)和镧(III)等，也可从水溶液中去除有机染料，如亚甲基蓝和甲基橙等。吸附后，纳米复合材料中的磁性颗粒易与水溶液中的污染物相分离，进行循环使用。

3. 传感器与污染物检测

传感器在分子水平上快速和精确检测出污染物，在保护环境中广泛应用。灵敏污染物检测技术，对制造业、过程控制、生态系统监测和环境监测也有巨大的作用。由于纳米颗粒具有大比表面积和良好的生物相容性，基于纳米材料的传感器成为未来发展方向，有望在污染物检测中发挥重要作用。然而，在实际应用中，纳米粒子存在扩散慢和易团聚等缺点，聚合物基体固载纳米粒子有助于解决这些问题。由于聚合物的化学和物理性能可定制，在传感器的设计中具有重要地位。导电聚合纳米材料可作为传感器监测空气中挥发性污染物，如醇类、NH_3、NO_2 和 CO 等，其优点是具有大的比表面积，可调的运输性能和化学特性，易于加工和扩展产品。基于聚噻吩的传感器，在 ppb(10^{-9})水平上可检测到肼气体，聚苯胺负载纳米 SnO_2/TiO_2 复合超薄膜也可用于制备 CO 气敏器件，检测范围为 $6.9\times10^{-14}\sim8.6\times10^{-13}$ mol/L，检测极限为 2.3×10^{-14} mol/L。Pd-聚苯胺纳米复合材料可作为一种甲醇传感器，具有高选择性和灵敏度，且对甲醇蒸气具有快速逆响应。

4. 绿色化学

绿色化学指减少和消除原材料、水或其他资源的使用和废物排放，并更有效利用能源，减少或消除有害物质的使用和生成，从源头上控制化学污染。纳米材料具有减少有毒化学品、溶剂和能量使用的功效，在绿色化学中发挥关键作用。通过提高目标产物的选择性，有助于消除二次反应副产物的污染，降低能耗，聚合物基纳米催化剂可使化学制造更高效和更环保。例如，聚合物固载的双金属合金纳米簇被广泛用作催化剂的活性位和选择性控制，以减少化学试剂的使用和有害物质的产生。

3.5 高分子材料的新兴应用

聚合物具有广泛应用，在功能上体现在天然表面响应、控制药物释放、驱动和模拟肌肉作用及感知痕量分析物。

3.5.1 可重构的曲面及其应用

可重构曲面改变其润湿性和渗透性以及黏合性、吸附、光学和机械性能。新兴聚合物材料的应用涂层，已经从快速切换的黏附变成了材料间的相互作用和相互浸湿，即从可湿到不可湿，这些涂料可切换外观和透明度，并能快速释放化学物质及可作为自愈涂料。

1. 结构和机制

可重构曲面分为散装材料自发形成的聚合物表面、接枝聚合物薄膜(以下简称聚合物刷)、聚合物网络薄膜和自组装多层薄膜，性能比较时，应考虑动态响应率和材料属性变化的幅度、可逆性变化和可能触发的外部信号的强度等。散装聚合物的表面重建往往会导致长响应时间，可达几分钟到几十个小时，在此期间，各种聚合物成分或从主体迁移到表面，或原位重新排列并降低界面张力。当块状材料不存在机械性能腐蚀时，可通过聚合物薄膜涂层实现快速响应。通过使用新技术，薄膜的响应时间可从几秒到几个小时平稳地调整。刺激响应性薄膜的一个具体例子是将大分子化学嫁接到有足够高接枝密度的表面，这样能使聚合物链克服体积排斥，得到伸展的构造，即聚合物刷。聚合物刷的行为受到强大熵斥力的支配。

纳米结构的薄膜网络，即凝胶薄膜，在大多数情况下，可从水溶性聚合物中制备，表面约束带来了工程刺激响应。与散装凝胶相比，凝胶薄膜的一个重要属性是其快速溶胀和收缩动力学。根据 Tanaka 和 Fillmore 模型[122]的研究，当凝胶薄膜厚度小于 10 μm 时，膨胀特征时间与转变为凝胶线性尺寸的平方成正比，响应时间小于 1 s。这些薄膜的溶胀反应具有高度各向异性，一般不会在面内膨胀，因此，网络的体积膨胀只发生在垂直于衬底平面的方向[123]。多孔散装凝胶的溶胀导致了孔径增加，与之相反，表面附着的多孔凝胶薄膜，由于表面约束，表现出相反的行为。在凝胶薄膜开孔和闭孔时，薄膜分别萎缩和肿胀，在开放和封闭的孔隙间切换，为薄膜广泛扩散提供了独特的机会，扩散范围可从固体水平发展到溶液水平。

静电层层(LBL)组装作为一种简便制造的通用方法，已被引入制备有组织的、多层的及有机混合的纳米材料薄膜。在 LBL 制备中，界面组件、库仑力的相互作用、离子配对、氢键、极性和疏水性相互作用被充分利用，以促进替代沉积，包括电解质、纳米颗粒、胶体和大分子，形成功能化纳米结构界面。Rubner 等[124]提出了 LBL 组件响应机制，将肿胀度的剧烈变化(达到 400%)归因于弱电解质电离度的变化，在弱电解质中，表面约束可能影响可离子化基团的局部环境。当 pH 大于 8.5 时，LBL 薄膜急剧膨胀与收缩，肿胀度受可逆 pH 控制，导致表面粗糙度和折射率变化。肿胀与游离胺基团的电离变化有关，磁滞回线与肿胀的 LBL 薄膜的链动力学有关。

2. 智能和自我修复涂料

通过涂料结构调整，可自组装成一个具有编程性能的涂层。例如，由丙烯酸酯和含氟丙烯酸酯单体乳液聚合制备的胶体粒子，可形成分层膜形态，其中的氟化阶段可被驱动到膜/空气或膜/衬底界面。结果证明，在膜/空气界面，摩擦的静态和动力学系数可被调控，并导致了超疏水表面。具有自愈能力的涂层是具有程序结构和响应的智能涂料的一类，由聚电解质和腐蚀抑制剂组成多层 LBL 系统，可以治愈金属基板上的腐蚀性区域，并能在腐蚀攻击过程中释放抑制剂，这归因于针对腐蚀环境的变化，聚电解质复合物的断裂与再建立。

3. 生物界面和生物分离

可重构的聚合物薄膜的响应特性与许多生物技术和生物医学应用相关，归因于这些薄膜与生命系统具有一致的动态变化。生物领域中的几个方面都受到了刺激响应性聚合物胶体表面的影响。第一，在刺激响应材料和蛋白质及细胞之间存在调整和切换附着力的可能性，目前，已探明了细胞和蛋白黏附的控制，并用于组织工程和生物分离；第二，在生物体系中，存在曝光和屏蔽功能部分切换的可能性，这对细胞研究与生物工程中的大分子活性调节信号十分重要[125]，例如，聚 *N*-异丙基丙烯酰胺及其共聚物已具有部分识别功能，并能与细胞成分相互作用。

4. 微米和纳米致动

光、pH 和温度响应性的聚合物薄膜已被用于微米和纳米致动，驱动反应性聚合物刷的装置源于可变拉伸的接枝大分子，并导致强大的相邻链之间空间位阻斥力的相互作用。电荷的聚电解质刷、渗透和库仑力往往会导致额外排斥作用和增加可逆链的伸展水平。在固体基质上，影响拴系聚合物构象强度，可被当作柔性衬底上刷生长的驱动。刷可以将这些力引入侧表面应力，导致基板弯曲，其结果是可通过不同离子强度或pH来引起电荷屏蔽，从而引起可调控弯曲[126,127]。研究表明，在外加电场下，通过聚电解质刷膜表面应力的切换，可引起悬臂的驱动，引发可逆收缩和膨胀的聚合物刷存在，纳米级的驱动不依赖于化学燃料。

5. 传感器

刺激响应性的聚合物系统促进有效的传导机制，使其适合在传感器应用中使用。刺激响应的胶体粒子代表了迅速发展的刺激响应性材料的一类，可应用在稳定、不稳定和反转的胶体分散体中，如乳剂、泡沫和悬浮液，也可应用在催化、传感器和药物缓释胶囊中。

6. 构型设计

响应性纳米颗粒的结构可表示为一个核-壳结构，通过两亲性共聚物(聚合物胶束或囊泡)的自组装形成，或通过功能性聚合物的各种颗粒(无机或聚合物)的表面改性得到。核心聚合物(微型和纳米凝胶)、壳形聚合物或核壳聚合物均有响应刺激性行为。外部刺激被用来刺激自组装结构，并可能诱导其可逆或不可逆的解体、聚集、肿胀和吸附。响应胶体包括功能性聚合物、共聚物和无机纳米粒子。

7. 胶态分散体的刺激触发稳定

两亲性胶体粒子可被引入两个不混溶的流体间界面上，包括液/液或液/气界面，由于其大表面积，颗粒被强烈牵制，可稳定乳液和泡沫，作为机械屏障，防止分散相的聚结，并降低界面的弯曲刚度。更多的疏水性颗粒可优先稳定油乳剂中的水，反之亦然。因此，一个关键参数是颗粒将表面的大部分暴露于液相，使其具有高亲和性的颗粒表面。

8. 可调谐催化

可重构的曲面暴露或隐藏官能团或纳米粒子，在化学和生物化学催化方面开辟了新方向。例如，Valiaev等[128]和Ballauff等[129]报道了一种可切换的催化剂，该催化剂的制备是在温敏聚合物壳里生长10 nm的银金属纳米粒子，并将温敏聚合物壳嫁接到一个更大的胶体粒子表面。外壳的膨胀和收缩与温度有关，用来交替暴露和隐藏胶体表面上的银纳米粒子，从而调谐复合粒子的催化活性。由此可见，催化纳米粒子和酶的共轭刺激响应性聚合物系统为生物和化学技术提供了新机遇。

9. 药物传递

刺激响应性的纳米粒子和纳米胶囊已经引起了人们极大的兴趣。这种纳米胶囊可储存和保护各种药物，并在胶囊内化后，释放药物到细胞内。一个智能药物递送聚合物系统，应具有复杂的链反应，包括在体内生存、提供货物、将药物释放到靶向细胞，并符合所需的释放动力学。

3.5.2 建模、仿真和理论

刺激响应性聚合物体系的结构取决于非键合的相互作用，大分子的构象熵和冷冻的限制之间存在微妙的作用，来自不可逆的接枝和网络的形成或基板的几何形状。在多组分网络中，描述这些集体现象需要一个粗粒度方法，缩放和自洽场理论，以及基于粒子的模拟已被用于粗粒度模型中，可有效研究聚合物刷、聚电解质层和相分离的性质。虽然标准的粗粒度模型和系统的粗粒化程序经常被用于简单系统当中，但在水溶液中的多组分体系，刺激响应性的粗粒度模型还有待于进一步完善。

1. 响应性聚合物层的分子模拟

响应性聚合物层具有偶合度，存在于链分子的构象度与具体的分子内和分子间的相互作用之间。聚合物层能可逆调节化学反应，其基本原理是让每个分子物种在平均场近似下处理分子间的相互作用。这些方法可预测系统的热力学和结构性能，并可以包含许多不同的相互作用。利用密度泛函理论、自洽场理论和单链(分子)的平均场理论，可详细阐述层状结构，并显示出良好的预测能力。这些方法的主要区别在于如何处理分子，在一定范围内仍然存在局限性，如缺乏分子间的相关性和假设，又如该系统是横向均匀的，使表面域不能被处理，与此同时，静电相互作用的结合，在某些情况下也可能存在问题。

2. 基于粒子的大型三维装配体模拟

基于粒子模型的计算机模拟需要大量计算资源，已开发出许多“软潜力”。在这些模型中，排除体积的情况下，允许代表几个原子质量中心的珠重叠。软相互作用可以是成对的。例如，耗散粒子动力学模型，可采取密度泛函模型，允许分子间密切联系，平均场方法包含了丰富的多组分系统热力学，已被广泛应用。又如，由于混合聚合物刷中的结构形成，在接枝点密度淬火波动的强度被放大。这种效应导致不同周期刺激的开关之间的形态具有相关性，并防止长程周期顺序的形成。因此，横向密度和成分波动的结构因子不能够清楚地区分不同无序态间的差别。

3.5.3　未来发展方向

响应性聚合物系统可用于各种应用，如开关表面和黏合剂、适应环境的保护性涂层、人工肌肉、传感器和药物输送等。得益于刺激响应性高分子材料的快速发展，生物化学、环境科学和生物医学是一些重要的应用领域。面临的挑战是开发系统，可用一个智能方式区回应外部刺激。虽然已报道了多个生物计算系统和曲面实例编码组件的纳米团簇，但实际应用还有待完善。还有一个重大的挑战是对几乎所有有机系统固有的属于长期稳定的改善，包括稳定温度、紫外线、溶剂和耐久性如机械稳定性和耐磨等。

3.6　导电聚合物

导电聚合物(conducting polymer, CP)显示出高电导率、良好的电化学活性、独特的光学性能以及良好的生物相容性，已广泛应用于先进材料领域，如化学和生物传感器、催化剂、太阳能电池、蓄电池和超级电容器等，特别是当 CP 与无机材料杂化时，可生成具有改进性能的先进功能材料。

CP 也称为共轭聚合物或合成金属，具有高 π 共轭聚合链。A. MacDiarmid、H. Shirakawa 和 A. Heeger 因发现了天然 CP，获得 2000 年诺贝尔化学奖。如今各种导电聚合物已被研发，如聚苯胺、聚吡咯、聚噻吩、聚(3,4-乙烯二氧噻吩)(PEDOT)和其他聚噻吩衍生物。CP 与不同类型材料的组合备受关注，如金属材料、碳材料、无机化合物等，这种纳米复合材料有巨大的应用潜力，包括有机电子储能、太阳能电池和传感器等。

CP 与金属、金属氧化物和硫族化合物形成杂化材料。近年来，碳纳米材料如石墨烯、氧化石墨烯和碳纳米管也被用来与 CP 杂化，可应用在锂离子电池和超级电容器、太阳能电池、传感器和电致变色。

3.6.1　合成方法

1. 聚合机理

CP 通常通过氧化偶联聚合。对于聚合反应，第一步是单体氧化，导致形成一个自由基阳离子，然后与另一个单体或阳离子自由基发生反应，形成二聚体。聚合第一步有三种不同的路线，即化学、电化学和光致氧化，每种路线都有其优点和缺点。第一种路线，化学氧化剂(如三氯化铁或硫酸铵)应用于氧化单体上；第二种路线，单体是电化学氧化产生；第三种路线，需要光引发剂才能氧化单体。总体而言，化学氧化聚合法可生产可控尺寸和形状的 CP，电化学法提供了大面积合成、较短处理时间以及良好的电子、机械及光学性质，光致氧化法有发展前景，目前还在探索阶段。

2. 导电聚合物纳米材料的制备

一般来说，CP 的不同纳米结构有多种制备方法，包括微乳液聚合、模板填充和光刻技术。然而，这些方法并没有明显的差异。例如，硬模板和软模板之间的差异有时也不明确。值得注意的是，很多传统意义上的分类仍没有达成共识。

1) 固体模板法

固体模板法是采用简单、有效和可控的方法制备无机半导体、金属和聚合物的纳米结构。在这种方法中，模板膜的孔或孔道中需要长出纳米结构，其优点是控制纳米尺寸和形状；缺点是只能小批量生产，且模板昂贵，需要使用苛刻的化学物质(如强酸和碱)以除去模板。

2) 分子模板法

分子模板替代固体模板法，主要优点是相对简单、廉价和可制造多功能的纳米结构。同时，分子模板法在生产大量纳米材料方面具有强大的潜力。许多分子模板采用表面活性剂、表面活性剂胶束、液晶相和结构导向分子，通常是利用氢键、范德瓦耳斯力、π-π 堆积和静电相互作用，通过自组装获得。产品形态和大小取决于预组装分子模板，关键是要在聚合过程中，保持分子模板的微观结构，以获得所需的产品。在各种分子模板中，表面活性剂辅助法被广泛应用，因为表面活性剂是多功能的分子模板，可以通过自组装，排列成规则结构。在 CP 材料制备中，传统的表面活性剂有十六烷基三甲基溴化铵(CTAB)、十二烷基苯磺酸钠(SDBS)、非离子型异辛基苯基醚等。一般情况下，分子模板的缺点是难控制形状和大小及 CP 纳米结构的取向，其使用受到限制，解决方案需考虑众多因素，如模板的几何形状等。

3) 无模板法

应该注意的是，使用模板增加了合成成本，也可能修改或损坏所合成的纳米结构及其性能。无模板法因为对合成纳米的结构及其稳定性不存在影响，且低成本、操作简便，因此具有吸引力。常用方法是采用质子酸原位聚合作为掺杂剂，特点是在聚合过程中由单体和掺杂剂形成的胶束状结构作为“分子模板”。无模板方法在制备独特的微米或纳米结构方面有很大的潜力，因为固体模板法所使用模板的孔隙结构限制，并不能制备出微米或纳米结构材料。无模板法虽然成本低、简单，在薄膜器件制造上具有灵活性，但也存在缺点，主要是形态和性质不可控。

4) 其他方法

制备 CP 的其他方法包括软光刻技术、静电纺丝技术、定向电化学纳米线组装技术等。例如，软光刻技术是一种低成本、高分辨率和高通量的方法，可制备纳米级模式。通过使用一个微型模具，有时可在溶剂蒸气或温度控制条件下实现。此外，定向电化学纳米线组装技术已被用于生长CP纳米线[130]。在用无模板法制备CP纳米材料物理方法中，利用强大静电力的静电纺丝是最流行的，可简单有效生产出长纳米纤维。然而，要形成良好的纤维，需要调整混合物黏度，因此一些导电聚合物(如聚氧化乙烯)通常会加入混合物中。此外，纳米纤维可能会表现出大量缺陷和大范围尺寸分布，这限制了静电纺丝的应用。

3. CP纳米复合材料的制备方法

基于CP复合材料制造的机制和程序，该方法可分为三大类，原位合成、原位(顺序)合成和一锅法合成。原位合成的主要特点是CP和无机物种分别合成，并通过简单的杂化或两个或多个组件间的界面张力混合，其中，组成成分决定纳米复合材料的性能，优点是简单、适合批量生产以及易于建立完善的合成程序，因为每个组件在一个已知过程中是单独使用的，也可实现CP物理渗透到无机纳米结构，导致高度有序的纳米结构，但高界面张力可阻止聚合的客体材料渗透到纳米结构的主体孔中，受物理限制，如聚合物的流体动力学半径，可导致不完整的孔隙填充。同时，疏水性/亲水性上两个组件的差异也限制了这个方法的应用。原位(顺序)合成的好处是杂化材料的结构和性能可通过改变关键变量，如沉积时间和电流密度而调控。虽然更高的电流密度导致快速增长，但不易控制，得到的聚合物不完善。一锅法是以原位反应为基础，是三种方法中最简单的，但最不可控。合成过程中化学和电化学反应均可用，但电沉积最受关注。

3.6.2 CP纳米材料的研究进展

1. CP纳米材料合成方法

液相聚合中最重要的是利用模板，实现在纳米尺寸上控制CP的形态，其中，最常用的是固体模板法。例如，Huang等[131]采用阴离子球形聚电解质刷与硅芯作为模板和掺杂剂，合成导电共聚物纳米复合材料，其亮点是材料的对称球面结构可保证强导电性的球形形态，同时，带电聚合物链仍可被包裹在纳米复合材料的边缘上，通过控制刷子长度和外壳厚度，提高纳米粒子悬浮液的稳定性。在硅芯表面的聚苯乙烯磺酸链，通过静电作用，促进导电共聚物(苯胺-吡咯)均匀沉积，并作为共聚物阴离子的掺杂剂。因此，高浓度的单体主要分布在靠近材料的核心。同样，Zhang等[132]利用TiO_2纳米管-聚苯乙烯磺酸钠(PSS)作为模板合成和掺杂来合成聚吡咯，其优点是通过静电作用，捕捉和控制链层内的离子，然后，吡咯单体通过铁离子在壳上氧化生成聚吡咯。

在工业合成中，胶质晶体模板的使用是一个里程碑式的飞跃。Choi 等[133]用带负电荷的聚苯乙烯胶体粒子的电泳沉积和胶体粒子的沉积，在空气-水界面合成二维胶体晶体。同样也可尝试其他固体模板法，如介电纳米光刻等也可制备纳米球模板。虽然 CP 纳米结构的合成已经通过纳米多孔固体模板和电聚合实现，但这个过程仍具挑战性，尤其是具有高纵横比的纳米孔隙在液相聚合中容易遭受不良单体扩散。解决办法是使用超临界流体，如超临界三氟甲烷，具有高溶解度和介电常数，因此不需要添加剂。与常规液体相比，超临界液体因为物理性质和化学性质介于液体和气体之间，因此具有低黏度和高扩散率[134, 135]。分子模板在 CP 合成中，不仅可以用来控制所得纳米颗粒形态，也影响 CP 的掺杂状态，并决定了其相关性能。Devaki 等[136, 137]探讨了廉价和丰富的工业副产品，即常用果壳提取物的主要成分腰果酚(间十五烷基酚)替代传统表面活性剂。

2. CP 纳米材料合成新趋势

近年来，纳米复合材料令人着迷，这些杂化材料可通过 CP 和无机物种在纳米尺度上的结合制备。一个著名的例子是锰氧化物/CP 纳米杂化材料的合成，因为锰氧化物在酸性介质中，可作为化学聚合 CP 的反应模板，CP 的涂层直接在其表面形成，得到的纳米复合材料具有以下优点。一是覆膜 CP 为更好地利用锰氧化物提供了导电通路，二是锰氧化物和 CP 表现出协同电化学性能。研究发现，即使是相同材料，混合纳米材料的性能也可能取决于不同的制备方法。有趣的是，在电化学电容器的制备中，利用吸附模板法得到的电容比使用反应模板得到的更高。

一般来说，具有高导电性和高比表面积的复合材料，在 CP 应用中应该具有超高性能。因此，除了优化主要性能如导电性外，还应适当控制形态，如孔径和比表面积等。Yang 等[138]利用简单的热处理和化学反应成功合成了 MnO_2 纳米颗粒/CP 多孔杂化材料，具有“开放”孔隙，即使增加纳米粒子含量引起电导率下降，也会由于纳米粒子与 CP 之间的协同效应，产生优良的电化学活性。

原位合成纳米结构金属氧化物的 CP，最著名的路线是渗透法，但由于主体与客体间的高界面张力，渗透往往受阻。此外，该物理渗透法和电化学聚合的组合需要正电位，可导致 CP 的不可逆氧化。Samu 等[139]利用光电化学聚合，克服了这个问题。在第一步过程中，在金属氧化物表面，通过光生空穴氧化得到了一个 3,4-乙烯二氧噻吩(EDOT)单体，这个聚合反应是由敏化纳米颗粒引起的。接下来，聚(3,4-乙烯二氧噻吩)(PEDOT)的电化学生长开始在纳米颗粒表面占主导地位。Mazzotta 等[140]也证明，高度柔韧的 CP 微结构可通过光激活的电化学过程从硅模板中实现。

碳及其衍生物，如碳纳米管、石墨烯、氧化石墨烯和还原氧化石墨烯在纳米杂化材料合成中应用广泛。Ansari 等[141]在表面活性剂作用下，采用原位氧化聚合得到了石墨烯/聚苯胺纳米复合材料，石墨烯纳米片均匀分布在聚苯胺矩阵上，由于石墨烯和聚苯胺之间的 π-π 相互作用，导致了高电导率和热稳定性。值得注意的是，对甲苯磺酸作为掺杂剂也有助于增强电性能和热性能。同样，一些添加剂，如柠檬酸、1,5-萘二磺酸钠、萘磺酸、苋菜和邻苯二酚紫等，也影响复合材料的结构和性能。例如，Wang 等[142]在 EDOT 单体上通过原位聚合噻吩嫁接的石墨烯，获得纳米复合电极材料，研究表明，通过共价连接，噻吩单元的 2,5-位与 EDOT 的链接减少了不良偶合。

3.6.3　CP 纳米材料的应用

聚合物具有比金属和无机半导体更多的优点，如简单的合成过程、化学和结构多样性、质量小和灵活性(柔韧性)等。CP 具有电子-共轭系统，使它在传感器、能量转化和储存装置、药物传输中都有重要应用。

1. 传感器

已开发了许多基于 CP 的传感器。CP 的信号传导机制在传感器应用中，主要依赖于电特性的变化。此外，多重信号传导机制也被应用在传感器中，以此获得目标物种更准确的信息。Zhong 等[143]在导电性光子晶体薄膜基础上，设计出一种气体传感器，CP 被沉积在二氧化硅胶体晶体模板的空隙间，随后二氧化硅的蚀刻导致了一个可逆的乳结构，当暴露于氨气氛围中时，通过使用导电性的光子晶体膜，电和光信号被成功监测，并增强了响应时间和精度。CP 传感器所面临的另一个挑战是很难实现对特定物种的选择性监测。通常，许多数据收集从一个传感器阵列开始，然后利用统计工具，如数据处理的主成分分析，来评估传感器的选择性，这个方法是利用聚吡咯涂层的纤维素纸作为传感材料[144]。

与此同时，开发简单、廉价和大面积的处理技术来制造纳米结构传感器设备也具有挑战性。电沉积是一个可以满足上述要求的潜在技术。例如，Ferrala 等[145]利用交流电场，实现了在微电极间纳米聚苯胺的快速电泳装配，尽管电极间隙是微米大小，但装配时间很短，只需 5～10 s，因为诸多结合力，如介电电泳、交变电流的电渗流、感应电荷的流动等加快了装配过程。因此，室温下纳米聚苯胺传感器在低浓度(百万分之几)氨气氛围中显示良好的可逆性，即使在空气中的存储，也具有高灵敏度。

值得注意的是，场效应晶体管(field effect transistor, FET)已被用来增强灵敏度。受体修饰的 CP 纳米材料沉积作为一个通道桥接源极和漏极电极，当受体识别一个目标物种时，所施加的栅极电位在通道上发生变化，又反过来调节源极漏电流。通过这种运行机制，许多不同类型的场效应晶体管传感器已用于检测葡萄糖、气味、蛋白质和激素等。

2. 电化学储能装置

高性能储能装置的需求越来越大，涉及各种电极材料的设计和测试，包括 CP 纳米材料。例如，通过使用表面活性剂模板得到的聚吡咯空心纳米粒子，被作为电化学电容器电极进行了检测。空心纳米粒子在充电/放电过程中，作为纳米笼防止金属离子的浸出，从而使电容保持优良。此外，赝电容金属物种很容易沉积在中空纳米颗粒的内表面和外表面上，由此增强电容。

应该指出的是，对材料的微观结构和性能控制，并不能保证材料性能的提升，因为每种材料都具有一个固有的有限电容。因此需要设计不同种类的杂化材料，以获得理想的协同效应。通常情况下，石墨烯/CP 杂化电极可用于制造高性能和灵敏的固态电化学电容器。聚吡咯纳米微球插层堆叠石墨层，构成独特的三维结构，允许简单的电解质扩散，因此，纳米复合材料具有高电容及良好的长期循环稳定性。更重要的是，堆积密度随纳米含量变化，这说明高容量电容存在发展潜力。

3. 光伏电池

染料敏化电池在能量转换领域有良好应用，因此受到广泛关注。一个典型的染料敏化电池是由包含染料敏化的介孔薄膜、氧化还原电对和具有催化层的反电极的透明光电阳极，沉积在氟掺杂的氧化锡(FTO)衬底上。CP 因为其优良的电催化活性、高导电性和良好的成膜能力在光伏设备中得到应用。例如，Kung 等[146]开发了 3,4-乙烯二氧噻吩的聚合物(PEDOT)空心微花阵列薄膜作为染料敏化太阳能电池电极催化材料，具有高转换效率，达到 7.20%，而含 Pt 薄膜的转换率可达 7.61%。

参 考 文 献

[1] Kresge C T, Leonowicz M E, Roth W J, et al. Ordered mesoporous molecular sieves synthesized by a liquid-crystal template mechanism [J]. Nature, 1992, 359(6397): 710-712.

[2] Ryoo R, Sang H J, Jun S. Synthesis of highly ordered carbon molecular sieves via template-mediated structural transformation [J]. ChemInform, 1999, 103(42): 7743-7738.

[3] Fang Y, Gu D, Zou Y, et al. A low-concentration hydrothermal synthesis of biocompatible ordered mesoporous carbon nanospheres with tunable and uniform size [J]. Angewandte Chemie, 2010, 49: 7987-7991.

[4] Yang C, Weidenthaler C, Spliethoff B, et al. Facile template synthesis of ordered mesoporous carbon with polypyrrole as carbon precursor [J]. Chemistry of Materials, 2005, 17(2): 147-164.

[5] Ryoo R, Joo S H, Jun S, et al. 07-O-01-Ordered mesoporous carbon molecular, sieves by templated synthesis: The structural varieties [J]. Studies in Surface and Catalysis, 2001, 135(1): 150-158.

[6] Jun S, Hoon J S, Ryoo R, et al. Synthesis of new, nanoporous carbon with hexagonally ordered mesostructure [J]. Journal of the American Chemical Society, 2000, 122(43): 10712-10713.

[7] Kim S S, Pinnavaia T J. A low cost route to hexagonal mesostructured carbon molecular sieves [J]. Chemical Communications, 2001 (23): 2418-2419.

[8] Che S, Lund K, Tatsumi T, et al. Direct observation of 3D mesoporous structure by scanning electron microscopy (SEM): SBA-15 silica and CMK-5 carbon [J]. Angewandte Chemie, 2003, 42 (19): 2182-2185.

[9] Kruk M, Jaroniec M, Kim A T, et al. Synthesis and characterization of hexagonally ordered carbon nanopipes [J]. Chemistry of Materials, 2003, 15 (14): 2815-2523.

[10] Liang C, Hong K, Guiochon G A, et al. Synthesis of a large-scale highly ordered porous carbon film by self-assembly of block copolymers [J]. Angewandte Chemie, 2004, 43 (43): 5785.

[11] Tanaka S, Nishiyama N, Egashira Y, et al. Synthesis of ordered mesoporous carbons with channel structure from an organic-organic nanocomposite [J]. Chemical Communications, 2005, 16 (16): 2125-2127.

[12] Meng Y, Gu D, Zhang F, et al. Ordered mesoporous polymers and homologous carbon frameworks: Amphiphilic surfactant templating and direct transformation [J]. Angewandte Chemie, 2005, 44 (43): 7053-7059.

[13] Shi Y, Wan Y, Zhao D. Ordered mesoporous non-oxide materials [J]. Chemical Society Reviews, 2011, 40 (7): 3854.

[14] Braun P V, Osenar P, Stupp S I. Semiconducting superlattices templated by molecular assemblies [J]. Nature, 1996, 380 (6572): 325-3288.

[15] Braun P V, Osenar P, Tohver V, et al. Cheminform abstract: Nanostructure templating in inorganic solids with organic lyotropicliquid crystals [J]. ChemInform, 1999, 30 (50): 7302-7309.

[16] Zhuang X, Zhao Q, Wan Y. Multi-constituent co-assembling ordered mesoporous thiol-functionalized hybrid materials: Synthesis and adsorption properties [J]. Journal of Materials Chemistry, 2010, 20 (22): 4715-4724.

[17] Mcintosh D J, Kydd R A. Tailoring the pore size of mesoporous sulfated zirconia [J]. Microporous and Mesoporous Materials, 2000, 37 (3): 281-289.

[18] Wei Y L, Wang Y M, Zhu J H, et al. *In-situ* coating of SBA-15 with MgO: Direct synthesis of mesoporous solid bases from strong acidic systems [J]. Advanced Materials, 2003, 15 (15): 1943-1945.

[19] Wu Z Y, Jiang Q, Wang Y M, et al. Generating superbasicsites on mesoporous silica SBA-15 [J]. Chemistry of Materials, 2006, 18 (19): 4600-4608.

[20] Vercaemst C, Ide M, Sllaert B, et al. Ultra-fast hydrothermal synthesis of diastereoselective pure ethenylene-bridged periodic mesoporous organosilicas [J]. Chemical Communications, 2007, 22 (22): 2261-2263.

[21] Cundy C S, Cox P A. The hydrothermal synthesis of zeolites: history and development from the earliest days to the present time [J]. Chemical Reviews, 2003, 103 (3): 663.

[22] 李红芳，席红安，杨学林，等. 有序介孔碳的简易模板法制备与电化学电容性能研究[J]. 无机化学学报，2006, 22 (4): 714-718.

[23] Xia Y D, Mokaya R. Generalized and facile synthesis approach to N-doped highly graphitic mesoporous carbon materials [J]. Chemistry of Materials, 2005, 17 (6): 1553-1560.

[24] Fuertes A B, Centeno T A. Mesoporous carbons with graphitic structures fabricated by using porous silica materials as templates and iron-impregnated polypyrrole as precursor [J]. Journal of Materials Chemistry, 2005, 15 (10): 1079-1083.

[25] Sánchez-Sánchez A, Suárez-García F, Martínez-Alonso A, et al. Evolution of the complex surface chemistry in mesoporous carbons obtained from polyaramide precursors [J]. Applied Surface Science, 2014, 299 (299): 19-28.

[26] Wu D, Liang Y, Yang X, et al. Direct fabrication of bimodal mesoporous carbon by nanocasting [J]. Microporous and Mesoporous Materials, 2008, 116 (1): 91-94.

[27] Kim M S, Bhattacharjya D, Fang B Z, et al. Morphology-dependent Li storage performance of ordered mesoporous carbon as anode material [J]. Langmuir the ACS Journal of Surfaces and Colloids, 2013, 29(22): 6754-6761.

[28] Jung H, Shin J, Chae C, et al. FeF_3/ordered mesoporous carbon (OMC) nanocomposites for lithium ion batteries with enhanced electrochemical performance [J]. Journal of Physical Chemistry C, 2013, 117(29): 14939-14946.

[29] Han F, Li D, Lei C, et al. Nanoengineered polypyrrole-coated Fe_2O_3@C multifunctional composites with an improvedcycle stability as lithium-ion anodes [J]. Advanced Functional Materials, 2013, 23(13): 1692-1700.

[30] Li Z, Wang X, Wang C, et al. Hybrids of iron oxide/ordered mesoporous carbon as anode materials for high-capacity and high-rate capability lithium-ion batteries [J]. RSC Advances, 2013, 3(38): 17097-17104.

[31] Han F, Li W C, Li M R, et al. Fabrication of superior-performance SnO_2@C composites for lithium-ion anodes using tubular mesoporous carbon with thin carbon walls and high pore volume [J]. Journal of Materials Chemistry, 2012, 22(19): 9645-9651.

[32] Wang X, Li Z, Yin L. Nanocomposites of SnO_2@ordered mesoporous carbon (OMC) as anode materials for lithium-ion batteries with improved electrochemical performance [J]. CrystEngComm, 2013, 15(37): 7589-7597.

[33] Lin C, Hu Y, Jiang F, et al. Preparation of ordered mesoporous carbon—SnO_2 composite as electrodes for lithium batteries [J]. Materials Letters, 2013, 94(3): 83-85.

[34] Cheng M Y, Hwang B J. Mesoporous carbon-encapsulated NiO nanocomposite negative electrode materials for high-rate Li-ion battery [J]. Journal of Powder Sources, 2010, 195(15): 4977-4983.

[35] Zhang H, Tao H, Jiang Y, et al. Ordered CoO/CMK-3 nanocomposites as the anode materials for lithium-ion batteries [J]. Journal of Power Source, 2010, 195(9): 2950-2955.

[36] Yang M, Gao Q. Copper oxide and ordered mesoporous carbon composite with high performance using as anode material for lithium-ion battery [J]. Microporous and Mesoporous Materials, 2011, 143(1): 230-235.

[37] Zeng L, Zheng C, Xi J, et al. Composites of V_2O_3—ordered mesoporous carbon as anode materials for lithium-ion batteries [J]. Carbon, 2013, 62(5): 382-388.

[38] Shen L, Uchaker E, Yuan C, et al. Three-dimensional coherent titania—mesoporous carbon nanocomposite and its lithium-ion storage properties [J]. ACS Applied Materials and Interfaces, 2012, 4(6): 2985-2992.

[39] Zeng L, Zheng C, Deng C, et al. MoO_2-ordered mesoporous carbon nanocomposite as an anode material for lithium-ion batteries [J]. ACS Applied Materials and Interfaces, 2013, 5(6): 2182-2187.

[40] Dai L, Chang D W, Baek J B, et al. Carbon nanomaterials: Carbon nanomaterials for advanced energy conversion and storage [J]. Small, 2012, 8(8): 1130-1166.

[41] Kötz R, Carlen M. Principles and applications of electrochemical capacitors [J]. Electrochimica Acta, 2000, 45(15-16): 2483-2498.

[42] Gamby J, Taberna P L, Simon P, et al. Studies and characterisations of various activated carbons used for carbon/carbon supercapacitors [J]. Journal of Power Source, 2001, 101(1): 109-116.

[43] Jurewicz K, Pietrzak R, Nowicki P, et al. Capacitance behaviour of brown coal based active carbon modified through chemical reaction with urea [J]. Electrochimica Acta, 2008, 53(16): 5469-5475.

[44] Fuertes A B, Lota G, Centeno T A, et a. Templated mesoporous carbons for supercapacitor application [J]. Electrochimica Acta, 2005, 50(14): 2799-2805.

[45] Liu H J, Wang X M, Cui W J, et al. Highly ordered mesoporous carbon nanofiber arrays from a crab shell biological template and its application in supercapacitors and fuel cells [J]. Journal of Materials Chemistry, 2010, 20(20): 4223-4230.

[46] Kaempgen M, Chan C K, Ma J, et al. Printable thin film supercapacitors using single-walled carbon nanotubes [J]. Nano Letters, 2009, 9(5): 1872-1876.

[47] Yu D, Dai L. Self-assembled graphene/carbon nanotube hybrid films for supercapacitors [J]. Journal of Physical Chemistry Letters, 2015, 1(2): 467-470.

[48] Frackowiak E, Metenier K, Bertagna V, et al. Supercapacitor electrodes from multiwalled carbon nanotubes [J]. Applied Physics Letters, 2000, 77(15): 2421-2423.

[49] Zhu Y, Murali S, Stoller M D, et al. Carbon-based supercapacitors produced by activation of graphene [J]. Science, 2011, 332(6037): 1537-1531.

[50] Wang Y, Shi Z, Huang Y, et al. Supercapacitor devices based on graphene materials [J]. Journal of Physical Chemistry C, 2009, 113(30): 13103-13107.

[51] Wang Q, Wen Z, Li J. A hybrid supercapacitor fabricated with a carbon nanotube cathode and a TiO_2-B nanowire anode [J]. Advanced Functional Materials, 2006, 16(16): 2141-2146.

[52] Pasquier A D, Plitz I, Menocal S, et al. A comparative study of Li-ion battery, supercapacitor and nonaqueous asymmetric hybrid devices for automotive applications [J]. Journal of Power Sources, 2003, 115(1): 171-178.

[53] Zhao X, Johnston C, Grant P S. A novel hybrid supercapacitor with a carbon nanotube cathode and an iron oxide/carbon nanotube composite anode [J]. Journal of Materials Chemistry, 2009, 19(46): 8755-8760.

[54] Chmiola J, Yushin G, Gogotsi Y, et al. Anomalous increase in carbon capacitance at pore sizes less than 1 nanometer[J]. Science, 2006, 313(5794): 1760-1763.

[55] Simon P, Gogotsi Y. Materials for electrochemical capacitors [J]. Nature Materials, 2008, 7(11): 845.

[56] Eliad L, Pollak E, Levy N, et al. Assessing optimal pore-to-ion size relations in the design of porous poly(vinylidene chloride) carbons for EDL capacitors [J]. Applied Physics A, 2006, 82(4): 607-613.

[57] Eliad L, Salitra G, Soffer A, et al. On the mechanism of selective electroadsorption of protons in the pores of carbon molecular sieves [J]. Langmuir the ACS Journal of Surfaces and Colloids, 2005, 21(7): 3198-202.

[58] Fischer A E, Pettigrew K A, Rolison D R, et al. Incorporation of homogeneous, nanoscale MnO_2 within ultraporous carbon structures via self-limiting electroless deposition: implications for electrochemical [J]. Nano Letters, 2016, 7(2): 281-286.

[59] Futaba D N, Hata K, Yamada T, et al. Shape-engineerable and highly densely packed single-walled carbon nanotubes and their application as supercapacitor electrodes [J]. Nature Materials, 2006, 5(12): 987-994.

[60] Kodama M, Yamashita J, Soneda Y, et al. Structure and electrochemical capacitance of nitrogen-enriched mesoporous carbon [J]. Chemistry Letters, 2006, 35(6): 680-681.

[61] Ren T Z, Liu L, Zhang Y, et al. Nitric acid oxidation of ordered mesoporous carbons for use in electrochemical supercapacitors [J]. Journal of Solid State Electrochemistry, 2013, 17(8): 2223-2233.

[62] Wei J, Zhou D, Sun Z, et al. A controllable synthesis of rich nitrogen-doped ordered mesoporous carbon for CO_2 capture and supercapacitors [J]. Advanced Functional Materials, 2013, 23(18): 2322-2328.

[63] Kim Y J, Abe Y, Yanaglura T, et al. Easy preparation of nitrogen-enriched carbon materials from peptides of silk fibroins and their use to produce a high volumetric energy density in supercapacitors [J]. Carbon, 2007, 45(10): 2116-2125.

[64] Yan Y F, Cheng Q L, Zhu Z J, et al. Controlled synthesis of hierarchical polyaniline nanowires/ordered bimodal mesoporous carbon nanocomposites with high surface area for supercapacitor electrodes [J]. Journal of Power Sources, 2013, 240(31): 544-550.

[65] Tripathi P K, Liu M, Gan L, et al. High surface area ordered mesoporous carbon for high-level removal of rhodamine B [J]. Journal of Materials Science, 2013, 48 (22) : 8003-8013.

[66] Zhang Y M, Chen S H, Wan S G. Internal airlift loop-ceramic honeycomb support bioreactor for wastewater treatment [J]. Journal of East China University of Science and Technology, 2005, 31 (3) : 390-333.

[67] Tang L, Yang G D, Zeng G M, et al. Synergistic effect of iron doped ordered mesoporous carbon on adsorption-coupled reduction of hexavalent chromium and the relative mechanism study [J]. Chemical Engineering Journal, 2014, 239 (1) : 114-122.

[68] Yuan B, Wu X F, Chen Y X, et al. Adsorption of CO_2, CH_4, and N_2 on ordered mesoporous carbon: Approach for greenhouse gases capture and biogas upgrading [J]. Environmental Science and Technology, 2013, 47(10): 5474-5480.

[69] Wu P, Feldman A K, Nugent A K, et al. Efficiency and fidelity in a click-chemistry route to triazole dendrimers by the copper(Ⅰ)-catalyzed ligation of azides and alkynes [J]. Angewandte Chemie, 2004, 43 (30) : 3928-3932.

[70] Steenis D J, David O R, Strijdonck G P, et al. Click-chemistry as an efficient synthetic tool for the preparation of novel conjugated polymers [J]. Chemical Communications, 2005, 34 (34) : 4333-4335.

[71] Tsarevsky N V, Sumerlin B S, Matyjaszewski K. Step-growth "click" coupling of telechelic polymers prepared by atom transfer radical polymerization [J]. Macromolecules, 2005, 38 (9) : 3558-3561.

[72] Zhu Y, Huang Y, Meng W D, et al. Novel perfluorocyclobutyl (PFCB) -containing polymers formed by click chemistry [J]. Polymer, 2006, 47 (18) : 6272-6279.

[73] Lutz J F, Börner H G, Weichenhan K. Combining atom transfer radical polymerization and click chemistry: A versatile method for the preparation of end-unctional polymers [J]. Macromolecular Rapid Communications, 2005, 26 (7) : 514-518.

[74] Dirks A J T, Berkel S S, Hatzakis N A, et al. Preparation of biohybridamphiphiles via the copper catalysed Huisgen [3+2] dipolar cycloaddition reaction [J]. Chemical Communications, 2005, 33 (33) : 4172-4174.

[75] Liu Q, Chen Y. Synthesis of well-defined macromonomers by the combination of atom transfer radical polymerization and a click reaction [J]. Journal of Polymer Science Part A: Polymer Chemistry, 2006, 44 (20) : 6103-6113.

[76] Vogt A P, Sumerlin B S. An efficient route to macromonomers via ATRP and click chemistry [J]. Macromolecules, 2006, 39 (16) : 5286-5292.

[77] Opsteen J A, Hest J C. Modular synthesis of block copolymers via cycloaddition of terminal azide and alkyne functionalized polymers [J]. Chemical Communications, 2005, 1 (1) : 57-59.

[78] Durmaz H, Dag A, Altintas O, et al. One-pot synthesis of ABC type triblock copolymers via in situ click [3+2] and Diels-Alder [4+2] reactions [J]. Macromolecules, 2007, 40 (2) : 191-198.

[79] Laurent B A, Grayson S M. An efficient route to well-defined macrocyclic polymers via "click" cyclization [J]. Journal of the American Chemical Society, 2006, 128 (13) : 4238-4239.

[80] Binder W H, Kluger C. Combining ring-opening metathesis polymerization (ROMP) with sharpless-type "click" reactions: An easy method for the preparation of side chain functionalized poly (oxynorbornenes) [J]. Macromolecules, 2004, 37 (25) : 9321-9330.

[81] Ladmiral V, Mantovani G, Clarkson G J, et al. Synthesis of neoglycopolymers by a combination of "click chemistry" and living radical polymerization [J]. Journal of the American Chemical Society, 2006, 128 (14) : 4823.

[82] Wang X Y, Kimyonok A, Weck M. Functionalization of polymers with phosphorescent iridium complexes via click chemistry [J]. Chemical Communications, 2006, 37 (37) : 3933-3935.

[83] Malkoch M, Thibaul R J, Drockenmul E, et al. Orthogonal approaches to the simultaneous and cascade functionalization of macromolecules using click chemistry [J]. Journal of the American Chemical Society, 2005, 127(42): 14942.

[84] Englert B C, Bakbak A S, Bunz U F H. Click chemistry as a powerful tool for the construction of functional poly (*p*-phenyleneethynylene) s: comparison of pre-and postfunctionalization schemes [J]. Macromolecules, 2005, 38(14): 31-35.

[85] Thibault R J, Takizawa K, Lowenheilm P, et al. A versatile new monomer family: functionalized 4-vinyl-1, 2, 3-triazoles via click chemistry [J]. Journal of the American Chemical Society, 2006, 128(37): 12084-12085.

[86] Scheel A J, Komber J H, Voit B I. Novel hyperbranched poly([1, 2, 3]-triazole) s derived from AB_2 monomers by a 1, 3-dipolar cycloaddition [J]. Macromolecular Rapid Communications, 2004, 25(12): 1175-1180.

[87] Wu P, Malkoch M, Hunt J N, et al. Multivalent, bifunctional dendrimers prepared by click chemistry [J]. Chemical Communications, 2006, 37(11): 5775-5777.

[88] O'Reilly R K, Joralemon M J, Wooley K L, et al. Functionalization of micelles and shell cross-linked nanoparticles using click chemistry [J]. Chemistry of Materials, 2005, 17(24): 5976-5988.

[89] Rijkers D T S, Esse G W, Merkx R, et al. Efficient microwave-assisted synthesis of multivalent dendrimeric peptides using cycloaddition reaction (click) chemistry [J]. Chemical Communications, 2005, 36(36): 4581.

[90] Gopin A, Ebner S, Attali B, et al. Enzymatic activation of second-generation dendritic prodrugs: Conjugation of self-immolativedendrimers with poly(ethylene glycol) via click chemistry [J]. Bioconjugate Chemistry, 2006, 17(6): 1432.

[91] Fernandez-Megia E, Correa J, Rodriguez-Meizoso I, et al. A click approach to unprotected glycodendrimers [J]. Macromolecules, 2006, 39(6): 2113-2120.

[92] Ossipov D A, Hilborn J. Poly(vinyl alcohol)-based hydrogels formed by "click chemistry" [J]. Macromolecules, 2006, 39(5): 1709-1718.

[93] Malkoch M, Vestberg R, Gupta N, et al. Synthesis of well-defined hydrogel networks using click chemistry [J]. Chemical Communications, 2006, 26(26): 2774-2776.

[94] Johnson J A, Lewis D R, Diaz D D, et al. Synthesis of degradable model networks via ATRP and click chemistry [J]. Journal of the American Chemical Society, 2006, 128(20): 6564-6565.

[95] Díaz D D, Punna S, Holzer P, et al. Click chemistry in materials synthesis. 1. Adhesive polymers from copper-catalyzed azide-alkyne cycloaddition [J]. Journal of Polymer Science Part A: Polymer Chemistry, 2004, 42(17): 4392-4403.

[96] Li C, Finn M G. Click chemistry in materials synthesis. Ⅱ. Acid-swellablecrosslinked polymers made by copper-catalyzed azide-alkyne cycloaddition [J]. Journal of Polymer Science Part A: Polymer Chemistry, 2006, 44: 5513.

[97] Chan C, Wu J S, Li J X, et al. Polypropylene/calcium carbonate nanocomposites[J]. Polymer, 2002, 43(10): 2981-2992.

[98] Punna S, Diaz D D, Li C, et al. Click chemistry in polymer synthesis [J]. Polymer Preprints, 2004, 45(1): 778-779.

[99] Yew S P, Tang H Y, Sudesh K. Photocatalyticactivity and biodegradation of polyhydroxybutyrate films containing titanium dioxide [J]. Polymer Degradation and Stability, 2006, 91(8): 1800-1807.

[100] Wu D M, Meng Q Y, Liu Y, et al. *In situ* bubble-stretching dispersion mechanism for additives in polymers [J]. Journal of Polymer Science Part B: Polymer Physics, 2003, 41(10): 1051-1058.

[101] Chen J F, Wang G Q, Zeng X F, et al. Toughening of polypropylene-ethylene copolymer with nanosized $CaCO_3$ and styrenebutadiene-styrene [J]. Solid State Phenomena, 2004, 94(2): 796-802.

[102] Zhang Q X, Yu Z Z, Xie X L, et al. Crystallization and impact energy of polypropylene/$CaCO_3$ nanocomposites with nonionic modifier [J]. Polymer, 2004, 45 (17) : 5985-5994.

[103] Liang J Z. Melt rheology of nanometer-calcium-carbonate-filled acrylonitrile butadiene-styrene (ABS) copolymer composites during capillary extrusion[J]. Polymer International, 2002, 51 (12) : 1473-1478.

[104] Lee D K, Kang Y S. Structure and characterization of nanocomposite Langmuir-Blodgett films of poly (maleic monoester) /Fe_3O_4 nanoparticle complexes[J]. The Journal of Physical Chemistry B, 2002, 106 (29) : 7267-7271.

[105] Wang G, Chen X Y, Huang R, et al. Nano-$CaCO_3$/polypropylene composites made with ultra-high-speed mixer [J]. Journal of Materials Science Letters, 2002, 21 (13) : 985-986.

[106] Zha L, Fang Z. Polystyrene/$CaCO_3$ composites with different $CaCO_3$ radius and different nano-$CaCO_3$ content-structure and properties[J]. Polymer Composites, 2010, 31 (7) : 1258-1264.

[107] Yang D, Li J, Jiang Z, et al. Chitosan/TiO_2 nanocomposite pervaporation membranes for ethanol dehydration [J]. Chemical Engineering Science, 2009, 64 (13) : 3130-3137.

[108] Tong Y, Li Y, Xie F, et al. Preparation and characteristics of polyimide-TiO_2 nanocomposite film[J]. Polymer International, 2000, 49 (11) : 1543-1547.

[109] Ahmad S, Ahmad S, Agnihotry S A. Synthesis and characterization of *in situ* prepared poly (methyl methacrylate) nanocomposites [J]. Bulletin of Materials Science, 2007, 30 (1) : 31-35.

[110] Luo Y, Li W, Wang X, et al. Preparation and properties of nanocomposites based on poly (lactic acid) and functionalized TiO_2 [J]. Acta Materialia, 2009, 57 (11) : 3182-3191.

[111]Sanz R, Luna C, Hernandez-Velez M, et al. A magnetopolymeric nanocomposite: $Co_{80}Ni_{20}$ nanoparticles in a PVC matrix [J]. Nanotechnology, 2005, 16 (5) : 278-281.

[112]Wua W, He T, Chen J F, et al. Study on *in situ* preparation of nano calcium carbonate/PMMA composite particles [J]. Materials Letters, 2006, 60 (19) : 2410-2415.

[113] Tang E, Cheng G X, Pang X S, et al. Synthesis of nano-ZnO/poly (methyl methacrylate) composite microsphere through emulsion polymerization and its UV-shielding property [J]. Colloid and Polymer Science, 2006, 284 (4) : 422-428.

[114] Tang E, Cheng G X, Ma X L. Preparation of nano-ZnO/PMMA composite particles via grafting of the copolymer onto the surface of zinc oxide nanoparticles [J]. Powder Technology, 2006, 161 (3) : 209-214.

[115] Guan C, Lu C L, Liu Y F, et al. Preparation and characterization of high refractive index thin films of TiO_2/epoxy resin nanocomposites [J]. Journal of Applied Polymer Science, 2006, 102 (2) : 1631-1636.

[116] Hsu S C, Whang W T, Hung C H, et al. Effect of the polyimide structure and ZnO concentration on the morphology and characteristics of polyimide/ZnO nanohybrid films [J]. Macromolecular Chemistry and Physics, 2005, 206 (2) : 291-298.

[117] Wang Z H, Lu Y L, Liu J, et al. Preparation of nanoalumina/EPDM composites with good performance in thermal conductivity and mechanical properties [J]. Polymers for Advanced Technologies, 2011, 22 (12) : 2302-2310.

[118] Wang Z, Lu Y, Liu J, et al. Preparation of nano-zinc oxide/EPDM composites with both good thermal conductivity and mechanical properties[J]. Journal of Applied Polymer Science, 2011, 119 (2) : 1144-1155.

[119] Cepak V M, Hulteen J C, Che G L, et al. Chemical strategies for template syntheses of composite micro-and nanostructures [J]. Chemistry of Materials, 1997, 9 (5) : 1065-1067.

[120] Ameen S, Akhtar M S, Kim Y S, et al. Nanocomposites of poly (1-naphthylamine) /SiO_2 and poly (1-naphthylamine) / TiO_2: Comparative photocatalytic activity evaluation towards methylene blue dye[J]. Applied Catalysis B: Environmental, 2011, 103 (1) : 136-142.

[121] Cumbal L, Sengupta A K. Arsenic removal using polymer-supported hydrated iron(Ⅲ) oxide nanoparticles: Role of Donnan membrane effect [J]. Environmental Science and Technology, 2005, 39(17): 6508-6515.

[122] Tanaka T, Fillmore D J. Kinetics of swelling of gels [J]. Journal of Chemical Physics, 1979, 70(3): 1214-1218.

[123] Zhang Q J, Pan B C, Chen X Q, et al. Preparation of polymer-supported hydrated ferric oxide based on donnan membrane effect and its application for arsenic removal [J]. Science in China (Chemistry), 2008, 51(4): 379-385.

[124] Itano K, Choi J, Rubner M F. Mechanism of the pH-induced discontinuous swelling/deswelling transitions of poly(allylamine hydrochloride)-containing polyelectrolyte multilayer films [J]. Macromolecules, 2005, 8(8): 3450-3460.

[125] Toomey R, Freidank A D, Rühe J. Swelling behavior of thin, surface-attached polymer networks [J]. Macromolecules, 2004, 37(3): 882-887.

[126] Hayashi G, Hagihara M, Dohno C, et al. Photoregulation of a peptide-RNA Interaction on a gold surface [J]. Journal of the American Chemical Society, 2007, 129(28): 8678-8679.

[127] Zhou F, Shu W, Welland M E, et al. Highly reversible and multi-stage cantilever actuation driven by polyelectrolyte brushes [J]. Journal of the American Chemical Society, 2006, 128(16): 5326-5327.

[128] Valiaev A, Abulail N I, Lim D W, et al. Microcantilever sensing and actuation with end-grafted stimulus-responsive elastin-like polypeptides [J]. Langmuir the ACS Journal of Surfaces and Colloids, 2007, 23(1): 339-344.

[129] Lu Y, Mei Y, Drechsler M, et al. Thermosensitive core-shell particles as carriers for Ag nanoparticles: Modulating the catalytic activity by a phase transition in networks [J]. Angewandte Chemie, 2006, 45(5): 813-816.

[130] Lu Y, Proch S, Schrinner M, et al. Thermosensitive core-shell microgel as a "Nanoreactor" for catalytic active metal nanoparticles [J]. Journal of Materials Chemistry, 2009, 19(23): 3955-3961.

[131] Huang Y, Su N, Zhang X, et al. Controllable synthesis and characterization of poly(aniline-co-pyrrole) using anionic spherical polyelectrolyte brushes as dopant and template [J]. Polymer Composites, 2014, 35(9): 1858-1863.

[132] Zhang X, Huang Y, Huang X, et al. Synthesis and characterization of polypyrrole using TiO_2 nanotube@poly (sodium styrene sulfonate) as dopant and template [J]. Polymer Composites, 2016, 37(2): 462-467.

[133] Choi W M. Simple and rapid fabrication of large-area 2D colloidal crystals for nanopatterning of conducting polymers [J]. Microelectronic Engineering, 2013, 110(10): 1-5.

[134] Kannan B, Williams D E, Laslau C, et al. The electrochemical growth of highly conductive single PEDOT (conducting polymer): $BMIPF_6$ (ionic liquid) nanowires [J]. Journal of Materials Chemistry, 2012, 22(35): 18132-18135.

[135] Atobe M, Yoshida N, Sakamoto K, et al. Preparation of highly aligned arrays of conducting polymer nanowires using templated electropoly merization in supercritical fluids [J]. Electrochimica Acta, 2013, 87(1): 409-415.

[136] Devaki S J, Sadanandhan N K, Sasi R, et al. Water dispersible electrically conductive poly(3,4-ethylenedioxy-thiophene) nanospindles by liquid crystalline template assisted polymerization [J]. Journal of Materials Chemistry C, 2014, 2(34): 6991-7000.

[137] Sadanandhan N K, Devaki S J, Narayanan R K, et al. Electrochemically patterned transducer with anisotropic PEDOT through liquid crystalline template polymerization [J]. ACS Applied Materials and Interfaces, 2015, 7(32): 18028-18037.

[138] Yang Y, Yuan W, Li S, et al. Manganese dioxide nanoparticle enrichment in porous conducting polymer as high performance supercapacitor electrode materials [J]. Electrochimica Acta, 2015, 165: 323-329.

[139] Samu G F, Visy C, Rajeshwar K, et al. Photoelectrochemica linfiltration of a conducting polymer (PEDOT) into metal-chalcogenide decorated TiO_2 nanotube arrays [J]. Electrochimica Acta, 2015, 151 (3): 467-476.

[140] Mazzotta E, Surdo S, Malitesta C, et al. High-aspect-ratio conducting polymer microtube synthesis by light-activated electropoly merization on microstructured silicon [J]. Electrochemistry Communications, 2013, 35 (10): 12-16.

[141] Ansari M O, Khan M M, Ansari S A, et al. pTSA doped conducting graphene/polyaniline nanocomposite fibers: Thermoelectric behavior and electrode analysis [J]. Chemical Engineering Journal, 2014, 242 (8): 155-161.

[142] Wang M, Jamal R, Wang Y, et al. Functionalization of graphene oxide and its composite with poly (3,4-ethylenedioxythiophene) as electrode material for supercapacitors [J]. Nanoscale Research Letters, 2015, 10 (1): 370.

[143] Zhong Q, Xu H, Ding H, et al. Preparation of conducting polymer inverse opals and its application as ammonia sensor [J]. Colloids and Surfaces A: Physicochemical and Engineering Aspects, 2013, 433 (35): 59-63.

[144] Lee J E, Shim H W, Kwon O S, et al. Real-time detection of metal ions using conjugated polymer composite papers[J]. Analyst, 2014, 139 (18): 4466-4475.

[145] La F V, Rametta G, Maria A. AC electric field for rapid assembly of nanostructured polyaniline onto microsized gap for sensor devices [J]. Electrophoresis, 2015, 36 (13): 1459-1465.

[146] Kung C W, Cheng Y H, Chen H W, et al. Hollow microflower arrays of PEDOT and their application for the counter electrode of a dye-sensitized solar cell [J]. Journal of Materials Chemistry A, 2013, 1 (36): 10693-10702.

第 4 章　碳 纳 米 管

4.1　碳纳米管概述

4.1.1　碳纳米管发展史

1952 年，Radushkevich 和 Lukyanovich 首次报道了碳纳米管(CNT)[1]；1976 年，Oberlin 等[2]观察到单壁碳纳米管(single-walled carbon nano tube，SWNT)和双壁碳纳米管(double-walled carbon nano tube，DWNT)；随后，1991 年，Iijima 在用电弧法制备 C_{60} 的过程中，发现了 CNT，论文在 *Nature* 上发表[3]；与此同时，也用化学气相沉积工艺制得了有缺陷的碳纳米管，称为“碳源纤维”；1993 年，Iijima 和 Ichihashi[4]及 Bethune 等[5]又分别对单壁碳纳米管的生长过程进行了报道。

4.1.2　碳纳米管结构

碳纳米管，又称巴基管(buckytube)，属于富勒碳(fullerene)系列，是一个范围广泛、具有相似结构和形状的纳米管状结构的总称。纳米管管壁是一个由碳原子通过 sp^2 杂化与周围 3 个碳原子键合，由此构成六边形网络平面围成的圆柱面，但由于碳纳米管中六边形网络结构会产生一定弯曲，形成空间拓扑结构，因此可形成少量的 sp^3 杂化键[6]。根据碳纳米管圆筒状石墨层的数量，可将碳纳米管分为单壁碳纳米管和多壁碳纳米管(multi-walled carbon nano tube，MWNT)，其中，双壁碳纳米管[7]是多壁碳纳米管的最简单形式。CNT 的直径由 SWNT 的零点几纳米到 MWNT 的几十纳米，而长度在微米范围内，有些 MWNT 的长度甚至可达毫米级。SWNT 又称富勒管，可看作是卷起的单层石墨烯，并将边缘与两端封闭，其直径为 0.4～2 nm，长约几微米，具有很大的内部结构。MWCNT 是由层数不等(2～50 层)的圆筒状石墨烯层绕中心轴卷曲而成的封闭管状材料，其层间距与石墨的 0.335 nm 相当，约为 0.34 nm，且层与层之间排列无序并保持固定间距。

CNT 的纵横比，即长度与直径之比常超过 10000，因此，CNT 被视为至今为止最各向异性的材料。除了直径与长度，手性是 CNT 的另一个关键参数。围绕纳米管周围的碳原子有锯齿结构、扶手椅结构和手性结构。手性结构决定了 CNT 的光、电、机械性质和其他性质。例如，Dresselhaus 等[8]报道了手性矢量和相应整数对对纳米管电性能的影响。因为强范德瓦耳斯力作用，使 CNT 在有机溶剂和水中均不溶解[9]。

CNT 的拉曼光谱显示 G 带出现在 1500～1600 cm^{-1} 之间，石墨结构中，D 带在 1300～1400 cm^{-1} 之间，G′带在 2600 cm^{-1} 处[10]。I_D/I_G 比取决于 CNT 的缺陷部位和开口端 sp^3 杂化碳原子的数量。CNT 最具特征的是具有被称为“径向呼吸模式”的低能量模式，其峰值出现在 150～350 cm^{-1} 之间，其频率取决于 CNT 的直径，并且只出现在 SWNT 的拉曼光谱中。据 Iijima 报道[3]，CNT 的结构特性，如层数、直径、长度、手性角等决定了其独特的光、电、热、机械等性能，使其可应用于导电膜、太阳能电池、燃料电池、超级电容器、晶体管、存储器、显示器、分离膜、过滤器、传感器和净化系统等领域。

4.1.3 碳纳米管性能

1. 机械性能

由于相邻 sp^2 碳原子的高强度共价键作用，CNT 具有极好的机械强度和理想的弹性。SWNT 表现出非凡的超塑性，与 CNT 相比，切割后的 SWNT 的长约是 CNT 的 280%，直径约为原来的 1/15，归因于结构中的成核和扭结运动[11,12]。与石墨烯和金刚石相比，CNT 的杨氏模量即弹性模量也很大。虽用不同技术测出的杨氏模量会有 270～950 GPa 的差异[13]，但 MWNT 的杨氏模量高达 1.8 TPa[14]和 1.3 TPa[15]，SWNT 的杨氏模量也达到 1.25 TPa。

和石墨烯一样，CNT 具有优越的非线性机械性能，如柔韧性、屈曲稳定性和良好的断裂强度。维持 CNT 极端拉紧，并没有任何脆性、塑性和原子重排的迹象，因此 CNT 具有一定的弹性，当外力释放后碳纳米管又恢复原状。

2. 电学性能

CNT 同样具备石墨烯的电学性质，单层石墨烯的卷起方式决定了 CNT 的导电性能，这意味着 CNT 不仅可作为金属，还可作为半导体。CNT 的电学性质受直径和手性强烈影响，扶手椅结构碳纳米管表现出金属特性，因此在费米能级中具有有限的电子态密度，进而拥有了自由载流子。然而，当扶手椅结构碳纳米管直径减小到一个阈值，它可转变为半导体。手性结构碳纳米管呈现出半导体性质，由于其管壁上六边形不平引起了 sp^2 到 sp^3 的杂化，因此这种纳米管具有非常小的带隙，且在费米能级显示出的电子态密度为零，所以，纳米管的电子态不仅持续沿管轴线与 K 空间平行，并且沿着圆周量子化。

1988 年，金属型 CNT 首先由 Tans 等[16]和 Bockrath 等[17]报道，半导体型则由 Tans 报道。研究发现，金属型 CNT 具有优异的电导率，即低电阻率，并具有非常高的电流密度。通过不同技术测量了 CNT 的电阻，得到宽范围数值，数值变动归因于 CNT 的结构和质量(杂质、缺陷、形态等方面)的差异及在每次测试中使用的电触点和测量技术的不同，杂质的存在可使纳米管电阻率增加几个数量级[18,19]。

当CNT与一维纤维、透明二维薄膜或三维膜、纸或者气凝脂结合时，电导率将比单独的碳纳米管提高很多，这是CNT间的连接点产生了接触阻力，也可能是杂质如无定形碳或金属纳米颗粒的存在，使电子在石墨纳米片层传输时，发生了散射[20]。

3. 光学性质

CNT具有一定的光学特性，在0.98～0.99 eV有强烈的电子跃迁，从对应于电磁波的远紫外区域(200 nm)到远红外区域(200 μm)都有响应[21]，因此，CNT被视为“实际的黑色结构”；同时，CNT具有电致变色行为，即其光的吸收与发射可由电刺激控制。

4. 磁学性能

SWNT和MWNT都是反磁性的，当添加一个外部磁场时，表现出非常弱的磁化现象。但若使MWNT完全带化，在低于12 K时，可能出现超导现象，超导温度比报道的SWNT和MWNT都高出30倍[22]。

4.2 碳纳米管制备

虽然CNT的基本结构与石墨烯相同，但它们的制备方法完全不同。已开发出很多制备CNT的方法，主要分为电弧放电法、电解法、激光烧蚀法、声化学法、水热法和化学气相沉积(CVD)法。最早使用电弧放电法或者激光烧蚀法生产CNT，目前已被CVD法取代。因为CVD法不仅所需温度低(＜800℃)，而且可精确控制CNT的取向、对齐、长度、直径、纯度和密度[23]。大多数CVD法需要支承气体和真空状态，目前在大气压下生长CNT也已被报道[24]。CVD法反应室容积可调，使其适合大批量和工业规模化生产CNT，有利于降低成本，CVD法的主要缺点是产率低和催化剂寿命短[25]。

4.2.1 电弧放电法

用电弧放电法制备CNT，需要温度高于1700℃，制备装置相对复杂，制备出的CNT杂质较多，产率较低且难纯化，不适合在基片上直接生长定向CNT和批量生产，但CNT缺陷少，生长速度快，且工艺参数易控制，目前主要用于制备SWNT。

1. SWNT的制备

用电弧放电法制备MWNT不需要催化剂，但在制备SWNT时，石墨电极上需要加载含有催化性能的纳米颗粒。同样是在氢气或氩气氛围中，阳极为石墨与金属的复合物，如 Ni、Fe、Co、Pd、Ag、Pt 等，或 Co、Fe、Ni、Cu、Ti 等形成的合金，包括 Co-Ni、Fe-Ni、Fe-No、Co-Cu、Ni-Cu 和 Ni-Ti 等，这些金属可作为催化剂。在电弧放电制备 SWNT 时，改变金属催化剂，可使 SWNT 产率显著提升。一般情况下，电弧放电得到的 SWNT，直径为 1.0～1.5 nm，含 7～14 个 SWNT 管束。

Bethune 等[5]用 Co 作催化剂制备出直径约为 1.2 nm 的 SWNT，目前使用最多的是 Ni 催化剂。Seraphin 等[26]研究了 Ni、Pd 和 Pt 在电弧放电法制备纳米管时的催化作用，发现 Ni 催化有利于 SWNT 生长。Chen 等[27, 28]报道了一种铁氢电弧法，在氢-氩混合气中，通过氢直流电弧放电，在含 1%Fe 催化剂的碳阳极上生长 SWNT，这些 SWNT 具有高结晶度，用过氧化氢去除 SWNT 中的 Fe 杂质，得到 SWNT 的纯度高于 90%。

2. MWNT 的制备

MWNT 的内径为 3～20 nm，同心石墨烯片层数为 2～100。在用电弧放电法制备 MWNT 过程中，使用最多的方法是在低于大气压的腔室里填充氦气(He)，并将两个直径为 6～12 nm 的石墨水冷电极放入腔室，通入直流电弧放电。例如，Ebbesen 和 Ajayan 利用 Iijima[3]采用合成富勒烯的标准电弧放电法，在氦气氛围中，首次大规模生产 CNT。反应容器内的气体压力决定了 CNT 的纯度和产率[29]。气体如 He、CH_4、H_2 和各种挥发性有机分子可被引入腔室，从而影响纳米管性质。Wang 等[30]发现，不同气氛影响 CNT 的最终形态，使用石墨电极和直流电弧放电，在氦气和甲烷气体中，通过高电弧电流和高压蒸发 CH_4，得到了有许多纳米碳点点缀的厚纳米管。而在气压为 50 Torr（1 Torr=1.33322×10^2 Pa）的甲烷氛围中，电弧电流为 20 A，阳极直径为 6 nm 的系统中获得了薄且长的 MWCNT。此外，Zhao 等[31]发现，在甲烷中制备的 CNT 的形态变化比在 He 中更为明显，他们还用 H_2 制备出了细而长的 MWNT，通过与甲烷气体氛围比较，发现具有很大差异。H_2 中存在很少的碳烟，而在 CH_4 和 He 气体蒸发中观察到大量碳烟[32]；用直流放电蒸发石墨电极的 H_2，不仅得到了细且长的 MWNT，而且在阴极上沉积了石墨烯片层。

电弧放电法制备 CNT 不仅可以使用直流放电，还可以使用脉冲电流放电。例如，Parkansky 等[33]在空气中，用石墨反电极和单脉冲电弧在镍/玻璃样品上沉积了接近垂直方向的 MWNT。在单一脉冲 0.2 μs 条件下，得到的 MWNT 有 5～15 层，直径为 10 nm，长为 3 μm。电弧放电法常用于非标准碳纳米管的制备，而想要得到标准 MWNT，则须将气体换成液体。Jung 等[34]用电弧放电法在液氮中得到了高产量的 MWNT，且具有高纯度。

3. DWNT 的制备

DWNT 也可由电弧放电法制得，但其制备过程比 SWNT 和 MWNT 复杂。Hutchisonet 等[35]在 H_2 和 He 混合气体氛围中，用 Ni、Co、Fe 和 S 的混合物作为石墨电极上的催化剂，得到的 DWNT 规则排列，但含有 SWNT 等副产物。Sugai 等[36]用 Y-Ni 合金作为催化剂，通过高温脉冲电弧放电，得到了高质量的 DWNT。

4.2.2 激光烧蚀法

脉冲激光沉积，也被称为脉冲激光烧蚀，是一种利用激光对含催化剂的石墨靶进行轰击，形成气态碳和催化剂颗粒被气流从高温区带向低温区，在催化作用下，将轰击出来的物质沉淀在不同的衬底上，得到沉淀或者薄膜的一种有效手段。通过脉冲激光沉积制备的碳纳米管，其性能受许多参数影响，包括激光特性(如能量密度、最大功率、连续脉冲、重复率和振荡波长)、靶材料结构和化学组成、腔室压力和化学组成、流量和缓冲气体、衬底和环境温度等。

1. SWNT

激光烧蚀是脉冲激光沉积的一个关键步骤，能够获得高纯度和高质量的 SWNT，长为微米级，含有 10～100 个单独 SWNT 管束。这个方法最早是在 1995 年由 Smalley 等[37]在制备 C_{60} 时，在电极中加入了少量催化剂颗粒，观察到 SWNT 时发明的，其原理和机制与电弧放电法相似，区别在于此方法是由激光轰击含催化材料的石墨靶，其中，催化材料常为 Ni 和 Co。激光产生的 SWNT，含有非纳米管碳杂质和金属催化剂颗粒杂质，但低的缺陷浓度使它们易于纯化，并且这种方法生产的 SWNT 不易被酸腐蚀，可用酸去除金属杂质。一种 SWNT 的纯化方法是在 15%过氧化氢溶液中，100℃下回流 3 h 去除非碳纳米管碳，再在盐酸/水混合溶液中超声，以去除金属催化颗粒[38]。另一种纯化方法是用稀硝酸去除金属催化颗粒，然后再在空气中煅烧，去除非碳纳米管碳[39]。

Zhang 等[40, 41]发现，当只用连续波 CO_2 烧蚀靶制备 SWNT 时，SWNT 的平均直径随激光功率的增加而增加。Thess 等[42]采用 50 ns 双脉冲激光，在 1473 K 下轰击含 Ni/Co 催化剂颗粒的石墨靶，首次获得产量大于 70%的高质量 SWNT，直径约为 1.38 nm。用激光烧蚀法制备碳纳米管，由于其超高能量输入而得到了质量高、缺陷少的 SWNT，但由于设备要求高和 SWNT 产量低，难以工业化应用。

2. MWNT

虽然激光烧蚀法主要用于生产 SWNT；但 Stramel 等[43]运用脉冲激光沉积，

以 MWNT 和 MWNT-聚苯乙烯复合材料分别作为靶材料，在硅衬底上沉积了 MWNT。研究发现，当用纯 MWNT 作为靶比用 MWNT-聚苯乙烯复合材料作为靶得到更多更高质量的 MWNT。Bonaccorso 等[44]在氧化铝基板上烧蚀商用聚苯乙烯纳米颗粒，也得到了 MWNT 薄膜。

4.2.3 化学气相沉积法

催化化学气相沉积是目前生产 CNT 的标准方法。CVD 法包括水辅助 CVD 法、氧气辅助 CVD 法、热丝 CVD 法、微波等离子体 CVD 法和频射 CVD 法，与激光烧蚀法相比，CVD 法制备 CNT 的优点是可大规模生产、成本低、易纯化和反应易控制等[45]。

1. SWNT

1996 年，首次采用 CVD 法制备出了 SWNT，目前已成为碳纳米管生产最常用的方法[46]。通常情况下，与激光烧蚀法相比，CVD 法需要更多金属催化剂，得到的 SWNT 管束更小和更短。例如，以 Fe 作为催化剂，通过 CVD 法，在氧化硅上沉积产品[47]；也可在气相中通过热丝化学气相沉积得到产品[48]。2001 年，多步 CVD 法制备 CNT 被报道[49]，同时，Hurst 等报道了激光清洗法去除 CNT 材料的杂质[50]。

金属或半导体类纳米管材料在光转化和能量储存方面应用广泛，可分为金属型碳纳米管和半导体型碳纳米管，分离金属型和半导体型纳米管的方法包括化学亲和力法[51]、DNA 色谱法[52]和介电电泳法[53]。2009 年，Tanake 等[54]用琼脂糖凝胶分离出高纯度金属型/半导体型 SWNT，当 SWNT 和十二烷基硫酸钠分散在含有琼糖凝胶珠的圆柱上时，半导体型碳纳米管由珠捕获，金属型碳纳米管则顺利通过圆柱，吸附在珠上的半导体碳纳米管上，可用脱氧胆酸钠洗脱，圆柱可重复利用。分离效率可利用拉曼光谱和吸光度测量，分离获得的金属型碳纳米管和半导体型纳米管可应用于光电装置、锂离子电池和超级电容器等。

2. MWNT

采用 CVD[55, 56]、等离子增强 CVD[57, 58]、热丝化学蒸镀[59, 60]、等离子增强热丝化学蒸镀[61, 62]等方法，由金属催化苯热解和分解乙烯及乙炔，可实现大规模生产 MWNT。2003 年，通过热丝化学蒸镀，以甲烷为碳源，二茂铁作为气相催化剂，采用回流稀硝酸去除样品中的金属催化剂颗粒，首次合成具有高密度和含极少非 CNT 碳杂质的 MWNT[63]。同样采用热丝化学蒸镀，以 Fe-Cr 为催化剂，得到结构缺陷密度大、具有显著碳杂质的 MWNT，因对衬底无依赖性，具有大规模生产潜力。

CNT的生产技术决定了杂质的类型与数量，包括纳米晶石墨、无定形碳、富勒烯、金属催化剂等，从而影响CNT的性质，并阻碍其应用，所以，开发有效和简单的净化CNT技术极为必要[64]，目前最常见的纯化方法是对CNT进行酸处理[65]。

4.3 碳纳米管改性

CNT的结构决定了其电子性能，通常来说，SWNT是金属型和半导体型的混合物，MWNT是金属型导体。由于CNT的一维性质，电子可以在纳米管内传导而不发生散射，成为"弹道传输"，这种传输不会受到晶格缺陷、界面相互作用、杂质和物体本身性质影响，类似于一颗子弹在自由空间中运动。然而，同一方法制备的CNT，其直径、长度分布和结构并不相同，且因不溶性导致CNT含有无定形碳和金属纳米颗粒等杂质。因此，对CNT进行化学功能化，不仅提高其溶解度，且可制备出新型杂化材料，成为当今的研究热点。

CNT的功能化主要有两个方法，一是通过CNT的共轭骨架反应，实现化学基团的共价连接，二是在CNT上以非共价形式吸附或包覆各种功能性分子。CNT的共价功能化可使官能团连接到管端部或侧壁，最常发生的位置是具有半富勒烯结构的两端。一般来说，CNT的氧化促使管的侧壁和端口被切开，并连接了含氧官能团，主要是羧基，在这些官能团的基础上，可进一步衍生官能团。虽然CNT的键合与石墨烯类似，但CNT侧壁的曲率使圆柱形纳米结构比平坦的石墨烯层更有利。实验证明，随着侧壁曲率增加，化学反应更加容易进行，这归因于来自sp^2杂化的碳原子和轨道错位，产生曲率引起的应变。

另一个对CNT侧壁有影响的参数是缺陷。据估计，SWNT约有2%的碳原子生长在非六角形环上。侧壁缺陷，如空位或五边形-七边形对，可促进石墨纳米结构局部化学反应。显然，CNT侧壁共价官能团生成了sp^3碳原子，这会扰乱能带与能带之间电子的跃迁，导致CNT出现新的功能，如高导电性和显著的机械性能。随着官能度增加，CNT最终可转化为绝缘材料。若要局部修复CNT的结构，可在300～500℃下，进行加热还原。剥离CNT管束的方法是进行非共价官能化。这种方法得以实现，主要是由于碳管表面具有范德瓦耳斯力等作用力，并通过吸附或包覆多核芳香族化合物、表面活性剂、聚合物或生物分子进行改性。CNT的非共价官能化较共价法的主要优点是不影响CNT的结构和电子网络。

4.3.1 共价键法

1. 缺陷化学——氧化反应

CNT氧化是最广泛使用的表面功能化技术。这个技术最早是在气相(空气或氧化性等离子体)中发生的，但效率低，每次只有1%左右的CNT被打开。随后开发出一个涉及硝酸蒸气的气相法，能有效对CNT的侧壁引入氧，并简化了氧化过程，如避免了过滤、洗涤和干燥等步骤。液相氧化主要涉及热硝酸或硫酸和硝酸混合酸的蚀刻[66]。研究表明，虽然用硝酸氧化CNT，用氢氧化钠洗涤得到了剥离的含碳片段，但是SWNT的金属性缺失[67]，且用硝酸纯化和功能化不同类型MWNT，物理性质也不相同[68]。为了促进MWNT侧壁的酸性蚀刻，并提高表面氧化官能团密度，Xing等[69]在硫酸和硝酸混合酸中，通过超声辅助法氧化CNT，形成羧基和羰基，其中羰基比羧基更多。在超声处理中，MWNT表面结构被破坏，并影响其电子特性。在硝酸中超声CNT后，再在过氧化氢中处理，是CNT氧化功能化的最有效方法，且不会损坏纳米管骨架[70]。在超临界水中用稀硝酸处理MWNT，当硝酸浓度和反应时间增加时，亚甲基、羟基和醚基可由MWNT的侧壁外进入到侧壁内。

Ziegler等[71]在H_2SO_4和H_2O_2混合溶液中对SWNT进行氧化官能团化。在高温下，氧化发生在缺陷位置，在石墨侧壁产生空缺位并且消耗氧化空缺，由此切割碳纳米管。延长反应时间，导致纳米管越来越短，且因纳米管的选择性蚀刻，纳米管的直径也变小。在室温下，H_2SO_4和H_2O_2溶液切割碳纳米管缺陷位点时，碳损失量可忽略不计，且蚀刻速率慢，侧壁损伤小。过氧化氢选择性氧化的SWNT，在不同时间下加热，紫外-可见近红外光谱监控发现吸收强度大幅提升，这表明在最终产品中，金属单壁碳纳米管含量显著提高。过氧化氢对空穴掺杂，导致半导体单壁碳纳米管比金属单壁碳纳米管具有更强的反应活性。采用温和氧化剂，如15%的过氧化氢溶液，在100℃下反应3 h，可调控DWCNT和SWCNT的长短和切割程度。在不同氧化状态下，氯氧阴离子修饰单壁碳纳米管，可改变CNT的电子结构。拉曼光谱表明，金属单壁碳纳米管在高氧化态氧化作用下，具有选择性抑制，而在半导体上影响很小。Chen等[72]在含100% H_2SO_4和2% SO_3的发烟硫酸中分散单壁碳纳米管，然后引入硝酸作为切削剂，在单壁碳纳米管中插层分散。发烟硝酸有效插层到了各个单壁碳纳米管中，从而提高了硝酸插层效率。在有机溶剂、超强酸和水中，这些羧基化的超短单壁碳纳米管，溶解性约为2 wt%。此外，Arrais等[73]报道了pH依赖型和水分散型的氧化单壁碳纳米管。通过这种方法，单壁碳纳米管分散在四氢呋喃溶液中，并在液体碱金属合金和厌氧条件下搅拌，再在全氧气氛下继续搅拌，所得产品对pH具有依赖性，在碱性介质中容易悬浮，而在酸性条件下定量沉淀。另一个工作使碳纳米管材料由疏水性表面转换为亲水性[74]，在臭氧室中暴露于紫外光下，通过氢化锂铝和硅烷化，实现了羧基基团的还原。

Gromov等[75]采用两种方法从羧基化的单壁碳纳米管制备出氨基酸衍生的单壁碳纳米管，一种方法是基于相应酰胺的Hoffmann重排反应，另一种方法是基于羧酸的叠氮化物的重排反应和随后的水解反应。在大多数情况下，化学物质在微波辐射条件下处理比在常规条件下处理更快和更有效。不仅如此，微波处理减少了对溶剂的需要，因此更加低成本和环保。微波化学已经被引入碳纳米管的化学反应中，Mitra 等[76, 77]将单壁碳纳米管置于硝酸和硫酸混合溶液中，微波处理 3 min，羧酸和磺酸基被引入单壁碳纳米管的侧壁上。改性后的纳米管在去离子水和乙醇中具有高分散性。元素分析表明，单壁碳纳米管石墨壁上的 3 个碳原子中的 1 个被成功羧基化，另外，10 个碳原子中的 1 个被磺化。同时，官能化导致纳米管平均长度有所减少，侧壁的混乱增强，功能化碳纳米管的电导率减少了 33%。

2. 酯化——酰胺化氧化碳纳米管

通过酯化和/或酰胺化反应，得到羧化 CNT。大多数情况下，碳纳米管侧壁与两端的羧基通过与草酰氯反应，再加入适当的醇和胺，转化成酰基氯团。经过这个过程，实现有机物、生物分子、聚合物或光敏化合物对碳纳米管的修饰[78]。Wang 等[79]报道了酰氯单壁碳纳米管直接胺化，形成伯胺、仲胺、猪胰腺脂肪酶和氨基酶修饰的碳纳米管。类似的方法也可使赖氨酸共价连接到多壁碳纳米管的侧壁，使其在去离子水中具有高分散性。Chen 等[80]研究了多肽修饰 CNT 侧壁的方法和嫁接技巧，发现胺官能化的纳米管可引起物种的开环聚合，形成多肽接枝的碳纳米管。也有酰氯功能化的单壁短碳纳米管合成，并进一步与空间位受阻胺反应，使材料在单壁碳纳米管的侧壁作为 C_{60} 分子的自组织支架。这些复合材料电泳沉积在纳米 SnO_2 电极上，可用于微观和光电化学研究，阐述结构和光电化学性能间的关系。

Prato 等[81]采用扫描隧道显微镜证明烷基胺化的短碳纳米管，氧化功能化主要发生在纳米管侧壁，并采用一系列供体-受体复合物来制备纳米单壁碳纳米管。同样，Xu 等[82]报道了另一个供体-受体系统，通过酰氯单壁碳纳米管与八氨基取代的酞菁铒进行酰胺化，所制备的材料表现出分子内强电子相互作用，如电荷可从酞菁环转移到单壁碳纳米管。与此同时，Lee 和 Yoo[83]介绍了一种羧酸基团连接到多壁碳纳米管的方法，通过化学氧化法，并与氯化亚砜和乙二胺反应，获得氨基修饰的多壁碳纳米管，该材料进一步与钌(Ⅱ)官能化染料结合，可获得高效光敏化太阳能电池，另外，缩短羧基化的单壁碳纳米管和强电子受体氧基光敏剂也有报道，该混合材料的溶解度增加，可能源于拆散了吡喃碳纳米管。

Feng 等[84]通过酰基氯多壁碳纳米管与二氨基偶氮苯和十二胺的酰胺化反应，获得偶氮苯发色团的侧壁功能化多壁碳纳米管，显示发生了多壁碳纳米管偶氮顺反异构化反应。在相同情况下，酰基氯修饰碳纳米管和 3,4,5-三癸基羟基苯甲酸酰肼进行共价功能化，该混合材料具有良好的溶解性和发光性能。然后，通过酰氯酰胺官能化的碳纳米管和胺官能化富勒烯衍生物，制备出单壁碳纳米管富勒烯共斩混合物，随后，正戊醇在剩下的酰氯基团上进行酯化作用，所得到的混合物溶解度大幅度增加。此外，通过四氯化硅实现碳纳米管的酰基氯化物介导改性和氧化碳纳米管的活化，由此产生的氯甲硅烷酯的管壁被进一步修饰，可增强其在水中的分散性。

氧化碳纳米管的其他直接酯化和酰胺化方法也有报道，一种方法是以酸纯化的单壁碳纳米管用熔融进行尿素处理，尿素起溶剂和反应物的双重作用，熔融尿素分解成氨和异氰酸，并与羧基和羟基反应，在单壁碳纳米管的侧壁和尖端产生氧化。核磁共振光谱和 X 射线光电子能谱证实脲基基团连接到碳纳米管，改善了水溶性。另一种方法是用 1,8-二氨基辛烷直接热氨化氧化单壁碳纳米管，再在相同条件下，用 L-丙氨酸和 ε-己内酰胺进一步修饰。该反应在 160～200℃下发生热激发，可避免使用有机溶剂，反应快速，只需几个小时就可以完成。通过硫酸催化发生酯化反应，得到了酸处理的多壁碳纳米管，并共价连接烷基富硬脂酸。亲脂基团嫁接在了多壁碳纳米管上，改进了液体石蜡中多壁碳纳米管的化学亲和力，可作为润滑添加剂。还有一种方法是采用具有一端巯基和另一个氨基的短链分子半胱胺，通过酰胺键连接到羧基单壁碳纳米管上，并进一步使羧基化多壁碳纳米管与巯基胺盐、*S*-(2-乙硫基)- 2-巯基吡啶盐酸盐发生反应，在侧壁引入吡啶基二硫。

通过酰胺键的形成，可使聚乙烯亚胺共价连接到氧化多壁碳纳米管上，并通过乙酸酐或琥珀酸酐进一步修饰，分别形成具有中性或负表面电荷的修饰型多壁碳纳米管，体外细胞毒性实验表明，这些官能化的多壁碳纳米管依赖于它们的表面电荷，显示生物相容性。另一个有趣的研究主要集中在利用 pH 响应性染料分子来功能化多壁碳纳米管，由此产生 pH 传感器。通过 NH_3 活化氧化多壁碳纳米管，随后，通过碳二亚胺与染料 6,8-二羟基芘-1,3-二磺酸二钠盐的羟基发生反应，1,2-氨基十二烷酸被共价接枝到碳纳米管的侧壁。此外，通过电子锌卟啉复合涂层，可进一步加强多壁碳纳米管与染料分子间的相互作用。Tour 等[85]考察了单壁碳纳米管和超短单壁碳纳米管的抗氧化能力，发现改性的单壁碳纳米管的抗氧化活性取决于功能化种类。首先对多壁碳纳米管的热退火处理，随后在高锰酸钾溶液中进行回流，会导致羧基基团引入碳纳米管侧壁，同时可纯化和缩短纳米管，所制备的羧基化多壁碳纳米管可以进一步修饰。

3. 离子液体法

研究发现，SWNT 束可在离子液体中剥离。用离子液体法改性 CNT，提高 CNT 与媒介接触的电势，有望改善其相容性和稳定性，增强其应用潜力，如传感器和致动器。酰氯官能化的多壁碳纳米管既可以和 1-羟乙基-3-乙基咪唑氯化物反应，也可以和市售的 3-氨基丙基咪唑反应，然后又可以与正丁基溴发生反应，在铵状态下可提供水溶性官能化的多壁碳纳米管。Wang 等[86]通过碳二亚胺偶联化学反应，用 1-(3-氨基丙基)-3-甲基咪唑溴功能化多壁碳纳米管，再在原位上用 $HAuCl_4$ 还原，碳纳米管表面高密度覆盖平均粒径为 3.3 nm 的金纳米粒子，尺寸分布均匀，在氧还原过程中展示出优异的电催化活性。

4. 碳纳米管的络合反应

受控的自组装碳纳米管晶格和金属配合物相结合，制备出新型纳米材料，是纳米器件的发展方向。自组装的氧化 SWNT 与三联吡啶-Cu(Ⅱ)配位，显著提高热稳定性[87]。透射电子显微镜和原子力显微镜观察显示头-头型(V 模型)、头-壁型(T 或 Y 型)及壁-壁型(X 模型)的比例为 5∶6∶1。Newkome 等[88]通过阳离子的交换，使具有连通性的三联吡啶-金属(Ⅱ)-三联吡啶为基础的六聚金属-大环化合物与羧酸改性的 MWNT 形成络合物，这类新型材料在光伏、场效应晶体管、电化学传感器等方面有潜在应用价值。通过类似机制，酸处理过的 SWNT 通过溶液超声，与形成羧酸根阴离子的 SWNT 末端和形成阳离子 2-(三甲基氯化铵)乙基甲烷硫代磺酸酯(MTSET)之间形成电子对[89]。MTSET 改性的碳纳米管的离子通道，是不可逆阻断的，而纯化的 SWNT 表现出可逆阻断，表明在离子通道里，MTSET 附着的 SWNT 和半胱氨酸基团发生了化学作用。

5. 卤化反应

纯化了的 SWNT 和过氧三氟乙酸(PTFAA)经超声处理，不仅可以得到含氧官能团，还可以在 SWNT 表面共价连接三氟基官能团[90]。这些修饰过的 SWNT 长度被缩短至 300 nm，导致小束和单独的纳米管，使其很容易分散在极性溶剂中。Barron 等[91]通过改变取代基长度，量身定制了功能化碳纳米管的溶解度。氟化的单壁碳纳米管在碱催化下，可与 R,ω-氨基酸发生官能化，其水溶性可由取代基脂肪链的长度控制。6-氨基己酸衍生物修饰后，在 pH 为 4～11 的水溶液中是可溶的，而甘氨酸修饰后在所有 pH 中都是不溶的。在类似的研究中，含氟的单壁碳纳米管的氟原子部分被尿素、胍、硫脲、氨基基团取代，共价键连接到单壁碳纳米管侧壁，其中尿素和胍通过氨基形成碳氮键，而硫脲是通过稳定的碳硫键连接到纳米管的侧壁。

6. 环加成反应

C_2B_{10} 碳硼烷笼通过氮烯环加成连接到 SWNT 侧壁[92]。在碱性条件下回流，导致氮丙啶环被打开，产生了溶解性的修饰型 SWNT，侧壁被 C_2B_9 碳硼烷单元和部分乙醇官能化。研究表明，该硼原子在肿瘤细胞中，具有特异性浓缩，而在血液和其他器官中，没有此特性。宾格尔反应得到广泛应用，目前也是富勒烯环丙烷化的主要途径，广泛应用于 C_{60} 的多加成反应。在强还原条件下，得到超短未成束的 SWNT，并与丙二酸双-(3-叔丁氧羰基)酯原位官能化[93]，所得纳米管每纳米上有 4～5 个加成物。同时，宾格尔反应也已成功应用在微波辐射下的单壁碳纳米管侧壁官能化，反应时间缩短到 30 min，并通过改变输出功率，控制侧壁共价连接的取代基量[94]。

碳纳米管上甲亚胺叶立德的 1,3-环加成备受关注，由吡咯烷环修饰碳纳米管的表面，可携带大量官能团，包括第二代树枝状大分子、酞菁环、全氟烷基硅烷基团和氨基乙二醇官能团，通过碳二亚胺偶合共价键连接，实现碳纳米管官能化。

7. 自由基加成

Tour 等首次通过原位产生芳基重氮盐，对 CNT 侧壁进行共价改性，提高了 CNT 的官能度，并使 CNT 混合物能够良好地分散于有机溶剂和水中，随后又发展了许多方法，并进行了系统理论探索[95]。Stephenson 等[96]将亚硝酸钠混合在 96%硫酸和过硫酸铵中，实现苯胺衍生物对 SWNT 的官能化，代替具有腐蚀性和危险性的发烟硫酸。另一个类似的方法是以离子液体作为溶剂介质[97, 98]，其中，离子液体以碳酸钾和咪唑为基础，在室温下研磨各种芳基重氮盐和 CNT 混合物，使 SWNT 的自由基官能团化反应具有温和、快速、价格便宜和环境友好型等特点[99]。Tour 等[100]用亚甲基二苯胺作为重氮盐前驱体，共价连接到 CNT 上，形成微纤维形式，并作为储氢支架，这些三维纳米工程纤维是典型的大孔碳材料，具有高吸氢能力。Darabi 等[101]发展了硫代酰胺基团共价连接到纳米管侧壁的两个步骤。首先，采用 4-乙酰苯胺和重氮盐产生苯乙基，并使苯乙基部分直接共价连接到单壁碳纳米管上，在第二个步骤中，遵循维尔格罗特-金德勒反应的原理，SWNT 上的苯乙基部分与硫和吗啉反应，得到终端的龙葵。研究发现，通过重氮化学反应，可以获得水溶性的官能化 SWNT。在非常弱的磁场中，表现出显著取向[98]，而对同样官能化的 MWNT 对毒理学研究表明，纳米管表面的功能化显著降低毒性。

Guo 等[102]采用原位生成卟啉的重氮化合物，制备出了共价修饰的单壁碳纳米管，对纳秒激光脉冲显示优异光限幅效应。Campidelli 等[103]采用重氮化学和随后附加的锌酞菁衍生物或使用改进的 1,3-偶极环加成反应，获得锌卟啉的树枝，并采用 4 -(三甲基硅基)乙炔基苯胺功能化修饰单壁碳纳米管，大幅度提高溶解度，并在纳米管和咪唑基团共价连接的 SWCNT 骨架之间，显示出弱分子内电子相互作用。另一种方法开展了多壁碳纳米管改性，体外毒理学研究发现，在非常弱的磁场中，表现出明显取向，这些官能化的碳纳米管急剧降低了毒性[104]。通过重氮化学官能化的碳纳米管被广泛用于进一步修饰支架，如碘苯基官能化的单壁碳纳米管，导致共价键连接的 π 共轭卟啉、芴、并噻吩生色体，在制备光-电活性材料为基础的单壁碳纳米管中，具有很好的潜力。重要的是，碳纳米管和生色团之间的共价键，不仅引入新的光化学过程，还可以调节光生电子瞬变的强度和寿命。另一个是芳基重氮盐和功能化碳纳米管在硅、银、铝、氧化铝或氧化铪表面上进行自组装，产生高性能场效应晶体管，并且为其他电子、光学和传感器阵列中提供大规模集成的可能性[105-108]。

除了通过原位生成的重氮盐来功能化碳纳米管，其他技术还包括对碳纳米管的侧壁进行表面活性剂介导、热或光化学自由基嫁接。Murata 等[109]在水性表面活性剂溶液中，室温下通过有机酰在单壁碳纳米管的侧壁进行氨基功能化。拉曼光谱显示，功能化程度可通过提高表面活性剂浓度而增加，同时，功能化程度还取决于肼、4-溴甲氧基苯基和 4-硝基苯基的取代基。所制备材料在有机溶剂中溶解度高达 100 mg/L。此外，通过 4-甲氧基苯基肼的热空气氧化，获得对甲氧基苯基共价功能化的单壁碳纳米管。在相同产量的功能化中，微波辅助反应最佳反应时间为 5 min，而热处理往往以天来计算，大大提高了反应效率。Wei 和 Zhang[110]使碳纳米管在钾和苯甲酮之间发生热反应，电子从钾原子转移到苯甲酸钾，从而产生了碳自由基，可以很容易地添加到单壁碳纳米管表面，引起二苯甲醇部分修饰。同样，Billups 等[111]设计了单壁碳纳米管与四酰基过氧化物、4-甲氧基苯甲酰、邻苯二甲酰或三氟乙酰基的热分解反应，在过氧化苯甲酰存在下，邻苯二甲酰过氧化物可最大限度地功能化单壁碳纳米管，通过过氧化苯甲酰热分解，得到苯基改性碳纳米管材料，可用于水溶性碳纳米管的制备。

Billups 等[112]研究了在液氨中，单壁碳纳米管的还原方法。这种方法得到的碳纳米管盐高度分散，可能是与烷基/芳基卤化物、烷基/芳基硫化物或芳基二硫化物发生反应，产生部分拆散的单壁碳纳米管，并通过烷基或芳基部分进行官能化。这些反应遵循的路径是单电子转移到卤化物形成瞬态自由基负离子，然后分解成以碳为中心的自由基和卤化物。通过对官能化的碳纳米管的比表面积测定和进一步的研究表明，该反应是依赖于单壁碳纳米管的直径和金属在半导体碳纳米管的功能化。Tour 等[113]利用这个方法将多烷基和芳基引入多壁碳纳米管的侧壁，获得可溶于有机或水溶剂中的功能化材料。在液氨中使用锂或在四氢呋喃中使用锂萘基，是实现室温下烷基单壁碳纳米管功能化的关键。

8. *亲核加成*

Hirsch 等[114]在 SWNT 侧壁，利用亲核加成有机锂和有机镁化合物，得到高度剥离的带负电荷的中间体，随后，通过在空气中再氧化和部分烷基化，得到中性、非捆绑和高官能化的 SWNT，该反应因电子状态接近费米能级，所以 SWNT 的金属性或半导体性具有显著的选择性。此外，SWNT 和有机金属化合物的反应效率与纳米管的直径呈反比关系。研究表明，在 SWNT 侧壁亲核加成胺系亲核试剂，在原位产生了锂酰胺，形成氨基官能化的 SWNT，大大改善了其在有机溶剂中的溶解度[115]。

9. 亲电加成

采用微波辐射辅助，在 SWNT 上亲电加成卤代烷，使纳米管的表面产生烷基和羟基。这些烷基增强了改性的单壁碳纳米管和聚合物分子链之间的相互作用，而羟基基团可和酰基卤进一步酯化，得到与单壁碳纳米管相应的酯化衍生物[116]。Tessonnier 等[117]基于去质子化-金属化过程，用丁基锂作为辅助剂，然后再进行电取代，实现在碳纳米管表面的结构缺陷位点，优点在于是一流的氧化胺路线并得到非常均匀的产品，且具有高密度氨基团，常被用作生物柴油生产中的非均相催化剂，此外，Balaban 等[118]报道了 SWNT 的傅列德尔-克拉夫茨酰化反应。

10. 电化学改性

用电化学改性碳纳米管是纳米管功能化的一个好方法。金属性碳纳米管电化学产生的氨基自由基的选择性功能化已经被实现，并证明适合于碳纳米管的 pH 传感器的制造。Ramanath 等[119]通过聚焦离子束辐射，扩展了 CNT 的官能化，研究发现，在 CNT 表面，并没有通过湿化学来装配纳米颗粒、荧光微球、氨基酸或金属蛋白，这些功能化是通过静电和共价相互作用锚定离子辐射碳纳米管实现的。

11. 等离子体活化

电感耦合射频等离子体被用于改性碳纳米管，在等离子体活化中，影响 MWNT 官能化的参数有气体类型、处理时间、压力、反应室内部的样品放置位置等。不同等离子气体得到的官能团并不相同，如在 O_2 中，得到羟基、羧基和羰基；在 NH_3 中，得到胺、腈和酰胺基；在 CF_4 中，得到氟原子[120]。用 CF_4 氟化过后的 SWNT，可以与 1,2-二氨基乙烷进行进一步改性，产生 n 型 SWNT 半导体[121]。此外，在真空条件下，等离子体预处理过的 MWNT 可作为沉积蒸发状态 Au、Ag 和 Ni 等金属的支架[122]。

微波产生的氮等离子体是 SWNT 和 MWNT 侧壁引入氮官能团的较合适的方法[123]，与原始的 MWNT 相比，功能化的 MWNT 在光电设备领域具有更优良的性能[124]，同时，胺改性的 MWNT 也可作为内酯单体聚合的有效引发剂[125]，另外，在电氧化甲醇中，氮掺杂的 MWNT 可作为催化剂，用来沉积 Pt 和 Ru 等金属纳米颗粒[126]。

常压等离子体被看作是定向纳米管官能化的好方法，因为溶液化学处理常常会引起垂直取向破坏[127]。在常压介质阻挡放电等离子体处理下，CNT 的电子结构、物理和化学行为参数发生变化，如能量密度、放电组成、极间的差距等。Imasaka等[128]通过脉冲流光放电法制备水溶性SWNT和MWNT，并在水中形成了悬浮液。通过将平面电极系统浸在CNT悬浮液中，并对电极系统施加多方波电压脉冲，生成了重复的脉冲流光放电。经红外光谱测定，CNT的表面结合了羟基部分，该羟基基团可能是由O和H之间的化学反应形成的，羟基修饰对增溶有促进作用。

12. 化学修饰

Baibarac等[129]研究了SWNT在非静力(0.58 GPa)压缩下，单独或分散到各种基质后的性能。当SWNT压缩处理时，可变成不同大小的片段，当采用基质如KI和Ag时，可形成供体-受体混合物。Li等[130]利用高速振动研磨SWNT，在其侧壁引入了烷基和芳基。同样可在室温下，机械研磨CNT、氢氧化钾和乙醇的混合物，实现在SWNT、DWNT和SWNT表面引入官能团[131]，研磨后碳纳米管变短，可调整球磨的参数进行优化碳纳米管的长宽比。另外，采用碳酸氢铵可在CNT表面引入氨基和酰胺基基团，官能化的CNT被有效解开并缩短[132]。

4.3.2 非共价键相互作用

碳纳米管和有机材料之间的非共价键相互作用导致不同种类的官能团修饰在CNT表面，而不会干扰π系统[133]。通过表面活性剂或大分子对CNT进行非共价表面修饰，被广泛运用于水和有机溶剂可溶性材料的制备中，以获得单分散且高度稳定的碳纳米管悬浮液。针对碳纳米管和不同种类分子的非共价键相互作用的研究主要集中在纳米分子间相互作用的机制、加合物的胶体稳定性及其功能化特性。

1. 多环芳烃化合物

含亲水或疏水部分的稠芳族衍生物可分别在水或有机溶液中分散CNT。Nakashima等[134]研究了在含有苯基、萘、菲和芘铵两亲物的水介质中的碳纳米管的溶解性，发现苯基和萘系两亲物不能够使CNT分散到水中，这说明芳族部分和碳纳米管侧壁之间的π-π相互作用极其重要。与菲相比，芘衍生物能够有效增溶。近红外光致发光测试显示，单壁碳纳米管在芘铵的混合悬浮液中，具有0.89～1 nm的特定直径范围。此外，Prato等[135]通过静电相互作用，将阴离子卟啉固定在可溶性碳纳米管与芘铵的混合溶液中，并产生电子给体-受体复合物。由于卟啉发色团的快速激发态失活，导致长寿命的自由基离子对。同时，悬浮液碳纳米管与芘铵混合的烷基铵被用于合成冠醚修饰的富勒烯，导致C_{60}单线态激发态的有效猝火。芘衍生物也被用在有机溶剂中分散碳纳米管，芘链接功能化的代表性例子包括富勒烯、焦脱镁叶绿酸、四硫富瓦烯、羟丙基纤维素和水解聚(苯乙烯-马来酸酐)等。Tromp 等[136]提出了一种新型的碳纳米管直径选择分离策略。单壁碳纳米管侧壁上的并五苯Diels-Alder烷基加合物尺寸选择的非共价键匹配是实现有效分离的基础，并使碳纳米管在溶剂中形成悬浮液，直径为 1.15 nm 的碳纳米管被选择性溶解，而较大直径的碳纳米管被离心后沉淀下来。从这些选定的碳纳米管中制备出基于碳纳米管的场效应晶体管，与没有选择的碳纳米管相比，电性能显著提升。另外，对含改性二并五苯衍生物和碳纳米管的有机介质进行超声处理，可以获得悬浮液，且组分之间发生了 π-π 相互作用。

卟啉衍生物等连接到 CNT 侧壁，可作为光收集系统。Diederich 等[137]研究了在熔融卟啉中，单壁碳纳米管的分散性。当使用了三聚体时，分离的残留物超声一小段时间，得到了稳定的黑色溶液，即使在 5000 r/min 下离心 20 min，也没有沉淀物析出。而在酸化四氢呋喃溶液中，熔融的二聚体无法剥离碳纳米管管束。通过紫外-可见光光谱和原子力显微镜观察，发现超分子间存在相互作用。卟啉在紫外-可见区域的特征吸收峰值发生显著变化，这说明存在络合反应。与此同时，Adronov 和 Chen[138]及 Valentini 等[139]分别研究了 CNT 的超分子络合线性聚合和 CNT 的超分子络合树突卟啉，两种材料可形成稳定的 CNT 悬浮溶液，树突状卟啉存在下，在紫外-可见区域的特征吸收峰值没有发生任何变化。

2. 与其他物质的相互作用

在碳纳米管表面非共价连接两亲分子，即表面活性剂，使亲水部分与溶剂相互作用，而疏水部分被吸附在碳纳米管表面，从而增加 CNT 的溶解性，并防止它们间因相互作用而聚集成束。近年来发现，离子型和非离子型表面活性剂均对 CNT 具有增溶作用[140]，离子型表面活性剂包括十二烷基硫酸钠、四烷基溴化铵、溴化十六烷基三甲基铵等，非离子型表面活性剂包括 X-100，又名聚乙二醇辛基苯基醚。室温离子液体，特别是基于烷基取代的咪唑离子是两亲性物质，通常作为阳离子表面活性剂。由于离子液体可与有机或水介质混溶，在碳纳米管化学中，离子液体第一次被用于合成高度剥离的凝胶且用作各种化学反应的溶剂。

Hu 等[141]用非共价键方法进行溶解和剥离单壁碳纳米管，具体方法是采用物理磨碎处理，单壁碳纳米管和刚果红(congo red，CR)的混合物可溶解于水中，溶解度达 3.5 mg/mL。从高分辨透射电子显微镜图像中可以看出，单壁碳纳米管束被有效剥离成单个管或小绳子，吸附的刚果红和单壁碳纳米管的侧壁之间形成 π-π 堆积，是导致高溶解度的重要因素。Ogoshi 等[142]发现，和大环分子通过超分子相互作用结合的单壁碳纳米管在水介质中存在增溶作用，例如，在瓜环存在时，大环化合物能够选择性地溶解在水中的单壁碳纳米管，瓜环不仅可用于碳纳米管增溶，而且可以对有缺陷的材料进行净化。在杯芳烃存在时，由于静电斥力，在水中的碳纳米管束被有效剥离。在大环的碳纳米管混合物中加入客体分子，大环和客体之间形成了主客体复合物，导致单壁碳纳米管聚集。

原始的碳纳米管的疏水性表面与乙烯基硅烷分子是润湿的，Bourlinos 等[143]合成了水溶性的碳纳米管-二氧化硅复合材料，带电的硅基导致碳纳米管增溶。通过碳纳米管的乙烯基和芳香侧壁间的非共价键连接，浸渍硅烷的碱性缩合导致黏结性的硅氧烷种类，经煅烧得到 Si-O-Si 交联的超细二氧化硅纳米粒子，表现出高浓度的酸性表面硅醇基，碱处理很容易转换为对应的阴离子。在这种方式中，纳米管的二氧化硅鞘获得一个负表面电荷，提供了混合离子特性，增强了水中的分散性。Bottini 等[144]在巯丙基三甲氧基硅烷的存在下，于水中超声分散单壁碳纳米管，紫外光谱和透射电子显微镜显示，离心得到的碳纳米管束是被一层薄薄的硅烷分子包覆。Ikeda 等[145]通过机械高速铣削振动和超声方法，实现巴比妥酸混合物或三氨基嘧啶与单壁碳纳米管形成配合物，但材料仍然是不溶性的。Lee 等[146]通过 3-己基噻吩齐聚物，研究了有机介质中碳纳米管的非共价修饰和分散，发现硫数目增加可提高单壁碳纳米管的分散性。同时，低聚物的规整度对纳米管的分散性也有很重要的作用。此外，拉曼光谱和 X 射线光电子能谱表明，硫原子提高了噻吩和单壁碳纳米管壁之间的相互作用。分析表明，精心设计的含有 12 个单体单元的噻吩齐聚物可使单壁碳纳米管长期并稳定分散，溶解度为 0.1 g/L。Windle 等[147]通过使用一个简单的化学处理，有效地将单壁碳纳米管润湿并分散在醇水混合的饱和氢氧化钠溶液中，且管的表面损伤和缩短非常少。通常情况下，乙醇分子可扩散到纳米管束之间，以减少管间的相互作用。Li 等[148]研究了乙醇胺在氢氧化钠存在下，碳纳米管的非共价功能化。醇盐离子被发现覆盖在碳纳米管侧壁上，从而使碳纳米管材料完全分开。而胺基团的存在，提高了用环氧树脂基体改善管界面的相互作用。

3. 与生物大分子的相互作用

探索 CNT 与不同生物分子间的相互作用，有利于促进其在生物领域中的应用[149]。生物功能化，如连接蛋白质、碳水化合物或核酸等，使碳纳米管具有新的生物活性。使用生物分子在分子层面对纳米管进行改性，遵循生物纳米技术“自上而下”的原则，改性后的 CNT 在化学生物学领域开辟了一个令人兴奋的研究方向，可定位和改变细胞行为。具有高亲和力的一类重要生物分子蛋白质与碳纳米管的侧壁连接，成为疏水性和亲水性领域的天然聚电解质，其亲水性取决于氨基酸序列和 pH 条件。在水和/或极性介质中，超声辅助拆分和分散 CNT-蛋白混合物已有大量报道，包括大分子天然蛋白质如溶菌酶、牛血清白蛋白、疏水蛋白、合成寡肽、可逆环肽基肽、苯丙氨酸、两亲性螺旋肽、卟啉等。

Matsuura 等[150]研究了通过超声处理，分散在四个不同水溶性蛋白质溶液的机理。混合分散体的循环二色光谱显示，当蛋白质部分展开时，会吸附到碳纳米管的侧壁。因此，水溶性蛋白质对碳纳米管的分散性有促进作用，同时通过热变性和复性过程将碳纳米管展开。在木瓜蛋白酶和胃蛋白酶溶液中，碳纳米管不能分散，可能是因为在超声过程中，蛋白质折叠变化不足，导致内疏水区域轻微暴露。然而，在溶菌酶和牛血清白蛋白溶液中，发现蛋白质与单壁碳纳米管侧壁相连接，这是因为部分折叠蛋白质的内疏水区域得到了有效的暴露。

4.3.3　金属填充

从化学角度来说，碳纳米管最迷人的特性之一是可以封装分子，并限制分子形成准一维数组[151, 152]。许多 CNT 分子填充的研究涉及在空腔内纳米管的物理性能及其对吸收分子所产生的响应。

1. 封装富勒烯

20 世纪 90 年代，通过 C_{60} 和高富勒烯填充多壁和单壁碳纳米管材料，并产生了豆荚结构，并采用各种光谱，研究了富勒烯封装的碳纳米管的特性，包括光学电子输运性质等。此外，通过使用芘铵表面活性剂，豆荚结构导致水介质中形成悬浮液[153]。Kawasaki 等[154]在 25 GPa 高压下，通过原位同步辐射 X 射线衍射研究了 C_{60}-SWCNT 豆荚结构的特性，发现碳纳米管中，当压力从 0.1 MPa 增加到 25 GPa 时，C_{60} 与 C_{60} 之间的距离从 0.956 nm 降到 0.845 nm；当压力释放后，C_{60} 与 C_{60} 之间的距离低于初始值，这表明压力诱导 C_{60} 分子在碳纳米管内的聚合。

Simon 等[155]和 Yudasaka 等[156]通过溶液相处理，研究了 C_{60} 从单壁碳纳米管空腔释放的释放效率。以二氯苯为溶剂，富勒烯可从大直径单壁碳纳米管内高效释放。不仅原始的 C_{60} 可以插入单壁碳纳米管空腔，而且一些改性材料也可插入，如氮杂富勒烯、结构改良的 C_{60}、富勒烯盐和金属富勒烯等。制备这些豆荚结构的条件主要包括升华、溶液处理及在超临界二氧化碳气氛下进行插层。围绕双壁碳纳米管的填充，Khlobystov 等[157]发现在空腔内可形成不同晶相的 C_{60}，这取决于双壁碳纳米管的内部直径，因为直径大小可调整分子包装形式，以最大限度地发挥范德瓦耳斯力的相互作用。同时发现，在 C_{60}@DMCNT 内部的富勒烯还与双壁碳纳米管的外层相连接，并作为高效填料，填充于内部直径小于 1.2 nm 的碳纳米管内。

2. 有机物质的组装

除了富勒烯，采用其他系统，在碳纳米管的内腔中也可引入有机分子，最常用的插入方法是升华或在溶液中进行反应。Fujita 等[158]证明二萘嵌苯-3,4,9,10-四羧酸酐插入单壁碳纳米管的内腔中，存在一个二维排列结构，通过高温真空热处理后，在拉曼光谱 300～400 cm^{-1} 范围内发生新的信号峰。Kataura 等[159]研究了共轭染料的封装，如胡萝卜素和方酸插到单壁碳纳米管腔中，光致发光光谱显示了激发能从被困分子转移到单壁碳纳米管中。Wu 等[160]研究了碳纳米管内腔中离子液体(1-丁基-3-甲基咪唑六氟磷酸盐)的限制。电子衍射和差示扫描量热法分析表明，在密闭空间中形成了离子晶体，而纯离子液体的熔点约为 6℃，在多壁碳纳米管中形成晶体后，热稳定性显著提高，熔点达到 220℃。

另一类固定在碳纳米管内腔的物质是聚合物，如聚苯乙烯、聚 *N*-乙烯基咔唑、聚吡咯、聚乙炔。大多数情况下，在碳纳米管内部的填充是借助于超临界二氧化碳的原位聚合法完成的。

3. 无机物质的封装

牛津大学 Green 课题组实现了碘盐(KI、CsI 和 PbI_2)在单壁碳纳米管和多壁碳纳米管内的封装，也可拓展到双壁碳纳米管[161]，并通过熔融相填充过程，制备出复合材料。通过高分辨率透射电子显微镜技术、结构建模、图像模拟和 X 射线粉末衍射等，分析了封装的金属-碘晶体的图像和封装的金属碘晶体的结构，发现无机晶体的原子分辨结构存在几个晶格缺陷，包括间隙原子和空位及晶面扭曲。Wilson 等[162]将超短单壁碳纳米管浸泡到 $GdCl_3$ 溶液中，发现在管内腔，水合离子簇是禁闭的，这是因为这些离子具有很大的磁矩，与临床上以 Ga^{3+}为基础的造影剂相比，这种物种显示 40～90 倍的增强磁共振成像效果。

在类似工作中，笼状离子或分子也被成功插入单壁碳纳米管和/或双壁碳纳米管的内腔，包括带电多金属氧酸盐，如磷钨酸和林奎斯特离子及中性硅酸，磷钨酸豆荚被证明由于静电斥力作用，能有效地分散和稳定在水介质中。Ersen 等[163]使用电子断层成像观察多壁碳纳米管空腔内钯纳米粒子的形貌和位置。通过毛细力，钯盐前驱体首先被吸入碳纳米管通道，随后，在氢气氛围中煅烧到 400℃时发生还原反应。三维投射电子显微镜表明，外来元素引进受到管内通道直径的强烈影响，填充易发生在直径大于 30 nm 的碳纳米管通道，小通道管几乎没有填充，此时，金属粒子只在管外壁沉积。Shinohara 等[164]和 Kataura 等[165]通过纳米模板反应实现在单壁碳纳米管内腔中制备金属纳米线。基于富勒烯或金属铁，得到的单壁碳纳米管里面填充了金属钆，随后可形成各种金属纳米线，包括一个金属原子链、金属原子格的一维线形和纳米线。高分辨透射电子显微镜显示 Gd 与 Gd 之间的距离为 0.41 nm，比散装钆晶体的键要长。封装的钆原子和碳纳米管之间的电子转移在稳定中起着重要作用，密度泛函计算也证实了这种超薄钆纳米线封装在单壁碳纳米管的结构特性。

4.3.4 金属纳米粒子的修饰

金属纳米颗粒可以通过不同的方法固定在碳纳米管的骨架上，主要制备方法包括共价键嫁接、电沉积或非电沉积及非共价键的相互作用。

1. 共价键

巯基修饰的碳纳米管可通过三种方法制备，一是加入多壁碳纳米管和脂肪族的二硫醇类或氨基硫醇，通过无溶剂加热修饰得到；二是多壁碳纳米管和 4-硫醇苯基重氮盐直接反应得到；三是在碳纳米管骨架上，经过循环光分解处理的单壁碳纳米管，作为金纳米粒子和钯纳米粒子组装的基底。此外，通过 4-氨基苯硫酚与酰氯反应可制备改性的巯基功能化多壁碳纳米管，用于负载高密度铂纳米颗粒，其中铂纳米颗粒是通过氯铂酸液相还原得到的。在甲醇氧化和氧还原反应中，碳纳米管-铂杂化材料表现出增强的电催化活性，此外，金纳米粒子被固定到硫醇官能化的多壁碳纳米管的表面上，通过 γ 辐射得到的还原后的金(III)氯化物并没有任何结块现象。

Jerôme 等[166]使用廉价的商业化 4,4′-偶氮二(4-氰基戊酸)，通过热分解并结合自由基加成机理，实现多壁碳纳米管修饰。释放的羧酸基团，可作为纳米四氧化三铁的嫁接点。在类似方法中，一种烷基偶氮腈作为自由基引发剂产生烷改性的多壁碳纳米管，随后通过水解而释放羧酸盐。用氨基末端基团改性的二氧化硅包覆的磁性纳米颗粒，平均粒径为 60 nm，该材料通过酰胺化反应，与羧基化的多壁碳纳米管相结合，所制备的杂化材料可用于水中芳香族化合物的快速分离。

2. 在缺陷部位上直接沉积

通过单晶氧化锌纳米粒子的酸和氨处理获得修饰型多壁碳纳米管，并用温度函数研究其结构和性能。多壁碳纳米管由氧化锌纳米颗粒组成的薄膜均匀包裹，当处理温度达到 600℃时，平均尺寸为 48 nm；当处理温度达到 750℃时，多壁碳纳米管表面的氧化锌薄膜变成不连续的。酸处理后的单壁碳纳米管也被用作氧化锌纳米颗粒沉积的支架，在紫外射线激发下，可进行电荷分离和注入电子。将特殊的化学气相沉积改性发展得到的薄膜，即原子层沉积技术，用于单壁碳纳米管的侧壁上缺损部位上氧化锌纳米粒子的生长和直接沉积。此外，如果无定形氧化铝壳作为中间层覆盖在单壁碳纳米管的表面，则获得的 ZnO 纳米晶的最终形貌变得光滑和可控。

Mitra 等[167]在低温和微波诱导下，合成高纯度碳化硅-单壁碳纳米管，该反应在 10 min 内完成，涉及三甲基氯硅烷的分解和碳化硅球直接在单壁碳纳米管束的成核。同时，在超临界二氧化碳条件下，通过氢还原制备钯-二酮前驱体，再由多壁碳纳米管负载钯纳米粒子，通过改变钯-二酮浓度，可调控金属纳米颗粒的负载密度。

3. 化学沉积

Dai 和 Qu[168]开发了一种化学沉积方法，用于碳纳米管的各种金属纳米粒子的修饰。在不使用任何还原剂时，由金属基板负载碳纳米管，并通过电化学还原金属离子如金、钯和铂获得金属纳米颗粒，而基板的金属原子被氧化成相应的金属离子，并在溶液中溶解。此外，在不同金属离子浓度和/或反应时间条件下，通过电置换反应使铜箔和适当的水溶液发生反应，合成形状和尺寸可控的白金和黄金纳米粒子。

4. 电沉积

通过在单壁碳纳米管表面上发生八面体钯(Ⅳ)配合物的电解还原，使钯纳米粒子电沉积在单壁碳纳米管。首先，制备了单壁碳纳米管粘贴电极，并在碳纳米管的缺陷部位，引入了电化学活化羰基和羧基基团。接着，在单壁碳纳米管表面，形成了钯(Ⅳ)的八面体配合物。最后，采用电化学还原获得钯纳米粒子，以及均匀排列的碳纳米管表面。同时，通过端胺基离子液体 1-乙胺-2,3-二甲基咪唑溴来实现单壁碳纳米管的官能化，由此使金纳米粒子被电沉积在单壁碳纳米管的侧壁，这种胺在金纳米粒子上自组装，产生一种新的纳米复合材料，可作为葡萄糖氧化酶的支架，从而使其直接发生电化学反应[169]。

单壁碳纳米管表面进行金属纳米粒子电沉积，可应用于许多领域，如催化和传感器等。Haram 等[170]在改性的多壁碳纳米管的水性分散体中加入银电极，通过电泳过程制备银多壁碳纳米管混合材料。Kern 等[171]通过电沉积，从普鲁士蓝染料的水溶液中实现功能化单个单壁碳纳米管。在电沉积过程中，金属管不受影响，而半导体管发生了强烈的 p-掺杂。

5. 化学修饰

在表面活性剂的存在下，碳纳米管可用来还原得到的金属纳米颗粒并进行修饰，其中，表面活性剂吸附在侧壁，碳纳米管在水或有机溶剂中形成胶体分散体。许多情况下，表面活性剂具有还原金属离子的作用。例如，以聚乙二醇为还原剂和表面活性剂，通过温和条件下还原，获得侧壁上修饰金、铂、钌纳米颗粒的单壁碳纳米管和多壁碳纳米管[172]。加入十二烷基硫酸钠、对甲苯磺酸钠、碳酸锂或高氯酸锂，可以促进乙二醇中的氯铂酸还原，并导致高分散性和高负载的铂纳米粒子负载在碳纳米管。同样，采用十二烷基硫酸钠，通过氯化钌在乙二醇中的还原反应，可实现多壁碳纳米管被大量分散的钌纳米颗粒修饰。如果使用相应的铒盐替代氯化钌，可将铒纳米粒子沉积到氧化的多壁碳纳米管上。此外，在十二烷基硫酸钠存在时，不加其他还原剂，也可自主还原铂和钯盐，实现碳纳米管表面的铂和钯纳米粒子修饰，所制备的材料在极性有机溶剂中具有增溶性，并在双键加氢反应和碳碳键形成反应中具有高催化活性。阳离子表面活性剂 CTAB，可在阴离子聚电解质如聚苯乙烯磺酸钠的均匀吸附中，作为一个带正电荷的模板，保证碳纳米管表面负电荷的高密度覆盖，以此作为前驱体，通过静电引力，使 Fe^{3+} 高效吸附，再通过溶剂热合成多元醇介质的方法，在碳纳米管的侧壁组装 Fe_3O_4 磁性纳米粒子[173]。

Cha 等[174]通过 1,2 -十六烷二醇在 MWCNT/辛醚/油胺分散体系自主还原乙酰丙酮钴，制备多壁碳纳米管-钴复合材料，再通过丝网印刷和烧结，形成一个纳米复合材料的发射器，具有低导通电场，并产生高电流密度。在类似方法中，Park 等[175]在碳纳米管表面上，原位制备及沉积纳米铜硫纳米晶。通过增加前驱体浓度，铜硫纳米晶的形态可以从球形颗粒变化到三角形板。这些纳米材料具有许多应用，包括太阳能电池和电化学葡萄糖传感器等。在另一过程中，无论有无表面活性剂的存在，通过水溶液中金盐的自催化还原得到金属纳米粒子，并沉积在多壁碳纳米管的侧壁上。同样也将金纳米粒子和导电聚合物如聚噻吩同时修饰在碳纳米管上，形成一种新型纳米复合材料。另外，Raghuveer 等[176]通过微波辅助乙二醇还原金盐，用金属纳米粒子功能化多壁碳纳米管。在此过程中，经微波处理后，在多壁碳纳米管侧壁上引入了羧基、羰基、羟基和烯丙基基团，作为从溶液中还原金离子的成核晶种。

树枝状聚合物改性的碳纳米管被用作金属和金属氧化物纳米颗粒及量子点的稳定基片[177]。在第一步中，通过酰胺化反应得到胺端基聚酰胺-胺型（PAMAM）树枝状大分子，再由共价键连接到含酰基氯的多壁碳纳米管上。在硼氢化钠水溶液还原金属盐反应中，这种复合材料可锚定原位制备金、铜、银和铂纳米粒子，使其高分散并具有优异的稳定性。此外，通过水解正硅酸乙酯和钛酸丁酯，可使氧化硅和钛氧化物纳米粒子直接生长在树枝状聚合物改性的多壁碳纳米管上。这些纳米材料表现出增强的水分散性。同时，共价连接着氨基聚酯树枝状大分子的单壁碳纳米管上，可形成稳定的硫化镉量子点，因为单壁碳纳米管引起了部分荧光猝灭，这种杂化材料表现出低荧光发射强度。在苄醇表面活性剂存在下，二氧化钛纳米颗粒可沉积在单壁碳纳米管侧壁上，苄醇浓度会影响无机氧化物涂层的形貌，以苄醇与钛摩尔比为 5∶1 最好[178]。Wang 等[179]报道了溶胶-凝胶化学和超声方法制备均匀包覆二氧化硅层的碳纳米管，在胺修饰基存在时，可作为金属纳米粒子载体，如金和铂混合纳米粒子、金银纳米粒子等，这些新材料已成功应用于高性能电化学器件中。

湿浸渍是另一个用于制造碳纳米管-金属纳米粒子复合材料的有效方法。例如，当单壁碳纳米管沉浸在钯或铂盐的乙醇-水溶液中，便会观察到金属纳米粒子在单壁碳纳米管侧壁的沉积。Han 等[180]研究了单壁碳纳米管和多壁碳纳米管上银、金、钯和铂纳米颗粒沉积方法的变化。另外，当碳纳米管分散在有机溶剂中，如 *N,N*-二丙酮、甲苯等，可在水/有机界面形成金属-碳纳米管复合材料薄膜。同时，单壁碳纳米管和单链 DNA 结合物上的铂族金属可有效调节导电性，特别是通过酰胺化反应得到的单链DNA，用来修饰酸处理过的单壁碳纳米管，所制备的纳米材料具有负微分电阻，这表明该纳米材料可作为仿生材料，用于共振隧穿二极管的制备。

6. 碳纳米管沉积纳米颗粒

Zhu 等[181]在二氯甲烷悬浮液中，实现烷基硫醇衍生的金纳米粒子沉积在单壁碳纳米管和多壁碳纳米管侧壁，此过程中，除封端和连接分子的烷基链与纳米管的疏水链间的相互作用外，同时包括金纳米粒子与碳纳米管氮原子间的相互作用。同时，在乙二醇中制备的铂纳米粒子也可沉积在三苯基膦修饰的碳纳米管表面，并保持在约 2 nm 的小尺寸。所制备的铂/碳纳米管复合材料，在甲醇氧化中显示高电催化活性。另一个可替代的方法是化学处理[182]，例如，酸处理的多壁碳纳米管被用于沉积铂纳米粒子，平均直径为 4 nm。同样，在间苯二酚还原金属盐过程中，双氧水处理过的氧化碳纳米管，可沉积稳定的银和金纳米粒子。另外，单壁碳纳米管的表面沉积平均直径为 6 nm 的结晶氧化锌纳米粒子，可应用于可调谐混合光电探测器，其响应度高达 5 个数量级。重要的是，光诱导引起的纳米颗粒表面氧的吸附和解吸，使该设备具有光开关效应，氧化锌纳米粒子对不同波段的光具有不同的光敏性，因此，可通过调节紫外光波长，实现器件的电导精细调谐。

7. π-π 堆叠和静电相互作用

具有双功能分子的非共价修饰碳纳米管，可作为纳米管表面和纳米颗粒之间的三特异抗体，用于制备金属纳米粒子-碳纳米管杂化材料。双功能分子在一个终端上大多含有芳基，并以非共价键形式与六元环的碳纳米管相互作用，而在另一个终端上的氨基、羧基或硫醇基团，能通过静电作用最终在纳米管上形成相应的纳米颗粒。常用芘基类似物和芳基硫醇作为三特异抗体，在碳纳米管上修饰铂、金、银、硫化镉和硅纳米颗粒或硅胶微球。另外，通过带负电荷的碳纳米管和聚乙烯亚胺之间的静电作用与物理吸附，可实现阳离子聚电解质和聚乙烯亚胺修饰多壁碳纳米管，该过程类似于聚合物的包装。聚乙烯亚胺同时作为吸附中心和金盐的还原剂，形成多壁碳纳米管-金异质复合材料。类似方法也可合成六方硫化锌纳米晶，并沉积到聚乙烯亚胺修饰的多壁碳纳米管的侧壁，在紫外-可见光谱中，表现出轻微蓝移，归因于多壁碳纳米管侧壁所连接的硫化锌的量子尺寸效应[183]。

为了避免氧化过程对碳纳米管的表面结构的破坏，Chen 等[184]发展了离子液体单体 3-乙基-1-乙烯基咪唑四氟硼酸盐的自由基聚合为基础的温和功能化处理方法，在碳纳米管表面沉积离子液体聚合物，可引入大量均匀分布的表面官能团，再沉积 Pt 和 PtRu 纳米粒子，其直径在 0.9～2.4 nm 之间，这些复合材料在甲醇氧化反应中显示高催化活性，也可用作燃料电池催化剂。Dong 等[185]依据静电作用原理，将聚硅氧烷壳嵌入碳纳米管，开发出非共价功能化多壁碳纳米管的新方法。3-氨基丙基-三乙氧基硅烷分子吸附到碳纳米管表面，酸催化聚合形成薄硅层嵌入多壁碳纳米管，由此锚定带负电荷的金纳米粒子，加热到 100℃，金纳米颗粒可进一步沿纳米管扩展，渐渐形成金纳米线。Yang 等[186]通过表面活性剂，将带正电的 Pt 纳米立方体吸附在聚苯乙烯包覆的碳纳米管上，表现出优异的电催化氧还原性能，也可应用于聚合物电解质燃料电池及其他领域。

许多动物的外骨骼主要矿物成分是碳酸钙，因此，具有良好生物相容性的矿物碳纳米管复合材料可用于生物医学。Liu 等[187]通过溶液化学反应，在多壁碳纳米管上沉积碳酸钙，获得碳酸钙纳米颗粒包覆的多壁碳纳米管；Li 和 Gao[188]制备了羧基功能化多壁碳纳米管沉积的碳酸钙结晶相。另外，将碳酸铵蒸气扩散到氯化钙溶液和沉积到修饰型碳纳米管的侧壁，获得方解石纳米晶体包裹的碳纳米管。Haddon 等[189]用羟基磷灰石共价修饰羧基、膦酸酯或磺酸基团官能化的碳纳米管，在单壁碳纳米管的表面结晶并形成薄膜。另外，羧酸基团改性的多壁碳纳米管也被用作纳米羟基磷灰石的载体，表面羧基基团可与钙离子形成螯合配位键。在水介质中，碳纳米管侧壁的超分子自组装可用于碳纳米管上钯纳米颗粒的锚定，这些分子中包含了长链烷基。硬脂酸和吸附的多壁碳纳米管可与钆离子形成两亲性螯合物，其水悬浮液高度稳定，在磁共振成像中，可作为造影剂的检查。

功能化碳纳米管在技术应用、功能开发及新材料研制中用途广泛，碳纳米管合成越发廉价，质量不断改善，但仍然受杂质如无定形碳或金属催化剂的影响。未来的主要工作是提高纯度及碳纳米管的长度和直径均匀性，优化手性碳纳米管的生产方法，以此推进其应用。

4.4 石墨烯纳米杂化材料

已经合成了许多石墨烯-CNT 混合材料，对其属性及功能进行了广泛研究。这些复合材料可通过液相自组装、CVD 和其他方法制备。Yan 等[190]在单壁碳纳米管修饰石墨烯，单壁碳纳米管上的功能化官能团是石墨烯单层形成的碳源，通过 π-π 堆叠或共价键直接与单壁碳纳米管连接，石墨烯-CNT 复合材料显示高导电性和催化活性及优异的力学性能。

4.4.1 石墨烯-CNT 薄膜

石墨烯-CNT 杂化材料主要集中在薄膜上，显示出优异的电性能。采用超声波法在干肼中，分散还原石墨烯纳米片和碳纳米管，获得具有高导电性的透明自组装膜和碳纳米管杂化薄膜。升温后去除肼，获得石墨烯自组装碳纳米管复合材料，再旋转涂层基板。这种薄膜的透光率为92%，电阻为636 Ω。通过阴离子掺杂，薄膜电阻可进一步降到240 Ω，但透光率略微降至88%[191]。King等[192]发现添加石墨烯到碳纳米管薄膜，会影响透明度和导电性，石墨烯-CNT薄膜中最佳石墨烯含量为3 wt%，此时经酸处理的石墨烯-CNT薄膜，厚度为35 nm，电阻为100 Ω，透光率为80%。Cai等[193]从DMF溶液中自组装得到的多壁碳纳米管-石墨烯薄层电阻，当多壁碳纳米管和石墨烯的质量比为5∶1时，材料电阻远远低于现有薄膜。

4.4.2 石墨烯-CNT三维杂化材料

三维纳米结构的高活性表面积可通过一维线状纳米插层得到碳纳米管获得，例如，类似于石墨烯纳米片材料的堆叠式二维片插层到单壁碳纳米管或多纳米管。如果线状成分是垂直于二维片层，这种复合材料的活性表面积会特别大，可应用于催化和储存。在石墨烯表面催化生长碳纳米管，因为有利于垂直连接碳纳米管和石墨烯纳米片，可获得三维碳纳米结构。常用CVD或一些类似方法，在石墨烯表面直接生长碳纳米管。例如，通过高温铁纳米颗粒的催化作用，碳纳米管在石墨烯表面垂直生长。此外，通过催化铁/铝纳米粒子的光刻对称沉积，等离子体增强的CVD法被用于石墨烯衬底上不同点沉积垂直排列的碳纳米管，CNT的柱子均匀分散到石墨烯表面并且只覆盖了石墨烯表面小部分，获得的石墨烯-碳纳米管复合材料为透明导电膜，可沉积在石英膜基底上，低压化学气相沉积技术也可使纳米碳纤维沉积在寡层石墨烯上，Rout等[194]采用微波等离子体化学气相沉积法，在硅衬底上定向生成碳纳米管，也可采用相同技术在碳纳米管束上面生长石墨烯薄片。Du等[195]通过对铁酞菁的热分解，合成石墨烯复合材料，其中，高结晶取向石墨晶体的表面被二氧化硅覆盖，且该石墨片可作为碳纳米管生长的骨架，通过优化反应条件来调整碳纳米管支柱的长度，理论计算表明，上述材料掺杂锂离子后可用于储氢。

通过使用市售的纳米碳球作为支柱来分离石墨烯纳米片。在水中，通过碳纳米管与剥离的氧化石墨烯纳米片混合，碳纳米管可以被固定在石墨烯表面，再经冷冻干燥除去水，获得碳纳米管柱状石墨烯结构。在氢气氛围下加热到300℃，则氧化石墨烯片层的石墨烯结构可部分恢复，碳纳米管柱可防止溶剂去除后分散石墨烯的堆积，有助于稳定和提高复合材料中石墨烯的表面积，沉积铂纳米粒子后显示高催化活性，也可用于燃料电池。通过在石墨烯纳米片之间插入功能化的碳纳米颗粒制备出了类似的柱撑石墨烯，用肼还原获得石墨烯薄片，为层状结构，具有高孔隙率和比表面积，归因于官能化的碳纳米颗粒高度分散在碳纳米管表面，并最大限度地减少了片材团聚。

通过封装碳纳米结构或者在碳纳米管内部空间封装其他客体，合成各种复合材料，例如，通过升华和排列成行，苯或其他多环芳烃分子插入单壁碳纳米管，加热时，封装的苯或多环芳烃分子融合并发生化学反应，获得一维纳米带[196]。Chamberlain 等[197]和 Chuvilin 等[198]采用分子硫富瓦烯分子，类似方法也得到了性质良好的纳米带，同时发现，模板纳米管的直径影响纳米带的性质。

众所周知，一个正方形的桩不能与一个圆形的孔合为一体，圆形的直径小于正方形的边长，因此，不可能将富勒烯放入碳纳米管中，因为碳纳米管的半径小于富勒烯客体。令人惊奇的是，已获得了大客体富勒烯安装在单壁碳纳米管中，Okada 等[199]研究了富勒烯封装碳纳米管的机理，且发现此过程是放热反应。

4.5 碳纳米管的应用

如今，碳纳米管的物理、化学、导电、热学及电子性能已经开展了大量研究，随着碳纳米管合成技术日益成熟，已经能够低成本大规模合成碳纳米管，其工业化应用不断扩大并日趋成熟。

4.5.1 碳纳米管在电能储存设备中的应用

改进电池和电化学电容器的性能，将会影响到下一代电动车和电能储存。与普通电容器相比，电化学电容器通常具有持续短时间最大功率，即快速的能源输送和非常高的能量密度等特点。电池比电化学电容器具有更高的能量密度，但具有更低的短时间持续最大功率(峰值功率)。例如，锂离子电池具有高能量密度，而电化学电容器的能量密度范围相对较低。但是，电化学电容器持续短时间的最大功率超过 1000 W/kg，比典型的锂离子电池高出几个数量级。碳纳米管的应用，可有效提高电化学电容器的电池性能，目前，每年有约 400 t 的商业 MWNT 作为添加剂来提高锂离子电池电极的稳定性。

1. 锂离子电池

锂离子电池是当前便携式电子设备能量来源的一个重要选择。虽然具有足够的比能量和功率密度，但其耐久性能仍需改善，如高效率、廉价、安全、无毒且能被大规模用于交通领域的锂离子电极材料，仍需要探索研发。锂离子电池正向高能量密度方向发展，就必须要找到一种使电池具有足够高的锂嵌入量和很好的锂脱嵌可逆性的电极材料，以保证电池具有高电压、大容量和长循环寿命。CNT 特殊的结构，如中空管腔、0.34 nm 的管层间距、管结构缺陷等，使其具有优良的嵌锂特性。锂离子不仅可嵌入管内，且可嵌入管间或者层间缝隙中，为锂离子提供了丰富的存储空间和运输通道。此外，碳纳米管稳定的筒状结构在多次充放电循环后不会塌陷、破裂或粉化，从而大大提高了锂离子电池的循环使用寿命。

在商业锂离子电池中，常用石墨当作负极，用 CNT 来改善性能。纯的石墨电池的比容量约为 350（mA·h）/g，Li^+嵌入后易因溶剂化造成石墨层剥离使负极材料损坏。石墨是极其耐用的，当电位为 0.1 V 左右时，在充/放电数百个周期后，其容量衰减是可忽略不计的。碳纳米管掺杂石墨后可提高石墨负极的导电性和稳定性。实验表明，用碳纳米管作为添加剂或单独用作锂离子电池的负极材料均可显著提高负极材料的嵌 Li^+容量和稳定性，从而改善锂离子电池性能和循环寿命，而且其强度高、韧性好、体积密度小。电极材料中相互交织缠绕在一起的碳纳米管，能吸收在充放电过程中脱嵌锂离子所引起体积变化而产生的应力，因而电极稳定性提高，不易破损，其循环性能优于一般碳质电极。同时碳纳米管优异的导电导热性，可提高锂离子电池的大倍率充放电性能和安全性能，因此碳纳米管在锂离子电池领域中优势明显。

2003 年，Chen 等[200]通过化学还原 $SnCl_2$ 和 SnCl 前驱体得到 Sn 和 SnSb 颗粒掺杂的 MWNT 复合材料，应用于锂离子电池负极中，显示高活性，而且比纯 MWNT 具有更好的循环性能和更高的可逆比容量。当 MWNT 修饰 36 wt%的 SnSb 时，比容量达到 462（mA·h）/g，当 MWNT 修饰 56 wt%的 SnSb 时，比容量达到 518（mA·h）/g。循环 30 次后，前者容量下降 38%，而后者容量下降 33%。相比之下，若为纯 Sn 和 SnSb，经过相同次数的循环后，容量分别下降 83%和 77%，循环稳定性提升的原因在于金属纳米颗粒的维数和 Li^+在嵌入和迁出时体积变化引起了机械应力的相对减弱。用 Cr 掺杂 Si 涂层的纳米管作为阳极，比未涂覆的 Cr 掺杂 Si 的碳纳米管显示优异的循环稳定性，可持续使用十个周期。单壁碳纳米管/全氟磺酸（nafion）复合材料已在电化学中广泛应用。2007 年，合成出柔韧性强的 MWCNT 纤维素与室温离子液体的纳米复合片层，并由此组装成超级电容器和电池，其中，纳米复合单元包括将离子液体和多壁碳纳米管嵌入纤维素纸，将钛和金薄膜沉积在裸露的多壁碳纳米管，可作为电流收集器[201]。2009 年，研制出含三个有机分子单壁碳纳米管豌豆荚的锂离子电池，其可逆锂离子的能力显著增加，缺点是具有高初始不可逆容量。另外，多壁碳纳米管阵列包覆 MnO_2 被证明是一个潜在的新型锂离子电池正极材料[202]。

Ban 等[203]以 Fe_3O_4 纳米棒作为储锂活性物质，碳单壁碳纳米管作为导电添加剂，获得改良型阳极，提高了机械完性、导电性及高体积能量密度。当单壁碳纳米管含量达到 5wt%时，可获得最高电量。当加上一个锂金属电极时，在速率为 1 C，即每小时充/放电一次时，阳极可逆容量可达到 1000（mA·h）/g；当速率为 5 C 时，阳极可逆容量为 800（mA·h）/g；当速率为 10 C 时，阳极可逆容量为 600（mA·h）/g，证明材料具有高倍率性能和稳定容量。扫描电子显微镜显示，Fe_3O_4 纳米棒均匀悬浮在单壁碳纳米管的导电基质上，高体积膨胀氧化铁有利于改进充/放能力和耐久性。

2. 电化学电容器

超级电容器在移动通信、信息技术、电动汽车、航空航天和国防科技等方面具有重要应用。当电极与电解液相互接触时，电解液中的离子或者电子在两相中产生不同的电化学电位，引发电荷在两相间的转移或传递，此时，界面两侧就聚集了两层相反电荷，即离子双电层。利用双电层原理制成的电容器称为双电层电容器，又称超级电容器，它是介于电容器和电池之间的储能器件，既具有电容器快速充放电的特点，又具有电化学电池的储能机理，可在几乎没有充放电电压的情况下，大电流充放电，循环寿命可达上万次，工作温度范围很宽，因此备受青睐。作为双电层电容电极材料，要求材料结晶度高、导电性好、比表面积大，同时，微孔大小集中在较窄范围。目前一般用多孔碳作电极材料，但是其微孔分布宽，对存储能量有贡献的孔不到 30%，且结晶度低、导电性差，导致电容量小。碳纳米管比表面积大、结晶度高、导电性好，微孔大小可通过合成工艺加以控制，交互缠绕可形成纳米尺度的网状结构，因而是一种理想的电双层电容器电极材料。由于碳纳米管具有开放的多孔结构，并能在与电解质的交界面形成双电层，从而聚集大量电荷，有望获得高容量和长循环寿命，存在巨大的商业价值。

考察 MWNT 作电极的电化学电容器的微观结构和材料元素组成，发现介孔的出现是因为 MWNT 的中空管道允许离子在电极/电解质表面自由穿梭，使双电层电容充电。CNT 经过氧化和表面功能修饰，可发生准法拉第反应。比电容值从 4 F/g 猛增到 135 F/g，取决于 MWNT 的合成参数和随后对 MWNT 的处理方法，且只有当观察到法拉第反应时，大比电容值才会达到。电弧放电得到的 SWNT 最大比容量达到 180 F/g，功率密度达 20 kW/kg，能量密度达到 6.5 (W·h)/kg，对 SWNT 进行热处理可增加电容器的电容和减小 SWNT 的电阻，这归因于比表面积的增加。2005 年开发出生产固体和空心碳纳米管的方法，不仅适合于生产 SWNT，也适合生产 MWNT，制造出的 SWNT 纤维的电容达 100 F/g。2006 年，通过电泳沉积技术制备出了碳纳米管薄膜，可作为电化学电容器，具有高倍率性能，进行热处理和功能化获得高电容和功率密度。研究表明，在电化学电容器中，通过将多壁碳纳米管与活性炭电极组合，得到的电极具有低电阻，优化后的复合材料包含了 15wt%碳纳米管，含有两个 4 cm^2 电极的电池，电容为 88 F/g，而薄层电阻只有 600 $m\Omega/cm^2$。还有报道通过水辅助化学气相沉积获得单壁碳纳米管排列的“森林”，该“森林”的质量密度为 0.03 g/cm^3，平均粒径为 2.8 nm，通过液体浸泡和随后的蒸发，在“森林”中滴入不同液体，包括水和有机溶剂，可使生长单壁碳纳米管“森林”更加密集。

4.5.2 纳米管在光电器件中的应用

碳纳米管独特的光电子和电子性能，使它应用于各种光电器件。例如，碳纳米管已与相匹配的无机层相结合，制备异质结太阳能电池；碳纳米管也已经在光伏器件中得到应用，可提高激子的产生和光激发载流子的传输；此外，碳纳米管已被用作新有机光伏(OPV)技术的电子给体或受体；同时，薄层纳米管透明膜已被用于各种光电器件的透明导电接触层。

1. 异质结和机械特性

碳纳米管和无机层制备的异质结太阳能电池已有大量报道。例如，掺入了DWNT的聚3-己基噻吩/n-Si异质结太阳能电池性能具有优异的功率转换效率、开路电压、短路电流密度和填充系数[204]；在不同类型的CNT上加ZnP物种可实现对可见光的光电流响应[205]，单色能量转换效率达到10.7%；同时，由“叠杯”型碳纳米管和光学透明电极二氧化锡构建了光电太阳能电池，当功率转化效率为0.11%时，最大入射光子的光电流效率达到19%[206]；此外，发现光诱导电子可在供体-受体自组装锌萘或锌卟啉和单壁碳纳米管的混合物中传输，瞬态吸收光谱显示光激发导致了供体一个电子被氧化，与此同时，单壁碳纳米管一个电子被还原[207]。

Liu等[208]在大气压下，利用小型电弧等离子体法直接由固体硅前驱体制备硅纳米晶体，并和MWNT的外表面进行组装，形成混合纳米结构，具有量子限域效应，这说明硅纳米晶体和混合纳米结构在光电应用上具有广阔前景[208]。Li等制备了单壁碳纳米管和n-型硅晶片的高密度p-n异质结太阳能电池，通过对SWNT进行化学修饰，可使光电转化效率提高45%，这归因于费米能级的调整，增加载流子浓度和迁移率[209]。

2. 激子的产生和传输

碳纳米管可提高光收集能力、激子产生量及电荷在光电转化中的传输能力。Hasobe等[210]报道由SWNT、质子卟啉和SnO_2电极组装成的光化学太阳电池，对可见光具有强吸收，入射光子的光电流效率为13%。毫微微秒泵浦-探测光谱证实了当电子进入SWNT，激发的卟啉逐渐衰减。因此，SWNT不仅能促进光生电荷分离，也能促进电荷传输[210]。官能化的碳纳米管可作为载体稳定化半导体氧化锌纳米粒子[211]。在紫外线激发下，等离子电荷分离被引入氧化锌纳米颗粒中，电子注入速率常数是$10^8\ s^{-1}$。在纳米管氧化锌复合薄膜中，发射光谱和光电测量也证明，导电碳纳米管载体促进电荷收集和电荷传输。

对于有机光伏，也称有机太阳能电池，碳纳米管不仅是激子离解位点，也是空穴传输跳频中心[212]。在温和反应条件下，溶液法可使MWNT表面原位生长ZnO

量子点，复合材料促进光生电荷分离和收集，光致发光光谱显示，电荷转移效率增加了 90%以上，功率转化效率达到 1%以上[213]。Wei 等[214]报道了一种新型的DWNT 太阳能电池，其中，DWNT 可作为光生电荷站点及电荷载流子收集/传输层。该太阳能电池包含一个碳纳米管的半透明膜，在该膜上包覆了 n-型硅衬底，在纳米管和 n-型 Si 之间可形成高密度 p-n 异质结，同时还形成电子(Si)-空穴(DWNT)对，该太阳能电池功率转化效率大于 1%[214]。通过在碳纳米管沉积碲化镉薄膜，获得三维太阳电池结构，显示高光吸收效率和光电转换效率。在此基础上，进一步设计并制备出有序排列的单壁碳纳米管薄膜，能够显著增强电化学性能。研究表明，在单壁碳纳米管/n-型硅异质结太阳电池中，单壁碳纳米管可作为光生电子活性位点和电荷载体，与未改性的单壁碳纳米管相比，用化学方法如氯化亚砜处理单壁碳纳米管，可以提高太阳能电池的功率转换效率，甚至超过 50%。

3. 有机光伏设备

有机光伏设备因制成装置的元素丰富、装置灵活轻便、装置安装简便等优点，使其需求量日益增加。有机太阳能电池通常由有机分子、共轭聚合物、内部供体-受体聚合物网络构成。有机光伏技术适合大面积运用，但其电池效率还需进一步提高。2007 年，有机光伏技术的转换效率达到 5.4%，在实际使用中，大多数情况的效率约为 2.5%[215]，而标准单晶硅设备的理论极限效率可达 31%。碳纳米管在许多电池中，既可作为供体，也可作为受体，因此，有机光伏技术中也有重要应用。

C_{60} 的衍生物[6, 6]-苯基-C_{61}-丁酸甲酯(PCBM)具有优良溶解性和高电子迁移率，能与聚合物材料形成良好的相分离，常作为有机光伏技术中的电子受体。P3HT 是一种整齐度比较高的 3-己基噻吩的聚合物，主要用于有机薄膜晶体管和有机太阳能电池。目前，由 P3HT 和 PCBM 共同组成的有机太阳能电池，效率可达 5%以上。Berson 等[216]运用 SWNT 或 MWNT 改善有机光伏器件，由 3-己基噻吩的聚合物和 PCBM 组成太阳能电池，采用旋涂技术制备含碳纳米管的 P3HT/PCBM，不仅可以精确控制 SWNT 在混合物中的浓度，也可使碳纳米管均匀分散在整个基体中。当碳纳米管含量为 0.1wt%，P3HT 与 PCBM 的质量比为 1∶1 时，其开路电压、短路电流密度、填充系数分别为 0.57 V、9.3 mA/cm^2、0.384，功率转换效率达到 2%[216]。

噻吩基团共价修饰于单壁碳纳米管的边缘和缺陷处，改性单壁碳纳米管可与聚合物基体相互作用，使单壁碳纳米管高度均匀分散。同时，通过微波诱导合成，得到了一种新的固定化富勒烯的单壁碳纳米管复合物。与只有 C_{60} 控制的装置相比，加入了单壁碳纳米管后，性能大幅度提升。此外，通过电解质聚(二甲基二烯丙基胺)氯化物的添加，官能团和静电附着在碳纳米管表面，可实现在聚合物基体中的碳纳米管均匀分布。以纳米管的近红外发光强度作为激发波长的函数时，当聚合物被光激发时，能量转移发生在半导体有机聚合物和单壁碳纳米管之间。Fanchini 等[217]利用单壁碳纳米管薄膜作为空穴导电电极，制作有机太阳能电池，研究表明，除透明度和薄层电阻极其重要外，其他因素如单壁碳纳米管的光学各向异性因子等，在光学装置中也需精心考虑。

4. 透明导电接触层

大多数光伏器件需要一个透明的导电接触层，通常采用 ITO 导电玻璃。ITO 导电玻璃是在钠钙基或硅硼基基片玻璃基底上，采用磁控溅射镀上一层氧化铟锡膜加工制作而成。ITO 导电玻璃具有高透明性和高导电性，但其实际应用往往受到价格昂贵的限制[218]。已经报道了许多光伏设备用 SWNT 薄膜代替 ITO 导电玻璃的例子。Wu 等[219]通过简单的减压过滤过程，制备出透明、超薄、光学均匀的纯单壁碳纳米管导电膜，并测试了该膜在各种基材上的电子转移。该单壁碳纳米管导电薄膜的光透射率与商业 ITO 导电玻璃相似，但在 2～5 μm 的红外光谱区域，具有更优越性能。此外，多壁碳纳米管透明薄膜也被用于光电转换设备中，整体效率约达到 2%[220, 221]。

在 2004 年，Gruner 等[222]采用不同密度的超薄、均匀单壁碳纳米管网络，制造了薄膜透明导电网络。薄层电导作为碳纳米管网络密度的函数，具有二维渗流行为。由真空过滤法制备的纳米管薄膜，通过改变过滤碳纳米管溶液量，可允许构筑二维渗流的网络膜，在此基础上，开发出单壁碳纳米管薄膜作为透明导电的各种应用，包括“智能窗”和有机太阳能电池触点等。2006 年，中国国家可再生能源实验室报道了两个可行的有机激子太阳能电池结构，其中，传统的 ITO 电极被薄层单壁碳纳米管层替代。Gruner 等[223]用碳纳米管作为透明电极，制备有机太阳能电池，效率达到 2.5%。此后不久，又发展了多种制备高度均匀的改进纳米管接触层的新方法。例如，导电涂料通过逐层组装到单壁碳纳米管上，在室温下，当碳纳米管负载低于 10%时，这些薄膜的电导率为 10^2～10^3 S/m，表明碳纳米管渗流途径的有效利用。聚合物辅助直接沉积也用于均匀碳纳米管网络的高性能透明电极的制备，将少量共轭聚合物加入纳米管分散体，通过旋转涂布均匀获得最终电极，通过参数调整，使碳纳米管的容量最小化。与其他报道的碳纳米管相比，这些碳纳米管网络具有低片层电阻和高透明度，由石墨烯和碳纳米管构成的纳米复合材料透明膜，薄层电阻为 240 Ω/m^2，透光率达到 86%。2009 年，Tenent 等[224]采用喷雾沉积实现大规模沉积碳纳米管和改性碳纳米管。

参 考 文 献

[1] Radushkevich L V, Lukyanovich V M. The structure of carbon formed by thermal decomposition of carbon monoxide on iron contacts [J]. Zhurnal Fizicheskoi Khimii, 1952, 26: 88-95.

[2] Oberlin A, Endo M, Koyama T. Filamentous growth of carbon through benzene decomposition [J]. Journal of Crystal Growth, 1976, 32 (3) : 335-349.

[3] Iijima S. Helical microtubules of graphitic carbon [J]. Nature, 1991, 354 (6348) : 56-58.

[4] Iijima S, Ichihashi T. Single-shell carbon nanotubes of 1 nm diameter [J]. Nature, 1993, 363 (6430) : 603-605.

[5] Bethune D S, Kiang C H, Devries M S, et al. Cobalt-catalysed growth of carbon nanotubes with single-atomic-layer walls [J]. Nature, 1993, 363 (6430) : 605-607.

[6] Henning T, Salama F. Carbon in the universe [J]. Science, 1998, 282 (5397) : 2204-2210.

[7] Jorio A, Dresselhaus G, Dresselhaus M S. Carbon nanotubes: Advanced topics in the synthesis, structure, properties and applications [J]. Materials Today, 2008, 11 (3) : 52-60.

[8] Dresselhaus M S, Dresselhaus G, Saito R. Physics of carbon nanotubes [J]. Carbon, 1995, 33 (7) : 883-891.

[9] Dai H. Carbon nanotubes: Synthesis, integration, and properties [J]. Accounts of Chemical Research , 2002, 35 (12) : 1035-1044.

[10] Costa S, Borowiak-Palen E, Kruszyńska M, et al. Characterization of carbon nanotubes by Raman spectroscopy [J]. Materials Science-Poland , 2008, 26 (2) : 433-441.

[11] Huang J Y, Chen S, Wang Z Q, et al. Superplastic carbon nanotubes [J]. Nature, 2006, 439 (7074) : 281.

[12] Feng D, Jiao K, Lin Y, et al. How evaporating carbon nanotubes retain their perfection? [J]. Nano Letters , 2007, 7 (3) : 681-684.

[13] Yu M F, Lourie O, Dyer M J, et al. Strength and breaking mechanism of multiwalled carbon nanotubes under tensile load [J]. Science, 2000, 287 (5453) : 637-640.

[14] Treacy M M J, Ebbesen T W, Gibson J M. Exceptionally high Young's modulus observed for individual carbon nanotubes [J]. Nature, 1996, 381 (6584) : 678-680.

[15] Wong E W, Sheehan P E, Lieber C M. Nanobeammechanics: Elasticity, strength, and toughness of nanorods and nanotubes [J]. Science, 1997, 277 (5334) : 1971-1975.

[16] Tans S J, Devoret M H, Dai H, et al. Individual single-wall carbon nanotubes as quantum wires [J]. Nature, 1997, 386 (6624) : 474-477.

[17] Bockrath M, Cobden D H, Mceuen P L, et al. Single-electron transport in ropes of carbon nanotubes [J]. Science, 1997, 275 (5308) : 1922-1925.

[18] Song S N, Wang X K, Chang R P, et al. Electronic properties of graphite nanotubules from galvanomagnetic effects[J]. Physical Review Letters, 1994, 72 (5) : 697-700.

[19] Dai H, Wong E W, Lieber C M. Probing electrical transport in nanomaterials: Conductivity of individual carbon nanotubes [J]. Science, 1996, 272 (5261) : 523-526.

[20] Li Q W, Li Y, Zhang X F, et al. Structure-dependent electrical properties of carbon nanotube fibers [J]. Advanced Materials, 2010, 19 (20) : 3358-3363.

[21] Mizuno K, Ishii J, Kishida H, et al. A black body absorber from vertically aligned single-walled carbon nanotubes [J]. Proceedings of the National Academy of Sciences of the United States of America, 2009, 106 (15) : 6044-6047.

[22] Takesue I, Haruyama J, Kobayashi N, et al. Superconductivity in entirely end-bonded multiwalledcarbon nanotubes[J]. Physical Review Letters, 2006, 96(5): 057001.

[23] He Z B, Maurice J L, Lee C S, et al. Nickel catalyst faceting in plasma-enhanced direct current chemical vapor deposition of carbon nanofibers [J]. Arabian Journal Forence and Engineering, 2010, 25(1C): 19.

[24] Nozaki T, Okazaki K. Carbon nanotube synthesis in atmospheric pressure glow discharge: A review [J]. Plasma Processes and Polymers, 2010, 5(4): 300-321.

[25] Unrau C J, Axelbaum R L, Lo C S. High-yield growth of carbon nanotubes on composite Fe/Si/O nanoparticle catalysts: A Car-Parrinello molecular dynamics and experimental study [J]. The Journal of Physical Chemistry C, 2010, 114(23): 10430-10435.

[26] Seraphin S, Zhou D, Jiao J, et al. Catalytic role of nickel, palladium, and platinum in the formation of carbon nanoclusters [J]. Chemical Physics Letters, 1994, 217(3): 191-195.

[27] Chen B, Zhao X, Inoue S, et al. Fabrication and dispersion evaluation of single-wall carbon nanotubes produced by FH-arc discharge method [J]. Journal of Nanoscience and Nanotechnology, 2010, 10(6): 3973-3977.

[28] Chen B, Inoue S, Ando Y. Raman spectroscopic and thermogravimetric studies of high-crystallinity SWNTs synthesized by FH-arc discharge method [J]. Diamond and Related Materials, 2009, 18(5-8): 975-978.

[29] Ebbesen T W, Ajayan P M. Large-scale synthesis of carbon nanotubes [J]. Nature, 1992, 358(6383): 220-222.

[30] Wang M, Zhao X, Ohkohchi M, et al. Carbon nanotubes grown on the surface of cathode deposit by arc discharge [J]. Fullerene Science and Technology, 1996, 4(5): 1027-1039.

[31] Zhao X, Wang M, Ohkohchi M, et al. Morphology of carbon nanotubes prepared by carbon arc [J]. Japanese Journal of Applied Physics, 1996, 35(35): 4451-4456.

[32] Zhao X, Ohkohchi M, Wang M, et al. Preparation of high-grade carbon nanotubes by hydrogen arc discharge [J]. Carbon, 1997, 35(6): 775-781.

[33] Parkansky N, Boxman R L, Alterkop B, et al. Single-pulse arc production of carbon nanotubes in ambient air [J]. Journal of Physics D: Applied Physics, 2004, 37(19): 2715-2719.

[34] Jung S H, Kim M R, Jeong S H, et al. High-yield synthesis of multi-walled carbon nanotubes by arc discharge in liquid nitrogen [J]. Applied Physics A, 2003, 76(2): 285-286.

[35] Hutchison J L, Kiselev N A, Krinichnaya E P, et al. Double-walled carbon nanotubes fabricated by a hydrogen arc discharge method [J]. Carbon, 2001, 39(5): 761-770.

[36] Sugai T, Yoshida H, Shimada T, et al. New synthesis of high-quality double-walled carbon nanotubes by high-temperature pulsed arc discharge [J]. Nano Letters, 2003, 3(6): 769-773.

[37] Guo T, Nikolaev P, Thess A, et al. RE Smalley catalytic growth of single-walled manotubes by laser vaporization [J]. Chemical Physics Letters, 1995, 243(1-2): 49-54

[38] Kataura H, Maniwa Y, Abe M, et al. Optical properties of fullerene and non-fullerene peapods [J]. Applied Physics A, 2002, 74(3): 349-354.

[39] Dillon A C, Gennett T, Jones K M, et al. A simple and complete purification of single-walled carbon nanotube materials [J]. Advanced Materials, 1999, 11(16):1354-1358.

[40] Zhang H Y, Ding Y, Wu C Y, et al. The effect of laser power on the formation of carbon nanotubes prepared in CO_2 continuous wave laser ablation at room temperature[J]. Physica B: Physics of Condensed Matter, 2003, 325(1-4): 224-229.

[41] Zhang H, Chen K, He Y, et al. Formation and Raman spectroscopy of single wall carbon nanotubes synthesized by CO_2 continuous laser vaporization[J]. Journal of Physics and Chemistry of Solids, 2001, 62(11): 2007-2010.

[42] Thess A, Lee R, Nikolaev P, et al. Crystalline ropes of metallic carbon nanotubes [J]. Science, 1998, 273(5274): 483-487.

[43] Stramel A A, Gupta M C, Lee H R, et al. Pulsed laser deposition of carbon nanotube and polystyrene-carbon nanotube composite thin films [J]. Optics and Lasers in Engineering, 2010, 48 (12): 1291-1295.

[44] Bonaccorso F, Bongiorno C, Fazio B, et al. Pulsed laser deposition of multiwalled carbon nanotubes thin films [J]. Applied Surface Science, 2007, 254(4): 1260-1263.

[45] Zhu Y, Lin T, Liu Q, et al. The effect of nickel content of composite catalysts synthesized by hydrothermal method on the preparation of carbon nanotubes [J]. Materials Science and Engineering B, 2006, 127(2): 198-202.

[46] Dai H, Rinzler A G, Nikolaev P, et al. Single-wall nanotubes produced by metal-catalyzed disproportionation of carbon monoxide [J]. Chemical Physics Letters, 1996, 260(3): 471-475.

[47] Hafner J H, Cheung C L, Oosterkamp T H, et al. High-yield assembly of individual single-walled carbon nanotube tips for scanning probe microscopies [J]. ChemInform, 2001, 32(22): 743-746.

[48] Mahan A H, Alleman J L, Heben M J, et al. Hot wire chemical vapor deposition of isolated carbon single-walled nanotubes [J]. Applied Physics Letters, 2002, 81(21): 4061-4063.

[49] Chiang I W, Brinson B E, Smalley R E, et al. Purification and characterization of single-wall carbon nanotubes [J]. Journal of Physical Chemistry B, 2001, 105(6): 1157-1161.

[50] Hurst K E, Dillon A C, Yang S, et al. Purification of single wall carbon nanotubes as a function of UV wavelength, atmosphere, and temperature [J]. Journal of Physical Chemistry C, 2010, 112(42): 16296-16300.

[51] Chattopadhyay D, Galeska A, Papadimitrakopoulos F. A route for bulk separation of semiconducting from metallic single-wall carbon nanotubes [J]. Journal of the American Chemical Society, 2003, 125(11): 3370.

[52] Hersam M C. Materials science: nanotubes sorted using DNA [J]. Nature, 2009, 460(7252): 186-187.

[53] Krupke R, Hennrich F, Lohneysen H V, et al. Separation of metallic from semiconducting single-walled carbon nanotubes [J]. Science, 2003, 301(5631): 344-347.

[54] Tanaka T, Urabe Y, Nishide D, et al. Continuous separation of metallic and semiconducting carbon nanotubes using agarose gel [J]. Applied Physics Express, 2009, 2(12):125002-125003.

[55] Tang D S, Xie S S, Pan Z W, et al. Preparation of monodispersed multi-walled carbon nanotubes in chemical vapor deposition [J]. Chemical Physics Letters, 2002, 356(5): 563-566.

[56] Lee C J, Kim D W, Lee T J, et al. Synthesis of uniformly distributed carbon nanotubes on a large area of Si substrates by thermal chemical vapor deposition [J]. Applied Physics Letters, 1999, 75(12): 1721-1723.

[57] Yoon H J, Kang H S, Shin J S, et al. External-grid induced well-aligned carbon nanotubes grown on corning glass at extremely low temperature of about 400℃ [J]. Physica B: Condensed Matter, 2002, 323(1-4): 344-346.

[58] Lee H, Kang Y S, Lee P S, et al. Hydrogen plasma treatment on catalytic layer and effect of oxygen additions on plasma enhanced chemical vapor deposition of carbon nanotube [J]. Journal of Alloys and Compounds, 2002, 330(2): 569-573.

[59] Park K H, Lee K M, Choi S, et al. Field electron emission from patterned nanostructured carbon films on sodalime glass substrates [J]. Journal of Vacuum Science and Technology B: Microelectronics and Nanometer Structures, 2001, 19(3): 946-949.

[60] Ono T, Miyashita H, Esashi M. Electric-field-enhanced growth of carbon nanotubes for scanning probe microscopy[J]. Nanotechnology, 2002, 13(1): 62-64.

[61] Han J, Moon B S, Yang W S, et al. Growth characteristics of carbon nanotubes by plasma enhanced hot filament chemical vapor deposition [J]. Surface and Coatings Technology, 2000, 131(1): 93-97.

[62] Ren Z F, Huang Z P, Xu J W, et al. Synthesis of large arrays of well-aligned carbon nanotubes on glass [J]. Science, 1998, 282(5391): 1105-1107.

[63] Chen C F, Lin C L, Wang C M. Hot filament for in situ catalyst supply in the chemical vapor deposition growth of carbon nanotubes [J]. Japanese Journal of Applied Physics, 2002, 41 (1AB): 67-69.

[64] Kruusenberg I, Alexeyeva N, Tammeveski K, et al. Effect of purification of carbon nanotubes on their electrocatalytic properties for oxygen reduction in acid solution [J]. Carbon, 2011, 49(12): 4031-4039.

[65] Mubarak N M, Yusof F, Alkhatib M F. The production of carbon nanotubes using two-stage chemical vapor deposition and their potential use in protein purification [J]. Chemical Engineering Journal, 2011, 168(1): 461-469.

[66] Datsyuk V, Kalyva M, Papagelis K, et al. Chemical oxidation of multiwalled carbon nanotubes [J]. Carbon, 2008, 46(6): 833-840.

[67] Bergeret C, Cousseau J, Fernandez V, et al. Spectroscopic evidence of carbon nanotubes' metallic character loss induced by covalent functionalization via nitric acid purification [J]. The Journal of Physical Chemistry C, 2008, 112(42): 16411-16416.

[68] Pumera M, Smíd B, Veltruská K. Influence of nitric acid treatment of carbon nanotubes on their physico-chemical properties [J]. Nanosci Nanotechnol, 2009, 9(4): 2671-2676.

[69] Xing Y, Li L, Chusuei C C, et al. Sonochemical oxidation of multiwalled carbon nanotubes [J]. Langmuir the ACS Journal of Surfaces and Colloids, 2005, 21(9):4185-4190.

[70] Avilés F, Cauich-Rodríguez J V, Moo-Tah L, et al. Evaluation of mild acid oxidation treatments for MWCNT functionalization [J]. Carbon, 2009, 47(13): 2970-2975.

[71] Ziegler K J, Gu Z, Peng H, et al. Controlled oxidative cutting of single-walled carbon nanotubes [J]. Journal of the American Chemical Society, 2005, 127(5): 1541-1547.

[72] Chen Z, Kobashi K, Rauwald U, et al. Soluble ultra-short single-walled carbon nanotubes [J]. Journal of the American Chemical Society, 2006, 128(32): 10568-10571.

[73] Arrais A, Diana E, Pezzini D, et al. A fast effective route to pH-dependent water-dispersion of oxidized single-walled carbon nanotubes [J]. Carbon, 2006, 44(3): 587-590.

[74] Ma P C, Kim J K, Tang B Z. Functionalization of carbon nanotubes using a silane coupling agent [J]. Carbon, 2006, 44(15): 3232-3238.

[75] Gromov A, Dittmer S, Svensson J, et al. Covalent amino-functionalisation of single-wall carbon nanotubes [J]. Journal of Materials Chemistry, 2005, 15(32): 3334-3339.

[76] Wang Y, Iqbal Z, Mitra S. Rapidly functionalized, water-dispersed carbon nanotubes at high concentration [J]. Journal of the American Chemical Society, 2006, 128(1): 95-99.

[77] Chen Y, Mitra S. Fast microwave-assisted purification, functionalization and dispersion of multi-walled carbon nanotubes [J]. Journal of Nanoscience and Nanotechnology, 2008, 8(11): 5770-5775.

[78] He P, Urban M W. Controlled phospholipid functionalization of single-walled carbon nanotubes [J]. Biomacromolecules, 2005, 6(5): 2455-2457.

[79] Wang Y, Iqbal Z, Malhotra S. Functionalization of carbon nanotubes with amines and enzymes [J]. Chemical Physics Letters, 2005, 402(1): 96-101.

[80] Yao Y, Li W, Wang S, et al. Polypeptide modification of multiwalledcarbon nanotubes by a graft-from approach [J]. Macromolecular Rapid Communications, 2010, 27(23): 2019-2025.

[81] Bonifazi D, Nacci C, Marega R, et al. Microscopic and spectroscopic characterization of paint brush-like single-walled carbon nanotubes [J]. Nano Letters, 2006, 6(7): 1408-1414.

[82] Xu H B, Chen H Z, Shi M M, et al. A novel donor-acceptor heterojunction from single-walled carbon nanotubes functionalized by erbium bisphthalocyanine [J]. Materials Chemistry and Physics, 2005, 94(2-3): 342-346.

[83] Lee T Y, Yoo J B. Adsorption characteristics of Ru（Ⅱ）dye on carbon nanotubes for organic solar cell [J]. Diamond and Related Materials, 2005, 14(11): 1888-1890.

[84] Feng Y, Feng W, Noda H, et al. Synthesis of photoresponsive azobenzenechromophore-modified multi-walled carbon nanotubes [J]. Carbon, 2007, 45(12): 2445-2448.

[85] Lucenteschultz R M, Moore V C, Leonard A D, et al. Antioxidant single-walled carbon nanotubes [J]. Journal of the American Chemical Society , 2009, 131(11): 3934-3941.

[86] Wang Z, Zhang Q, Dan K, et al. The synthesis of ionic-liquid-functionalized multiwalled carbon nanotubes decorated with highly dispersed Au nanoparticles and their use in oxygen reduction by electrocatalysis [J]. Carbon, 2008, 46(13): 1687-1692.

[87] Wang P, Moorefield C N, Li S, et al. TerpyridineCuⅡ-mediated reversible nanocomposites of single-wall carbon nanotubes: Towards metallo-nanoscale architectures [J]. Chemical Communications, 2006, 10(10): 1091-1093.

[88] Hwang S H, Moorefield C N, Dai L, et al. Functional nanohybrids constructed via complexation of multiwalled carbon nanotubes with novel hexameric metallomacrocyles [J]. Chemistry of Materials, 2006, 18(17): 4019-4024.

[89] Chhowalla M, Unalan H E, Wang Y, et al. Irreversible blocking of ion channels using functionalized single-walled carbon nanotubes [J]. Nanotechnology, 2015, 16(12): 2982-2986.

[90] Liu M, Yang Y, Zhu T, et al. Chemical modification of single-walled carbon nanotubes with peroxytrifluoroacetic acid [J]. Carbon, 2005, 43(7): 1470-1478.

[91] Zeng L, Zhang L, Barron A R. Tailoring aqueous solubility of functionalized single-wall carbon nanotubes over a wide pH range through substituent chain length [J]. Nano Letters, 2005, 5(10): 2001-2004.

[92] Yinghuai Z, Peng A T, Carpenter K, et al. Substituted carborane-appended water-soluble single-wall carbon nanotubes: New approach to boron neutron capture therapy drug delivery [J]. Journal of the American Chemical Society, 2005, 127(27): 9875-9880.

[93] Ashcroft J M, Hartman K B, Mackeyev Y, et al. Functionalization of individual ultra-short single-walled carbon nanotubes [J]. Nanotechnology, 2006, 17(20): 5033-5037.

[94] Umeyama T, Tezuka N, Fujita M, et al. Retention of intrinsic electronic properties of soluble single-walled carbon nanotubes after a significant degree of sidewall functionalization by the Bingel reaction [J]. The Journal of Physical Chemistry C, 2007, 111(27): 9734.

[95] Wang H, Xu J. Theoretical evidence for a two-step mechanism in the functionalization single-walled carbon nanotube by aryl diazonium salts: Comparing effect of different substituent group [J]. Chemical Physics Letters, 2009, 477(1-3): 176-178.

[96] Stephenson J J, Hudson J L, Azad S, et al. Individualized single walled carbon nanotubes from bulk material using 96% sulfuric acid as solvent [J]. Chemistry of Materials, 2006, 18(2): 374-377.

[97] Price B K, Hudson J L, Tour J M. Green chemical functionalization of single-walled carbon nanotubes in ionic liquids [J]. Journal of the American Chemical Society, 2005, 127 (42): 14867-14870.

[98] Doyle C D, Tour J M. Environmentally friendly functionalization of single walled carbon nanotubes in molten urea[J]. Carbon, 2009, 47(14): 3215-3218.

[99] Hudson J L, Jian H, Leonard A D, et al. Triazenes as a stable diazonium source for use in functionalizing carbon nanotubes in aqueous suspensions [J]. Chemistry of Materials, 2006, 18(11): 2766-2770.

[100] Darabi H R, Mohandessi S, Aghapoor K, et al. Thioamidation of single-walled carbon nanotubes: A new chemical functionalization protocol by the Willgerodt-Kindler reaction [J]. Australian Journal of Chemistry, 2009, 62(5): 413-418.

[101] Tumpane J, Karousis N, Tagmatarchis N, et al. Alignment of carbon nanotubes in weak magnetic fields [J]. Angewandte Chemie, 2008, 47(28): 5148-5152.

[102] Guo Z, Du F, Ren D, et al. Covalently porphyrin-functionalized single-walled carbon nanotubes: A novel photoactive and optical limiting donor-acceptor nanohybrid [J]. Journal of Materials Chemistry, 2006, 16(29): 3021-3030.

[103] Palacin T, Khanh H L, Jousselme B, et al. Efficient functionalization of carbon nanotubes with porphyrindendrons via click chemistry [J]. Journal of the American Chemical Society, 2009, 131(42): 15394-15402.

[104] Karousis N, Ali-Boucetta H, Kostarelos K, et al. Aryl-derivatized, water-soluble functionalized carbon nanotubes for biomedical applications [J]. Materials Science and Engineering B, 2008, 152(1): 8-11.

[105] Flatt A K, Chen B, Tour J M. Fabrication of carbon nanotube-molecule-silicon junctions [J]. Journal of the American Chemical Society, 2005, 127(25): 8918-8919.

[106] Yoo B K, Myung S, Lee M, et al. Self-assembly of functionalized single-walled carbon nanotubes prepared from aryl diazonium compounds on Ag surfaces [J]. Materials Letters, 2006, 60(27): 3224-3226.

[107] Klinke C, Hannon J, Afzali A, et al. Field-effect transistors assembled from functionalized carbon nanotubes [J]. Nano Letters, 2006, 6(5): 906-910.

[108] Tulevski G S, Hannon J, Afzali A, et al. Chemically assisted directed assembly of carbon nanotubes for the fabrication of large-scale device arrays [J]. Journal of the American Chemical Society, 2007, 129(39): 11964-11968.

[109] Yokoi T, Iwamatsu S I, Komai S I, et al. Chemical modification of carbon nanotubes with organic hydrazines [J]. Carbon, 2005, 43(14): 2869-2874.

[110] Wei L, Zhang Y. Covalent sidewall functionalization of single-walled carbon nanotubes via one-electron reduction of benzophenone by potassium [J]. Chemical Physics Letters, 2007, 446(1-3): 142-144.

[111] Engel P S, Billups W E, Abmayr Jr D W, et al. Reaction of single-walled carbon nanotubes with organic peroxides [J]. Journal of Physical Chemistry C, 2008, 112(3): 695-700.

[112] Chattopadhyay J, Sadana J J, Liang F, et al. Carbon nanotube salts: Arylation of single-wall carbon nanotubes [J]. Organic Letters , 2005, 36(51): 4067-4069.

[113] Stephenson J J, Sadana A K, Higginbotham A A, et al. Highly functionalized and soluble multiwalled carbon nanotubes by reductive alkylation and arylation: The billups reaction [J]. Chemistry of Materials, 2006, 18(19): 4658-4661.

[114] Wunderlich D, Hauke F, Hirsch A. Preferred functionalization of metallic and small-diameter single-walled carbon nanotubes by nucleophilic addition of organolithium and -magnesium compounds followed by reoxidation [J]. Chemistry, 2008, 14(5): 1607-1614.

[115] Syrgiannis Z, Hauke F, Röhrl J, et al. Covalent sidewall functionalization of SWNTs by nucleophilic addition of lithium amides [J]. European Journal of Organic Chemistry, 2008, 2008(15): 2544-2550.

[116] Xu Y, Wang X, Tian R, et al. Microwave-induced electrophilic addition of single-walled carbon nanotubes with alkylhalides [J]. Applied Surface Science, 2008, 254(8): 2431-2435.

[117] Tessonnier J P, Villa A, Majoulet O, et al. Defect-mediated functionalization of carbon nanotubes as a route to design single-site basic heterogeneous catalysts for biomass conversion [J]. Angewandte Chemie, 2009, 48(35): 6543-6546.

[118] Balaban T, Balaban M, Malik S, et al. Polyacylation of single-walled nanotubes under friedel-crafts conditions: An efficient method for functionalizing, purifying, decorating, and linking carbon allotropes [J]. Advanced Materials, 2010, 18(20): 2763-2767.

[119] Raghuveer M S, Kumar A, Frederick M J, et al. Site-selective functionalization of carbon nanotubes [J]. Advanced Materials, 2010, 18(5): 547-552.

[120] Chen C, Liang B, Ogino A, et al. Oxygen functionalization of multiwall carbon nanotubes by microwave-excited surface-wave plasma treatment [J]. Journal of Physical Chemistry C, 2009, 113(18): 7659-7665.

[121] Plank N O, Forrest G A, Cheung R, et al. Electronic properties of n-type carbon nanotubes prepared by CF_4 plasma fluorination and amino functionalization [J]. Journal of Physical Chemistry B, 2005, 109(47): 22096-22101.

[122] Felten A, Bittencourt C, Colomer J F, et al. Nucleation of metal clusters on plasma treated multi wall carbon nanotubes [J]. Carbon, 2007, 45(1): 110-116.

[123] Khare B, Wilhite P, Tran B, et al. Functionalization of carbon nanotubes via nitrogen glow discharge [J]. Journal of Physical Chemistry B, 2005, 109(49): 23466-23472.

[124] Kalita G, Adhikari S, Aryal H R, et al. Functionalization of multi-walled carbon nanotubes (MWCNTs) with nitrogen plasma for photovoltaic device application [J]. Current Applied Physics, 2009, 9(2): 346-351.

[125] Ruelle B, Peeterbroeck S, Gouttebaron R, et al. Functionalization of carbon nanotubes by atomic nitrogen formed in a microwave plasma $Ar^{+}N_2$ and subsequent poly (ε-caprolactone) grafting [J]. Journal of Materials Chemistry, 2006, 17(2): 157-159.

[126] Chetty R, Kundu S, Wei X, et al. PtRu nanoparticles supported on nitrogen-doped multiwalled carbon nanotubes as catalyst for methanol electrooxidation [J]. Electrochimica Acta, 2009, 54(17): 4208-4215.

[127] Okpalugo T I T, Papakonstantinou P, Murphy H, et al. Oxidative functionalization of carbon nanotubes in atmospheric pressure filamentary dielectric barrier discharge (APDBD) [J]. Carbon, 2005, 43(14): 2951-2959.

[128] Imasaka K, Suehiro J, Kanatake Y, et al. Preparation of water-soluble carbon nanotubes using a pulsed streamer discharge in water [J]. Nanotechnology, 2006, 17(14): 3421-3427.

[129] Baibarac M, Baltog I, Lefrant S, et al. Mechanico-chemical interaction of single-walled carbon nanotubes with different host matrices evidenced by SERS spectroscopy [J]. Chemical Physics Letters, 2005, 406(1): 222-227.

[130] Li X, Shi J, Qin Y, et al. Alkylation and arylation of single-walled carbon nanotubes by mechanochemical method [J]. Chemical Physics Letters, 2007, 444(4): 258-262.

[131] Chen L, Xie H, Li Y, et al. Surface chemical modification of multiwalled carbon nanotubes by a wet-mechanochemical reaction [J]. Journal of Nanomaterials, 2008, 2008(1): 63.

[132] Ma P C, Wang S Q, Kim J K, et al. *In-situ* amino functionalization of carbon nanotubes using ball milling [J]. Journal of Nanoscience and Nanotechnology, 2009, 9(2): 749-753.

[133] Zhao Y L, Stoddart J F. Noncovalent functionalization of single-walled carbon nanotubes [J].ChemInform, 2009, 42(8): 1161-1171.

[134] Tomonari Y, Murakami H, Nakashima N. Solubilization of single-walled carbon nanotubes by using polycyclic aromatic ammonium amphiphiles in water-strategy for the design of high-performance solubilizers [J]. Chemistry, 2006, 12(15): 4027-4034.

[135] Ehli C, Rahman G M, Jux N, et al. Interactions in single wall carbon nanotubes/pyrene/porphyrinnanohybrids [J]. Journal of the American Chemical Society, 2006, 128(34): 11222-11231.

[136] Tromp R M, Afzali A, Freitag M, et al. Novel strategy for diameter-selective separation and functionalization of single-wall carbon nanotubes [J]. Nano Letters, 2008, 8(2): 469-472.

[137] Cheng F, Zhang S, Adronov A, et al. Triplyfused Zn Ⅱ -porphyrin oligomers: synthesis, properties, and supramolecular interactions with single-walled carbon nanotubes (SWNTs) [J]. Chemistry—A European Journal, 2006, 12(23): 6062-6070.

[138] Cheng F, Adronov A. Noncovalent functionalization and solubilization of carbon nanotubes by using a conjugated Zn-porphyrin polymer [J]. Chemistry, 2010, 12(19): 5053-5059.

[139] Valentini L, Trentini M, Mengoni F. Synthesis and photoelectrical properties of carbon nanotube-dendritic porphyrin light harvesting molecule systems [J]. Diamond and Related Materials, 2007, 16(3): 658-663.

[140] Ding K, Hu B, Xie Y, et al. A simple route to coat mesoporous SiO_2 layer on carbon nanotubes [J]. Journal of Materials Chemistry, 2009, 19(22): 3725-3731.

[141] Hu C, Chen Z, Shen A, et al. Water-soluble single-walled carbon nanotubes via noncovalent functionalization by a rigid, planar and conjugated diazo dye [J]. Carbon, 2006, 44(3): 428-434.

[142] Ogoshi T, Inagaki A, Yamagishi T A, et al. Defection-selective solubilization and chemically-responsive solubility switching of single-walled carbon nanotubes with cucurbit[7]uril [J]. Chemical Communications, 2008, 19(19): 2245-2247.

[143] Bourlinos A B, Georgakilas V, Zboril R, et al. Preparation of a water-dispersible carbon nanotube-silica hybrid [J]. Carbon, 2007, 45(10): 2136-2139.

[144] Bottini M, Magrini A, Rosato N, et al. Dispersion of pristine single-walled carbon nanotubes in water by a thiolated organosilane: Application in supramolecular nanoassemblies [J]. Journal of Physical Chemistry B, 2006, 110(28): 13685-13688.

[145] Ikeda A, Tanaka Y, Nobusawa K, et al. Solubilization of single-walled carbon nanotubes by supramolecular complexes of barbituric acid and triaminopyrimidines [J]. Langmuir the ACS Journal of Surfaces and Colloids, 2007, 23(22): 10913-10915.

[146] Kim K, Yoon S, Choi J, et al. Design of dispersants for the dispersion of carbon nanotubes in an organic solvent [J]. Advanced Functional Materials, 2010, 17(11): 1775-1783.

[147] Li Q, Kinloch I A, Windle A H. Discrete dispersion of single-walled carbon nanotubes [J].Chemical Communications, 2005, 26(26): 3283-3285.

[148] Li X, Wong S Y, Tjiu W C, et al. Non-covalent functionalization of multi walled carbon nanotubes and their application for conductive composites [J]. Carbon, 2008, 46(5): 829-831.

[149] Yang W, Thordarson P, Gooding J J, et al. Carbon nanotubes for biological and biomedical applications [J]. Nanotechnology, 2007, 18:412001.

[150] Nishitani-Gamo M, Shibasaki T, Gamo H, et al. Selectivity of water-soluble proteins in single-walled carbon nanotube dispersions [J]. Chemical Physics Letters, 2006, 429(4-6): 497-502.

[151] Britz D A, Khlobystov A N. Noncovalent interactions of molecules with single walled carbon nanotubes [J]. Chemical Society Reviews, 2006, 35(7): 637.

[152] Khlobystov A N, Britz D A, Briggs G A D. Molecules in carbon nanotubes [J]. Accounts of Chemical Research, 2005, 38(12): 901-909.

[153] Nakashima N, Tanaka Y, Tomonari Y, et al. Helical superstructures of fullerene peapods and empty single-walled carbon nanotubes formed in water [J]. Journal of Physical Chemistry B, 2005, 109 (27) : 13076-13082.

[154] Kawasaki S, Hara T, Yokomae T, et al. Pressure-polymerization of C_{60} molecules in a carbon nanotube [J]. Chemical Physics Letters, 2006, 418 (1-3) : 260-263.

[155] Simon F, Peterlik H, Pfeiffer R, et al. Fullerene release from the inside of carbon nanotubes: A possible route toward drug delivery [J]. Chemical Physics Letters, 2007, 445 (4) : 288-292.

[156] Fan J, Yudasaka M, Yuge R, et al. Efficiency of C_{60} incorporation in and release from single-wall carbon nanotubes depending on their diameters [J]. Carbon, 2007, 45 (4) : 722-726.

[157] Khlobystov A N, Britz D A, Ardavan A, et al. Observation of ordered phases of fullerenes in carbon nanotubes [J]. Physical Review Letters, 2004, 92 (24) : 245507.

[158] Fujita Y, Bandow S, Iijima S. Formation of small-diameter carbon nanotubes from PTCDA arranged inside the single-wall carbon nanotubes [J]. Chemical Physics Letters, 2005, 413 (4-6) : 410-414.

[159] Yanagi K, Miyata Y, Kataura H. Highly stabilized β-carotene in carbon nanotubes [J]. Advanced Materials, 2010, 18 (4) : 437-441.

[160] Chen S, Wu G, Sha M, et al. Transition of ionic liquid [bmim][PF_6] from liquid to high-melting-point crystal when confined in multiwalled carbon nanotubes [J]. Journal of the American Chemical Society, 2007, 129 (9): 2416-2417.

[161] Costa P M F J, Friedrichs S, Sloan J, et al. Imaging lattice defects and distortions in alkali-metal iodides encapsulated within double-walled carbon nanotubes [J]. Chemistry of Materials, 2005, 17 (12) : 3122-3129.

[162] Sitharaman B, Kissell K R, Hartman K B, et al. Superparamagnetic gadonanotubes are high-performance MRI contrast agents [J]. Chemical Communications, 2005, 36 (31) : 3915-3917.

[163] Ersen O, Werckmann J, Houllé M, et al. 3D electron microscopy study of metal particles inside multiwalled carbon nanotubes [J]. Nano Letters, 2007, 7 (7) : 1898-1907.

[164] Kitaura R, Imazu N, Kobayashi K, et al. Fabrication of metal nanowires in carbon nanotubes via versatile nano-template reaction [J]. Nano Letters, 2008, 8 (2) : 693-699.

[165] Shiozawa H, Pichler T, Grüneis A, et al. A catalytic reaction inside a single-walled carbon nanotube [J]. Advanced Materials, 2010, 20 (8) : 1443-1449.

[166] Stoffelbach F, Aqil A, Jérôme C, et al. An easy and economically viable route for the decoration of carbon nanotubes by magnetite nanoparticles, and their orientation in a magnetic field [J]. Chemical Communications, 2005, 36 (36) : 4532-4533.

[167] Wang Y, Iqbal Z, Mitra S. Rapid, low temperature microwave synthesis of novel carbon nanotube-silicon carbide composite [J]. Carbon, 2006, 44 (13) : 2804-2808.

[168] Dai L, Qu L. Substrate-enhanced electroless deposition of metal nanoparticles on carbon nanotubes [J]. Journal of the American Chemical Society, 2005, 127 (31) : 10806-10807.

[169] Gao R, Zheng J. Amine-terminated ionic liquid functionalized carbon nanotube-gold nanoparticles for investigating the direct electron transfer of glucose oxidase [J]. Electrochemistry Communications, 2009, 11 (3) : 608-611.

[170] Samant K M, Chaudhari V R, Kapoor S, et al. Filling and coating of multiwalled carbon nanotubes with silver by DC electrophoresis [J]. Carbon, 2007, 45 (10) : 2126-2129.

[171] Formentaliaga A, Weitz R T, Sagar A S, et al. Strong p-type doping of individual carbon nanotubes by prussian blue functionalization [J]. Small, 2008, 4 (10) : 1671-1675.

[172] Tzitzios V, Georgakilas V, Oikonomou E, et al. Synthesis and characterization of carbon nanotube/metal nanoparticle composites well dispersed in organic media [J]. Carbon, 2006, 44 (5) : 848-853.

[173] Liu Y, Jiang W, Li S, et al. Electrostatic self-assembly of Fe_3O_4 nanoparticles on carbon nanotubes [J]. Applied Surface Science, 2009, 255 (18) : 7999-8002.

[174] Cha S, Kim K, Arshad S, et al. Field-emission behavior of a carbon-nanotube-implanted Co nanocomposite fabricated from pearl-necklace-structured carbon nanotube/Co powders [J]. Advanced Materials, 2010, 18 (5) : 553-558.

[175] Lee H, Yoon S W, Kim E J, et al. *In-situ* growth of copper sulfide nanocrystals on multiwalled carbon nanotubes and their application as novel solar cell and amperometric glucose sensor materials [J]. Nano Letters, 2007, 7 (3) : 778-784.

[176] Raghuveer M S, Agrawal S, Bishop N, et al. Microwave-assisted single-step functionalization and *in situ* derivatization of carbon nanotubes with gold nanoparticles [J]. Chemistry of Materials, 2006, 18 (6) : 1390-1393.

[177] Hwang S H, Moorefield C N, Wang P, et al. Dendron-tethered and templated CdS quantum dots on single-walled carbon nanotubes [J]. Journal of the American Chemical Society, 2006, 128 (23) : 7505-7509.

[178] Eder D, Windle A H. Carbon-inorganic hybrid materials: the carbon-nanotube/TiO_2 interface [J]. Advanced Materials, 2010, 20 (9) : 1787-1793.

[179] Guo S, Dong S, Wang E. Gold/platinum hybrid nanoparticles supported on multiwalledcarbon nanotube/silica coaxial nanocables: Preparation and application as electrocatalysts for oxygen reduction [J]. Journal of Physical Chemistry C, 2014, 112 (7) : 2389-2393.

[180] Lee K Y, Kim M, Hahn J, et al. Assembly of metal nanoparticle-carbon nanotube composite materials at the liquid/liquid interface [J]. Langmuir the ACS Journal of Surfaces and Colloids, 2006, 22 (4) : 1817-1821.

[181] Li X, Liu Y, Fu L, et al. Direct route to high-density and uniform assembly of Au nanoparticles on carbon nanotubes [J]. Carbon, 2006, 44 (14) : 3139-3142.

[182] Hull R V, Li L, Xing Y, et al. Pt nanoparticle binding on functionalized multiwalled carbon nanotubes [J]. Chemistry of Materials, 2006, 18 (7) : 1780-1788.

[183] Yan S, Lian G. *In situ* coating carbon nanotubes with wurtzite ZnS nanocrystals [J]. Journal of the American Ceramic Society, 2006, 89 (2) : 759-762.

[184] Wu B, Hu D, Kuang Y, et al. Functionalization of carbon nanotubes by an ionic-liquid polymer: dispersion of Pt and PtRu nanoparticles on carbon nanotubes and their electrocatalytic oxidation of methanol [J]. Angewandte Chemie, 2009, 48 (26) : 4751-4754.

[185] Wang T, Hu X, Qu X, et al. Noncovalent functionalization of multiwalled carbon nanotubes: Application in hybrid nanostructures [J]. Journal of Physical Chemistry B, 2006, 110 (13) : 6631-6636.

[186] Yang W, Wang X, Yang F, et al. Carbon nanotubes decorated with Pt nanocubes by a noncovalent functionalization method and their role in oxygen reduction [J]. Advanced Materials, 2010, 20 (13) : 2579-2587.

[187] Liu Y, Wang R, Chen W, et al. Kabob-like carbon nanotube hybrids [J]. Chemistry Letters, 2006, 35 (2) : 200-201.

[188] Li W, Gao C. Efficiently stabilized spherical vaterite $CaCO_3$ crystals by carbon nanotubes in biomimetic mineralization [J]. Langmuir the ACS Journal of Surfaces and Colloids, 2007, 23 (8) : 4575-4582.

[189] Zhao B, Hu H, Mandal S K, et al. A bone mimic based on the self-assembly of hydroxyapatite on chemically functionalized single-walled carbon nanotubes [J]. Chemistry of Materials, 2005, 17 (12) : 3235-3241.

[190] Yan Z, Peng Z, Casillas G, et al. Rebar graphene [J]. ACS Nano, 2014, 8 (5) : 5061-5068.

[191] Tung V C, Chen L M, Allen M J, et al. Low-temperature solution processing of grapheme-carbon nanotube hybrid materials for high-performance transparent conductors [J]. Nano Letters, 2009, 9 (5) : 1949-1955.

[192] King P J, Khan U, Lotya M, et al. Improvement of transparent conducting nanotube films by addition of small quantities of graphene [J]. ACS Nano, 2010, 4 (7) : 4238-4246.

[193] Cai D, Song M, Xu C. Highly conductive carbon-nanotube/graphite-oxide hybrid films [J]. Advanced Materials, 2010, 20 (9) : 1706-1709.

[194] Rout C S, Kumar A, Fisher T S, et al. Synthesis of chemically bonded CNT-graphene heterostructure arrays [J]. RSC Advances, 2012, 2 (22) : 8250-8253.

[195] Du F, Yu D, Dai L, et al. Preparation of tunable 3D pillared carbon nanotube-graphene networks for high-performance capacitance [J]. Chemistry of Materials, 2011, 23 (21) : 4810-4816.

[196] Talyzin A V, Anoshkin I V, Krasheninnikov A V, et al. Synthesis of graphene nanoribbons encapsulated in single-walled carbon nanotubes [J]. Nano Letters, 2011, 11 (10) :4352-4356.

[197] Chamberlain T W, Biskupek J, Rance G A, et al. Size, structure, and helical twist of graphene nanoribbons controlled by confinement in carbon nanotubes [J]. ACS Nano, 2012, 6 (5) : 3943-3953.

[198] Chuvilin A, Bichoutskaia E, Gimenezlopez M C, et al. Self-assembly of a sulphur-terminated grapheme nanoribbon within a single-walled carbon nanotube [J]. Nature Materials, 2011, 10 (9) : 687-692.

[199] Okada S, Saito S, Oshiyama A. Energetics and electronic structures of encapsulated C_{60} in a carbon nanotube [J]. Physical Review Letters, 2001, 86 (17) : 3835-3838.

[200] Chen W X, Lee J Y, Liu Z. The nanocomposites of carbon nanotube with Sb and $SnSb_{0.5}$ as Li-ion battery anodes [J]. Carbon, 2003, 41 (5) : 959-966.

[201] Pushparaj V L, Shaijumon M M, Kumar A, et al. Flexible energy storage devices based on nanocomposite paper [J]. Proceedings of the National Academy of Sciences of the United States of America , 2007, 104 (34) : 13574-13577.

[202] Reddy A L, Shaijumon M M, Gowda S R, et al. Coaxial MnO_2/carbon nanotube array electrodes for high-performance lithium batteries [J]. Nano Letters, 2009, 9 (3) : 1002-1006.

[203] Ban C, Wu Z, Gillaspie D T, et al. Nanostructured Fe_3O_4/SWNT electrode: Binder-free and high-rate Li-ion anode [J]. Advanced Materials, 2010, 22 (20) : 145-149.

[204] Somani S P, Somani P R, Umeno M, et al. Improving photovoltaic response of poly (3-hexylthiophene) / heterojunction by incorporating double walled carbon nanotubes [J]. Applied Physics Letters, 2006, 89 (22) : 1237-1241.

[205] Sgobba V, Rahman G, Guldi D, et al. Supramolecular assemblies of different carbon nanotubes for photoconversion processes [J]. Advanced Materials, 2006, 18 (17) : 2264-2269.

[206] Hasobe T, Murata H, Kamat P V. Photoelectrochemistry of stacked-cup carbon nanotube films. Tube-length dependence and charge transfer with excited porphyrin [J]. Journal of Physical Chemistry C, 2007, 111 (44) : 16626-16634.

[207] Chitta R, Sandanayaka A S D, Schumacher A L, et al. Donor-acceptor nanohybrids of zinc naphthalocyanine or zinc porphyrinnoncovalently linked to single-wall carbon nanotubes for photoinduced electron transfer [J]. Journal of Physical Chemistry C, 2007, 111 (19) : 6947-6955.

[208] Liu M, Lu G, Chen J. Synthesis, assembly, and characterization of Si nanocrystals and Si nanocrystal-carbon nanotube hybrid structures [J]. Nanotechnology, 2008, 19 (26) : 265705.

[209] Li Z R, Kunets V P, Saini V, et al. $SOCl_2$ enhanced photovoltaic conversion of single wall carbon nanotube/n-silicon heterojunctions [J]. Applied Physics Letters, 2008, 93 (24) : 243117.

[210] Hasobe T, Fukuzumi S, Kamat P V. Organized assemblies of single wall carbon nanotubes and porphyrin for photochemical solar cells [J]. Journal of Physical Chemistry B, 2006, 110(50): 25477.

[211] Vietmeyer F, Seger B, Kamat P. Anchoring ZnO particles on functionalized single wall carbon nanotubes. Excited state interactions and charge collection [J]. Advanced Materials, 2007, 19(19): 2935-2940.

[212] Pradhan B, Batabyal S K, Pal A J. Functionalized carbon nanotubes in donor/acceptor-type photovoltaic devices [J]. Applied Physics Letters, 2010, 88(9): 093106.

[213] Li F, Cho S H, Dong I S, et al. UV photovoltaic cells based on conjugated ZnO quantum dot/multiwalled carbon nanotube heterostructures [J]. Applied Physics Letters, 2009, 94(11): 408.

[214] Wei J, Jia Y, Shu Q, et al. Double-walled carbon nanotube solar cells [J]. Nano Letters, 2007, 7(8): 2317.

[215] Padinger F, Rittberger R S, Sariciftci N S. Effects of postproduction treatment on plastic solar cells [J]. Advanced Functional Materials, 2010, 13(1): 85-88.

[216] Berson S, de Bettignies R, Bailly S, et al. Elaboration of P3HT/CNT/PCBM composites for organic photovoltaic cells [J]. Advanced Functional Materials, 2010, 17(16): 3363-3370.

[217] Fanchini G, Miller S, Parekh B B, et al. Optical anisotropy in single-walled carbon nanotube thin films: Implications for transparent and conducting electrodes in organic photovoltaics [J]. Nano Letters, 2008, 8(8): 2176.

[218] Lewis B G. Applications and processing of transparent conducting oxides [J]. Mrs Bulletin, 2000, 25(8): 22-27.

[219] Wu Z, Chen Z, Du X, et al. Transparent, conductive carbon nanotube films [J]. Science, 2004, 305(5688): 1273-1276.

[220] Ulbricht R, Lee S B, Jiang X, et al. Transparent carbon nanotube sheets as 3-D charge collectors in organic solar cells [J]. Solar Energy Materials and Solar Cells, 2007, 91(5): 416-419.

[221] Ulbricht R, Jiang X, Lee S, et al. Polymeric solar cells with oriented and strong transparent carbon nanotube anode [J]. Physica Status Solidi, 2006, 243(13): 3528-3532.

[222] Hu L, Hecht D S, GrÜner G. Percolation in transparent and conducting carbon nanotube networks [J]. Nano Letters, 2014, 4(12): 2513-2517.

[223] Rowell M W, Topinka M A, Mcgehee M D, et al. Organic solar cells with carbon nanotube network electrodes [J]. Applied Physics Letters, 2006, 88(23): 50.

[224] Tenent R C, Barnes T M, Bergeson J D, et al. Large-area, high-uniformity, conductive transparent single-walled-carbon-nanotube films for photovoltaics produced by ultrasonic spraying [J]. Advanced Materials, 2010, 21(31): 3210-3216.

第 5 章　石墨烯和石墨炔

5.1　石　墨　烯

5.1.1　引言

2004 年，盖姆和诺沃肖洛夫利用胶带反复剥离石墨首次获得石墨烯[1]，为此二人共同获得 2010 年诺贝尔物理学奖。石墨烯是由单层 sp^2 碳组成的二维蜂巢结构层状材料，其厚度约为 0.335 nm，是目前世界上已知的最薄的材料[2]。由于石墨烯独特的二维结构，成为其他碳同素异形体的基本构件单元。例如，将石墨烯进行包裹可以变成零维的富勒烯，也可以通过卷曲石墨烯使其变成一维的碳纳米管，当然通过堆叠可以将石墨烯重新变成石墨[3]。石墨烯具有许多独特的物理和化学性质，因此，石墨烯和石墨烯基材料成为当今世界最为热门的研究领域。

石墨烯是由单原子厚度的 sp^2 碳组成的完美的蜂窝状二维晶体结构[4]。自 2004 年通过机械剥离得到石墨烯以来，石墨烯已经在物理、化学、材料、生物技术等方面引起了国内外极大的研究兴趣[5]。相比于富勒烯、碳纳米管和石墨，石墨烯展现出独特的物理和化学性质，一是大的比表面积，可达 2630 m^2/g；二是优异的机械性能，杨氏模量为 1100 GPa；三是无与伦比的导热性，可达 5000 W/(m·K)；四是特殊的电学性能，石墨烯表面载流子速率可达 10000 $cm^2/(V \cdot s)$，电导率也非常高，可达 10^6 S/m，此外石墨烯的透光率可达 97.7%，还具有优异的磁性性能[6]。

除石墨烯外，氧化石墨烯也成为关注焦点。众所周知，石墨烯是疏水的，很难分散在水中，而氧化石墨烯表面具有含氧官能团，因此是亲水的，很容易分散在水中。氧化石墨烯中的碳呈现 sp^2 和 sp^3 杂化，有利于表面功能化和改性。同时，氧化石墨烯易被还原为石墨烯[7]。石墨烯的表征技术最好是拉曼光谱，同时，结合拉曼光谱和原子力显微镜，可以对其层数进行估算[8]。

5.1.2　石墨烯和氧化石墨烯的合成

石墨烯是石墨的构建模块，每个碳原子在石墨烯表面通过共价 σ 键与邻近的三个碳原子相互连接在一起，组成一个蜂窝状晶体结构。石墨烯结构非常稳定，也具有优异的化学稳定性和热力学、光学、电学性质等，如高热导率、超大比表面积、高载流子迁移率和透光率等[9]。基于石墨烯具有如此多的性能，已被应用于诸多领域，如能量储存和转换、生物医学、腐蚀与防护等。低成本合成高质量石墨烯是关键，目前已有的石墨烯合成方法包括机械剥离法、外延生长法、剪切碳纳米管、氧化还原法等。通过化学氧化石墨可得到氧化石墨烯，在结构上与石墨烯非常相似，可作为前驱体合成石墨烯。

1. 机械剥离法

机械剥离法，顾名思义就是利用机械方式将石墨层层剥离，直至单层石墨烯，此方法在 2004 年获得成功。这种方法得到的石墨烯结构不会受到破坏，能保持石墨烯的优异性能。最早采用胶带剥离石墨，但由于费时费力，且产量不高，无法满足工业化生产要求，目前已被超声剥离所替代。2008 年，Coleman 等[10]将石墨分散在有机溶剂如 *N*-甲基吡咯烷酮中，然后对其进行超声剥离 30 min 后，接着进行 500 r/min 离心分离 90 min，获得石墨烯分散液的浓度可达 0.01 mg/mL，而在 *N*-甲基吡咯烷酮溶剂中，单层石墨烯产量甚至可达 1%，其理论产量有望达到 7%～12%。常用的溶剂包括 *N,N*-二甲基甲酰胺、γ-丁内酯和 1,3-二甲基-2-咪唑烷酮等，由于要与石墨的表面能相匹配，因此 *N*-甲基吡咯烷酮可提供最好的热力学稳定性。利用拉曼光谱、透射电镜和电子衍射对石墨烯片进行表征，可从无缺陷的单层石墨烯的拉曼光谱图或者多层石墨烯的 D 带存在以及二维带的形状证明高质量石墨烯的存在。此外，超声剥离法可以用来合成石墨烯复合物和薄膜，更为重要的是，还可用来剥离类石墨烯二维层状材料。超声剥离法的效率取决于整个过程中的能量配置，这种能量平衡可以表示为单位体积混合焓，由以下公式得到[10]：

$$\frac{\Delta H_{\text{mix}}}{V_{\text{mix}}} \approx \frac{2}{T_{\text{flake}}}(\delta_{\text{G}} - \delta_{\text{sol}})^2 \phi$$

式中，δ 为石墨或者溶剂表面能的平方根，石墨表面能可定义为将两片分开而克服范德瓦耳斯力所需的单位面积上的最低能量；T_{flake} 为石墨烯片厚度；ϕ 为石墨烯容积率，石墨烯和溶剂表面能的匹配是剥离成功的关键。石墨烯和溶剂表面能量越近，混合焓越小，剥离效果越好。研究表明，石墨烯表面能约为 40 mJ/m^2，而水的表面能为 72.75 mJ/m^2，两者表面能明显不匹配，因此在纯水体系中很难剥离石墨得到石墨烯。Coleman 等[11]在含有十二烷基苯磺酸钠的水溶液中，超声剥离石墨，再对分散液进行离心，得到石墨烯片层，其中 40%的石墨烯片层小于 5 层，而只有 3%的石墨烯片层是单层。由于石墨烯能够吸附表面活性剂和带电表面，在含有表面活性剂的水溶液中对石墨烯片来说是相对稳定的，但浓度非常低，为 0.002～0.05 mg/mL，远低于 *N*-甲基吡咯烷酮作溶剂的剥离效果。Lotya 等[12]采用长时间的超声(＞430 h)，获得石墨烯在十二烷基苯磺酸钠水溶液中的浓度达到 0.3 mg/mL。Hou[13]将膨胀石墨分散在乙腈中，然后在高压反应釜中 180℃和 1.1 MPa 下反应 12 h，再将反应产物超声 1 h，可形成黑色悬浮液，然后在 600 r/min 下离心分离 90 min，获得 10wt%～12wt%的单层石墨烯和双层石墨烯。例如，在 2000 r/min

下离心分离 90 min，可在不额外添加稳定剂和改性剂的情况下，有效分离出单层石墨烯和双层石墨烯。电子衍射和拉曼光谱表明，获得的石墨烯纯度高，没有任何明显的结构性缺陷。

除超声剥离和胶带剥离外，其他剥离方式如 CO_2 超临界剥离、电化学剥离、液相自我剥离也陆续报道。Ger 等[14]利用 CO_2 超临界处理技术进行插层剥离层状石墨，将粉末状石墨粉浸没在 CO_2 的超临界流体中 30 min，随后迅速降低流体压力去膨胀和剥离石墨，通过将扩展的 CO_2 气体直接排到含有分散剂十二烷基硫酸钠的水溶液中来收集石墨烯，可避免石墨烯卷曲团聚，原子力显微镜显示，获得石墨烯片含有大约十个原子层。这种方法的优点是无需再对石墨烯进行复杂的处理步骤。同时，Luo[15]用离子改性过的石墨，通过一步电化学法剥离获得石墨烯片，不仅可均匀分布在极性溶剂中，而且防止进一步氧化。采用不同类型的离子液体或者改变离子液体在水溶液中的含量，都将会影响到石墨烯片的结构和质量。此外，石墨烯还可通过层间的超强排斥力进行自我剥离。Pasquali 等[16]在氯磺酸中将石墨自发剥离成单层石墨烯，浓度达 2 mg/mL。虽然采用机械剥离法制备的石墨烯具有很多明显的优点，如剥离得到的石墨烯结构完整、缺陷较少，且同时具有很好的热力学、电化学及力学性能，但这种方法制备需要的工作量大，石墨烯的尺寸较难控制，产量相对较少，无法满足工业化生产要求。

2. 外延生长法

外延生长法简单来说就是在基底的表面直接生长一层石墨烯，接着再用一些方法如化学法除去基底而得到石墨烯。外延生长法可分为化学气相沉积法(CVD)和 SiC 高温退火法[17]。CVD 也称金属表面生长法，是目前大规模制备高质量石墨烯的一种最有效的方法。CVD 的基本原理是在加热下催化分解含碳物质以提供碳源，然后重新排列形成 sp^2 碳物种[18]。为了生长石墨烯，通常利用碳氢气体作为前驱体，生成的气体沉积到金属催化剂表面，再将金属基体除去即可得到高质量的石墨烯，催化剂一般为金属单质或者金属氧化物，常见的是 Ni、Cu、Zn、Fe、Co、Au 等其中一种或者几种物质的组合，迄今最成功的催化剂是金属镍和铜。常见的含碳物质一般为甲烷、乙烯、乙炔、乙醇等的一种或几种组合[19]。早期使用的催化剂都是贵金属如铱和钌，现已经被廉价金属镍或其他过渡金属替代。遗憾的是，金属镍催化 CVD 获得的石墨烯往往多层，且在晶界也常常存在较多层的石墨烯。另外，金属镍的小晶粒尺寸和它的高溶碳量也限制了生长石墨烯的尺寸和质量[20]。通过热处理金属镍获得大晶粒尺寸或者通过优化金属镍薄膜厚度，获得更寡层和更均匀的石墨烯。利用金属镍催化 CVD 法生产石墨烯薄膜仍存在局限性，因为金属镍的高多晶表面，导致了单层、少层和多层石墨烯在生产过程中的不可控性。同时，金属镍与石墨烯的热膨胀率相差较大，因此在降温时会造成石墨烯表面产生大量裙皱[20]。不同于金属镍，铜的溶碳量很低且在热处理时可形成大晶粒尺寸，作为一种高效催化剂，有望应用于大规模生产长大面积的高质量石墨烯。与金属镍不同，在铜上生长石墨烯是通过表面吸附过程来完成的，即通过自身限制过程，达到最大程度控制单层石墨烯的形成，也就是一旦表面被单层石墨烯完全覆盖，石墨烯的生长即停止，这是因为表面被石墨烯覆盖而缺乏有效的活性位点[19]。Reina 等[21]以多晶镍为催化剂，通过控制碳种类，用 CVD 法合成一层或者两层石墨烯。在 CVD 过程中，控制甲烷浓度，或者在石墨烯生长过程中，控制基体的降温速度，可显著改善石墨烯的厚度和均匀性。最佳情况下，单层或者两层石墨烯占了 87%，单层石墨烯的覆盖率甚至达到了 5%～11%，且生长的石墨烯可达 929cm^2，向大规模生产高质量石墨烯迈出了历史性的一步。2009 年，Ruoff 等[22]以甲烷气体为碳源，采用 CVD 方法，在铜箔催化剂表面生长石墨烯，其单层石墨烯的覆盖率达 95%，这归因于铜的碳容量低，有助于石墨烯的自我生长。实际上 CVD 法沉积腔体分为冷壁和热壁两种类型，2009 年，Cai 等[23]利用冷壁腔 CVD 法生长出石墨烯。热腔和冷腔 CVD 法对设备要求不同，生长出的石墨烯结构和性质也有所不同。Heer 教授[24]提出了 SiC 单晶热裂解法制备外延石墨烯，其基本原理是以 SiC 单晶为衬底，通过电子轰击在超高真空下加热 1000℃，利用氧化或 H_2 刻蚀法去除表面氧化物，再对其衬底的表面进行平整化处理，如此氧化再氧化过程可改善 SiC 单晶衬底表面，俄歇电子能谱确定表面氧化物被去除后，SiC 单晶表面具有原子级平整度的台阶阵列形貌。接着，在超高真空环境下，将单晶 SiC 在 1～20 min 时间段内加热到 1250～1450℃，导致 SiC 表面的 Si—C 键发生断裂，Si 原子会优先于 C 原子升华，从表面脱附，留下的 C 原子会重新排列形成具有六方蜂窝状的石墨烯薄膜。2009 年，Shivaraman 等[25]利用单晶 SiC 生长石墨烯，先将单晶 SiC 基体加热到 1200～1600℃，Si 的升华速度快于 C，剩下的 C 原子留在基体表面形成石墨烯。这种方法制备的石墨烯具有较好的电化学性质，但需要在超高真空下达到高温，对设备具有较高要求，生长温度低或者生长速度过快都会影响石墨烯的生长质量。

3. 碳纳米管展开法

碳纳米管可认为是石墨烯卷曲叠堆构成的，因此，理论上石墨烯可通过切割碳纳米管获得，且纵向切割碳纳米管有望获得精确尺寸的石墨烯纳米带。目前的切割方法一般有两种，一种是通过高锰酸钾氧化法来切割多壁碳纳米管获得石墨烯纳米带，收益率达到 100%，石墨烯纳米带的导电性随宽度增加逐渐由金属转变为半导体。Tour 等[26]报道了一种基于溶液氧化法纵向切割多壁碳纳米管获得石墨烯纳米带的方法，其产率可接近 100%。其基本步骤是，在室温下用高锰酸钾处理悬浮于浓硫酸中的多米碳纳米管 1 h，接着在 55～70℃加热 1 h，获得的石墨烯纳米带可高度溶解在水、乙醇及其他极性溶剂中，其中，在水中的溶解度可高达 12 mg/mL。随后，通过改变酸含量、反应时间及反应温度，又发展了一种从多壁碳纳米管获得低缺陷氧化石墨烯纳米带的新方法[27]，在氧化过程中通过原位保护，在石墨烯基底平面上形成邻二醇的选择性纵向切割。还有一种获得石墨烯纳米带的方法是等离子体刻蚀一部分嵌入聚合物的纳米管。Dai 等[28]利用氩等离子体刻蚀嵌入聚甲基丙烯酸甲酯的纳米管，获得高质量石墨烯纳米带，具有光滑的边缘和 10～20 nm 的宽度。

4. 氧化还原法

氧化还原法一般是用强氧化剂，如高锰酸钾、浓硫酸、浓硝酸等，以及温和氧化剂如硝酸钾，氧化石墨使其转变为氧化石墨，然后再通过热还原或者其他还原方法将氧化石墨转变为石墨烯。之所以要先经过氧化这一步，是因为通过层间插入大量的含氧基团如羧基、酯基、羟基等，氧化石墨的层间距较之于石墨变大，导致层层之间作用力减弱，容易剥离。通过后一步还原处理，除去氧化石墨上的含氧基团即可得到石墨烯，常用还原剂包括硼氢化钠、抗坏血酸、对苯二酚、水合肼、四氢化锂铝等，也可通过高温热还原制备石墨烯，或者使用其他电化学还原法得到石墨烯[6]。还原后获得的石墨烯，电导率可达 200～42000 S/m，还原反应参数，如还原剂种类、还原时间、温度、退火时间和退火温度都对石墨烯的质量有显著影响。根据氧化剂不同，又可以分为两种方法，第一种方法是 Hummers 于 1958 年发现的[29]，基本步骤是先用硝酸钠、浓硫酸和高锰酸钾氧化石墨，再利用高沸点下的 *N*-甲基吡咯烷酮的除氧功能在高温下还原得到石墨烯，许多溶剂热方法已经用来还原制备高质量石墨烯胶体。Kaner 等[30]在水和 *N*-甲基吡咯烷酮混合溶液中，超声剥离氧化石墨烯，接着在真空下除去多余氧气，随后在氩气保护下，沙浴加热到 240℃，回流快速除去多余的水，最后在氩气保护下，205℃再回流 24 h，得到溶剂热还原的石墨烯。Wang 等[31]通过溶剂热下聚 4-苯乙烯磺酸钠还原氧化石墨烯，获得亲水性石墨烯，同时，在回流过程中通过硬脂胺和对苯二酚的还原，获得亲有机物质的石墨烯纳米片。紫外和红外光谱显示有机物吸附在石墨烯纳米片上，功能化石墨烯的层间距增大，同时，拉曼光谱显示功能化石墨烯与原石墨烯具有相似的平面晶体结构。Chung 等[32]报道了一个简单有效的方法，利用化学法将功能化氧化石墨烯转化为石墨烯。基本步骤是将氧化石墨烯悬浮在 *N*-甲基吡咯烷酮中，通过溶剂热过程转化为石墨烯。氧化石墨烯被功能化，归因于空气环境下加热 *N*-甲基吡咯烷酮产生的自由基，而功能化程度可通过调节反应时间控制。高度功能化的氧化石墨烯在各种有机溶剂中显示优良分散性，归因于表面的功能化基团产生的一个位阻效应；而功能化程度低的氧化石墨烯则展现了高导电性，如果在溶剂热过程中只让氧化石墨烯反应 1 h，则得到的石墨烯电导率可高达 21600 S/m，而反应 5 h 得到的石墨烯，其分散性可达 1.4 mg/mL。Dai 等[33]基于 180℃溶剂热方法，发展了一种温和剥离—插入—膨胀的方法，基本过程是先用浓硫酸和四丁铵阳离子进行插入，接着悬浮在 *N*, *N*-二甲基甲酰胺中，180℃反应下进行水合肼还原获得石墨烯。也有报道在 50～90℃和强碱性条件下，简单加热剥离氧化石墨烯，从而快速制备稳定的石墨烯悬浮液，其中，NaOH 加入氧化石墨烯悬浮液中可改善烷基自由基的溶解度，同时，在强碱性溶液中剥落的氧化石墨烯可发生快速脱氧反应，形成稳定的石墨烯悬浮液。采用这些方法可合成高质量和高导电性的石墨烯纳米片，有效降低含氧官能团和缺陷程度，同时增加石墨烯域，并提高石墨烯纳米片的导电性，甚至可和纯石墨烯相媲美。相比于化学法还原得到的石墨烯，这种溶剂热得到的石墨烯的结晶度更高，石墨烯悬浮液稳定性提高，即使放置若干天也不发生沉淀。考虑到并没有完全除去带负电性的含氧官能团，这种稳定性可能是归因于静电稳定作用，因为在很高 pH 下，带负电荷的石墨烯片间的斥力也随之增加。与其他石墨烯制备方法相比，氧化还原法反应条件易控制，适合大规模合成，缺点是石墨烯的片层间存在着范德瓦耳斯力，所以在溶液中石墨烯容易重新发生堆叠和扭曲，以至于影响石墨烯的质量和性能。

5. 其他合成方法

至今已经发展了许多方法合成石墨烯。首先，通过温和条件下一步电化学剥离离子液体修饰的石墨，获得均匀石墨烯片，可高度分散在极性非质子溶剂中[15]，且不需要进行后续还原，电化学合成的方法见图 5.1。

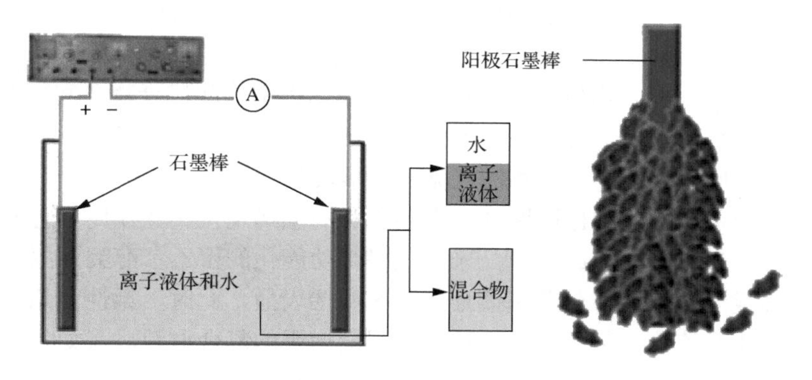

图 5.1　电化学剥离离子液体修饰的石墨示意图[15]

自下而上的有机合成是另外一种合成石墨烯的方法。也有报道通过乙醇钠裂解制备石墨烯，具体过程是先用金属钠还原乙醇，接着将乙醇钠进行裂解，产物用水冲洗除去残余钠盐，即可得到石墨烯。但是，所获得的石墨烯易堆积在一起，后续还要经过超声剥离才可获得纯石墨烯片。还有一种合成石墨烯的方法是在两个石墨电极之间进行电弧放电，这种方法简单，原材料也相对廉价，技术也不复杂。Rao 等[34]在不使用催化剂时，通过调节氢气和氦气比例在石墨电极之间进行电弧放电，最后在电弧室的内壁区域得到了 2～4 层厚的石墨烯片。研究表明，在电弧放电过程中，氢气存在可减少碳纳米管和其他碳结构的形成，Cheng 等[35]发现，在氢气电弧放电剥离石墨过程中，可有效脱去氧化石墨烯的含氧官能团，减少缺陷。氢气电弧放电得到的石墨烯片的电导率可达 2000 S/cm，同时还具有高热稳定性，远远优于氩气电弧放电得到的石墨烯。Shi 等[36]利用石墨棒在空气中的电弧蒸发，大规模合成石墨烯纳米片，其宽度为 100～00 nm，厚度为 2～10 层，每天可合成石墨烯数十克。研究表明，石墨烯产量依赖空气压力，高压有利于石墨烯纳米片合成，而低压有利于其他碳纳米结构材料如碳纳米角和碳纳米球的合成，杂质可在空气中氧化去除。通过深入研究，提出了压力诱导石墨烯薄片的形成机制。最近，Xu 和 Suslick[37]用石墨烯和聚苯乙烯单体制备聚合物功能化的石墨烯，发现苯乙烯不仅可以作为剥离石墨的良好溶剂，而且还可以作为单体形成反应性聚合物自由基。这种方法可应用于其他乙烯单体功能化石墨烯的合成，且还可用于以石墨烯为基底的复合材料合成。

5.1.3 石墨烯和氧化石墨烯的非共价键功能化

1. 功能化聚合物

石墨烯衍生物具有很好的机械、热学及电学性能。常用方法是将石墨烯掺杂到聚合物复合材料中，获得协同性质。可通过共价或者非共价相互作用实现石墨烯纳米结构嵌入聚合物基质中，作用力种类和强弱决定复合材料的均匀性和两个组分之间的复合程度。当包含芳香环时，石墨烯衍生物和聚合物之间可发生 π-π 相互作用，聚合物单元可强烈地结合到石墨烯单分子，进而形成高度均匀的聚合物复合材料，同时提高了聚合物的机械、电学及热学性能。

磺化的聚苯胺衍生物也可通过 π 键堆积与石墨烯发生相互作用，进而获得一种水性复合材料。例如，Liu 等[38]采用芘终端功能化的聚乙二醇类为原料，与石墨烯通过 π 键相互作用，使芘基团连接到石墨烯表面，此时，柔性的乙二醇链允许纳米材料相互连接，从而提供一种机械强度增强的复合材料。又如，将不导电的聚合物和导电的石墨烯进行复合，获得导电复合材料，研究表明，随着聚合物量增加，复合材料的导电性逐渐下降。

没有芳香基团的聚合物也可与石墨烯片或者还原氧化石墨烯纳米片发生相互作用。十六烷基三甲基溴化铵可用来分散氧化石墨烯或者还原氧化石墨烯，使其更好地添加到天然橡胶中，从而提高复合材料的电学、化学及机械性能[39]。表面活性剂也可辅助分散功能化的还原或氧化石墨烯，由此进入水溶性的聚氨酯中。聚氨酯中的磺酸盐与表面活性剂中的叔胺基团相互作用，可促进分散液的均匀性[40]。

2. 三维超结构的功能化

在石墨烯或者氧化石墨烯纳米片基础上，通过非共价相互作用可合成超结构。在这些超结构中，一些芳香分子被用作石墨烯基片和其他材料之间的桥梁或连接器等。非共价相互作用已用来促进小分子芳香化合物如苝衍生物连接到石墨烯基片或其他主体。Tan 等[41]提出了用苝衍生物作为石墨烯和葡萄糖氧化酶之间的连接器，并应用于葡萄糖电化学生物传感器。通过类似方法，苝衍生物也可作为石墨烯和金电极之间的连接器。Liu 等[42]通过非共价键相互作用，用石墨烯修饰金电极并应用于分析 Cu^{2+}和 Pb^{2+}；Shen 等[43]报道了一种通用方法，即基于 π-π 相互作用的石墨烯基平面的非共价功能化作用，炔烃官能化的苝中 π 共轭体系作为分子的“锚”，通过 π-π 相互作用吸附在石墨烯上。卟啉功能化的还原和氧化石墨烯，也被用来作为人体血清葡萄糖的传感器，这是因为在对溶解氧的还原方面具有很好的电催化活性。Ju 等[44]利用水溶性 FeTMPyP[铁(III)内消旋-四-(*N*-甲基吡啶-4-基)卟啉]来修饰还原过的石墨烯纳米带，由于二苯撑环烷烃也具有芳香环，可通过非共价键相互作用，插入石墨烯层间形成主客体的三维超结构，由此获得卟啉功能化的石墨烯纳米带，应用于电催化和电流传感。

3. 碳同素异形体的功能化

碳纳米管具有很强的芳香性，有利于提升 π-π 键相互作用，但碳纳米管的曲线形状会影响这种作用。一般来说，碳纳米管和石墨烯纳米结构之间有着强非共价相互作用，可导致形成稳定的碳杂化纳米结构。已有报道，通过石墨烯纳米结构和碳纳米管结合，构建气凝胶、泡沫、薄膜及类似纸张的复合材料。Tang 等[45]将单壁碳纳米管分散于氧化石墨烯悬浮液中，通过水热法把氧化石墨烯还原成石墨烯，再加以冷冻干燥除去多余溶剂，形成气凝胶超结构，可应用于超级电容器。气凝胶的比表面积和比容量可通过碳纳米管加入量进行调节，不仅可以提供大孔，以促使电解液离子快速润湿电极，也可通过碳纳米管加入获得额外的介孔结构，以吸附更多离子。复合气凝胶不管是在水溶液电解液中还是离子液体电解液中都可以提高超级电容器的性能，低电流密度时比容量可达 245.5 F/g，即使电流密度增加数十倍，比容量也在 197 F/g 以上。而当使用离子液体作电解液，且低电流密度时，比容量只有 183.3 F/g。Georgakilas 等[46]将羟基化的多壁碳纳米管与纯石墨烯通过 π-π 相互作用结合，形成杂化纳米结构复合材料，疏水石墨烯被亲水多壁碳纳米管所覆盖，使复合材料具有亲水性，在水中有很好的分散性，同时，多壁碳纳米管作为导电剂穿插在石墨烯的层之间，提高了复合材料的导电性。在水溶液中氧化石墨烯也可通过 π-π 相互作用来稳定分散的非极性碳纳米管。Tang 等[47]

基于水体系，采用简单方法合成高导电性的三维多尺度结构的碳纳米填料与聚合物 **47** 的复合材料。水分散胶乳剂聚苯乙烯微球的加入，不仅促进碳纳米管固定在氧化石墨烯上，而且使氧化石墨烯稳定的碳纳米管包裹聚苯乙烯微球，形成一个三维分级多尺度结构。在这个过程中，非导电的氧化石墨烯被还原成导电石墨烯。在热处理还原氧化石墨烯-碳纳米管/聚苯乙烯微球过程中，还原后的氧化石墨烯可阻止碳纳米管随机地分散到聚合物基体中，结果形成了一种高质量的类似于泡沫三维网状骨架的还原氧化石墨烯-碳纳米管复合物，具有非常低渗透阈值和高导电性，可满足各种应用要求，如透明度和导电特性。在本体异质结聚合物太阳能电池中，6,6-苯基-C_{61}-丁酸甲酯是最常用的富勒烯衍生物。石墨烯可与 6,6-苯基-C_{61}-丁酸甲酯结合，在太阳能电池中为电子传输提供极好的通路。随后，Yang 等[48]通过 π-π 相互作用，实现 6,6-苯基-C_{61}-丁酸甲酯的芘衍生物可以更好地附着在氧化石墨烯上。这种杂化结构使本体异质结聚合物的太阳能电池效率提高了 15%，而芘-6,6-苯基-C_{61}-丁酸甲酯或者芘-石墨烯的使用都降低了本体异质结聚合物的太阳能电池效率。正如前面所提到的，在不使用芳香基团作为桥梁时，部分 C_{60} 可通过 π-π 相互作用接枝到石墨烯表面。简单地研磨氧化石墨烯和 C_{60} 的混合物，可形成氧化石墨烯与 C_{60} 的杂化结构。由于氧化石墨烯的高度亲水性可掩盖 C_{60} 的疏水性，使氧化石墨烯与 C_{60} 的杂化结构在水中稳定存在。氧化石墨烯与 C_{60} 的杂化结构可作为磷钨酸的载体，通过电沉积形成磷钨酸与氧化石墨烯和 C_{60} 复合物的薄膜电极，在多巴胺、抗坏血酸、尿酸等的电化学氧化还原反应中，显示高电催化活性[49]。

寡层石墨烯/纳米金刚石杂化材料可作为碳基催化剂，在没有蒸气的情况下催化乙苯脱氢形成苯乙烯。通过扩大石墨烯的缺陷和空位，可提高石墨烯表面纳米金刚石的分散量，杂化材料的比表面积为 300 m^2/g，远远大于纯石墨烯，这是因为纳米金刚石插入石墨烯层之间，避免了石墨烯的重新堆叠和扭曲，作为催化剂，其脱氢活性是纯金刚石的 4 倍[50]。

在石墨氧化过程中，产生的小分子芳香基团及含氧基团被称为氧化碎片，通过 π-π 和疏水相互作用，氧化碎片吸附在氧化石墨烯上。研究表明，吸附在氧化石墨烯上的氧化碎片可促进在水中的分散性，提高荧光和电活性等。Rourke 等[51]用氧化碎片来修饰功能化石墨烯片，可稳定水悬浮液，并进一步研究了氧化石墨烯的荧光性[52]。用氢氧化钠处理氧化石墨烯，得到一部分是无色的、有很强荧光特性的氧化碎片，另一部分是包含类石墨烯片的较暗的无荧光性能材料。当氧化物碎片的荧光变强，则合成的氧化石墨烯表现出很弱的、较宽的光致发光。随着激发波长减弱，发生蓝移的氧化石墨烯会以分散排布的方式转移低波长。Pumera 等[53]研究了氧化石墨烯固有活性的起源，证明其归因于存在氧化碎片。Coluci 等[54]用化学分析、生物分析和原子模拟方法，研究了氧化碎片对重要有机污染物与氧化石墨烯之间的非共价相互作用的影响。最近研究表明，氧化石墨上的含氧官能团主要还是那些小分子芳香基团。所谓的氧化物碎片就是在边缘有着羧基、羟基和环氧基团的腐殖酸或者环糊状结构。由于边缘有大量的亲水性含氧基团，氧化物碎片可充当表面活性剂，促进氧化石墨烯在水中分散。纯氧化石墨烯纳米片通过超声去除氧化物碎片后，在水中分散性有所下降，但导电性有一定提高。Coluci 等[54]证明，在非共价相互作用方面，纯氧化石墨烯更有效。Pumera[53]发现，当氧化石墨烯的超声时间从 2 h 提高到 24 h 时，氧化石墨烯的导电性逐步降低，可归因于氧化物碎片的去除。

4. 二维类石墨烯及功能化

石墨烯的研究兴趣已经拓展到二维无机单分子层，包括层状的过渡金属氧化物和硫化物[55]。原子级别厚度的层状化合物是由过渡金属如 Ni、V、W、Mo、Nb、Bi、Ta 和氧或者非金属元素如 S、Te 和 Se 通过共价键而构建的，而层与层之间是通过范德瓦耳斯力维系。尽管这些层状结构化合物和这些无机化合物的性质已被人们熟知，但最近才确认单层结构可稳定存在。此外，这些层状结构化合物表现出了与三维结构不同的电子、磁、光学和机械性能。例如，体相二硫化钼是一种间接带隙半导体，而单层二硫化钼具有直接带隙宽度和强光致发光能力[56]，二者结合将促进二维材料在光电器件、催化、电池、超级电容器等方面的应用[57]，有关二维材料的研究重点涉及合成方法、表征技术、材料性质及各种应用推广。

与石墨烯类似，制备二维无机层状材料也可通过机械剥离、液相剥离、化学气相沉积法及分子束外延法。直到现在，合成层状异质结构的主要方法还是化学气相沉积法生长和逐层机械剥离。合成石墨烯与二硫化钼杂化材料最简单的方法就是通过载玻片将剥离的微米尺寸石墨烯纳米片与机械沉积在 Si/SiO_2 衬底上的层状二硫化钼连接起来[58]。石墨烯与二硫化钼杂化材料将石墨烯的导电性与半导体的光学活性结合在一起，同时诱导出石墨烯的稳恒光电导性，可通过应用电压脉冲恢复到黑暗状态，过程可通过电控光存储器控制[59]。另外，石墨烯与二硫化钼的异质结构可通过层状石墨烯覆盖二硫化钼获得，并应用于 DNA 分子的超灵敏检测[60]，也可作为生物传感器和 p-n 异质结[61]。Wei 等[60]报道了异质结构堆叠的石墨烯与二硫化钼复合材料膜，这种膜为检测 DNA 分子提供了极好的、超灵敏的平台。随着目标 DNA 分子加入，石墨烯与二硫化钼复合材料中二硫化钼层的光致发光强度也随之增强，具有非常高的检测极限，同时，在水溶液中进行实时检测的响应时间可控制在几分钟内，这表明异质结构可直接用于高灵敏检测 DNA。Yong 等[61]基于石墨烯-二硫化钼杂化材料的超灵敏检测，制备出一种新的表面等离子体共振(surface plasmon resonance，SPR)传感器，Yu 等[62]利用石墨烯-

二硫化钼杂化材料的界面，合成了横向的石墨烯 p-n 异质结。Shiva[63]通过水热法将二硫化钨沉积在还原氧化石墨烯上，作为锂离子电池的负极可显著提高电化学和倍率性能，当应用于锂离子电池时，在电流密度为 100 mA/g 时循环 100 圈后，容量依然可保持在 400～450(mA·h)/g，当电流密度为 4000 mA/g 时，容量仍然在 180～240(mA·h)/g。值得注意的是，该复合材料的电化学性能并不是简单加成，而是归因于协同效应。最近，Roy 等[64]发现，通过石墨烯和二硫化钼杂化构建场效应晶体管，石墨烯扮演着来源/排水和顶部栅极绝缘层的角色，而二硫化钼则是活性通道材料。该晶体管表现出 n 型行为，开关电流比超过 10^6，同时电子迁移率约为 33 $cm^2/(V·s)$，与传统硅晶体管相比，优点是在高栅场下提高了表面粗糙度散射，降低了载流子迁移率。

5. 纳米结构的功能化

众所周知，纳米粒子材料的应用取决于多种因素，如粒子尺寸、晶面数量、形貌和表面积等，这些因素可由反应条件，如反应温度、浓度、时间、前驱体等控制和调节[65]。另外，在许多应用中，纳米粒子需要在载体表面固定化。石墨烯和氧化石墨烯具有高比表面积和固定位点，可充当纳米粒子载体。Qiao 等[66]成功地将球、立方体、椭球形三种形貌的 Mn_3O_4 生长在氮掺杂的石墨烯片上，并考察了电化学和光学性能。依赖于石墨烯载体，纳米粒子既可以沉积在石墨烯表面上，也可以在其表面上生长。例如，用氧化石墨烯作载体，易使纳米粒子直接在表面生长，这是因为氧化石墨烯含有多种含氧官能团，可供晶体生长。赵东元[67]通过溶胶凝胶法，在石墨烯上生长 TiO_2 纳米粒子并用于锂离子电池中。生长方法的控制在于纳米颗粒的成核过程调节、精确分离及生长、固定、结晶和氧化石墨烯的还原过程优化等。复合材料中锐钛矿纳米粒径约 5 nm，薄层厚度小于 3 层，比表面积达 229 m^2/g。另外，也可将纳米颗粒直接沉积到石墨烯表面，Sun 等[68]通过溶液自组装，使 Co/CoO 复合纳米粒子沉积到石墨烯上，并研究了其相关性能，这表明石墨烯作为沉积纳米粒子的载体具有独特优势。值得注意的是，许多报道中纳米粒子的沉积被称为非共价键相互作用，实际上可能在石墨烯和纳米粒子之间也存在共价键，需要进一步深化研究。

1) 石墨烯/纳米材料的合成与功能化

很多方法可将纳米粒子沉积到石墨烯上，从传统沉积法发展到电化学、超声、激光合成沉积法等。Seema 等[69]利用氧化石墨烯和 $SnCl_2$ 之间的氧化还原反应，合成了 SnO_2 修饰的石墨烯复合材料，氧化石墨烯被原位还原成石墨烯，Sn^{2+}被氧化成 SnO_2，使 SnO_2 纳米粒子均匀分布在石墨烯上。相比于 SnO_2 纳米粒子，还原氧化石墨烯-SnO_2 复合材料提高了对有机染料亚甲基蓝的光催化降解能力。Zhang 等[70]利用电化学沉积，将银纳米颗粒沉积到石墨烯上。Hui 等[71]以环境友好维生素 C 为还原剂，采用超声法合成了维度可控的银纳米颗粒-氧化石墨烯复合材料。Moussa 等[72]用激光合成法将 Pd 纳米粒子沉积到还原石墨烯上，并应用于 C—C 交叉偶合反应。Jiao 等[73]用电子束法在氧化石墨烯还原的同时，将 Ag 纳米粒子沉积到石墨烯表面，发现 Ag 纳米粒子的尺寸随着电子束辐射剂量的增加而减小，这种方法的好处在于合成时间短，且可通过剂量的变化对粒子尺寸进行控制。Haider 等[74]通过还原不同浓度 $AgNO_3$ 水溶液获得 4～50 nm 的 Ag 纳米粒子。Du 等[75]将 $CuCl_2$ 和氧化石墨烯分散于乙二醇溶液中，用硫代乙酰胺作还原剂，通过超声法合成硫化铜与还原氧化石墨烯的复合材料，比表面积为 993.5 m^2/g。相比于纯硫化铜纳米材料，其在亚甲基蓝降解反应中显示更高光催化活性。Thangaraju 等[76]发现 Cu_2ZnSnS_4 纳米粒子既可在油胺中通过超声沉积到氧化石墨烯上，也可以在氮气氛围中通过热注入法进行原位生长，为石墨烯与纳米粒子复合材料的合成提供了一个相对简单的方法。

用聚合物或者其他表面活性剂包覆纳米粒子，然后与石墨烯基复合，也是合成石墨烯与纳米粒子复合材料的重要方法之一。Patra 等[77]研究发现，零维、一维、二维 CdS 纳米粒子均可修饰还原氧化石墨烯。在这个过程中，可先用对氨基苯硫酚对 CdS 进行修饰，随后再与氧化石墨烯混合超声，接着用水合肼还原氧化石墨烯。Xia 等[78]使用两性表面活性剂十二烷基氨基丙酸，获得 Pt 纳米粒子修饰的三维石墨烯材料。首先，通过在表面活性剂十二烷基氨基丙酸的辅助下超声处理氧化石墨烯，得到三维氧化石墨烯，再通过水热法合成 Pt 纳米粒子改性的三维材料，在这里，表面活性剂十二烷基氨基丙酸既是模板剂又是还原剂。另外，Atar 等[79]用半胱胺修饰的氧化石墨烯，通过 Ag—S 离子键结合，成功合成出 Fe@Ag 核壳纳米粒子。银纳米颗粒不仅可通过 Ag—S 键连接到半胱胺链，还可连接到氧化石墨烯上。这些 Ag 纳米粒子功能化过的石墨烯纳米带，可组装成类似立方体的 Ag 纳米粒子团聚体，有望在催化和传感器等方面开拓应用。

还有报道通过化学气相沉积法合成石墨烯与纳米粒子复合材料。Toth 等[80]发现，在对称沉积的纳米粒子里，不管是沉积相同的金属还是不同的金属都是有可能的。使用了氧化还原反应，可获得单面沉积。同时，将非对称沉积的石墨烯浸在含有目标金属盐的溶液中，可使相反面沉积第二种金属。Liu 等[81]使负电性的 CdS 量子点，通过层层自组装到带正电荷的聚烯丙胺盐酸盐修饰的石墨烯上，这种自组装方法可在光电条件下形成一个高效的电荷分离电极，使还原氧化石墨烯和 CdS 间的界面接触更加紧密。CdS 与还原氧化石墨烯层状材料比层状 CdS 材料的光催化活性高出近 2 倍。

在石墨烯与纳米粒子复合体系中，也采用纳米粒子沉积到掺杂或者功能化的石墨烯上。例如，贵金属纳米粒子已被广泛沉积在各种掺杂的石墨烯材料上。正常情况下，氮掺杂的石墨烯使用较频繁。Qiao 和 Zhou[82]合成了 Ag/氮掺杂的石墨烯复合材料，Janiak 等[83]在含有甲基环戊二烯基合铂的离子液体中，通过热沉积方式将 Pt 纳米粒子沉积到硫醇功能化的石墨烯上。应该注意的是，在高温 Pt 沉积过程中，不同硫源将决定复合材料的热稳定性。这些材料可用作燃料电池的催化剂，显示高活性和热稳定性。Ju 等[84]将 2-甲基咪唑与氧化石墨烯混合在一起，然后将 Zn^{2+}加入上述溶液中，形成 ZIF-8 与氧化石墨烯的复合物，接着在 800℃高温下裂解形成多孔碳，最后通过浸润和化学还原 $Bi(NO_3)_3$，将 Bi 纳米粒子填充到多孔碳中，可用于制备高选择性和高灵敏度的重金属电化学传感器。Feng 等[85]用聚苯胺翠绿亚胺碱作为功能化的活性位点，通过自下而上的组装方法，用 Si、Fe_3O_4 和 Pt 纳米粒子及功能化石墨烯，形成类似于三明治结构的复合纳米材料，纳米粒子通过静电作用或者氢键直接沉积到电化学剥离得到的石墨烯上。其中，聚苯胺可以使纳米粒子均匀地涂覆在石墨烯表面，而涂层厚度可通过调节聚苯胺比例进行控制，另外，聚苯胺也可作为掺杂剂为石墨烯提供独特的电学性质，应用于锂离子电池中显示优异性能。

Lee[86]将石墨烯浸没在含有 Au 离子的前驱体溶液中，通过简单的室温溶液生长法，将 Au 纳米线精确生长在石墨烯上，纳米线尺寸约为 94 nm × 10 nm × 3 nm，沿着石墨烯的锯齿状晶格方向排列。通过氧气等离子体氧化未被保护的石墨烯，再除去 Au 纳米线，可以从 Au 纳米线与石墨烯的复合材料中精确合成出石墨烯纳米带。Yu 等[87]也有过类似的研究，在 Au 沉积的同时，获得石墨烯晶界和皱褶。研究表明，在石墨烯表面的不同类型的晶粒边界和皱纹可进行分化。Wang 等[88]利用细菌合成 Ni_3S_2 与还原氧化石墨烯的复合材料。在这个过程中，枯草杆菌与含有乙酸镍和氧化石墨烯的水溶液混合在一起，在溶液还原后再旋涂到泡沫镍上，获得复合材料应用于超级电容器，在电流密度为 0.75 A/g 时，比容量高达 1424 F/g，即便在电流密度为 75 A/g 时，比容量依然可达到 406 F/g，另外，在电流密度为 15 A/g 时，循环 3000 圈后，容量依然保持在初始容量的 89.6%。

碳包覆纳米粒子不管是在锂离子电池还是其他方面的应用都有过报道。潘峰[89]合成了 γ-Fe_2O_3@石墨烯的核壳结构复合材料，作为锂离子电池的负极材料，展现出极好的性能。当电流倍率为 0.1 C、1 C 和 2 C 时，容量分别为 1095 (mA· h)/g、833 (mA· h)/g 和 551 (mA· h)/g，即使电流倍率达到 10 C，容量依然可达到 504 (mA· h)/g。Sengar 等[90]用 Pd 或 Cu 作为火花发生器形成金属核，通过一种连续流动的气相合成装置制备了金属 Pd 或 Cu 纳米粒子与石墨烯的核壳结构复合材料，此装置采用了静电除尘器，允许在所需的基底上进行沉积复合材料，可扩展到其他金属/石墨烯的核壳结构复合材料的制备。Kim 等[91]以氢氧化铵作为还原剂，用氙灯照射，获得还原氧化石墨烯包覆 Au 纳米棒的复合材料。Si 和 Samulski[92]从含有铂纳米粒子的干燥溶液中部分剥离石墨烯，同时，铂纳米粒子原位负载在石墨烯，由此获得金属纳米粒子-石墨烯复合材料。相比于堆叠的石墨烯片，Pt 与石墨烯复合材料的电容量提升了 19 倍。在类似方法中，Cheng 等[93]将 Co_3O_4 沉积到石墨烯上，大大提高了锂离子电池容量。Yan 等[94]发现，$Ni(OH)_2$ 纳米粒子可阻止石墨烯的堆叠且可形成 $Ni(OH)_2$ 与石墨烯的复合材料。有趣的是，通过酸溶液处理 $Ni(OH)_2$ 与石墨烯的复合材料，可以得到纯石墨烯。

2）修饰型石墨烯/纳米结构材料应用于催化

使用模板技术，由溶液法合成石墨烯与纳米粒子复合材料，代表着未来的一个重要发展方向。Kim 等[95]用 DNA 作模板剂，合成了 Pt 纳米粒子与石墨烯的复合材料，显示优异催化性能，且稳定性高，具有工业化应用前景。在催化反应中使用石墨烯作为纳米粒子载体，可提高催化剂稳定性。Yu 等[96]用 500 W 汞灯照射诱发柠檬酸钠发生氧化还原反应，将 Pd 纳米粒子沉积到石墨烯上，研究了其在乙醇中的催化活性，发现与商业催化剂 Pd-石墨烯复合材料相比，稳定性显著提高。这种方法也可用于合成 Au 与石墨烯，以及 Pt 与石墨烯的复合材料，Tang 等[97]在不加表面活性剂时，超声含有稀浓度 $AuCl_4^{3-}$、$PdCl_4^{2-}$ 或 $PtCl_6^{4-}$ 的石墨烯分散液，实现 Au、Pd 或 Pt 纳米簇沉积到石墨烯上。Au-石墨烯复合材料的催化性能不如商业 Pt/C 催化剂，但对甲醇具有更强的耐腐蚀性和更高的稳定性。

大多数高活性催化剂都使用贵金属，但价格昂贵限制了其应用，迫切需要研制和开发相对便宜的过渡金属催化剂。Sun 等[68]将 Co/CoO 纳米粒子嵌入石墨烯载体，在碱性溶液中，其催化活性可和商业 Pt/C 相媲美，催化活性不仅取决于石墨烯和纳米粒子之间的相互作用，还和 Co/CoO 的尺寸有关。这些催化剂的稳定性远远优于商业 Pt/C 催化剂。掺杂石墨烯有利于提高催化活性，尤其是 N、S 或 P 掺杂。Huang 等[98]发现，S 掺杂的石墨烯作载体负载催化剂，可显著改善催化性能；Qu 等[99]发现 N 掺杂的石墨烯作为催化剂载体，也有利于提高催化性能；同时，Hou 等[100]观察到 P 掺杂的石墨烯作为载体，能够明显提高催化效率，并可进一步应用于锂离子电池。Zhou 和 Qiao[82]通过溶液反应，将 Ag 纳米粒子沉积到氮掺杂的石墨烯上。Ag 纳米粒子-氮掺杂石墨烯的复合材料的催化性能明显优于 Ag 纳米粒子-石墨烯的复合材料，同时，首次发现了 Ag 纳米粒子与石墨烯之间的化学作用，这种作用在 Ag-石墨烯复合材料中并没有发现，显然归因于 Ag-N 间相互作用的诱导作用，在催化反应中，这种材料相比于传统催化剂不仅便宜而且显示高抗甲醇腐蚀能力。张学记[70]使用单链寡核苷酸序列作为模板，将 2 nm Ag 纳米簇通过电化学沉积到 N 掺杂的氧化石墨烯表面上，其催化性能可与 Pd-氧化石墨烯复合材料相媲美，但对甲醇表现出了更好的耐腐蚀性。Qiao 等[66]发现，不仅掺杂的石墨烯材料发挥重要作用，而且还可通过改变纳米粒子形貌提高催化活性。在含有氨水的正丁醇、乙醇或戊醇溶液中，用水热法在氮掺杂的石墨烯上合成球形、立方体、椭球形 Mn_3O_4，椭球形 Mn_3O_4 与氮掺杂石墨烯的复合材料初始电位为–0.13 V，在–0.6 V 时电流密度为 11.69 mA/cm^2，而立方体 Mn_3O_4 与氮掺杂石墨烯的复合材料初始电位为–0.16 V，在–0.6 V 时电流密度为 9.38 mA/cm^2，另外，包含 Mn_3O_4 的催化剂表现出了比商业催化剂增强的抗甲醇腐蚀能力。

石墨烯作为催化剂在电化学析氢反应中的应用已经被广泛报道。Shin 等[101]合成了 WS_2 与还原氧化石墨烯的复合材料并应用于催化析氢反应。虽然贵金属具有良好的催化效果，但价格昂贵，需要研究新的廉价的催化剂进行替代。Xiong 等[102]在还原氧化石墨烯上合成了核壳结构的 Pd-Pt 纳米立方体，0.8 nm 厚的 Pt 层沉积到 Pd 立方体外层，用于析氢反应时产生最大电流密度，而且 Pt 的使用量大大减少，有利于工业应用。这种核壳结构立方体对性能的提升，主要归因于表面发生极化，从而提高了 Pt 表面的析氢反应性能。在替代 Pt 方面，Lee 等[103]用改性的尿素和硫脲合成路线，将 Mo_2C、Mo_2N 或 MoS_2 沉积到碳纳米管修饰的氧化石墨烯上，经过干燥和 750℃煅烧，形成 Mo_2C、Mo_2N 或 MoS_2 与碳纳米管修饰的氧化石墨烯的复合材料，在析氢反应中，Mo_2C 与碳纳米管修饰氧化石墨烯的复合材料表现出最高的催化活性，其初始电位为 62 mV，高于 Mo_2C 分别沉积在碳纳米管、石墨烯或炭黑上，这可归因于碳纳米管修饰的氧化石墨烯作为载体具有高导电性及三维堆叠结构。在此基础上，He 和 Tao[104]将 2.5 nm 左右的 MoC 和 5.0 nm 左右的 Mo_2C 共同沉积到石墨烯上，在析氢反应催化剂显示优异稳定性，使用 20 h 后，催化剂在电流密度和催化活性保持不变。Tian 等[105]合成了 P 修饰的氮化钨与氧化石墨烯的复合材料，在析氢反应中也表现出优良的催化效率。

伴随燃料电池发展，石墨烯基材料还被用在甲醇氧化催化剂及作为甲酸产氢催化剂。Xu 等[106]使用 $Co_3(BO_3)_2$ 作为共沉淀剂，再经过刻蚀，合成了高度分散在石墨烯表面的 AgPd 纳米粒子，发现可有效阻止 AgPd 纳米粒子在石墨烯表面的团聚。相比于直接使用沉淀法得到的还原石墨烯负载 AgPd 催化剂，前者表现出了更高的甲酸产氢能力，在 323 K 时，转换频率最高，可达到 2756 h^{-1}。Yang 等[107]把 Pt 纳米粒子沉积到磺化过的石墨烯上，随后把复合材料包覆在玻碳电极上，再应用于甲醇氧化，显示高催化活性，明显优于 Pt/C 和 Pt/还原石墨烯。王贤保[108]在不使用表面活性剂的情况下，利用溶剂热和微波法，在还原氧化石墨烯上合成了 Pd@Pt 核壳结构，纳米晶具有高晶格匹配率，应用于甲醇氧化时表现出高催化活性，主要归因于清洁表面和多晶金属纳米粒子。

石墨烯在增强光电析氢反应方面也有很多报道。Wu 等将 MoS_2 沉积到 N 掺杂的还原氧化石墨烯上[109]，发现其催化活性要比石墨烯负载的 MoS_2 高出 3 倍，由于其他物理参数类似，所以活性提高主要归因于 N 掺杂的石墨烯。Yu 等[110]用溶剂热辅助“一锅煮”微波法合成了 Au 与 P25 和石墨烯的复合物，应用于可见光产氢，Au 纳米粒子通过等离子体效应诱导可见光响应，提高光催化活性。Ramaprabhu 等用凸透镜把太阳光聚在一起剥离石墨并原位还原 $PdCl_2$，使 Pd 纳米粒子和氮同时沉积到石墨烯上[111]，表现出高储氢能力，25℃和 4 MPa 下，可达 4.3wt %。

3) 修饰型石墨烯/纳米结构材料应用于锂离子电池

石墨烯材料在锂离子电池中的应用已变得越来越重要。TiO_2 价廉且是环境友好型，适合于锂离子电池材料。赵东元等[67]把钛酸四丁酯加到分散有氧化石墨烯的乙醇溶液中，用氨水作沉淀剂，通过溶胶凝胶法，将粒径均匀在 5 nm 的 TiO_2 高分散沉积在石墨烯上，应用于锂离子电池，在 59℃时容量约为 94 (mA · h)/g，远高于机械混合得到的 TiO_2 和石墨烯复合材料，这归因于大比表面积、高导电性、小纳米尺寸及寡石墨烯层数。Liu 等[112]用类似方法，将约 5 nm 的 MoO_2 沉积到石墨烯上，改善了传统 MoO_2 作为锂离子电池电极材料时所经历的慢嵌 Li 动力学及体积膨胀，可提高可逆容量。TiO_2 作为锂离子电池电极材料面临的主要问题就是容量偏低。针对这个原因，Xie 等[113]将 TiO_2 与高容量材料如 Fe_3O_4 共沉淀到石墨烯纳米片上，用于锂离子电池负极时，在电流密度为 1000 mA/g，可逆容量可达到 524 (mA · h)/g，表明将一个高容量材料与 TiO_2 结合，不仅可提高锂离子电池的容量，同时还可增加循环稳定性。

Si 具有高理论容量，也适用于锂离子电池。然而在循环过程中，Si 会发生严重的体积膨胀，导致容量迅速下降。为阻止 Si 在循环过程中的体积膨胀，张荻等用镁热还原法在 700℃还原 SiO_2 与石墨烯复合材料，当质量比为 1∶1 时，可使 30 nm 的 Si 沉积到石墨烯上[114]，作为锂离子电池负极，在电流密度为 100 mA/g 时，循环使用后容量仅略微下降，显示高活性和稳定性。Chen 等[115]用高温热处理和沉积法将 Si 纳米线沉积到 Ni 纳米粒子修饰的石墨烯载体上，再用 2 nm 厚的多孔碳包覆，作为锂离子电池负极材料，在电流密度为 6.5 A/g，循环 100 圈后，容量依然可以保持在 550 (mA · h)/g，优异的稳定性可归因于 Si 纳米线与 Ni 纳米粒子修饰的石墨烯载体之间的协同作用。为了改善 Si 纳米粒子在电化学剥离的石墨烯上的稳定性，Feng 等[85]用聚苯胺翠绿亚胺碱制备复合材料，作为锂离子电池负极材料，在 0.42 A/g 电流密度下，可逆容量达 1710 (mA · h)/g，循环 100 圈后依然有 86%的保留率。Li 等[116]将涂有牛血清蛋白的 Si 纳米粒子和氧化石墨烯分散在一起，然后在真空抽滤过程中发生静电自组装，用于锂离子电池负极，表现出了极好的稳定性和可逆容量，电流密度为 2 A/g 时，容量达到 1390 (mA · h)/g。

与 Si 类似的锗(Ge)也被广泛应用于锂离子电池负极材料，但也会有严重的体积膨胀。Yuan 和 Tuan[117]合成了碳包覆的 Ge/rGO 复合材料，应用于锂离子电池时，发现实际容量非常接近理论容量。在 0.2 *C* 倍率下，C/Ge/rGO 复合材料的可逆容量为 1332 (mA · h)/g，而理论容量为 1384 (mA · h)/g。当 C/Ge/rGO 复合材料应用于铝塑锂离子商业电池时，容量超过了 20 mA · h。这些电池可用于电风扇、LED 滚动字幕及 LED 发光二极管等。显然，碳层的使用可提高锂离子电池的循环稳定性，可以预期，如果石墨烯作为一个碳层，也可提高锂离子电池的循环稳定性。Wu 等[118]用还原氧化石墨烯包覆 Li_3VO_4 并用作锂离子电池负极，在 20 *C* 倍率下，可逆容量达 223 (mA · h)/g，即使是在 10 *C* 倍率下循环 500 圈，也没有发现明显容量衰减。潘峰等[89]依据克肯达尔效应，通过空气氧化铁核、石墨烯和无定形碳混合物得到复合材料，发现空心核及石墨烯层在提高锂离子电池的循环稳定性方面发挥重要作用。

钠资源丰富，成本低廉，因此钠离子电池有望取代锂离子电池。钠离子电池同样也存在循环稳定性及性能优化的问题。Yu 等[119]将还原氧化石墨烯包覆的 Sb_2S_3 应用在钠离子电池，在电流密度为 50 mA/g 时，容量高达 730 (mA · h)/g，循环 50 圈后并没有明显衰减，可保持在 97.2%，显然，石墨烯在未来的钠离子电池中将扮演重要角色。石墨烯与纳米粒子的复合材料也可用在 Li-S 电池中。Huang 等[120]在多孔 CNT/S 的顶部沉积 TiO_2 和石墨烯，虽然对容量并没有贡献，但可提高稳定性，归因于抑制阴极 S 的溶解，从而在循环过程中消除容量降低，研究发现，在 0.5 C 倍率下循环 300 圈后，容量依然可保持在 1040 (mA · h)/g，而石墨烯包覆的 S 和没有包覆的 S 的容量分别为 750 (mA · h)/g 和 430 (mA · h)/g。锂空电池和锂硫电池具有高能量密度，但在循环过程中，会经历容量衰减。为了改善性能，Kim 等[121]合成了 Co_3O_4 纳米纤维与石墨烯的复合材料，并将其应用于锂空电池。Co_3O_4 纳米纤维是通过静电纺丝制备，然后再通过超声沉积到纯石墨烯或者还原氧化石墨烯上，循环 80 圈后放电容量为 10500 (mA · h)/g，归因于石墨烯材料的稳定化作用，显示良好的应用前景。

4) 量子点对石墨烯/纳米结构的修饰

通过溶剂热法可将各种量子点沉积到石墨烯上，复合材料已被广泛应用在锂离子电池、钠离子电池、光催化、光电探测器、光敏剂、超级电容器及水处理。Zhai 等[122]合成了量子点修饰的石墨烯与 TiO_2 纳米片的复合材料。与没有石墨烯的光阳极相比，量子点修饰的石墨烯与 TiO_2 纳米片的复合材料，可大大提高光电流产生。Sun 等[123]合成出锐钛矿型 TiO_2 量子点修饰的石墨烯复合材料，明显提高了锂离子电池的电化学性能。其他工作进展还有夏晖合成了赤铁矿型量子点修饰的功能化石墨烯纳米片，并应用于对称型超级电容器的研究[124]；Fan 等合成了石墨烯量子点包覆的 VO_2 阵列并考察了其储锂和储钠性能[125]；李述汤等[126]用紫外光电探测器，在石墨烯上合成了原子级别厚度的 ZnO 量子点；Dai 等[127]使用一种新颖的 CdS 量子点与石墨烯复合材料构成光电化学传感器，可用于检测癌胚抗原，检测机制依赖于辣根过氧化物酶催化硫代硫酸钠还原 H_2O_2 提供 H_2S，再与溶

液中的 Cd^{2+}形成 CdS 量子点，这项研究表明，酶可被用来在石墨烯基底上合成尺寸可控的量子点。

鉴于石墨烯材料优良的透明度和导电性，量子点与石墨烯材料还广泛应用于光电化学及染料敏化太阳能电池。Deepa 等[128]将硫化铅和硫化镉量子点及功能化石墨烯组装到宽禁带半导体材料 TiO_2，应用于太阳能电池中，发现石墨烯材料对载流子的分离至关重要，同时可防止光生电荷复合，提高光电效率。Jung 和 Chu[129]发现，量子点和石墨烯之间的结合机制对改进组分之间的电荷转移效率非常重要，通过共价键或者非共价键连接，将 CdSe 量子点沉积到还原氧化石墨烯的基底上，再通过电泳方式制成薄膜，发现共价键相连的 CdSe 量子点可提高量子效率及光电流密度，而非共价键连接对提高电子转移的促进作用有限。光致发光闪烁之所以会导致效率下降，是因为关闭和开启状态之间的随机切换，Tamai 等[130]在 CdTe 量子点与石墨烯复合材料上旋涂一层聚乙烯吡咯烷酮或者聚乙二醇，可有效抑制量子点的闪烁。在量子点-石墨烯复合材料中，旋涂法可发展太阳能电池。Irudayaraj 等[131]发现，将量子点沉积到石墨烯上，可增强的多光子发射，被认为是由于荧光寿命在降低，所以当石墨烯作为一个猝灭剂存在时，荧光强度导致了较低的单光子发射。

量子点与石墨烯的复合材料在能源应用中同样引起了人们浓厚的兴趣，主要应用在锂离子电池中，主要优势是纳米粒子尺寸的降低，可将锂离子嵌入和嵌出过程中的体积膨胀降到最低[132]。Du 等[133]合成了 Fe_3O_4 和碳量子点与石墨烯的复合材料，发现沉积在还原氧化石墨烯上的碳包覆 Fe_3O_4 量子点，除了尺寸降低外还有利于结构稳定，通过量子点和石墨烯间的增强相互作用，可有效避免 Fe_3O_4 量子点的脱落。当把该复合材料应用于锂离子电池时，发现在电流密度为 150 mA/g 时，容量达 940 (mA·h)/g。Xia 等[124]将 Fe_2O_3 量子点与石墨烯的复合材料作为阳极材料应用于对称型超级电容器中，其中阴极用 MnO_2 纳米粒子与石墨烯的复合材料。当在 1 mol/L Na_2SO_4 水溶液中用 Ag/AgCl 作参比电极时，电压范围为–1～0 V，最大比容量为 347 F/g。组成对称型超级电容器时，当功率密度为 100 W/kg 时，能量密度可达 50.7 (W·h)/kg，即使是循环 5000 圈后，依然保持在初始容量的 95%。Outokesh 等[134]用乙醇作溶剂、还原剂和表面活性剂，将 PbS 量子点沉积到氧化石墨烯上，导致带隙变窄，同时，电子从 PbS 量子点的导带进入石墨烯上，减少电荷复合。

Shangguan 等[135]将 TiO_2 量子点沉积到剥离的石墨烯上。对比于石墨烯-TiO_2 纳米材料与纯 TiO_2 量子点，石墨烯-TiO_2 量子点复合材料可有效提高光催化活性。归因于量子点和石墨烯表面之间更大的接触区域和更强的相互作用。Chen 等[136]用紫外和微波反应将 TiO_2 纳米粒子沉积在还原氧化石墨烯上，再使 MnO_x 量子点沉积在均匀覆盖 TiO_2 纳米粒子的石墨烯上，可大大提高染料光催化降解活性，也可提高电化学和光化学的能量储存，同时，还可通过光储存能量，在黑暗中展示抗菌活性。

5.1.4 应用

非共价相互作用包括静电、π-作用、范德瓦耳斯力和疏水作用等，可改变纳米填充料的物理和化学性质。石墨烯和氧化石墨烯是非共价相互作用的典型纳米材料，主要存在两种形式，一是纳米物种沉积到石墨烯表面，二是纳米物种嵌入石墨烯或氧化石墨烯中，这些材料已应用在能源材料、绿色化学、环境科学、纳米器件、催化、光催化、传感器、腐蚀及生物成像和生物医学等方面。

1. 能源材料

单层或者寡层石墨烯和氧化石墨烯，不管在吸附还是封装纳米粒子方面均显示优越性。在电化学能量转换和存储方面，纳米粒子对石墨烯和氧化石墨烯都有促进作用。Campbell 等[137]评价了蒽醌修饰的石墨烯在电池和超级电容器方面的性能，其中，石墨烯和蒽醌通过 π-π 相互作用键合在一起，通过蒽醌修饰的石墨烯，能量密度可提升 3 倍，蒽醌可提供类似电池氧化还原的电荷存储容量，达到 927 C/g，同时，石墨烯内在的导电性和容量可维持。Zhi 等[138]合成了 MoS_2 与石墨烯的同轴网状纳米复合物，并将其应用在了锂离子电池中。无黏结剂的 MoS_2 与石墨烯复合物构成的电极不仅表现出了优异性能，容量可达 1150 (mA·h)/g，而且显示优良稳定性，在电流密度为 0.5 A/g 时，循环 160 圈容量未发生衰减，即使电流密度为 10 A/g 容量，也可维持在 700 (mA·h)/g，优异性能主要归因于高分散的 MoS_2 纳米片，促进了锂离子的传输及缩短了锂离子的扩散距离。另外，二维材料相互组合形成的纳米结构在锂离子的嵌入和脱出过程中，可提供更多的活性位点，有利于改善锂离子电池性能。由于 TiO_2 具有安全、价廉、环境友好及循环稳定性，也被视为锂离子电池的理想电极材料，缺点是 TiO_2 的导电性不好，理论容量也不高。为了改善这种情况，Song 等[139]合成了类似三明治结构的多孔 TiO_2 与石墨烯复合物，并考察其储锂能力。这些具有多孔结构和高导电性复合材料具有很好的循环稳定性，在 0.1 A/g 的电流密度下，循环 200 圈后容量没有衰减，保持在 206 (mA·h)/g，即使在 5 A/g 电流密度下，可逆容量也达 128 (mA·h)/g，主要原因有两点，一是多孔 TiO_2 的小孔可缩短锂离子的嵌入和脱出距离，二是在电解液和还原氧化石墨烯片层间提供良好接触，提高复合材料导电性。

Chung 等[140]合成了水合氟化铁与石墨烯的复合材料，并应用于钠离子电池的正极材料。在电流密度为 0.05 C 下，放电容量达到 266 (mA·h)/g，循环 100 圈后，容量保持率为 87%。但由于极化效应和钠离子的尺寸影响，水合氟化铁与石墨烯的复合材料的倍率性能并不好。Singh 等[141]合成 MoS_2 与石墨烯片层的复合结构材料，具有层状叠加结构和高平均应变，导致具有高循环稳定性，容量可稳定在 230(mA·h)/g，有望作为钠离子电池电极材料，可作为大面积的独立无黏结剂柔性电极。Qu 等[142]通过双基底辅助还原和组装技术，将还原氧化石墨烯组装成三维网状结构，并进一步将 NiO/Ni 覆盖在三维网状石墨烯上，考察其在锂离子电池、燃料电池及光电转换器件中的应用，并研究储锂行为。在电流密度为 600 (mA·h)/g 时，循环 1000 圈容量依然保持在 1524 (mA·h)/g。另外当把 PdPt 合金粒子沉积在三维网状石墨烯上，发现其具有优异的催化性能。通过将多孔结构引入三维石墨烯结构中，可进一步提高材料比容量，促进电子传输，可应用在催化和超级电容器中。Kong 等[143]将电化学剥离得到的石墨烯转变成可控的多孔凝胶结构，并用作超级电容器中的电极材料。由于三维石墨烯凝胶结构具有大比表面积、低密度及高导电性，在超级电容器中表现出大比容量，即使在电流密度为 1 A/g 时，容量仍可达 325 F/g，且在酸性电解质中能量密度达到 45 (W·h)/kg。

2. 纳米器件

通过范德瓦耳斯力和共价交联可将聚合物自组装和接枝到石墨烯和氧化石墨烯，提高其在形状记忆聚合物基体中的界面黏附性[144]，显著提高电性能，在一个较低电压下就可用于焦耳热恢复性能引起形状恢复[145]。当纳米粒子引入形状记忆聚合物中，通过降低石墨烯和氧化石墨烯间带隙，显著提高导电性，在纳米器件领域具有良好的应用前景。通常，将稳定的单层烷烃分子自组装到石墨烯上主要有两种机制，一是通过石墨烯和氧化石墨烯间的键和分子铆钉基团结合，二是通过分子间的相互作用如范德瓦耳斯力及氢键等结合[146]。Ye 等[147]在苯乙醇中通过非共价修饰芘聚合物，合成了聚合物功能化的还原氧化石墨烯，具有高接枝密度及很好的有机-分散性和导电性。还有报道在不使用表面活性剂、离子液体及亲水性聚合物的情况下，合成了亲水性的功能化多壁碳纳米管[46]，在水中表现出了稳定分散性，浓度达了 15 mg/mL，且在其他极性溶剂中也可分散。有趣的是，把水溶性聚合物的分散液用液滴形式浇铸涂布后，显示极好的导电性。

Lee 等[148]通过非共价功能化的石墨烯片，合成了具有良好导热性的环氧树脂与石墨烯复合材料，非共价功能化的石墨烯片不管在有机溶剂还是极性溶剂中都有高溶解度和稳定性，同时，石墨烯片和聚合物间的界面黏结对热导性提高有重要影响。Hirsch 等[149]将两种材料都涂覆在一些基底表面上或均匀分散在溶液中，通过滴定实验观察到石墨烯和苝酰亚胺间的电子通信，而且发现共轭 π 体系促进这种相互作用。另外，可通过有机分子来调节石墨烯的电子性质，例如，染料分子具有共轭 π 体系，可用来改变石墨烯的电子性质。Feng 等[150]通过电化学剥离获得高品质、高产率和高导电性的石墨烯，且具有大尺寸、较少含氧官能团及高 C/O 比例。通过范德瓦耳斯力获得非共价键功能化的石墨烯，并由此制备石墨烯场效应晶体管。Turchanin 等[151]使用端氨基碳膜和单层石墨烯进行机械叠加，电子传输如图 5.2 所示。拉曼成像显示，这些材料具有很好的结构质量和大尺寸范围内的均匀性，单层石墨烯的内在电子性质被保存在异质结构中，从而拓展了石墨烯在纳米器件中的应用。

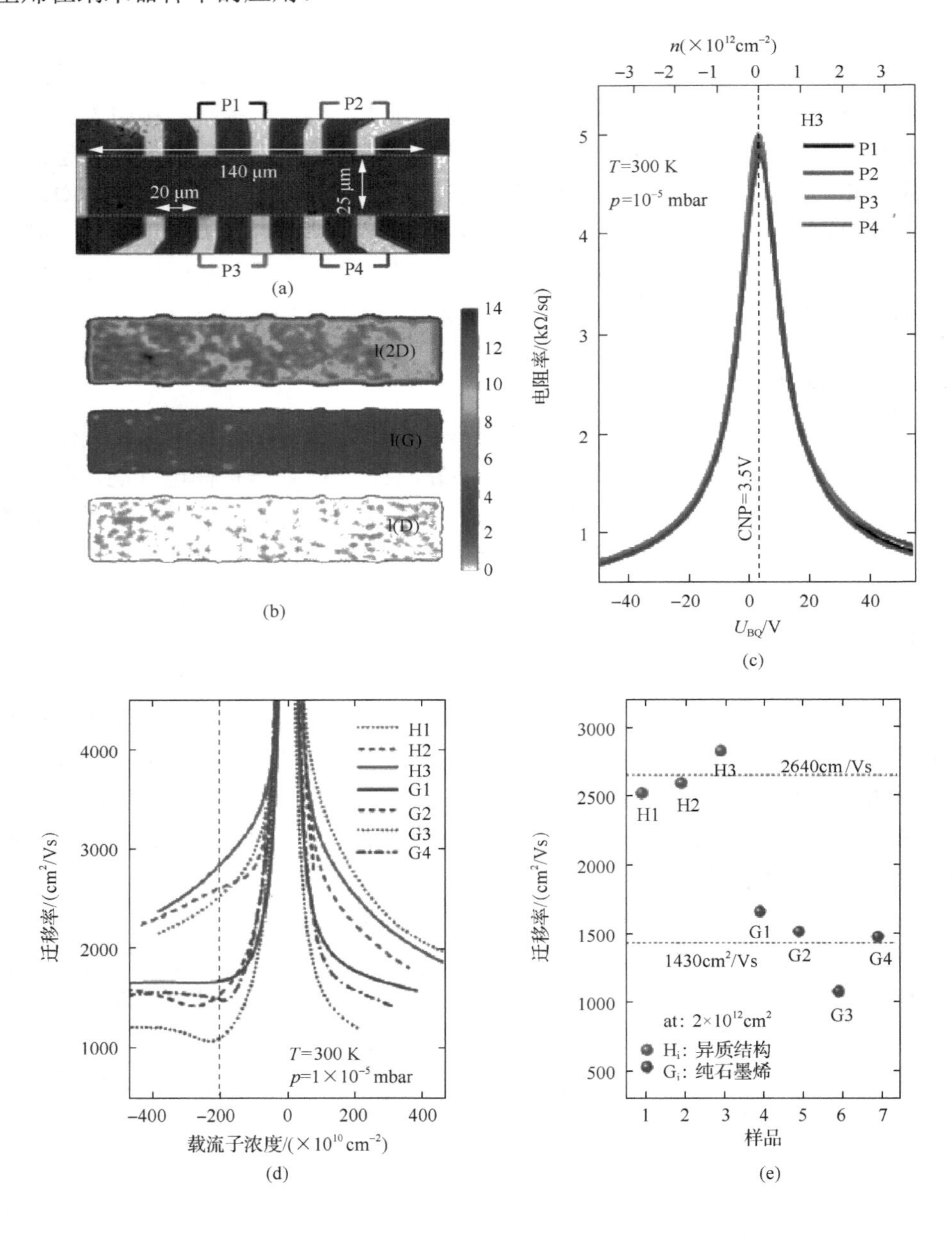

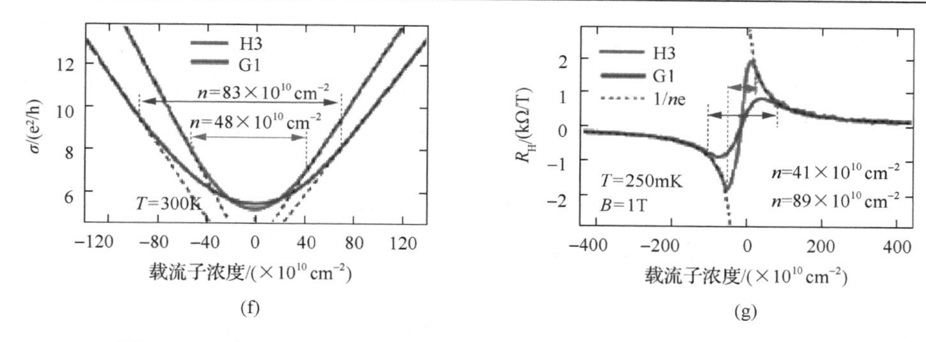

图 5.2　包含裸露石墨烯和异质结的电场设备中电子传输示意图[151]

Halik 等[152]合成一种环氧基团功能化石墨烯与聚合物的复合材料，并用于低压操作内存设备。当电压为 3 V 时，发现在低压薄膜涂层可强制性地进行记忆存储。另外，自组装单层的咪唑衍生物也可提高存储性能。不同分子可通过分子和环氧基团间的 π-π 堆积和界面相互作用连接到石墨烯上，并影响电导性和热导性，主要缺点是成本高、耗时和合成操作烦琐。

3. 太阳能电池

太阳能被认为是替代传统的化石燃料能源的最佳选择，提高太阳能电池效率和降低成本是关键，例如，当太阳能模块效率提高 1%，其价格就可降低 5%。石墨烯透光率可达 98%，可作为光学导电窗口，同时，石墨烯和氧化石墨烯的电学和光学性质可通过与金属发生非共价相互作用进行优化调节，适用于各种类型的太阳能电池。Nicholas 等[153]使用石墨烯与 TiO_2 复合材料，获得介孔超结构的钙钛矿太阳能电池的电子收集层，显示极好的光电效率，功率转换效率达 15.6%，归因于石墨烯和 TiO_2 纳米粒子间的协同效应。一方面，石墨烯可降低 TiO_2 和 FTO 界面间的能量位垒；另一方面，石墨烯极好的电子迁移率可提高电子收集层导电性。Kim 等[154]研究了基于朗缪尔和布劳杰特(Langmuir-Blodgett，LB)法自组装形成的石墨烯薄膜的光电性质，发现光电特性和传导机制与侧片尺寸和薄膜厚度有关。Fukuzumi 等[155]报道了一种快速光诱导电荷分离的有序自组装氧化石墨烯和酰亚胺，这种自组装依赖水中组分间的 π-π 和静电相互作用。孔可以缓慢地移动到石墨烯表面上，导致缓慢电荷分离。当把这种复合堆叠材料引入聚合物体系中时，层间电荷跳跃机理由于失去了自组装的宏观结构而被迫中断，导致电子快速转移到氧化石墨烯上。Taromi 等[156]通过旋涂超大聚合物与石墨烯复合材料，在 FTO 形成薄膜，开发出聚合物太阳能电池，功率转换效率达 3.39%，归因于提高了空穴移动并减少了其与电子的复合。Kymakis 等[157]通过原位热还原旋转沉积得到氧化石墨烯电极，并由此制成了柔性有机光伏器件。氧化石墨烯薄膜通过激光系统还原，然后被用作柔性的、本体异质结的透明电极。以氧化石墨烯为基底的有机光伏器件，功率转换效率达 1.1%，且透明度达 70%。目前，关于石墨烯的良好光透过率和高导电性已有很多报道，但将石墨烯涂布到太阳能电池上，获得优异透明导电性的研究有限，关键是均匀石墨烯层转移到高度纹理表面存在巨大挑战，可能会限制其大规模生产。

染料敏化太阳能电池(dye sensitized solar cell，DSSC)因具有环境友好型、经济节约及高能量转换率等优点而备受青睐。在染料敏化太阳能电池中，电子从氧化染料注入二氧化钛纳米粒子，产生的氧化染料通过电解质再生。在对电极中，I^-分解氧化染料得到I_3^-，产生的I_3^-最终被还原成I^-。对电极通过电解质催化还原，可影响染料敏化太阳能电池的性能。电子通过随机传输路径转移到无序的二氧化钛纳米粒子中，增加了电荷复合，因此降低了光电流及 DSSC 的效率。染料敏化太阳能电池光阳极的关键是开发一个快速的电子传输途径。Stadler 等[158]合成了用于 DSSC 的 TiO_2 与石墨烯复合材料，效率达 7.68%，远高于纯 TiO_2，这说明石墨烯的引进促进了电子转移并且降低了电荷复合。Han 等[159]合成了核壳结构的硫化钴与氮修饰石墨烯的复合材料，作为 DSSC 参比电极，显示较高短路电流密度(20.38 mA/cm^2)和能量转换效率(10.71%)，归因于硫化钴覆盖在超薄氮掺杂石墨烯的表面，氮掺杂石墨烯作为导电路径来克服由 CoS 纳米粒子的晶界和缺陷引起的低导电性。染料敏化太阳能电池的应用存在的问题是铂催化剂价格昂贵，迫切需要寻找廉价替代催化剂。另外，各种类型材料构成的染料敏化太阳能电池，其能量转换效率仍低于 11%，远小于商业化太阳能电池的要求，需要发展更加高效的染料敏化太阳能电池。针对电极材料和储能应用，通过掺杂、物理和化学改性、纳米涂层及在石墨烯的界面进行非共价功能化提高效率，但仍然没有达到工业化应用的要求。

4. 水分解

传统化石能源不仅存在环境污染，也可产生温室效应，人们开始将目光转向清洁能源和可再生能源。氢气作为清洁和可再生能源，具有资源丰富、可储存、热值高、环境友好等诸多优点。综合各类制氢途径，电解水制氢(hydrogen evolution reaction，HER)具有无污染、纯度高等优点而成为最佳选择。电解水制氢主要受限制于催化材料和析氢过电位，关键是设计高效催化剂。Mo 基材料最早用作 HER 催化剂，包括 MoS_2、$MoSe_2$、Mo_2C、MoB、$NiMoN_x$、$Co_{0.6}Mo_{1.4}N_2$、Mo_2N 和 MoO_2 等，但这些材料在溶液中的稳定性不好。Li 等[160]通过热解四硫代钼酸铵，在含有石墨烯的泡沫镍上生长 MoS_x 并用作 HER 催化剂。石墨烯可保护泡沫镍在强酸溶液中不被腐蚀，以提高材料的稳定性。在过电位为 0.2 V 时，其产氢效率为 13.47 mmol/(g·cm^2·h)，而电流密度约为 45 mA/cm^2。Mo_2C 与石墨烯的复合材料不管是在酸性还是碱性溶液中，均表现出了极好的 HER 催化活性和稳定性，包括小的过电位和大的阴极电流密度及高的交换电流密度，这些优异性能主要归因于材料独特的 d 带电子结构。Yang 等[161]合成了 Mo_2C 与石墨烯的杂化材料，发现其过电位仅为 70 mV，表现出了更高的催化活性，在 150 mV 时，质量活性达 77 mA/mg，同时显示更低的塔菲尔斜率和更好的循环稳定性，至少可循环使用 1000 圈，这主要归因于石墨烯的大比表面积和高导电性。在另一项研究中，Xu 等[162]将 MoO_2 与石墨烯复合材料应用于 HER，发现由于石墨烯层之间的空间约束使含氧基团的存在限制了 MoO_2 向小粒子尺寸发展。MoO_2 与石墨烯复合材料在 HER 中表现出高催化活性、更低的初始电位、更高的阴极交换电流密度和更低的塔菲尔斜率，这可归因于 MoO_2 和石墨烯间的协同效应。Jin 等[163]报道了一种高性能的 HER 催化剂，由多孔 MoS_x 和石墨烯复合材料构成，具有更高的交换电流密度和更低的塔菲尔斜率，这可归因于多孔复合材料极好的内在活性和大比表面积。Chen 等[164]合成了 N 掺杂的碳包覆 Co 纳米粒子，并用氮掺杂的石墨烯负载，在 HER 中表现出优异的催化性能及更低的初始电位和塔菲尔斜率。研究发现，石墨烯和氧化石墨烯与纳米颗粒间的强协同作用增强了电荷分离，并影响了能带结构。同时，石墨烯纳米杂化材料的缺陷也对电子性质产生影响，从而影响 HER 的催化活性和稳定性，当然还有其他因素值得进一步深化研究。

5. 绿色化学和环境化学

非共价功能化的石墨烯材料具有独特的化学性质、高机械性能及在催化和环境过程中良好的电荷产生和运输，有望作为低排放和高选择性催化剂，在绿色化学方面发挥重要作用。为促进石墨烯、氧化石墨烯及还原氧化石墨烯在催化反应和环境污染领域中的应用，提高其在水中的分散性非常必要。Li 等[165]合成了 Co_3O_4 与石墨烯的复合材料，考察其在降解水中偶氮染料酸性橙Ⅱ的催化效果，时鹏辉等[166]也合成了 Co_3O_4 与石墨烯的复合材料，并研究了其在酸性橙Ⅱ降解过程中的催化效率。Costa 等[167]合成了 GO 与 Fe_3O_4 的杂化材料，在降解酸性橙染料 7 中显示高催化活性，归因于氧化石墨烯和 Fe_3O_4 纳米粒间的协同效应：第一，氧化石墨烯提供大比表面积以供 Fe_3O_4 纳米粒子高分散沉积，从而提供多活性位点；第二，氧化石墨烯基于平面的芳环结构可通过 π-π 相互作用吸附酸性橙 7，在活性位点处提高酸性橙 7 的浓度，并通过产生的·OH 快速氧化酸性橙 7；第三，Fe_3O_4 纳米粒子和氧化石墨烯间通过 Fe—O—C 键强相互作用促进电子从 Fe_3O_4 转移到氧化石墨烯上；第四，石墨烯和 Fe_3O_4 纳米粒子间的协同作用促进铁离子再生，加快活性位点上的氧化还原，提高酸性橙 7 的降解和矿化效率。Zhang 等[168]采用静电自组装，在还原氧化石墨烯上合成了埃洛石型碳纳米管，并用于水中染料的降解反应。静电力发生在带负电荷的还原氧化石墨烯和带正电荷的埃洛石型碳纳米管间，而带正电荷的埃洛石型碳纳米管是通过 γ-氨丙基三乙氧基硅烷功能化得到的。在罗丹明 B 降解反应中，该复合材料显示高催化活性，可归因于大孔体积和比表面积、强 π-π 共轭堆叠作用及大量表面基团。Wu 等[169]也通过静电自组装法，提高还原氧化石墨烯和 Fe-有机金属框架材料间的界面接触，杂化材料显示高光催化活性，在可见光照射下，Cr(Ⅵ)可被 100%还原，归因于光生电子-空穴复合的有效抑制，在工业废水处理中显示广阔潜在应用。

众所周知，石墨烯和氧化石墨烯都有高表面能，易团聚，甚至重新堆叠形成石墨，所以需要对其表面进行改性，提高与其他材料之间的界面相互作用。不管是石墨烯还是氧化石墨烯，都可与无机半导体材料结合，降低表面能。同时，石墨烯可作为电子接收体和运输体，改善材料的催化性能。Min 等[170]合成了钨掺杂的 $BiVO_4$ 与还原石墨烯的杂化材料，并对其光催化性能进行了研究。

5.2 石　墨　炔

5.2.1 引言

碳处于元素周期表中第四主族，最外层有四个电子，可形成 sp、sp^2 和 sp^3 三种不同杂化结构的共价键。在碳材料中，零维的富勒烯、一维的碳纳米管、二维的石墨烯及三维的金刚石都已经有广泛研究。这些碳材料表现出优异的机械、电子及电化学性能，可应用于太阳能电池、有机发光二极管及场效应晶体管。由于碳原子的多变性，理论上还可以产生许多新型碳材料。根据理论计算，由 sp 和 sp^2 杂化碳原子组装形成，可形成二维网状结构碳材料，称为石墨炔(GY)[171-173]，与其他碳材料相比，石墨炔具有其独特性能和应用[174-176]。

自然界中碳主要以金刚石和石墨两种形式存在，这两种形式的碳材料分别是以 sp^3 和 sp^2 杂化形成的。零维富勒烯、一维碳纳米管和二维石墨烯的发现拓展了 sp^2 杂化碳材料。石墨炔拥有 sp 和 sp^2 两种杂化形态，由于 sp 杂化可形成碳与碳的三键结构，使其具有高度 π 共轭和线性等优点。石墨炔这种平面二维层状材料是通过 1,3-二炔键连接苯环而形成。早在 1997 年，Haley 等就指出，石墨炔是由重复的碳六边形间通过两个炔联系而构成，可认为是石墨烯和碳炔的杂化体。平面网状的碳结构使石墨炔具有高度 π 共轭、均匀孔分布及电子可调等性质[177,178]，有望应用在气体分离膜、储能及电池负极材料中。

5.2.2 石墨炔分类

1. *石墨炔*

Baughman 等在 1987 年预言石墨炔的存在，属于 sp 和 sp^2 杂化碳原子组成的平面网状结构，随后，许多类石墨烯网状结构被提出，如图 5.3 所示[179]。有关石墨炔的研究至今仍处在初级阶段，制备石墨炔的方法尚不完整，表征也不明确，结构推测主要依赖于理论计算，同时，有关石墨炔的用途还在探索中，国内外关于石墨炔研究的报道也屈指可数。

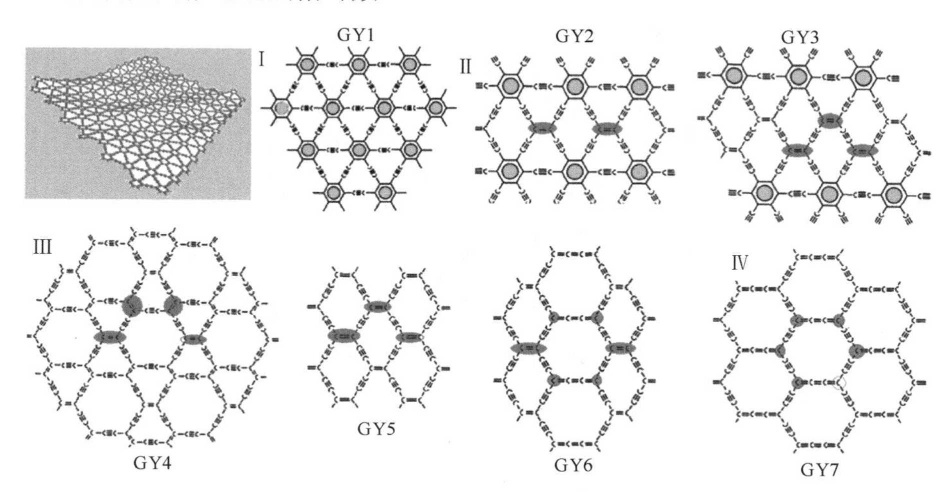

图 5.3　碳材料各种平面网状结构示意图[179]

I 为整体网络结构，II～IV为分类网络结构

上述网状结构主要可以分为四种：第一种包含由—C≡C—连接的碳六边形，称为 GY1；第二种类型包含两个碳碳双键的碳六边形，其中碳碳双键则由炔键联系在一起，称为 GY2 和 GY3；第三种类型并没有碳六边形，仅有一对由炔键联系起来的碳碳双键，称为 GY4 和 GY5，也可是成对的 sp^2 杂化碳原子和被隔离的 sp^2 杂化碳原子，称为 GY6；第四种类型由被炔键隔离的 sp^2 杂化碳原子组成，称为 GY7，这种网状结构可称为类石墨烯结构，即所有的碳碳双键被碳碳三键连接，GY7 与石墨烯具有相同的六角 $p6m$ 对称。Baughman 采用网状结构中不同环中碳原子数来定义石墨炔。例如，GY2 可称为 6,6,14-石墨炔，GY7 可为 18,18,18-石墨炔，依此类推。也有根据石墨炔网状结构进行命名，例如，GY7 也被命名为 α-石墨炔 180，GY1 也被命名为 γ-石墨炔 181。实际上，通过用炔键替换碳碳双键，获得 GY1 和 GY2 结构，也可获得 GY3 和 GY4 结构，还可获得各种类型的石墨烯与石墨烯之间的杂交结构，例如，GY5 是通过炔键连接的“条纹型”碳六边形结构。由此可以推断，石墨炔的稳定性及其他性质取决于其碳原子的连接结构，所有 sp^2 碳原子是通过炔键连接的，由此可以获得丰富多彩的结构，也导致了不同的性质和用途。

2. 石墨二炔

类石墨炔的网状结构很多，但 1997 年发现的石墨二炔可作为特例，其平面网络结构如图 5.4 所示，可认为是石墨炔网状结构中的炔键被二炔键(—C≡C—C≡C—)所代替，当然，也可以假设一些其他结构[180,181]。

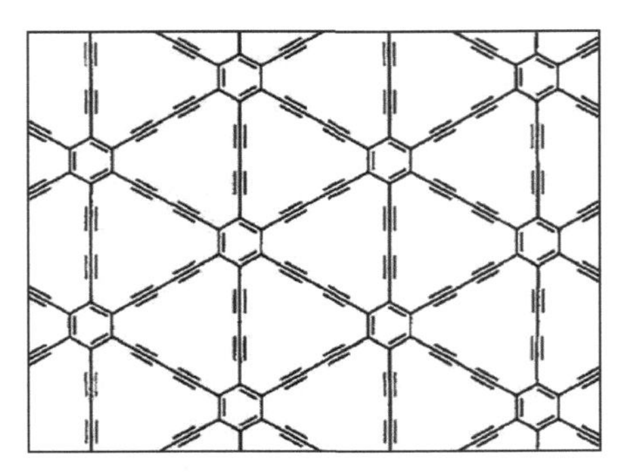

图 5.4　石墨二炔的一种网络结构

3. 类二维石墨炔和石墨二炔

已通过不同计算方法获得了六角形的石墨炔和石墨二炔二维单原子厚度的平衡原子结构，包括晶格参数和原子间距等。当然，六角形碳碳原子间距和炔键中的 C—C 键长度是不统一的。相比于石墨烯，这种 C—C 键的多样性导致了石墨炔和石墨二炔具有更好的结构柔软性，六角形碳原子和类 sp^2 杂化碳原子间会产生附加效应，来源于部分电子转移到化学键上，当然，这种电荷转移观点目前仍具争议性。也可认为这些结构特性有利于不同原子替换或弯曲，可形成纳米管等结构。相比于石墨烯和其他类 sp^2 杂化的石墨烯结构，在二维结构的碳骨架中，炔键存在会降低结构稳定性，早在 1987 年，Baughman 等[179]运用量子化学计算，预测了石墨炔形成的结构和热量，计算结果显示，石墨炔中 sp^2 杂化结构的增加会降低整体结构的稳定性。常用内聚能表示结构稳定性，其定义为体系的总能量减去组成原子的总能量的加和。Narita 等[182]计算显示，石墨炔比石墨二炔的内聚能高，这说明石墨炔比石墨二炔更稳定。

5.2.3　石墨炔的性质

1. 石墨炔的电学特性

石墨炔结构中，碳具有 sp 和 sp^2 两种杂化方式，独特的结构使石墨炔成为近年来的研究热点[183-187]。我们知道，纯石墨烯的带隙为零，但石墨炔由于结构中存在独特炔键，其带隙不为零，石墨炔的这一独特性质使其比石墨烯在光电子器件方面具有更加广阔的应用前景。目前主要通过第一性原理来研究石墨炔及石墨二炔的电学性质。理论计算表明，石墨炔和石墨二炔均属于半导体，M 点和 G 点直接跃迁。Baughman 等[179]应用扩展休克尔理论研究石墨炔性质，发现其带隙值为 0.79 eV。而 Narita 等[182]用密度泛函理论(density functional theory，DFT)计算时得到石墨炔的带隙值为 0.52 eV。Luo 等[187]用 GW 多体理论来研究石墨炔，得到石墨炔的带隙值为 1.10 eV，还有预测石墨炔的带隙值为 1.22 eV，这一结果与半导体硅非常类似，使得石墨炔在未来很有可能代替目前在电子器件领域独领风骚的半导体硅。另一个独特功能便是狄拉克锥关联的运输性质，研究表明，石墨炔的狄拉克锥和狄拉克点既存在于六方晶系对称的石墨炔中，也存在于呈矩形对称的石墨炔中，从侧面证明了石墨炔的电荷传输性，同时也说明了在石墨炔中存在新型电性质。室温下，6,6,12-石墨炔的空穴迁移率为 4.29×10^5 $cm^2/(V\cdot s)$，而电子迁移率则为 5.41×10^5 $cm^2/(V\cdot s)$，均大于石墨烯的 3×10^5 $cm^2/(V\cdot s)$。石墨烯是一种二维蜂巢结构物质，而石墨炔与石墨烯不同，表现为若干种独特的平面二维结构，同时在费米能级附近有两个不一样的狄拉克锥，这说明石墨炔本身就具有电荷载流子，表现为一种自掺杂特性，不同于石墨烯的额外掺杂，可预测石墨炔是生产电子元件的一种优异半导体材料。结合第一性原理与紧束缚近似计算，发现在诱导拉伸作用下，石墨炔的带隙可发生转变，使石墨炔从半导体变换到半金属态。双轴拉伸应变的增加也可使得石墨炔的带隙值从 0.47 eV 提高到 1.39 eV。当然，利用单轴拉伸应变产生的效果可使石墨炔的带隙值从 0.47 eV 下降到接近零，石墨炔这些独特的电学性质及可调的带隙值，使其将在光电领域发挥重要作用。

2. 石墨炔的力学性质

碳材料的家族非常庞大，不同碳材料均有独特的性质，力学性质尤为令人关注。不管是石墨烯还是碳纳米管，其杨氏模量都非常大，达到 1 TPa。作为一种新型多孔碳材料，石墨炔有相对较低的面内杨氏模量，仅为 162 N/m，但石墨炔具有较大的泊松比，约为 0.429。理论计算表明，石墨炔也有很大的极限应变能力。与石墨烯不同，石墨炔中碳和炔基呈现出稀疏排列，并且是方向性相结合，这样便会存在一个应力-应变行为。也有研究表明，炔键数量将会影响石墨炔的稳定性、弹性模量及强度，当然，炔键也会对石墨炔的杨氏模量、断裂应变及断裂行为产生影响。

依据第一性原理，通过进行理论计算可获得石墨炔的弹性常数及应变可调的带隙。研究表明，随着炔键增加，面内刚度会逐渐减小，单一石墨炔的面内刚度为 166 N/m，而石墨四炔的面内刚度则会比石墨炔减小一半，为 88 N/m，虽然面内刚度会随炔键数量发生变化，但是泊松比变化不明显。

3. *石墨炔的光学性质*

目前，石墨炔在光学性质方面的研究很少，初步结果显示，存在各向异性的特点。若在低能区外加电场的方向与石墨炔平面平行，则产生强烈的光吸收性；若方向与石墨炔平面垂直，则在低能区对光的吸收会非常微弱。

4. *石墨炔的热学性质*

理论计算表明，石墨炔的热导系数仅为石墨烯的 40%，显示其在热电器件方面的潜在应用。石墨炔的热导率受很多因素影响，如温度、压缩、拉伸等。同时，通过非平衡格林函数研究发现，石墨炔的结构及手性均会影响其热导率。反向非平衡分子动力学研究表明，石墨炔结构中的炔键会使其热导率小于石墨烯纳米带。

5.2.4 石墨炔的应用

目前，有关石墨炔的结构和性质了解和认识有限，石墨炔既具有类似于石墨烯的二维平面结构，也有三维多孔特征，预测其可应用在锂离子电池、储氢、吸附、环境净化、催化、电子传感器和光学器件等方面[187-189]，但与碳纳米管、石墨烯等相比，石墨炔的应用探索才刚刚开始。

首先，石墨炔有望在锂离子电池中得到应用。目前传统的商用锂离子电池常用石墨作为电极材料，其锂插层密度为 LiC_6，远远不能满足现代社会的需求。理论计算表明，单层石墨二炔的最高锂插层密度为 LiC_3，其理论比容量可高达 744 (mA · h)/g，是石墨的 3 倍，是优良的储锂材料，有望代替石墨用作锂离子电池的电极材料。

其次，石墨炔可能在储氢方面应用，储氢材料须要满足两个条件，对 H_2 有高储存容量和适当结合强度。石墨炔独特的二维平面结构和三维多孔特征及独特的化学键使其可以高效储氢。此外，石墨炔有着平面共轭结构，对金属有着较强的结合能，金属掺杂的石墨炔可有效提高储氢性能。

最后，石墨炔在催化领域的应用将备受关注。理论计算表明，石墨炔与二氧化钛的复合物可有效提高光催化能力，在降解亚甲基蓝方面，石墨炔与二氧化钛的复合物的降解能力是纯二氧化钛的 1.63 倍，是石墨烯与二氧化钛的复合物的 1.27 倍。石墨炔还可作为金属催化剂的载体，理论计算表明石墨炔可作为还原剂和稳定剂快速合成金属钯，此外，石墨炔还可应用在染料敏化太阳能电池中。

参 考 文 献

[1] Novoselov K S, Geim A K, Morozov S V, et al. Electric field effect in atomically thin carbon films [J]. Science, 2004, 306(5696): 666-669.

[2] Novoselov K S, Geim A K, Morozov S V, et al. Two-dimensional gas of massless Dirac fermions in graphene [J]. Nature, 2005, 438(7065): 197-200.

[3] Geim K S. Graphene: Statusandprospects [J]. Science, 2009, 324(5934): 1530-1534.

[4] Alexander A, Balandin S G, Bao W, et al. Superior thermal conductivity of single-layer graphene [J]. Nano Letters, 2008, 3(2): 902-907.

[5] Georgakilas V, Tiwari J N, Kemp K C, et al. Functionalization of graphene and graphene oxide for energy materials, biosensing, catalytic, and biomedical applications [J]. Chemical Reviews 2016, 116(9): 5464-5519.

[6] Mao H Y, Laurent S, Chen W, et al. Graphene: promises, facts, opportunities, and challenges in nanomedicine [J]. Chemical Reviews, 2013, 113(5): 3407-3424.

[7] Zhu Y, Murali S, Cai W, et al. Graphene and graphene oxide: synthesis, properties, and applications [J]. Advanced Materials, 2010, 22(35): 3906-3924.

[8] Ferrari A C, Meyer J C, Scardaci V, et al. Raman spectrum of graphene and graphene layers [J]. Physical Review Letters, 2006, 97(18): 187401.

[9] Yin P T, Shah S, Chhowalla M, et al. Design, synthesis, and characterization of graphene-nanoparticle hybrid materials for bioapplications [J]. Chemical Reviews, 2015, 115(7): 2483-2531.

[10] Hernandez Y, Nicolosi V, Lotya M, et al. High-yield production of graphene by liquid-phase exfoliation of graphite[J]. Nature Nanotechnology, 2008, 3(9): 563-568.

[11] Lotya Y M, King P J, Smith R J, et al. Liquid phase production of graphene by exfoliation of graphite in surfactant/water solutions [J]. Journal of the American Chemical Society, 2009, 131(10): 3611-3620.

[12] Lotya M, King P J, Khan U, et al. High-concentration, surfactant-stabilized graphene dispersions [J]. ACS Nano, 2010, 4(6): 3155-3162.

[13] Qian W, Hao R, Hou Y, et al. Solvothermal-assisted exfoliation process to produce graphene with high yield and high quality [J]. Nano Research, 2009, 2(9): 706-712.

[14] Pu N W, Wang C A, Sung Y, et al. Production of few-layer graphene by supercritical CO_2 exfoliation of graphite [J]. Materials Letters, 2009, 63(23): 1987-1989.

[15] Liu N, Luo F, Wu H, et al. One-step ionic-liquid-assisted electrochemical synthesis of ionic-liquid-functionalized graphene sheets directly from graphite [J]. Advanced Functional Materials, 2008, 18(10): 1518-1525.

[16] Behabtu N, Lomeda J R, Green M J, et al. Spontaneous high-concentration dispersions and liquid crystals of graphene [J]. Nature Nanotechnology, 2010, 5(6): 406-411.

[17] Georgakilas V, Perman J A, Tucek J, et al. Broad family of carbon nanoallotropes: classification, chemistry, and applications of fullerenes, carbon dots, nanotubes, graphene, nanodiamonds, and combined superstructures [J]. Chemical Reviews, 2015, 115(11): 4744-4822.

[18] Wei D, Liu Y. Controllable synthesis of graphene and its applications [J]. Advanced Materials, 2010, 22(30): 3225-3241.

[19] Duch M C, Budinger G R, Liang Y T, et al. Minimizing oxidation and stable nanoscale dispersion improves the biocompatibility of graphene in the lung [J]. Nano Letters, 2011, 11(12): 5201-5207.

[20] Reina A, Jia X, Ho J, et al. Large area, few-layer graphene films on arbitrary substrates by chemical vapor deposition[J]. Nano Letters, 2008, 9(30): 30-35.

[21] Reina A, Thiele S, Jia X, et al. Growth of large-area single-and Bi-layer graphene by controlled carbon precipitation on polycrystalline Ni surfaces [J]. Nano Research, 2010, 2(6): 509-516.

[22] Li X, Cai W, An J, et al. Large-area synthesis of high-quality and uniform graphene films on copper foils [J]. Science, 2009, 324(5932): 1312-1314.

[23] Cai W, Li X, Colombo L, et al. Evolution of graphene growth on Ni and Cu by carbon isotope labeling [J]. Nano Letters, 2009, 9(12): 4268-4272.

[24] Heer W A D, Berger C, Wu X, et al. Epitaxial graphene[J]. Solid State Communications, 2007, 143(1-2): 92-100.

[25] Shivaraman S, Barton R A, Xun Y, et al. Free-standing epitaxial graphene[J]. Nano Letters, 2009, 9(9): 3100.

[26] Kosynkin D V, Higginbotham A L, Sinitskii A, et al. Longitudinal unzipping of carbon nanotubes to form graphene nanoribbons [J]. Nature, 2009, 458(7240): 872-876.

[27] Kosynkin D V, Higginbotham A L, Sinitskii A, et al. Lower-defect graphene oxide nanoribbons from multiwalled carbon nanotubes [J]. ACS Nano, 2010, 4(4): 2059-2069.

[28] Jiao L, Zhang L, Wang X, et al. Narrow graphene nanoribbons from carbon nanotubes [J]. Nature, 2009, 458(7240): 877-880.

[29] William S H, Offeman R E. Preparation of graphitic oxide[J]. Journal of the American Chemical Society, 1958, 80(6): 1339.

[30] Dubin S, Gilje S, Wang K, et al. A one-step, solvothermal reduction method for producing reduced graphene oxide dispersions in organic solvents[J]. ACS Nano, 2010, 4(7): 3845-3852.

[31] Wang G, Shen X, Wang B, et al. Synthesis and characterisation of hydrophilic and organophilic graphene nanosheets[J]. Carbon, 2009, 47(5): 1359-1364.

[32] Pham V H, Cuong T V, Hur S H, et al. Chemical functionalization of graphene sheets by solvothermal reduction of a graphene oxide suspension in *N*-methyl-2-pyrrolidone [J]. Journal of Materials Chemistry, 2011, 21(10): 3371-3377.

[33] Robinson J T, Wang H, Li X, et al. Solvothermal reduction of chemically exfoliated graphene sheets [J]. Journal of the American Chemical Society, 2009, 131(29): 9910-9911.

[34] Panchakarla L S, Subrahmanyam K, Govindaraj A, et al. Simple method of preparing graphene flakes by an arc-discharge method [J]. Journal of Physical Chemistry C, 2009, 113(11): 4257-4259.

[35] Ren W, Wu Z S, Gao L, et al. Synthesis of graphene sheets with high electrical conductivity and good thermal stability by hydrogen arc discharge exfoliation [J]. ACS Nano, 2009, 3(2): 411-417.

[36] Wang Z, Li N, Shi Z, et al. Low-cost and large-scale synthesis of graphene nanosheets by arc discharge in air [J]. Nanotechnology, 2010, 21(17): 175602.

[37] Xu H, Suslick K S. Sonochemical preparation of functionalized graphenes [J]. Journal of the American Chemical Society, 2011, 133(24): 9148-9151.

[38] Zhang J, Xu Y, Cui L, et al. Mechanical properties of graphene films enhanced by homo-telechelic functionalized polymer fillers via π-π stacking interactions [J]. Composites Part A: Applied Science and Manufacturing, 2015, 71: 1-8.

[39] Matos C F, Galembeck F, Zarbin A J G. Multifunctional and environmentally friendly nanocomposites between natural rubber and graphene or graphene oxide [J]. Carbon, 2014, 78(18): 469-479.

[40] Hsiao S T, Ma C C M, Tien H W, et al. Using a non-covalent modification to prepare a high electromagnetic interference shielding performance graphene nanosheet/water-borne polyurethane composite [J]. Carbon, 2013, 60(14): 57-66.

[41] Chia J S Y, Tan M T T, Khiew P S, et al. A bio-electrochemical sensing platform for glucose based on irreversible, non-covalent pi-pi functionalization of graphene produced via a novel, green synthesis method [J]. Sensors and Actuators B: Chemical, 2015, 210: 558-565.

[42] Kong N, Liu J, Kong Q, et al. Graphene modified gold electrode via π-π stacking interaction for analysis of Cu^{2+} and Pb^{2+} [J]. Sensors and Actuators B: Chemical, 2013, 178: 426-433.

[43] Shen X, Liu Y, Pang Y, et al. Conjugation of graphene on Au surface by π-π interaction and click chemistry [J]. Electrochemistry Communications, 2013, 30(2):13-16.

[44] Zhang S, Tang S, Lei J, et al. Functionalization of graphene nanoribbons with porphyrin for electrocatalysis and amperometric biosensing [J]. Journal of Electroanalytical Chemistry, 2011, 656(1-2): 285-288.

[45] Shao Q, Tang J, Lin Y, et al. Carbon nanotube spaced graphene aerogels with enhanced capacitance in aqueous and ionic liquid electrolytes [J]. Journal of Power Sources, 2015, 278: 751-759.

[46] Georgakilas V, Demeslis A, Ntararas E, et al. Hydrophilic nanotube supported graphene-water dispersible carbon superstructure with excellent conductivity [J]. Advanced Functional Materials, 2015, 25(10): 1481-1487.

[47] Tang C, Long G, Hu X, et al. Conductive polymer nanocomposites with hierarchical multi-scale structuresvia self-assembly of carbon-nanotubes on graphene on polymer-microspheres [J]. Nanoscale, 2014, 6(14): 7877-7888.

[48] Qu S, Li M, Xie L, et al. Noncovalent functionalization of graphene attaching [6,6]-phenyl-C_{61}-butyric acid methyl ester (PCBM) and application as electron extraction layer of polymer solar cells[J]. ACS Nano, 2013, 7(5): 4070-4081.

[49] Gan T, Hu C, Sun Z, et al. Facile synthesis of water-soluble fullerene-graphene oxide composites for electrodeposition of phosphotungstic acid-based electrocatalysts[J]. Electrochimica Acta, 2013, 111(6): 738-745.

[50] Ba H, Podila S, Liu Y, et al. Nanodiamond decorated few-layer graphene composite as an efficient metal-free dehydrogenation catalyst for styrene production[J]. Catalysis Today, 2015, 249: 167-175.

[51] Rourke J P, Pandey P A, Moore J J, et al. The real graphene oxide revealed: stripping the oxidative debris from the graphene-like sheets [J]. Angewandte Chemie, 2011, 50(14): 3173-3177.

[52] Thomas H R, Vallés C, Young R J, et al. Identifying the fluorescence of graphene oxide [J]. Journal of Materials Chemistry C, 2013, 1(2): 338-342.

[53] Bonanni A, Ambrosi A, Chua C K, et al. Oxidation debris in graphene oxide is responsible for its inherent electroactivity[J]. ACS Nano, 2014, 8(5):4197-4204.

[54] Coluci V R, Martinez D S T, Honório J G, et al. Noncovalent interaction with graphene oxide: the crucial role of oxidative debris [J]. The Journal of Physical Chemistry C, 2014, 118(4): 2187-2193.

[55] Varoon K, Zhang X, Elyassi B, et al. Dispersible exfoliated zeolite nanosheets and their application as a selective membrane [J]. Science, 2011, 334(6052): 72-75.

[56] Splendiani A, Sun L, Zhang Y, et al. Emerging photoluminescence in monolayer MoS_2 [J]. Nano Letters, 2010, 10(4): 1271-1275.

[57] Gupta A, Sakthivel T, Seal S. Recent development in 2D materials beyond graphene [J]. Progress in Materials Science, 2015, 73: 44-126.

[58] Roy K, Padmanabhan M, Goswami S, et al. Graphene-MoS_2 hybrid structures for multifunctional photoresponsive memory devices[J]. Nature Nanotechnology, 2013, 8(11): 830-826.

[59] Roy K, Padmanabhan M, Goswami S, et al. Optically active heterostructures of graphene and ultrathin MoS_2 [J]. Solid State Communications, 2013, 175-176(6): 35-42.

[60] Loan P T K, Zhang W, Lin C T, et al. Graphene/MoS_2 heterostructures for ultrasensitive detection of DNA hybridisation[J]. Advanced Materials, 2014, 26(28): 4838-4844.

[61] Zeng S, Hu S, Xia J, et al. Graphene-MoS_2, hybrid nanostructures enhanced surface plasmon resonance biosensors[J]. Sensors and Actuators B: Chemical, 2015, 207: 801-810.

[62] Meng J, Song H D, Li C Z, et al. Lateral graphene p-n junctions formed by the graphene/MoS_2 hybrid interface[J]. Nanoscale, 2015, 7(27):11611-11619.

[63] Shiva K, Matte H S S R, Rajendra H B, et al. Employing synergistic interactions between few-layer WS_2, and reduced graphene oxide to improve lithium storage, cyclability and rate capability of Li-ion batteries[J]. Nano Energy, 2013, 2(5): 787-793.

[64] Roy T, Tosun M, Kang J S, et al. Field-effect transistors built from all two-dimensional material components[J]. ACS Nano, 2014, 8(6): 6259-6264.

[65] Zhang S, Zhang X, Jiang G, et al. Tuning nanoparticle structure and surface strain for catalysis optimization[J]. Journal of the American Chemical Society, 2014, 136(21): 7734-7739.

[66] Duan J, Chen S, Dai S, et al. Shape control of Mn_3O_4, nanoparticles on nitrogen-doped graphene for enhanced oxygen reduction activity[J]. Advanced Functional Materials, 2014, 24(14): 2072-2078.

[67] Li W, Wang F, Feng S, et al. Sol-gel design strategy for ultradispersed TiO_2 nanoparticles on graphene for high-performance lithium ion batteries.[J]. Journal of the American Chemical Society, 2013, 135(49): 18300-18303.

[68] Guo S, Zhang S, Wu L, et al. Co/CoO nanoparticles assembled on graphene for electrochemical reduction of oxygen[J]. Angewandte Chemie, 2012, 51(47): 11770-11773.

[69] Seema H, Christian K K, Chandra V, et al. Graphene-SnO_2 composites for highly efficient photocatalytic degradation of methylene blue under sunlight[J]. Nanotechnology, 2012, 23(35): 355705.

[70] Shi J, Man C, Dong H, et al. Stable silver nanoclusters electrochemically deposited on nitrogen-doped graphene as efficient electrocatalyst for oxygen reduction reaction[J]. Journal of Power Sources, 2015, 274: 1173-1179.

[71] Hui K S, Hui K N, Dinh D A, et al. Green synthesis of dimension-controlled silver nanoparticle-graphene oxide with *in situ* ultrasonication[J]. Acta Materialia, 2014, 64(2): 326-332.

[72] Moussa S, Siamaki A R, Gupton B F, et al. Pd-partially reduced graphene oxide catalysts (Pd/PRGO): Laser synthesis of Pd nanoparticles supported on PRGO nanosheets for carbon-carbon cross coupling reactions[J]. ACS Catalysis, 2016, 2(1): 145-154.

[73] Liu G, Wang Y, Pu X, et al. One-step synthesis of high conductivity silver nanoparticle-reduced graphene oxide composite films by electron beam irradiation[J]. Applied Surface Science, 2015, 349: 570-575.

[74] Haider M S, Badejo A C, Shao G N, et al. Sequential repetitive chemical reduction technique to study size-property relationships of graphene attached Ag nanoparticle[J]. Solid State Sciences, 2015, 44:1-9.

[75] Shi J, Zhou X, Liu Y, et al. Sonochemical synthesis of CuS/reduced graphene oxide nanocomposites with enhanced absorption and photocatalytic performance[J]. Materials Letters, 2014, 126(126): 220-223.

[76] Thangaraju D, Karthikeyan R, Prakash N, et al. Growth and optical properties of Cu_2ZnSnS_4 decorated reduced graphene oxide nanocomposites[J]. Dalton Transactions, 2015, 44(33): 15031-15041.

[77] Bera R, Kundu S, Patra A. 2D hybrid nanostructure of reduced graphene oxide-CdS nanosheet for enhanced photocatalysis[J]. ACS Applied Materials and Interfaces, 2015, 7(24): 13251-13259.

[78] Wang Z, Shi G, Zhang F, et al. Amphoteric surfactant promoted three-dimensional assembly of graphene micro/nanoclusters to accomodate Pt nanoparticles for methanol oxidation[J]. Electrochimica Acta, 2015, 160: 288-295.

[79] Atar N, Eren T, Yola M L, et al. Fe@Ag nanoparticles decorated reduced graphene oxide as ultrahigh capacity anode material for lithium-ion battery[J]. Ionics, 2015, 21(12): 3185-3192.

[80] Toth P S, Velický M, Ramasse Q M, et al. Symmetric and asymmetric decoration of graphene: Bimetal-graphene sandwiches[J]. Advanced Functional Materials, 2015, 25(19): 2899-2909.

[81] Xiao F X, Miao J, Liu B. Layer-by-layer self-assembly of CdS quantum dots/graphene nanosheets hybrid films for photoelectrochemical and photocatalytic applications.[J]. Journal of the American Chemical Society, 2014, 136(4): 1559-1569.

[82] Zhou R, Qiao S Z. Silver/nitrogen-doped graphene interaction and its effect on electrocatalytic oxygen reduction[J]. Chemistry of Materials, 2014, 26(20): 5868-5873.

[83] Marquardt D, Beckert F, Pennetreau F, et al. Hybrid materials of platinum nanoparticles and thiol-functionalized graphene derivatives[J]. Carbon, 2014, 66(2): 285-294.

[84] Cui L, Wu J, Ju H. Synthesis of bismuth-nanoparticle-enriched nanoporous carbon on graphene for efficient electrochemical analysis of heavy-metal ions[J]. Chemistry—A European Journal, 2015, 21(32): 11525-11530.

[85] Wei W, Wang G, Yang S, et al. Efficient coupling of nanoparticles to electrochemically exfoliated graphene[J]. Journal of the American Chemical Society, 2015, 137(16): 5576-5581.

[86] Lee W C, Kim K, Park J, et al. Graphene-templated directional growth of an inorganic nanowire[J]. Nature Nanotechnology, 2015, 10(5): 423-428.

[87] Yu S U, Park B, Cho Y, et al. Simultaneous visualization of graphene grain boundaries and wrinkles with structural information by gold deposition[J]. ACS Nano, 2014, 8(8): 8662-8668.

[88] Zhang H, Yu X, Di G, et al. Synthesis of bacteria promoted reduced graphene oxide-nickel sulfide networks for advanced supercapacitors[J]. ACS Applied Materials and Interfaces, 2013, 5(15): 7335-7340.

[89] Hu J, Zheng J, Tian L, et al. A core-shell nanohollow-γ-Fe_2O_3@graphene hybrid prepared through the kirkendall process as a high performance anode material for lithium ion batteries[J]. Chemical Communications, 2015, 51(37): 7855-7858.

[90] Sengar S K, Mehta B R, Kumar R, et al. In-flight gas phase growth of metal/multi layer graphene core shell nanoparticles with controllable sizes[J]. Scientific Reports, 2013, 3(41): 2814.

[91] Moon H, Kumar D, Kim H, et al. Amplified photoacoustic performance and enhanced photothermal stability of reduced graphene oxide coated gold nanorods for sensitive photoacoustic imaging[J]. ACS Nano, 2015, 9(3): 2711-2719.

[92] Si Y, Samulski E T. Exfoliated graphene separated by platinum nanoparticles[J]. Chemistry of Materials, 2008, 20(21): 6792-6797.

[93] Wu Z S, Ren W, Wen L, et al. Graphene anchored with Co_3O_4 nanoparticles as anode of lithium ion batteries with enhanced reversible capacity and cyclic performance[J]. ACS Nano, 2010, 4(6): 3187-3194.

[94] Liu Y, Wang R, Yan X. Synergistic effect between ultra-small nickel hydroxide nanoparticles and reduced graphene oxide sheets for the application in high-performance asymmetric supercapacitor[J]. Scientific Reports, 2015, 5: 11095.

[95] Tiwari J N, Kemp K C, Nath K, et al. Interconnected Pt-nanodendrite/DNA/reduced-graphene-oxide hybrid showing remarkable oxygen reduction activity and stability[J]. ACS Nano, 2013, 7 (10) : 9223-9231.

[96] Huang Y X, Xie J F, Zhang X, et al. Reduced graphene oxide supported palladium nanoparticles via photoassisted citrate reduction for enhanced electrocatalytic activities[J]. ACS Applied Materials and Interfaces, 2014, 6 (18) : 15795-15801.

[97] Yin H, Tang H, Wang D, et al. Facile synthesis of surfactant-free Au cluster/graphene hybrids for high-performance oxygen reduction reaction[J]. ACS Nano, 2012, 6 (9) : 8288-8297.

[98] Yang Z, Yao Z, Li G, et al. Sulfur-doped graphene as an efficient metal-free cathode catalyst for oxygen reduction[J]. ACS Nano, 2012, 6 (1) : 205-211.

[99] Qu L, Liu Y, Baek J B, et al. Nitrogen-doped graphene as efficient metal-free electrocatalyst for oxygen reduction in fuel cells[J]. ACS Nano, 2010, 4 (3) : 1321-1326.

[100] Zhang C, Mahmood N, Yin H, et al. Synthesis of phosphorus-doped graphene and its multifunctional applications for oxygen reduction reaction and lithium ion batteries[J]. Advanced Materials, 2013, 25 (35) : 4932-4937.

[101] Yang J, Voiry D, Ahn S J, et al. Two-dimensional hybrid nanosheets of tungsten disulfide and reduced graphene oxide as catalysts for enhanced hydrogen evolution[J]. Angewandte Chemie, 2013, 52 (51) : 13751-13754.

[102] Bai S, Wang C, Deng M, et al. Surface polarization matters: Enhancing the hydrogen-evolution reaction by shrinking Pt shells in Pt-Pd-graphene stack structures[J]. Angewandte Chemie, 2014, 53 (45) : 12120-12124.

[103] Youn D H, Han S, Kim J Y, et al. Highly active and stable hydrogen evolution electrocatalysts based on molybdenum compounds on carbon nanotube-graphene hybrid support[J]. ACS Nano, 2014, 8 (5) : 5164-5173.

[104] He C, Tao J. Synthesis of nanostructured clean surface molybdenum carbides on graphene sheets as efficient and stable hydrogen evolution reaction catalysts[J]. Chemical Communications, 2015, 51 (39) : 8323-8325.

[105] Yan H, Tian C, Wang L, et al. Phosphorus-modified tungsten nitride/reduced graphene oxide as a high-performance, non-noble-metal electrocatalyst for the hydrogen evolution reaction[J]. Angewandte Chemie, 2015, 54 (21) : 6325-6329.

[106] Chen Y, Zhu Q L, Tsumori N, et al. Immobilizing highly catalytically active noble metal nanoparticles on reduced graphene oxide: A non-noble metal sacrificial approach[J]. Journal of the American Chemical Society, 2015, 137 (1) : 106-109.

[107] Yang J M, Wang S A, Sun C L, et al. Synthesis of size-selected Pt nanoparticles supported on sulfonated graphene with polyvinyl alcohol for methanol oxidation in alkaline solutions[J]. Journal of Power Sources, 2014, 254 (13) : 298-305.

[108] Chen Y, Yang J, Yang Y, et al. A facile strategy to synthesize three-dimensional Pd@Pt core-shell nanoflowers supported on grapheme nanosheets as enhanced nanoelectrocatalysts for methanol oxidation[J]. Chemical Communications, 2015, 51 (52) : 10490-10493.

[109] Meng F, Li J, Cushing S K, et al. Solar hydrogen generation by nanoscale p-n junction of p-type molybdenum disulfide/n-type nitrogen-doped reduced graphene oxide[J]. Journal of the American Chemical Society, 2013, 135 (28) : 10286-10289.

[110] Wang Y, Yu J, Xiao W, et al. Microwave-assisted hydrothermal synthesis of graphene based Au-TiO_2 photocatalysts for efficient visible-light hydrogen production[J]. Journal of Materials Chemistry A, 2014, 2(11): 3847-3855.

[111] Vinayan B P, Nagar R, Ramaprabhu S. Solar light assisted green synthesis of palladium nanoparticle decorated nitrogen doped graphene for hydrogen storage application[J]. Journal of Materials Chemistry A, 2013, 1(37): 11192-11199.

[112] Yang Q, Liang Q, Liu J, et al. Ultrafine MoO_2, nanoparticles grown on graphene sheets as anode materials for lithium-ion batteries[J]. Materials Letters, 2014, 127(27): 32-35.

[113] Pan L, Zhu X, Xie X, et al. Smart hybridization of TiO_2 nanorods and Fe_3O_4 nanoparticles with pristine graphene nanosheets: hierarchically nanoengineered ternary heterostructures for high-rate lithium storage[J]. Advanced Functional Materials, 2015, 25(22): 3341-3350.

[114] Zhu S, Zhu C, Ma J, et al. Controlled fabrication of Si nanoparticles on graphene sheets for Li-ion batteries[J]. RSC Advances, 2013, 3(17): 6141-6146.

[115] Hassan F M, Elsayed A R, Chabot V, et al. Subeutectic growth of single-crystal silicon nanowires grown on and wrapped with graphene nanosheets: High-performance anode material for lithium-ion battery[J]. ACS Applied Materials and Interfaces, 2012, 6(16): 13757-13764.

[116] Zhou M, Li X, Wang B, et al. High-performance silicon battery anodes enabled by engineering graphene assemblies[J]. Nano Letters, 2015, 15(9): 6222-6228.

[117] Yuan F W, Tuan H Y. Scalable solution-grown high-germanium-nanoparticle-loading graphene nanocomposites as high-performance lithium-ion battery electrodes: an example of a graphene-based lplatform toward practical full-cell applications[J]. Chemistry of Materials, 2014, 26(6): 2172-2179.

[118] Shi Y, Wang J Z, Chou S L, et al. Hollow structured Li_3VO_4 wrapped with graphene nanosheets in situ prepared by a one-pot template-free method as an anode for lithium-ion batteries[J]. Nano Letters, 2013, 13(10): 4715-4720.

[119] Yu D Y W, Prikhodchenko P V, Mason C W, et al. High-capacity antimony sulphide nanoparticle-decorated graphene composite as anode for sodium-ion batteries[J]. Nature Communications, 2013, 4(4): 2922.

[120] Xiao Z, Yang Z, Wang L, et al. A lightweight TiO_2 /graphene interlayer, applied as a highly effective polysulfide absorbent for fast, long-life lithium-sulfur batteries[J]. Advanced Materials, 2015, 27(18): 2891-2898.

[121] Ryu W H, Yoon T H, Song S H, et al. Bifunctional composite catalysts using Co_3O_4 nanofibers immobilized on nonoxidized graphene nanoflakes for high-capacity and long-cycle Li-O_2 batteries[J]. Nano Letters, 2013, 13(9): 4190-4197.

[122] Wang K, Wan S, Liu Q, et al. CdS quantum dot-decorated titania/graphene nanosheets stacking structures for enhanced photoelectrochemical solar cells[J]. RSC Advances, 2013, 3(45): 23755-23761.

[123] Mo R, Lei Z, Sun K, et al. Facile synthesis of anatase TiO_2 quantum-dot/graphene-nanosheet composites with enhanced electrochemical performance for lithium-ion batteries[J]. Advanced Materials, 2014, 26(13): 2084-2088.

[124] Xia H, Hong C, Li B, et al. Facile synthesis of hematite quantum-dot/functionalized graphene-sheet composites as advanced anode materials for asymmetric supercapacitors[J]. Advanced Functional Materials, 2015, 25(4): 627-635.

[125] Chao D, Zhu C, Xia X, et al. Graphene quantum dots coated VO_2 arrays for highly durable electrodes for Li and Na ion batteries[J]. Nano Letters, 2015, 15(1): 565-573.

[126] Zhang Q, Jie J, Diao S, et al. Solution-processed graphene quantum dot deep-UV photodetectors[J]. ACS Nano, 2015, 9(2): 1561-1570.

[127] Zeng X, Tu W, Li J, et al. Photoelectrochemical biosensor using enzyme-catalyzed in situ propagation of CdS quantum dots on graphene oxide[J]. ACS Applied Materials and Interfaces, 2014, 6 (18): 16197-16203.

[128] Kumar P N, Mandal S, Deepa M, et al. Functionalized graphite platelets and lead sulfide quantum dots enhance solar conversion capability of a titanium dioxide/cadmium sulfide assembly[J]. Journal of Physical Chemistry C, 2014, 118 (33): 18924-18937.

[129] Jung M H, Chu M J. Comparative experiments of graphene covalently and physically binding CdSe quantum dots to enhance the electron transport in flexible photovoltaic devices[J]. Nanoscale, 2014, 6 (15): 9241-9249.

[130] Hirose T, Kutsuma Y, Kurita A, et al. Blinking suppression of CdTe quantum dots on epitaxial graphene and the analysis with Marcus electron transfer[J]. Applied Physics Letters, 2014, 105 (8): 802.

[131] Liu J, Kumar P, Hu Y, et al. Enhanced multi-photon emission from CdTe/ZnS quantum dots decorated on single layer graphene[J]. Journal of Physical Chemistry C, 2015, 119 (11): 6331-6336.

[132] Zhou X, Shi J, Liu Y, et al. Microwave irradiation synthesis of Co_3O_4, quantum dots/graphene composite as anode materials for Li-ion battery[J]. Electrochimica Acta, 2014, 143 (12): 175-179.

[133] Zhao S, Xie D, Yu X, et al. Facile synthesis of Fe_3O_4@C quantum dots/graphene nanocomposite with enhanced lithium-storage performance[J]. Materials Letters, 2015, 142: 287-290.

[134] Tayyebi A, Tavakoli M M, Outokesh M, et al. Supercritical synthesis and characterization of "graphene-PbS quantum dots" composite with enhanced photovoltaic properties[J]. Industrial and Engineering Chemistry Research, 2015, 54 (30): 7382-7392.

[135] Gao H, Shangguan W, Hu G, et al. Preparation and photocatalytic performance of transparent titania film from monolayer titania quantum dots[J]. Applied Catalysis B: Environmental, 2016, 180: 416-423.

[136] Cao S, Chen C, Zhang J, et al. MnO_x, quantum dots decorated reduced graphene oxide/TiO_2, nanohybrids for enhanced activity by a UV pre-catalytic microwave method[J]. Applied Catalysis B: Environmental, 2015, 176-177: 500-512.

[137] Campbell P G, Merrill M D, Wood B C, et al. Battery/supercapacitor hybrid via non-covalent functionalization of graphene macro-assemblies[J]. Journal of Materials Chemistry A, 2014, 2 (42): 17764-17770.

[138] Kong D, He H, Song Q, et al. Rational design of MoS_2@graphene nanocables: towards high performance electrode materials for lithium ion batteries[J]. Energy and Environmental Science, 2014, 7 (10): 3320-3325.

[139] Yang S, Cao C, Huang P, et al. Sandwich-like porous TiO_2/reduced graphene oxide (rGO) for high-performance lithium-ion batteries[J]. Journal of Materials Chemistry A, 2015, 3 (16): 8701-8705.

[140] Ali G, Si H O, Kim S Y, et al. Open-framework iron fluoride and reduced graphene oxide nanocomposite as a high-capacity cathode material for Na-ion batteries[J]. Journal of Materials Chemistry A, 2015, 3 (19): 10258-10266.

[141] David L, Bhandavat R, Singh G. MoS_2/graphene composite paper for sodium-ion battery electrodes[J]. ACS Nano, 2014, 8 (2): 1759-1770.

[142] Qu L, Hu C, Zheng G, et al. A powerful approach to functional graphene hybrids for high performance energy-related applications[J]. Energy and Environmental Science, 2014, 7 (11): 3699-3708.

[143] Jung S M, Mafra D L, Lin C T, et al. Controlled porous structures of graphene aerogels and their effect on supercapacitor performance[J]. Nanoscale, 2015, 7 (10): 4386-4393.

[144] Qi X, Tan C, Wei J, et al. Synthesis of graphene-conjugated polymer nanocomposites for electronic device applications[J]. Nanoscale, 2013, 5 (4): 1440-1451.

[145] Lu H, Yao Y, Huang W M, et al. Noncovalently functionalized carbon fiber by grafted self-assembled graphene oxide and the synergistic effect on polymeric shape memory nanocomposites[J]. Composites Part B: Engineering, 2014, 67(3): 290-295.

[146] Love J C, Estroff L A, Kriebel J K, et al. Self-assembled monolayers of thiolates on metals as a form of nanotechnology[J]. Chemical Reviews, 2005, 105(4): 1103-1169.

[147] Wang H, Bi S G, Ye Y S, et al. An effective non-covalent grafting approach to functionalize individually dispersed reduced graphene oxide sheets with high grafting density, solubility and electrical conductivity[J]. Nanoscale, 2015, 7(8): 3548-3557.

[148] Khanra P, Uddin M E, Kim N, et al. Electrochemical performance of reduced graphene oxide surface-modified with 9-anthracene carboxylic acid[J]. RSC Advances, 2014, 5(9): 6443-6451.

[149] Kozhemyakina N V, Englert J M, Yang G, et al. Non-covalent chemistry of graphene: electronic communication with dendronized perylene bisimides[J]. Advanced Materials, 2010, 22(48): 5483-5487.

[150] Parvez K, Li R, Puniredd S R, et al. Electrochemically exfoliated graphene as solution-processable, highly conductive electrodes for organic electronics[J]. ACS Nano, 2013, 7(4): 3598-3606.

[151] Woszczyna M, Winter A, Grothe M, et al. All-carbon vertical van der waals heterostructures: non-destructive functionalization of graphene for electronic applications[J]. Advanced Materials, 2014, 26(28): 4831-4837.

[152] Eigler S, Wang Z, Ishii Y, et al. Facile approach to synthesize oxo-functionalized graphene/polymer composite for low-voltage operating memory devices[J]. Journal of Materials Chemistry C, 2017, 3(33): 8595-8604.

[153] Wang J T, Ball J M, Barea E M, et al. Low-temperature processed electron collection layers of graphene/TiO_2 nanocomposites in thin film perovskite solar cells[J]. Nano Letters, 2014, 14(2): 724-730.

[154] Kim H, Mattevi C, Kim H J, et al. Optoelectronic properties of graphene thin films deposited by a Langmuir-Blodgett assembly[J]. Nanoscale, 2013, 5(24): 12365-12374.

[155] Supur M, Ohkubo K, Fukuzumi S. Photoinduced charge separation in ordered self-assemblies of perylenediimide-graphene oxide hybrid layers[J]. Chemical Communications, 2014, 50(87): 13359-13361.

[156] Dehsari H S, Shalamzari E K, Gavgani J N, et al. Efficient preparation of ultralarge graphene oxide using a PEDOT:PSS/GO composite layer as hole transport layer in polymer-based optoelectronic devices[J]. RSC Advances, 2014, 4(98): 55067-55076.

[157] Kymakis E, Savva K, Stylianakis M M, et al. Flexible organic photovoltaic cells with *in situ* nonthermal photoreduction of spin-coated graphene oxide electrodes[J]. Advanced Functional Materials, 2013, 23(21): 2742-2749.

[158] Cheng G, Akhtar M S, Yang O B, et al. Novel preparation of anatase TiO_2@reduced graphene oxide hybrids for high-performance dye-sensitized solar cells [J]. ACS Applied Materials and Interfaces, 2013, 5(14): 6635-6642.

[159] Bi E, Chen H, Yang X, et al. A quasi core-shell nitrogen-doped graphene/cobalt sulfide conductive catalyst for highly efficient dye-sensitized solar cells[J]. Energy and Environmental Science, 2014, 7(8): 2637-2641.

[160] Chang Y H, Lin C T, Chen T Y, et al. Highly efficient electrocatalytic hydrogen production by MoS_x grown on graphene-protected 3D Ni foams[J]. Advanced Materials, 2013, 25(5): 756-760.

[161] Pan L F, Li Y H, Yang S, et al. Molybdenum carbide stabilized on graphene with high electrocatalytic activity for hydrogen evolution reaction[J]. Chemical Communications, 2014, 50(86): 13135-13137.

[162] Xie X, Lin L, Liu R Y, et al. The synergistic effect of metallic molybdenum dioxide nanoparticle decorated graphene as an active electrocatalyst for an enhanced hydrogen evolution reaction[J]. Journal of Materials Chemistry A, 2015, 3(15): 8055-8061.

[163] Zhang X, Meng F, Mao S, et al. Amorphous MoS_x clyelectrocatalyst supported by vertical graphene for efficient electrochemical and photoelectrochemical hydrogen generation[J]. Energy and Environmental Science, 2015, 8(3): 862-868.

[164] Zhou W, Zhou J, Zhou Y, et al. N-doped carbon-wrapped cobalt nanoparticles on N-doped graphene nanosheets for high-efficiency hydrogen production[J]. Chemistry of Materials, 2015, 27(6): 2026-2032.

[165] Shi P, Su R, Zhu S, et al. Supported cobalt oxide on graphene oxide: highly efficient catalysts for the removal of orange Ⅱ from water[J]. Journal of Hazardous Materials, 2012, 229-230(5): 331- 339.

[166] Wang C, Shi P, Cai X, et al. Synergistic effect of Co_3O_4 nanoparticles and graphene as catalysts for peroxymonosulfate-based orange Ⅱ degradation with high oxidant utilization efficiency[J]. Journal of Physical Chemistry C, 2016, 120(1): 336-344.

[167] Zubir N A, Yacou C, Motuzas J, et al. Structural and functional investigation of graphene oxide-Fe_3O_4 nanocomposites for the heterogeneous fenton-like reaction[J]. Scientific Reports, 2014, 4(6179): 4594.

[168] Liu Y, Jiang X, Li B, et al. Halloysitenanotubes@reduced graphene oxide composite for removal of dyes from water and as supercapacitors[J]. Journal of Materials Chemistry A, 2014, 2(12): 4264-4269.

[169] Liang R, Shen L, Jing F, et al. Preparation of MIL-53(Fe)-reduced graphene oxide nanocomposites by a simple self-assembly strategy for increasing interfacial contact: efficient visible-light photocatalysts[J]. ACS Applied Materials and Interfaces, 2015, 7(18): 9507-9515.

[170] Zhou F Q, Min Y L, Fan J C, et al. Reduced graphene oxide-grafted cylindrical like W doped $BiVO_4$, hybrids with enhanced performances for photocatalytic applications[J]. Chemical Engineering Journal, 2015, 266: 48-55.

[171] 李勇军, 李玉良. 二维高分子——新碳同素异形体石墨炔研究[J]. 高分子学报, 2015(2): 147-165.

[172] 陈彦焕, 刘辉彪, 李玉良. 二维碳石墨炔研究进展与展望[J]. 科学通报, 2016(26): 2901-2912.

[173] 徐义果. 石墨炔的热稳定性预测[D]. 上海: 复旦大学硕士学位论文, 2013.

[174] 刘海洋, 李政. 单层石墨炔薄膜力学性能的分子动力学模拟[J]. 材料科学与工程学报, 2015, 33(1):71-74.

[175] 武小一. 基于第一性原理的石墨纳米带和石墨炔的性质研究[D]. 哈尔滨: 哈尔滨工业大学硕士学位论文, 2011.

[176] 王芳. 氢在石墨炔上的吸附及对其热导率影响的分子动力学研究[D]. 湘潭: 湘潭大学硕士学位论文, 2015.

[177] 李晨阳. 石墨烯及石墨炔热输运性质和热电性质的计算研究[D]. 武汉: 华中科技大学硕士学位论文, 2013.

[178] 岳衢. 石墨炔和二硫化钼纳米结构物性调控的第一性原理研究[D]. 长沙: 国防科学技术大学博士学位论文, 2014.

[179] Baughman R H, Eckhardt H, Kertesz M. Structure-property predictions for new planar forms of carbon: layered phases containing sp^2 and spatoms[J]. Journal of Chemical Physics, 1987, 87(11): 6687-6699.

[180] 田歌. 铂在石墨烯/石墨炔上的吸附及负载体系对乙醇吸附影响的理论研究[D]. 济南: 齐鲁工业大学硕士学位论文, 2015.

[181] 向浪. 石墨烯和石墨炔纳米压痕力学性质的分子动力学研究[D]. 湘潭: 湘潭大学硕士学位论文, 2015.

[182] Narita N, Nagai S, Suzuki S, et al. Optimized geometries and electronic structures of graphyne and its family[J]. Physical Review B, 1998, 58(16): 11009-11014.

[183] Li G, Li Y, Liu H, et al. Architecture of graphdiyne nanoscale films[J]. Chemical Communications, 2010, 46(19): 3256-3258.

[184] Li G, Li Y, Qian X, et al. Construction of tubular molecule aggregations of graphdiyne for highly efficient field emission[J]. The Journal of Physical Chemistry C, 2011, 115(6): 2611-2615.

[185] Yang N, Liu Y, Wen H, et al. Photocatalytic properties of graphdiyne and graphene modified TiO_2: From theory to experiment[J]. ACS Nano, 2013, 7(2): 1504-1512.

[186] Long M, Tang L, Wang D, et al. Electronic structure and carrier mobility in graphdiyne sheet and nanoribbons: Theoretical predictions[J]. ACS Nano, 2011, 5(4): 2593-2600.

[187] Luo G, Zheng Q, Mei W N, et al. Structural, electronic, and optical properties of bulk graphdiyne[J]. The Journal of Physical Chemistry C, 2013, 117(25): 13072-13079.

[188] Luo G, Qian X, Liu H, et al. Quasiparticle energies and excitonic effects of the two-dimensional carbon allotrope graphdiyne: Theory and experiment[J]. Physical Review B, 2011, 84(7): 075439.

[189] Zhou J, Gao X, Liu R, et al. Synthesis of graphdiynenanowalls using acetylenic coupling reaction[J]. Journal of the American Chemical Society, 2015, 137(24): 7596-7599.

第 6 章　碳纳米材料在生物医学中的应用

6.1　碳纳米管在生物医学中的应用

6.1.1　引言

纳米技术与生物医药的融合，大大促进了新材料的开发及其在疾病治疗和诊断中的应用。作为一种新型纳米材料，碳纳米管(CNT)因具有独特的结构和良好的力学、电学、光学、热学等性能而备受人们关注，并迅速成为物理、化学、材料、生物、医药和环境等领域的研究热点。在过去十年中，人们已经对 CNT 在生物医学领域的应用进行了大量研究，并取得了骄人成果[1-5]。研究表明，有效利用共价键或非共价键方式对 CNT 表面进行改性修饰，能提高其水溶性和生物相容性，更好地应用于生物医学领域。CNT 的表面功能化修饰，还能实现材料对生物分子的特殊识别功能和选择性响应，并使其穿透细胞能力增强。因此，功能化修饰 CNT 在生物医学诸多方面具有很好的应用前景，包括药物和基因递送、生物成像、放射肿瘤学、生物传感器、植入式生物医学装置和组织工程应用等。

为了更广泛地使用碳纳米管，并最终将其应用于临床，需要彻底了解这类材料的生物学性质、行为和性能。此外，随着碳纳米管和人体接触越来越多，其生物安全性逐渐成为关注的焦点。然而，与通用化学试剂不同，CNT 的结构和纯度不是非常确定。随着制备、纯化和官能化方法不同，CNT 在尺寸、形貌、结构和纯度上差异较大。因此，CNT 与生物环境之间的相互作用非常复杂，有时甚至不可预测。研究发现，CNT 可显示不同程度的毒性，与制备方法、形状、比表面积、长径比、氧化程度、官能团、组成、浓度和使用剂量密切相关[2,6]，开发合适的制备和纯化方法，发展功能化材料，可最大限度地发挥 CNT 的功能，同时有效减少副作用。

6.1.2　功能化修饰

由于 CNT 具有独特的稳定结构，表面缺陷少和活性基团缺乏，因而呈现出化学惰性，几乎不溶于包括水和普通有机溶剂在内的任何溶剂。在溶液中，CNT 分子间存在强范德瓦耳斯力，易形成团聚或者缠绕，并聚集成束。未经功能化的 CNT 生物相容性较差，具有毒性，严重影响其在生物、医药等领域的应用。对 CNT 表面进行功能化修饰和改性，能显著改善 CNT 的溶解性和分散性。为适用生物医学领域，需要着力提高 CNT 的水溶性和生物相容性。研究表明，利用非共价或共价键方式对 CNT 表面进行功能化修饰，能有效提高分散性和在生理溶液中的稳定性，降低其在生物体系中的毒性和副作用[7]。

碳纳米管的改性及功能化修饰方法主要有两大类，即非共价修饰和共价修饰。第一类是利用 π-π 相互作用、疏水相互作用等非共价作用结合表面活性剂、聚合物或生物大分子，阻止碳纳米管的团聚，使其稳定分散于溶剂中；第二类主要是用浓酸处理碳纳米管，引入含氧官能团，再通过其他化学反应，如 1,3-偶极环加成反应、酰胺化反应和酯化反应等，在碳纳米管表面或顶端连接所需基团，通过侧链分子间的相互排斥作用改善和提高其分散性[8]。

1. 非共价修饰方法

CNT 侧壁主要由 sp^2 碳原子构成，具有高度离域共轭 π 电子云，这些 π 电子可通过 π-π 键作用与含有 π 电子的其他化合物结合，得到非共价键改性的功能化 CNT。除了 π-π 键作用，还可以利用氢键、静电引力和范德瓦耳斯力等使表面活性剂、聚合物、生物大分子(如核酸、多肽和蛋白质)、多核芳香化合物和其他生物活性分子等吸附或缠绕在 CNT 表面，实现修饰作用，从而增强溶解性[9-11]。非共价键改性方法的优势是不破坏 CNT 结构，最大限度地保留了纳米管芳香表面电子结构，这对于 CNT 在生物传感器领域的应用具有重要意义。此外，非共价功能化修饰方法简便快速，易于操作。然而，通过非共价作用形成的功能化 CNT 比较不稳定，这是由于在 CNT 表面的包覆层与 CNT 之间的相互作用比较弱，容易从 CNT 上脱落[12]。

1) 表面活性剂修饰

在早期 CNT 的应用研究中，常常使用表面活性剂分散和剥离 CNT，表面活性剂包括阳离子型、阴离子型及非离子型，并已取得了很好的分散效果[13]。CNT 与表面活性剂之间的相互作用确切机制仍然不明确，可能是范德瓦耳斯力、π-π 堆叠和疏水相互作用。目前，被用于分散碳纳米管的表面活性剂有十二烷基硫酸钠、衣康酸十二烷基酯、脱氧胆酸钠、Triton X-405、Brij S-100 和 F-127 等[1]，但由于有些表面活性剂自身能够透过细胞膜，对生物活性细胞有一定的毒性，大大限制了表面活性剂稳定的 CNT 复合物在生物学系统中的应用。

2) 高分子聚合物非共价修饰

一些高分子聚合物如聚乙烯吡咯烷酮、聚苯乙烯磺酸和聚乳酸等，已被用于 CNT 的有效分散。这些聚合物能够通过 π-π 相互作用或疏水作用缠绕和包覆在 CNT 表面上，削弱 CNT 分子之间较强的范德瓦耳斯作用力，使 CNT 很好地分散在溶剂中[14-16]。表面包裹生物相容性聚合物的 CNT 在水溶液中表现出增强的胶体稳定性。另外，一些天然聚合物，如纤维素[17]、木质素[18]、阿拉伯树胶[19]和吉兰糖胶[20]等，也可用于增强 CNT 的分散性。

3) 芳环化合物非共价键修饰

一些多环芳香族化合物的环状离域 π 键体系能够与 CNT 侧壁 π 体系发生较强的吸附作用。Chen 等[21]利用双功能化分子 1-芘丁酸琥珀酰亚胺酯中稠环芳烃芘的芳香结构与单壁 CNT 形成 π-π 堆积，实现不可逆吸附作用。而该双功能化分子琥珀酰亚胺酯中的 *N*-羟基琥珀酰亚胺基团可被亲核试剂所取代，从而实现铁蛋白、抗生蛋白链菌素等生物分子的固定。Petrov 等[22]合成了含有悬垂芘基团的高聚物，然后通过 CNT 侧壁与芘的吸附作用将其修饰于 CNT 侧壁上。

4) 生物活性分子非共价修饰

近期研究结果表明，CNT 可通过非共价方式吸附多肽、蛋白质和 DNA 等生物活性分子，并将它们载入细胞内部。CNT 对生物分子的吸附作用，主要是通过弱的相互作用力，包括范德瓦耳斯力、静电相互作用、π-π 堆积作用或疏水作用力等。通过蛋白质、核苷酸和肽类等生物大分子与 CNT 表面的相互作用，非共价修饰 CNT，增溶效果近似或优于表面活性剂和聚合物。更重要的是，引入生物大分子对 CNT 表面改性能明显改善 CNT 的生物相容性，有利于在生物医学领域的应用[23-26]。

2. 共价修饰方法

共价功能化是指通过共价键作用对 CNT 进行修饰以增加其分散性的方法。共价修饰的键合方式多样且键合牢固，有利于调控 CNT 的性能，提高其可控性，扩展其应用范围。迄今，已经开发了各种化学方法在碳纳米管末端或侧壁上形成化学键。化学反应可涉及氧化、卤化(氟化、氯化和溴化)、酰胺化、硫醇化、加氢、自由基加成、卡宾加成和氮烯加成等[1]。CNT 的共价官能化除了能提高其溶解性，还能为进一步偶联其他基团或生物活性分子提供方便。当然，在实际应用时，共价官能化也有局限性，因为产生 sp^3 杂化碳，不利于 π 电子跃迁。

1) 利用 CNT 表面缺陷位点的功能化

强酸氧化改性 CNT 是较为成熟的一种功能化方法。CNT 经氧化性酸处理后，其表面带有羧基和羟基等含氧官能团，然后再利用这些官能团通过化学反应连接其他所需基团，以改善 CNT 的溶解性，增强所需功能。Smalley 等[27]用体积比为 3∶1 的浓硫酸和浓硝酸与单壁 CNT 混合，然后进行超声处理，使 CNT 的长度由微米级变成了 100～300 nm，再用体积比为 4∶1 的浓硫酸和 30%的过氧化氢氧化，得到羧基化的单壁 CNT。经强氧化性酸处理后的 CNT，在外壁与端口的表面缺陷位点处引入的羧酸、羟基等基团可进一步功能化，连接水溶性基团、聚合物及天然生物分子等。例如，将 CNT 氧化处理后，再对其表面引入的羧基进行酰氯化，可进一步引入生物活性分子[28]；也可先进行酰氯反应，然后通过聚乙二醇的端氨基使聚乙二醇键合在 CNT 表面；还可使用碳二亚胺类催化剂，使聚乙二醇在催化剂作用下直接与 CNT 管壁上的羧基反应，这一方法反应条件较温和，适合用于生物功能分子的修饰[29]。氨基是生物化学中一种重要的修饰基团，通过酰胺键可将许多化学药物、聚合物和生物分子连接到相应的载体上。CNT 表面氨基化可用于构建各种具有生物医学应用价值的多功能载体材料。例如，强酸处理后的 CNT 表面上产生的羧基，进一步反应引入氨基官能团，包括乙二胺或己二胺、枝化聚乙烯亚胺、端基为氨基的链状或多壁聚乙二醇等，都可以在碳二亚胺类催化剂作用下，通过形成酰胺键修饰在碳纳米管上，剩余的氨基末端可与多种聚合物或生物活性物质通过共价键相连接，因而在生物医学领域具有巨大的应用前景[30]。

2) CNT 表面的直接加成反应

利用 CNT 表面缺陷位点进行功能化，需要对 CNT 进行预化学处理，而 CNT 表面的直接加成反应则不需要预化学处理。这类方法直接在 CNT 表面的碳六元环上通过共价键连接活性基团或分子等。CNT 表面具有类似石墨的六边形网格结构，其外壁的芳环可俘获各种自由基。利用自由基加成、等离子体活化和脉冲电子流放电等方式，可实现在 CNT 表面的直接加成。自由基加成反应常用于在 CNT 表面上接枝聚合物，例如，在偶氮二异丁腈引发下，丙烯酸单体发生聚合形成聚丙烯酸，能在单壁 CNT 表面通过聚丙烯酸的链自由基加成反应，制备出具有很好分散性的聚丙烯酸-CNT 复合物[31]；又如，在单壁 CNT 存在下，引发剂 $K_2S_2O_4$ 能原位引发乙烯基对苯磺酸钠的聚合，形成聚苯乙烯硫酸盐(PSS)，该聚合物的链自由基可接枝 SWCNT 生成具有良好水溶性的 PSS-CNT[32]。等离子体活化法是利用气体等离子体轰击 CNT 表面，使其表面化学结构发生变化，从而对 CNT 实现功能化改性。Chen 等[33]采用微波激发表面波等离子体法，使 NH_3/Ar 混合气体中 NH_3 分子的化学键被破坏，产生的氨基等离子体轰击多壁 CNT 表面，使 CNT 氨基化；Valentini 等[34]先用 CF_4 等离子体处理单壁 CNT，形成具有反应活性的氟化单壁 CNT，再将其分散于氨基丁烷中进行反应，从而在 CNT 表面修饰氨基。

6.1.3　生物医学应用

CNT 经过适当的功能化修饰后，其细胞毒性减少，具有较好的生物活性和溶解性，可应用于生物医学领域。功能化 CNT 可利用外表面以非共价或共价键结合的方式装载药物小分子、多肽、蛋白质及基因等，其内部空腔也可填充各种药物。功能化 CNT 能以最小的毒性穿越细胞膜，不会导致细胞死亡，由于其在生理溶液中的溶解性大大改善，能够通过代谢途径迅速地移除出体外。因此，功能化 CNT 在药物递送、分子影像和基因治疗等方面有望得到广泛应用[35]。同时，CNT 是一种很好的细胞黏附和生长基板[36]，可用于构建生物体内的复合支架。另外，将生物识别分子，如酶、DNA、抗原/抗体等，固定在 CNT 表面，可制成各种生物传感器，实现分子水平的快速检测和微量分析[37]。

1. 药物和基因递送

功能化 CNT 的外表面不但可以非共价吸附各种分子，还可以通过化学反应以共价键结合多种化学基团和生物活性分子，其内部空腔也可以填充各种药物。CNT 具有细胞膜穿透性，可将一些细胞穿透性较差的药物和生物大分子，如蛋白和核酸等，吸附或偶联到 CNT 上穿过细胞膜进入细胞或组织中。CNT 较大的比表面积使其具有较高的药物负载率，CNT 固有的稳定性和结构柔性也可能延长负载药物的材料在血液中的循环时间，提高药物分子的生物利用度。

1) 在药物转运领域中的应用

为了提高药物治疗效果，同时降低药物在体内的毒性，人们研发了各类新型的递药系统。功能化 CNT 具有很强的细胞穿透能力和良好的生物相容性，由于这些独特的性质，功能化 CNT 被开发为一种新型的基于 CNT 的药物载体，用于抗癌药物递送(表 6.1)。Wu 等[38]将荧光标记物和抗真菌药物两性霉素 B 分别选择性地修饰在功能化 CNT 的端口和侧壁。荧光素可用于示踪细胞对碳纳米管的内吞作用，两性霉素 B 搭载 CNT 很容易进入细胞并保留较强的抗真菌活力，与单独使用抗菌素相比降低了毒副作用。2007 年，Dai 等发现磷脂-聚乙二醇修饰的单壁 CNT 对芳香结构的药物分子具有很强的亲和力[9]，单壁 CNT 对药物的负载率明显高于传统脂质体和树枝状药物载体。这种药物与单壁 CNT 的复合物在正常生理缓冲液中具有良好的稳定性，而在酸性环境中能很快释放药物，可用于肿瘤治疗。Dai 等[39]还将抗癌药物前驱体 Pt(Ⅳ)与单壁 CNT 共价结合，将其转运至靶细胞，显著提高药物在细胞中的摄取率，并在 CNT 上以非共价形式结合荧光素用于示踪转运途径。Zhu 等[40]利用碳硼烷对单壁 CNT 进行功能化，该结合物静脉注射后可选择性地在肿瘤组织中浓聚、滞留，适用于硼中子捕获治疗。Pastorin 等[41]

以 1,3-亚甲胺叶立德对多壁 CNT 进行偶极环加成，然后通过共价键偶联异硫氰酸荧光素及氨甲蝶呤，可大大增加氨甲蝶呤被癌细胞摄取的量，使抗癌效果得到明显改善。

表 6.1　功能化 CNT 应用于递送抗癌药物的相关研究[1]

药物	CNT 材料	释放机制	生物学研究
(A) 多柔比星(DOX)	(1) 羧化的单壁 CNT(非共价修饰) (2) 氧化单壁 CNT(非共价修饰) (3) 单壁 CNT(非共价修饰) (4) 单壁 CNT(非共价修饰) (5) 单壁 CNT(非共价修饰) (6) 与叶酸缀合的单壁 CNT(非共价修饰) (7) 树枝状聚合物修饰的多壁 CNT (共价修饰)	低 pH 酸性 pH 酶切割 NIR 辐射 酸性 pH 较低的 pH 较低的 pH	体外 HeLa 细胞，效率比游离 DOX 好 体外结肠癌细胞 体外小鼠黑素瘤细胞；小鼠体内 体外白血病细胞 体外胶质母细胞瘤癌细胞 体外乳腺癌细胞 —
(B) 顺铂	(8) 单壁 CNT (非共价修饰) (9) 功能化单壁 CNT (非共价修饰)	Pt(Ⅳ)还原到 Pt(Ⅱ)，内体酸性 pH 变化 Pt(Ⅳ)还原到 Pt(Ⅱ)，内体酸性 pH 变化	睾丸癌细胞体外检测 体外绒毛膜癌、鼻咽癌和睾丸癌细胞
(C) 吉西他滨	(10) 单壁 CNT(非共价修饰) (11) 单壁 CNT(非共价修饰)	磁性纳米粒子外部磁场引导 —	在大鼠体内检测 —
(D) 甲氨蝶呤	(12) 多壁 CNT(共价修饰) (13) 单壁 CNT(共价修饰)	酶切 —	体外乳腺癌细胞 体外 T 淋巴细胞
(E) 紫杉醇	(14) 单壁 CNT(非共价修饰) (15) 多壁 CNT(共价修饰) (16) 聚乙二醇接枝的单壁 CNT	酶切割 酸性 pH 或酶促水解 在 pH=7 或 5	乳腺癌体外和体内 在体外肺癌和卵巢癌细胞中 在体外 HeLa 和 MCF-7 癌细胞中
(F) 卡铂	(17) 多壁 CNT(非共价修饰)	—	在体外膀胱癌细胞
(G) 喜树碱	(18) 单壁 CNT(共价修饰)	酶切	体外胃癌细胞和荷肝癌小鼠体内
(H) 姜黄素(Cur)	(19) 单壁 CNT(非共价修饰)	—	在体细胞中，和姜黄素比较，单壁 CNT-Cur 提高了抑制效率
(I) 他莫昔芬(TAM)	(20) 天冬酰胺-甘氨酸 -精氨酸肽改性单壁 CNT(非共价修饰)	—	体外 4T1 癌细胞，比单纯 TAM 更高的靶向和治疗效率

近年来，新型 CNT 基肿瘤靶向药物载运系统得到了广泛研究。该载运系统主要包括功能化 CNT、肿瘤靶向配体和抗癌药物三个部分。当这类 CNT 药物载运系统与癌细胞接触时，CNT 上修饰的靶向配体能够特异性识别癌细胞表面的受体，然后诱导受体介导的内吞作用。此类功能化 CNT 复合体可以被癌细胞有效地摄取，在细胞内安全地释放药物，与未经靶向输运的药物相比能更有效地抑制癌细胞的增殖。同时，具有肿瘤细胞靶向功能的 CNT 能将肿瘤细胞与周围的健康细胞区分开，因此能显著降低毒副作用[42]。Liu 等[9]将单壁 CNT 与磷脂聚乙二醇结合，用于负载抗癌药物阿霉素，该载体的负载率显著高于传统磷脂，并且在酸性环境下能快速释放药物；同时在聚乙二醇末端进一步键合具有靶向作用的精氨酸-甘氨酸-天冬氨酸序列(RGD)肽段，能将药物高效地传递进入 RGD 受体高表达癌细胞内，从而破坏癌细胞。Dhar 等[43]在 CNT 上修饰了连接叶酸的顺铂前药配合物，能特异性靶向叶酸受体高表达癌细胞，并能有效杀死癌细胞。生物素也可作为靶向基团修饰 CNT，Chen 等[44]制备了生物素修饰的单壁 CNT，该材料能将紫杉醇类抗癌药物(Taxoid)特异性地携带进癌细胞，并利用可断裂的二硫键在细胞内成功释放药物。通过环境响应共价键修饰药物的优点在于减少药物在运输途中的损失，且能提高药物在靶部位的控释与缓释效果。

由于抗体具有高特异性和亲和力，已成为药物递送的有效靶向工具。将抗体偶联在载体上，通过抗体与肿瘤细胞表面的特异性抗原结合，能将药物专一性地递送到肿瘤细胞内，避免药物对正常组织的毒害作用，可选择性地发挥治疗作用。McDevit 等[45]以放射性同位素离子配体、荧光素探针和肿瘤靶向单克隆抗体修饰了水溶性 CNT 以用于治疗肿瘤，发现此类功能化 CNT 能在肿瘤部位靶向富集，可用于高效的靶向载体。Heister 等[46]制备了官能化的单壁 CNT 衍生物，该衍生物携带抗癌药物(DOX)、荧光素和能识别肿瘤标志物癌胚抗原(CEA)的靶向抗体。DOX 通过 π-π 堆积非共价负载到氧化的单壁 CNT 上，然后将荧光素标记的药物通过酰胺化反应共价连接到 SWCNT 上。最后，再次通过酰胺化步骤将抗体通过其氨基连接到药物的羧基上，构建了靶向 CEA 过表达癌细胞的药物递送体系。

多药耐药性(MDR)是指肿瘤细胞因长期接触某一化疗药物而产生的对此种化疗药物及其他多种化疗药物产生的交叉耐药性。多药耐药性是导致肿瘤化疗失败的重要原因之一。为了在克服 MDR 效应的同时获得一个靶向药物递送系统，Li 等[47]在单壁 CNT 上通过酰胺键修饰了专门针对 P 糖蛋白(P-gp)的抗体(Ab)。P-gp 在 MDR 形成中起到了重要作用。随后，通过 π-π 堆积非共价作用在 Ab-SWCNT 负载抗癌药物 DOX。选用对 DOX 具有耐药性和表面 P-gp 过表达的人类白血病细胞进行了测试。将细胞暴露于近红外辐射以触发 DOX 释放。结果显示，使用 Ab-SWCNT 作为药物载体比等浓度游离药物能更有效地抑制细胞生长，且通过时间依赖性方式抑制细胞生长，这归因于药物从载体表面的缓慢释放。前列腺干细胞抗原(PSCA)是前列腺癌细胞膜表面糖基磷脂酰肌醇锚定的细胞表面的抗原，具有很高的前列腺特异性，是前列腺癌靶向诊断和治疗的一个很有前景的靶点。Wu 等[48]在截短的 MWCNT 上接枝聚乙烯亚胺(PEI)，再共价偶联异硫氰酸荧光素(FITC)和 PSCA 单克隆抗体。所制备的功能化 CNT 具有良好的生物相容性，能够特异性靶向 PSCA 过表达的癌细胞。动物模型的体内抗癌功效测试表明，PSCA 单克隆抗体修饰的 CNT 能有针对性地将抗癌药物 DOX 递送至肿瘤并抑制肿瘤生长。

聚合物水凝胶类似于生命软组织材料，具有良好的生物相容性，在生物医用材料领域展现出应用前景。将 CNT 加入水凝胶基质中，可改善水凝胶的力学性能和导电性能，可制备高强度、导电、智能响应性的复合水凝胶。Peng 等[49]报道了一种 CNT/壳聚糖水凝胶，可持续地释放萘普生。这种 CNT 水凝胶对药物的控制释放效果优于纯壳聚糖水凝胶。Bandyopdhyay 等报道了多种药物如抗炎药和抗高血压药物的控制释放。他们使用各种聚合物(如羧甲基瓜尔胶、甲基丙烯酸 2-羟乙酯接枝羧甲基瓜尔胶和丙烯酸接枝瓜尔胶)与功能化多壁 CNT 组合，用于控制递送双氯芬酸[50-52]。他们还使用聚(乙烯醇)改性的多壁 CNT 纳米复合材料递送地尔硫卓[53]。二乙二醇二甲基丙烯酸酯接枝的羧甲基瓜尔胶和羧基官能化多壁 CNT 也用于持续控制递送双氯芬酸。从纳米复合材料中持续释放药物取决于纳米复合材料中多壁 CNT 的浓度。与含较低浓度(16.4%)多壁 CNT 的复合材料相比，多壁 CNT 含量高(42%)的复合材料中封装的药物，能被更有效地控制释放[54]。牛蛙胶原蛋白也可与 CNT 组合并用于形成水凝胶，适用于持续控制递送庆大霉素[55]。聚甲基丙烯酸和 CNT 纳米复合材料被用于槲皮素的持续可控释放，能有效降低毒性[56]。也可用 CNT 和羟乙基纤维素聚合物制备用于可编程的透皮药物释放尼古丁的脉动系统[57]。在长时间施加电场时，可控量的尼古丁有序释放。Servant 等[58]开发了一种电反应性聚甲基丙烯酸-多壁 CNT 复合水凝胶，可用于蔗糖的脉冲释放。Mandal 等[59]研究了可生物降解的生物相容性透皮纳米复合水凝胶和多壁 CNT，能持续释放双氯芬酸钠。

2) 在基因转运领域中的应用

除了递送药物，CNT 的另一大优势是可以用来负载各种生物分子，如 DNA 和 RNA，并能实现这些生物大分子的跨细胞膜输送，使其成为基因传递和基因沉默的有效工具。为了探讨可能使用 CNT 作为基因的新载体，人们对 DNA 和阳离子功能化的 CNT 之间的物理化学相互作用进行了深入研究。Pantarotto 等[60]第一个利用铵功能化 CNT 作为基因传输载体系统，带正电荷的铵功能化 CNT 与 DNA 上磷酸基团通过静电相互作用而形成分子复合物，成功地将 DNA 递送到哺乳动物细胞中。与 DNA 复合的功能化 CNT 能够促进 DNA 的摄取和基因表达，这是用单纯 DNA 处理无法比拟的。Pantarotto 等[61]还使用了三种功能化的 CNT，即铵修饰的单壁 CNT、铵修饰的多壁 CNT 和赖氨酸修饰的单壁 CNT 与 DNA 的复合体，发现都比单纯 DNA 优异，在人和鼠细胞系中产生更高的基因表达。在这三种类型的 CNT 中，铵功能化的单壁 CNT 对人和鼠细胞具有更强的穿透能力，基因表达增强更多。Goux-Capes 等[62]提出一种简单而通用的方法，即通过使用链霉亲和素-生物素识别复合物将单壁 CNT 和 DNA 连接在一起，链霉亲和素包覆的单壁 CNT 与生物素或双生物素封端的 DNA 双链反应，形成单壁 CNT-DNA 和单壁 CNT- DNA-单壁 CNT 加合物，能避免利用共价修饰 CNT 所需的强酸预处理 CNT，减少或避免结构改变或破坏的风险。Kam 等[63]研究单壁 CNT 用于运输各类蛋白质和 DNA，复合物的转运是通过受体介导的内吞作用实现的。在运输过程中，单壁 CNT 可保护 DNA 探针免受能切割生物分子的细胞内酶的影响。Gao 等[64]也有类似的报道，他们用氨基功能化的多壁 CNT 将绿色荧光蛋白(green fluorescent protein，GFP)基因递送到培养的人类细胞中，证明了 DNA 探针能被有效保护。

小干扰 RNA(siRNA)是一个长 20～25 个核苷酸的双股 RNA。随着 RNA 干扰分子机理的深入研究，siRNA 作为一种新基因治疗药物越发受到人们的关注。由于 siRNA 有负电性，通过引入氨基等基团制得的带有正电的 CNT 能够通过静电作用吸附 siRNA。Zhang 等[65]制得带正电的 SWCNT-CONH-$(CH_2)_6NH_3^+$，然后将其通过静电相互作用吸附 siRNA，获得的单壁 NT/siRNA 复合物能抑制癌基因 *mTERT* 的表达，使小鼠癌细胞株的生长被抑制。将复合物注入荷瘤小鼠后，肿瘤的生长受到抑制，肿瘤质量也显著降低。Podesta 等[66]通过 1,3-偶极环加成反应使多壁 CNT 氨基化，并复合 siTOX 和 siRNA。在荷人肺癌小鼠肿瘤模型的瘤内注射多壁 CNT/siRNA 复合物，发现肿瘤生长得到有效抑制，且与脂质体/siRNA 复合物相比，小鼠存活期明显延长。Herrero 等[67]构建了树枝状大分子修饰的多壁 CNT 作为 siRNA 的转运载体，效率明显高于带有氨基的单链烷基链修饰的多壁 CNT，并且修饰二代树枝状聚合物的多壁 CNT 转运 siNRA 的能力强于修饰一代的多壁 CNT。PEI 是一种具有较强核酸结合能力的新型阳离子多聚物基因载体，Foillard 等[68]在 CNT 上共价修饰了 PEI 以负载 siRNA 并转染人脑胶质瘤细胞，可引起靶基因表达沉默，效率远高于单独使用 PEI。

siRNA 分子还可以通过共价键连接于 CNT 两端或其表面的修饰基团上。Kam 等[69]用末端带有氨基的聚乙二醇化磷脂修饰单壁 CNT，构建了一种基于单壁 CNT 的 siRNA 转运系统，磷脂端的疏水性烷基链通过范德瓦耳斯力和疏水作用力吸附于单壁 CNT 侧壁上，而亲水性的聚乙二醇链则外伸向水中以提高单壁 CNT 的水溶性。最后，聚乙二醇链末端氨基通过二硫键与修饰了硫醇基的 siRNA 连接。当这种复合物被细胞吞噬进入内涵体或溶酶体中，二硫键被破坏，释放出游离的 siRNA，其对靶基因沉默效率明显高于使用脂质体作为转染试剂。Liu 等[70]采用类似方法负载 siRNA 并转染 T 细胞和人外周血单核细胞，发现其基因沉默效率远高于使用脂质体。

2. 生物成像

CNT 具有优异的光学性能，其在近红外光区有较强的吸收，拥有光声成像性能。单壁 CNT 能在近红外光区产生较为强烈的荧光，可用于近红外成像；CNT 能与核磁共振成像(MRI)、正电子发射断层扫描(PET)及 CT 造影剂结合，用于 MRI、PET 或 CT 成像。CNT 已被用于非侵入性成像研究，包括对非常小的肿瘤进行高灵敏度检测，在肿瘤的早期诊断中具有良好的应用前景。

1) 近红外成像

在近红外(near infrared，NIR)区，组织的吸收、散射和自发荧光背景低，因此近红外光源在生物组织内可达到最大穿透深度，适用于较深层组织无损成像，并逐渐用于肿瘤诊断、治疗和治疗后观察中。具有独特结构的单壁 CNT 能在近红外光区产生较为强烈的荧光，而生物体的背景荧光干扰小，因此 CNT 能作为近红外荧光成像试剂用于复杂的生物体环境中。单壁 CNT 的近红外荧光来源于碳管的自身结构，不需要对其修饰其他荧光基团，且具有较高的抗猝灭和抗光漂白性能。Cherukuri 等[71]利用单壁 CNT 自身的近红外荧光，研究了碳管被细胞摄取的情况，发现 SWCNT 进入细胞以后，仍然能够观察到其近红外荧光信号。Heller 等[72]发现单壁 CNT 在进入活细胞三个月后还能观察到近红外荧光信号，并且不妨碍细胞活力。Duque 等[73]提出了一种简单的方法，得到在 pH 为 1～11 范围内均能稳定且发光效率高的单分散单壁 CNT 溶液，并通过在人胚胎肾脏细胞(HEK)表面的荧光成像证实了这些高度稳定的悬浮液的有效性。Welsher 等[74]在 PEG 包裹的生物惰性单壁 CNT 表面分别修饰了 Rituxan 和 Herception 两种抗体，可进行近红外成像，受体低表达的细胞则显示很弱的荧光信号。

除了活细胞，CNT 的近红外荧光还可应用于活体成像。Cherukuri 等[75]利用单分散的单壁 CNT 的近红外荧光特性，研究碳管在注射入小动物以后的药物动力学行为，测定了其在家兔血液中的半衰期为 1 h。Leeuw 等[76]也利用单壁 CNT 所发射的近红外荧光，对果蝇幼虫体内分布的单壁 CNT 进行非破坏性成像，证明果蝇所摄入的单壁 CNT 对其没有产生不良生理影响。

2) 磁共振成像

MRI 技术可用来对生物体内脏器官和软组织进行无损快速检测，其已成为诊断软组织病变尤其是检测肿瘤最为有效的临床诊断方法之一。在 CNT 上标记 MRI 造影剂，可方便地利用 MRI 技术，无损伤地研究 CNT 在活体内的行为。MRI 造影剂按照其磁性的差异可分为顺磁性、超顺磁性和铁磁性物质三大类，而基于碳纳米材料的 MRI 造影剂研究主要集中在前两类。

顺磁性造影剂以钆螯合物为主，由于 Gd^{3+}具有 7 个未成对电子而具有强顺磁性，能有效缩短周围水中质子的纵向弛豫时间。目前临床上常用的 T_1 造影剂主要有 Gd-DTPA 和 Gd-DOTA，但它们在体内循环时间短且分布没有特异性。近几年的研究发现，将 Gd^{3+}与纳米材料结合，可制备成各种纳米结构的 T_1 造影剂，且具有良好的稳定性和生物相容性，以及较长体内循环时间。Hashimoto 等[77]利用一种称为碳纳米角的特殊 SWCNT 的圆锥形帽状末端及管壁存在的缺陷，通过氧化作用使碳纳米角生成空洞，从而使 Gd^{3+}以氧化物形式选择性地聚集在碳纳米角的中央。Sitharaman[78]开展了类似研究，在超短单壁 CNT 内部沉积纳米尺寸的含水 Gd^{3+}离子簇，其弛豫率为临床上使用的 Gd 基造影剂的 40～90 倍，Sitharaman 推测其成像性能的极大提高可能是由于碳管对管内金属离子簇合物的限制作用。他们进一步研究发现，这种复合物的弛豫率对酸碱度极其敏感，因为癌组织 pH 低于正常组织，有望作为超敏感的 pH 响应探针用于肿瘤的早期诊断[79]。Richard 等[80]用硬脂酸合成两亲性钆螯合物，将其吸附在多壁 CNT 上，该功能化纳米管不仅具有 T_1 造影剂的对比性能，将其悬浮液注入小鼠腿部的肌肉后，还可很好地观察到阴性对比度。

超顺磁性铁氧化物纳米粒子因具有较高的磁化率和良好的生物相容性同样受到广泛关注。Miyawaki 等[81]用高温热解法在碳纳米角表面上沉积 Fe_3O_4 纳米粒子，形成超顺磁性的碳纳米角，研究了磁性纳米角在实验鼠体内的 MRI 信号随时间的变化，发现该复合材料在实验鼠的肾脏和脾脏中的成像效果明显。Faraj 等[82]采用未预处理的 CNT 中包裹磁性金属纳米粒子，进行 T_2 成像，在实验鼠体内检测 CNT 的分布情况，而经预处理的 CNT 则检测不到 T_2 成像效果。Wu 等[83]用溶剂热法在多壁 CNT 上原位沉积 Fe_3O_4 纳米粒子，用 MRI 和 ICP 等研究昆明鼠体内的分布和代谢行为。

3）正电子发射断层扫描

PET 是一种能够反映组织代谢功能的影像技术，被广泛用于多种疾病的诊断、病情判断、疗效评价等方面，特别是在肿瘤、冠心病和脑部疾病这三大类疾病的诊疗中显示出重要价值。通过修饰使 CNT 表面标记了正电子发射的放射性核素，将具有较强进入细胞能力的 CNT 与具有显示功能的 PET 结合，有望应用于疾病的早期发现和诊断中。用放射性 ^{125}I 原子标记水溶性羟基化多壁 CNT，然后用示踪剂研究羟基化单壁 CNT 在小鼠中的分布[84]，水溶性单壁 CNT 也可进行 DTPA 官能化，并用 ^{111}In 标记用于研究 CNT 在组织中的分布和血液清除率[85]，这两项工作均证明 PET 可用于跟踪 CNT 在活体中的分布。Liu 等[86]以带 RGD 肽段的含有 PEG 磷脂，通过非共价作用力修饰单壁 CNT 并以放射性核 ^{64}Cu 标记。用 PET 成像跟踪该功能化单壁 CNT 在荷瘤动物体内的生物分布，发现其能靶向癌细胞，并特异性地累积在肿瘤部位。单壁 CNT 的拉曼特征信号也被用于直接探测小鼠组织中纳米管的存在。McDevitt 等[87]在单壁 CNT 共价修饰了螯合剂 DOTA，然后用正电子发射金属离子 ^{86}Y 标记，研究了以 ^{86}Y 标记的单壁 CNT 在小鼠模型中的分布行为和药代动力学。他们还通过共价键合肿瘤特异性识别的单克隆抗体、荧光探针及放射性金属螯合物，构建侧壁官能化的水溶性 CNT 平台，从而实现对肿瘤细胞的选择性多功能标记[45]。

3. 生物传感器

生物传感器是一种对生物物质敏感并将其浓度转换为电信号进行检测的仪器。CNT 的重要应用之一就是生物传感器[88]。CNT 的表面积大，具有优异的机械、电学和电化学性质，对各种生物分子响应灵敏，使其成为构建生物传感器的高效传感元件[89,90]。同时，CNT 的高比表面积也使其成为快速检测低浓度生物物种的有力工具。因此，基于 CNT 生物传感器在超敏感生物传感应用领域中期望发挥重要作用[91]。基于 CNT 的生物传感器，具有许多优于市售硅基或基于其他材料传感器的优点，包括：①高灵敏度，归因于 CNT 的高比表面体积和中空管状结构，且 CNT 可用于酶的固定而赋予其高的生物活性[92]；②快速响应时间，归因于 CNT 可促进电子传递反应；③表面污染少和氧化还原反应电位低；④使用寿命长和稳定性高[91]。

1) 酶生物传感器

酶生物传感器是最常用的生物传感器之一。CNT 具有较大的比表面积和特殊的中空管状结构，适用于酶分子的固定，能提高固定的分子数量，从而改善传感器的灵敏度。同时，CNT 对生物分子活性中心的电子传递具有促进作用，能提高酶分子的相对活性。当前生物传感器最重要的应用之一是葡萄糖检测，2003 年，通过 Teflon 黏合剂将 CNT 与葡萄糖氧化酶(GO_x)结合在一起，首次开发出基于 CNT 的葡萄糖传感器[93]。此后，人们不断对这种生物传感器进行改进以进一步提高检测灵敏度，Lim 等[94]将葡萄糖氧化酶和钯纳米粒子同时电沉积在 Nafion 增溶的 CNT 膜中，酶的活性仍然保持，所制备的葡萄糖氧化酶生物传感器对葡萄糖能快速定量检测。额外使用的 Nafion 涂层能消除常见的干扰物质如尿酸和抗坏血酸。Liu 和 Lin[95]通过交替组装阳离子聚二烯丙基二甲基氯化铵(PDDA)层和 GO_x 层，将 GO_x 固定在带负电荷的 CNT 表面上，通过自组装形成独特的三明治层结构(PDDA/GO_x/PDDA/CNT)，为保持 GO_x 的生物活性，提供了有利的微环境，并防止酶分子渗漏。所制备的 PDDA/GO_x/PDDA/CNT 电极对 H_2O_2 显示优异的电催化活性，这表明多层聚电解质-蛋白不影响 CNT 的电催化性能，能灵敏地测定葡萄糖。GO_x 的活性很容易受温度、pH、湿度和有毒化学物质的影响，由于酶的固有性质，稳定性差已成为酶传感器的主要缺点，其应用受到了限制。为了解决这个问题，人们探索了基于葡萄糖直接氧化的非酶传感器的开发与实际应用，Wu 等[96]

在聚电解质非共价官能化的多壁CNT上原位生长铜纳米颗粒，将纳米复合材料修饰在玻碳电极上，用于葡萄糖的非酶催化反应，有望开发无酶葡萄糖传感器。最近，Manikandan等[97]在玻碳电极表面沉积了氧化锌、多壁CNT和聚氯乙烯三元复合材料，该生物传感器可用于葡萄糖的直接检测，也可用于监测糖尿病患者的血糖。

CNT还被用于其他生物分子的检测，包括果糖、半乳糖、神经递质、氨基酸、免疫球蛋白、尿酸、抗坏血酸和胆固醇等，Vicentini等[98]基于磷酸二氢十六烷基酯(DHP)膜中的官能化多壁CNT、1-丁基-3-甲基咪唑氯化物(IL)和酪氨酸酶(Tyr)修饰的玻碳电极，开发了一种酪氨酸酶生物传感器。多壁CNT的电催化活性与IL的生物相容性和导电性的组合增强了生物传感器的响应信号，该生物传感器具有良好的耐久性和稳定性。Mundaca等[99]开发了另外一种酶生物传感器，通过使用固定在CNT/IL/NAD^+复合电极上的3α-羟基类固醇脱氢酶来检测雄甾酮。

随着丝网印刷电化学生物传感器的发展，CNT改性的丝网印刷安培生物传感器也被用于有机磷化合物(OP)的快速测定[100]。这种修饰的丝网印刷碳电极通过与乙酰胆碱酯酶(ACHE)和胆碱氧化酶酶(ChO)共固定，制得的生物传感器对过氧化氢(H_2O_2)的产生具有显著的催化效果。通过胆碱氧化酶催化胆碱产生的过氧化氢，由CNT/ACHE/ChO生物传感器进行安培检测，传感器的电流响应与引入系统的OP化合物的量成反比，因此可用于OP化合物的检测，同时也可用这种方法检测对氧磷[101,102]。

2) DNA生物传感器

DNA生物传感器由于灵敏度高、稳定性好、便携和成本低等优点，已被开发用于遗传和传染性疾病检测。CNT的大比表面积及优异的催化和增敏效应能够提高生物检测的灵敏度和稳定性。在基于CNT的电化学DNA生物传感器中，单链DNA探针序列被固定在CNT修饰电极的表面上，并通过形成双链体产生传导信号[103]。有时，为了提高传感器灵敏度，还会用到酶、荧光团、磁珠或放射性化合物等。

Jung等[104]通过酰胺化反应将DNA寡核苷酸共价固定到模板化的多层单壁CNT膜上，使用X射线光电子能谱和基于荧光的测量验证了DNA寡核苷酸与单壁CNT多层膜的共价连接及随后与互补寡核苷酸的杂交。固定后的DNA寡核苷酸具有极好的特异性，在未来的生物传感器应用中具有很大的潜力。He等[105]将特定序列的DNA共价固定到酸氧化及等离子活化的CNT上，固定后的DNA链与互补链杂交时显示出很高的灵敏度和优良的选择性。Cheng等[106]构建了CNT掺杂壳聚糖DNA传感器，用于检测大马哈鱼精DNA，亚甲基蓝作为DNA指示剂。结果显示，CNT显著提高电极的有效面积，且有效提高亚甲基蓝与电极之间的电子传递速度，导致该传感器检测限低，抗干扰能力强。Zhang等[107]制备了

CNT 修饰玻碳电极，并用于检测 DNA 和 DNA 碱基，具有高的灵敏度、良好的稳定性和重现性，在检测 DNA 序列和 DNA 碱基方面显示出广阔的应用前景。

Wang 等[108]描述了一种显著扩增蛋白质和 DNA 的酶联电检测的新策略，利用 DNA 杂化偶合联结 CNT 与酶纳米粒子构建的生物传感器，能放大生物识别转化信号，增强灵敏性，同时降低蛋白质与 DNA 的检测限，基于 CNT 的纳米电极阵列也被用于对 DNA 进行超敏感检测[109]。SiO_2 绝缘的垂直排列的多壁 CNT 电极被碳化二亚胺功能化后链接 DNA 用于杂交检测，为了提高基于 CNT 的电化学 DNA 生物传感器的灵敏度，已设计了各种金属纳米粒子与 CNT 的组合，如金、银、铂、锌和镍等。Zhang 等[110]设计了一种基于玻碳的敏感 DNA 生物传感器，玻碳上用多壁 CNT、聚多巴胺和金纳米颗粒进行修饰，并用作 DNA 测序检测器，显示高灵敏度和选择性，被用于人血清样品中互补的靶 DNA 的检测，并取得令人满意的结果[91]。

3)癌症生物传感器

癌症由异常和不受控制的细胞增殖引起，导致各种器官损伤而引起死亡。癌症特异性生物标志物如 DNA、RNA 或蛋白质存在于体液中，这些标志物在癌症早期诊断和治疗中极有价值。已经对许多类型的癌症生物标志物进行了评估，然而，到目前为止特定癌症类型的诊断尚不可能，因为单一蛋白质生物标志物可指示多种疾病[111]。生物传感系统能通过采用综合自动化程序进行快速分析，用来改善早期阶段癌症筛查的诊断效果。每种癌细胞产生特定类型癌症的特异性癌症生物标志物抗原(CBA)、癌胚抗原(CEA)、癌抗原(CA-125 和 CA-19-9)、前列腺特异性抗原(PSA)、前列腺特异性膜抗原(PSMA)、α 甲胎蛋白(AFP)、白介素 6(IL-6)、白介素 8(IL-8)、血小板因子 4(PF-4)、C-反应蛋白(CRP)和 miRNA (miR-15b*、miR-23a、miR-133a、miR-150*、miR-197、miR-497、miR-548b-5p 和 miR-181)等，这些 CBA 在与其相关抗体接触时会产生相互作用。

用于 CBA 的即时检测设备必须坚固、超灵敏、易操作和低成本，当进行癌症检测时，即时检测装置必须能根据目标蛋白质的浓度水平升高来准确区分正常和患病的细胞。Justino 等[112]描述了用于 CBA 识别的即时检测生物传感装置的两种方案，即基于微流体原理的技术和基于无标签免疫传感的其他技术。两种检测技术背后的原理是相同的，即抗原与锚定在由 Nafion 隔开的 CNT 电极上的特异抗体之间的相互作用产生了可检测的信号。而对于正常细胞，由于不产生 CBA，不可能与 CNT 电极表面锚定的抗体相互作用，因此它不会产生可检测的信号。同时，抗原和抗体之间的相互作用所产生的能被电化学检测的电流信号应与 CBA 结合的抗体的浓度成比例，因此可以容易地区分正常细胞和癌细胞。

2006 年，一种基于 CNT 的电化学免疫传感器首次用于实际生物医学血清样品和组织裂解物中 PSA 的检测，用来诊断前列腺癌[113]，这种基于 CNT 的免疫传感器，在 10 mL 未稀释的小牛血清中，PSA 检测限为 4 pg/mL，与标准酶联免疫吸附测定(enzyme linked immunosorbent assay，ELISA)方法相比，该传感器对于人血清样品的精确度误差仅为±5%，且具有高灵敏度。Chikkaveeraiah 等[114]提出了一种基于单壁 CNT 传感器的电化学免疫阵列，同时测量癌症患者血清中的四种前列腺癌生物标志物，即 PSA、PSMA、PF-4 和 IL-6，这类传感器在癌症生物标志物的临床筛查和即时诊断方面显示巨大优越性。目前还研制出许多其他手段来开发基于 CNT 的癌症生物传感器，同时，生物标志物也可被固定在芯片上用于检测特定癌细胞。

4. 组织工程与再生医学

组织工程是利用种子细胞、支架和细胞因子进行组织再生的技术，是开发人造组织用于替换移植的医学新方法，而且在体外病毒学研究和药物开发的组织模型方面也具有重要作用。支架是决定组织工程成败的关键因素之一，为了使种子细胞增殖和分化，需要一个由生物材料所构成的细胞支架作为人工细胞外基质，通常是将细胞接种或包封在用于生长工程组织的合适的生物材料中。在组织工程领域，确保生物材料适当的机械、电学和生物学特性是一个挑战，而鉴于 CNT 独特的结构与性质，有望发挥重要作用。

体外研究显示，不同类型的细胞能够在碳纳米管或其纳米复合体上成功生长，例如，多壁 CNT 的直径达 100 nm，可用于模拟神经纤维以促进神经元的生长[115]。CNT 的导电特性可用于引导细胞生长，当在基质中加上变化的电流时，聚乳酸和多壁 CNT 的纳米复合材料能使成骨细胞增殖达到 46%，且有超过 300%的钙生成。另外，在复合材料中也能观察到 I 型胶原纤维、骨结合素和钙调蛋白，说明这种基于 CNT 的纳米复合材料可被用于促进骨的形成[116]。静电纺丝技术在生物医用材料和组织工程支架的构建上发挥着重要的作用，Balani 等[117]应用静电纺丝技术将 CNT 均匀分散在羟基磷灰石(HA)涂层上，发现这种复合材料的断裂韧性提高了 56%，且结晶度提升了 27%，人成骨细胞系 hFOB 1.19 在该复合材料支架上生长增殖良好。三维打印技术具有成型时间短，有利于大规模自动化生产等优点，近年来在组织工程领域引起了研究热潮。例如，在制备骨组织工程支架时，可采用该技术将不同的材料混合，制备具有特定结构的骨支架，Gonealves 等[118]应用三维打印技术制备了纳米 HA-CNT-聚己酸内酯复合支架，该三维支架结合了 HA 良好的生物相容性和细胞黏附性及 CNT 良好的机械和导电性能，有效地促进了人成骨肉瘤 MG63 细胞的黏附和铺展。

近年来，碳纳米管在心血管疾病诊疗中的应用日益增多，在受损心肌修复与重建研究中的应用也得到了快速发展。Martinelli 等[119]在体外实验中证实以多壁 CNT 为基础的支架材料培养新生大鼠心室肌细胞，能够增加心肌细胞活性并促进细胞增殖，还能促进各种干细胞向心肌细胞分化。Crowder 等[120]利用静电纺丝技术将导电性良好的碳纳米管与生物相容性好的聚己内酯复合制备支架材料，将人骨髓间充质干细胞种植于支架上面培养。研究发现，以碳纳米管为基础的复合材料能促进间充质干细胞向心肌细胞分化，这对于利用自体外周干细胞移植于受损心肌表面，实现心肌细胞的修复和再生具有重要意义，为心力衰竭患者带来希望。

6.1.4　碳纳米管的毒性

生物安全性是对于医学研究领域所用材料的基本要求。研究表明，直径小于 100 nm 的纳米颗粒可能比传统的颗粒物更容易在肺部沉积，并从沉积部位转移到血液或其他组织与器官中，因不易被机体的各种防御屏障系统所识别而产生毒性。进入体内的纳米材料表面可能与蛋白质相互作用而对蛋白质的正常构象和功能产生影响，从而造成机体正常生理功能异常。随着 CNT 的大规模生产及其在材料和生物医学领域的广泛应用，CNT 和人体的接触也越来越多，因此，CNT 是否具有毒性已受到了广泛关注。对于医学中使用的纳米级材料，应评估它们在活体中的吸收、分布、代谢、排泄和毒性等药理学参数。由于 CNT 的毒性特征是主要关注的问题，它们已在体外和体内被广泛研究，很多文献报道了 CNT 的毒性研究，其中各种细胞系和指示剂染料已被用于评价 CNT 的细胞毒性。许多研究表明，CNT 的尺寸和表面积是影响其毒理学参数的重要变量[121-124]。

小尺寸结构和大表面积能够导致材料与活细胞的相互作用增强，并迁移进入细胞，可能会导致不利的生物效应。这些效应在较大的 CNT 中表现不明显，而小尺寸 CNT 则表现显著[122,124]。研究表明，单壁 CNT 表现出更大的细胞毒性，而多壁 CNT 具有较小的细胞毒性效应[125]。除了这些因素外，能够影响 CNT 细胞毒性的还有很多其他重要因素，包括 CNT 的类型(如单壁和多壁)、CNT 的尺寸(长度和直径)、与靶组织的接触表面积、纯化程度、分散度、表面活性剂的类型和浓度、功能化修饰类型、不同的细胞培养基、细胞类型和相互作用的持续时间等。

一些研究结果还表明，CNT 的施用途径可能也会影响其毒性程度[126-128]。发现通过皮下途径递送相同剂量 CNT 比通过腹腔或血液更安全。尽管许多研究人员正在研究 CNT 毒性的机制，但其意义尚未得到充分阐述。已经确定的 CNT 毒性机制有很多种，包括氧化应激、细胞膜破裂、细胞内代谢途径破坏、活性氧物种产生和转录因子诱导等。据报道，多壁 CNT 具有显著的自由基清除能力，和单壁 CNT 相比，能够有效地减少氧化应激[129,130]。

为了提高 CNT 在水溶液中的溶解性，可在其表面引入亲水性的官能团。修饰过程可以是通过共价的或非共价，通过提高 CNT 在水介质中的溶解性来增加 CNT 与生物体系的相容性[30,131]。例如，Coccini 等[132]发现，CNT 的化学官能化与细胞毒性降低相关联，因为化学官能化能提高 CNT 的溶解度和分散性，降低 CNT 的聚集。

功能化的另一个优点是能够将 CNT 与各种有助于细胞特异性靶向、细胞中的过程及消除的各种基团偶联[133]。近年来，许多研究证明有希望通过官能化来降低 CNT 的毒性。偶联生物分子如蛋白质和抗体可能有助于 CNT 与靶标生物分子的选择性结合，并减少材料用量[134]。

功能化多壁 CNT 能够穿过 RAW 264.7 小鼠巨噬细胞和 A459 人肺癌细胞，此外，与未经纯化的 CNT、纯化的 CNT 和异硫氰酸荧光素官能化 CNT 相比，用 220 kDa 凝集素蛋白对 CNT 进行官能化能降低对 J774A 巨噬细胞的毒性和凋亡率，归因于凝集素功能基团能与巨噬细胞表面的受体相互作用[135]。与非功能化单壁 CNT 相比，经羧酸官能化的 CNT 对 HUVEC 细胞系产生更高的毒性[136]，这证明了功能化基团的类型在诱导或降低毒性中起重要作用，因此正确选择功能化基团非常重要。

6.2 石墨烯在生物医学中的应用

6.2.1 引言

石墨烯是由单层 sp^2 杂化碳原子紧密堆积成具有二维蜂窝状晶格结构的一种碳质新材料。石墨烯是最理想的二维纳米材料之一，是构建其他维数碳质材料如富勒烯、碳纳米管和碳纳米角等的基本单元[137,138]。自 2004 年石墨烯从石墨中被剥离出以来，由于其独特的结构和优异的性能，石墨烯及其衍生物在物理、化学、材料和生物医学领域备受关注。之后，石墨烯家族的新成员，如氧化石墨烯(GO)、还原型氧化石墨烯(rGO)、石墨烯量子点(GQD)及它们的衍生物不断地被制备和应用于生物医学领域的各个方面[139-143]。

石墨烯及其衍生物的独特结构决定了它们具有高比表面积，可有效地负载生物活性分子，被广泛研究应用于药物和基因递送的纳米载体及新型生物传感器的构建[144,145]。石墨烯及其衍生物还在肿瘤光学治疗、多模式成像、成像引导的肿瘤治疗方面表现出良好的应用前景[140,143]。例如，利用其本征近红外吸收，功能化的 GO 和 RGO 被用作光热试剂，实现了动物体内抗肿瘤光热治疗，治疗效果显著。石墨烯及其衍生物独特的二维结构适合于纳米复合材料的构建，可在纳米石墨烯的表面生长各种无机纳米粒子和修饰聚合物，获得功能性石墨烯纳米复合材料。这些基于石墨烯的复合材料具有独特的光学和磁学性能，可用于多模式成像和成像引导的恶性肿瘤治疗，从而提高肿瘤的诊疗效果。此外，石墨烯相关材料在组织工程和抗菌材料方面也有潜在应用[146,147]。这里将重点介绍石墨烯及其衍生物在药物和基因递送、癌症光学治疗、生物医学成像、生物传感器、组织工程支架、抗菌材料等生物医学各方面的应用，并介绍生物安全性研究的进展。

6.2.2 功能化修饰

石墨烯可通过自下而上或自上而下的策略来合成[148]。自下而上的策略主要涉及化学气相沉积(CVD)、有机合成和溶剂热合成。自上而下的战略主要涉及机械、物理和化学剥离方法。GO 通常通过 Hummers 和 Offeman 的方法使用浓 H_2SO_4 和 $KMnO_4$ 氧化和剥离石墨制得[149]。RGO 通过用肼和 L-抗坏血酸等还原剂处理 GO 获得[150]，GQD 通常通过 GO 或其他碳前驱体的热氧化来制备[151,152]。

虽然 GO 含有大量的含氧官能团，可溶于水，但由于电荷屏蔽效应，它倾向于在生理缓冲液中形成聚集体[140]。由于缺乏含氧亲水基团，石墨烯和 RGO 在水中的分散性非常差[153]。一些研究表明，石墨烯和 GO 可能在生物系统中引起毒性，这主要取决于它们的表面化学性质[154]。因此，石墨烯及其衍生物的表面官能化对于它们的进一步生物医学应用至关重要。众所周知，纳米材料的表面化学是提高纳米材料的生物相容性并控制其在生物系统中行为的关键。迄今，石墨烯类材料的表面修饰主要包括两种策略，即共价和非共价方法。根据不同的应用目的，可以设计不同的表面修饰方式，制备具有优良水溶性、生物相容性和选择性的功能化石墨烯材料，以用于生物医学领域[155]。除了有机分子、聚合物和生物分子可用于石墨烯材料的功能化修饰，许多其他无机纳米结构可以生长或附着在石墨烯表面上，以获得多功能石墨烯基纳米复合材料[140]。

1. 共价功能化

共价键功能化改性主要是利用石墨烯或 GO 表面的活性双键或其他含氧基团与引入基团之间发生化学反应实现。虽然石墨烯的多环芳烃碳骨架结构很稳定，但其边缘或缺陷部位却具有高反应活性[156]。GO 在其边缘有羧基和羰基等化学活性的含氧基团，而片层基面上随机分布有羟基和环氧基。这些活性双键、缺陷和含氧基团可通过常见的化学反应，如环加成反应、环氧基开环反应、羧基酰化反应、重氮化反应等对石墨烯及其衍生物进行改性[157]。

聚乙二醇(PEG)是一种亲水性生物相容性聚合物，被广泛应用于各种纳米材料的功能化修饰，以提高材料的生物相容性，减少其与生物分子和细胞的非特异性结合，改善其体内药代动力学以获得更好的肿瘤靶向。2008 年，Liu 等[158]首次使用氨基封端的多壁 PEG，通过将 PEG 上的氨基与 GO 上的羧基形成酰胺键来对 GO 进行共价修饰，得到在各种生理溶液中表现出优异稳定性的超小尺寸 PEG 功能化纳米 GO。Yuan 等[159]则通过 Diels-Alder[4＋2]反应，一步法将环戊基聚乙二醇甲醚接枝到 GO 上，制备了分散性较好的石墨烯功能化复合物。

其他生物相容性良好的亲水性大分子，如葡聚糖、壳聚糖和聚丙烯酸等，也可用于 GO 的共价官能化。Liu 等[160]通过 GO 与胺改性的葡聚糖(DEX)共价偶联，提高了 GO 的生物相容性及在生理溶液中的稳定性。Bao 等[161]通过酰胺键在 GO 上共价修饰壳聚糖，表现出良好的水溶性和生物相容性，可用于药物和基因递送。Gollavelli 和 Ling[162]使用聚丙烯酸改性石墨烯制备纳米复合材料，以提高石墨烯的生物相容性和方便进一步功能化。Wu 等[163]在 GO 纳米片上先通过形成酰胺键修饰己二胺，然后利用己二胺另一端的氨基共价偶联透明质酸，制备了对 CD44 高表达肿瘤细胞具有良好靶向性的透明质酸功能化 GO。氨基封端的树枝状化合物(如 PAMAM)[164]和聚乙烯亚胺(PEI)[165]也可通过形成酰胺键实现 GO 的共价修饰，所得 GO 复合物可用于进一步功能化或者用于基因传输。除了利用 GO 上的羧基进行共价修饰外，GO 的环氧基也可用于共价偶联聚合物。例如，Shan 等[166]通过在碱性溶液中将聚 L-赖氨酸中的氨基与 GO 纳米片上的环氧基结合形成共价键，制备了聚 L-赖氨酸官能化的 GO 纳米片，聚 L-赖氨酸的修饰提供了用于进一步官能化(如附着生物活性分子)的优异生物相容性环境。

除了用亲水性聚合物通过共价键修饰 GO 外，还开发了其他方法在 GO 上修饰小分子。Quintana 等[167]利用取代醛和取代 α-氨基酸反应生成的亚甲胺叶立德与 GO 中的双键发生 1,3-偶极环加成反应，得到相应的取代吡咯烷基碳材料，并可选择带有不同基团的氨基酸或取代醛的修饰来满足不同的功能化需求。Zhang 等[168]将磺酸基团共价结合到 GO 的表面，以改善 GO 在生理溶液中的稳定性，然后在 GO 上共价结合叶酸(FA)，使其特异性靶向具有 FA 受体的癌细胞。还可以通过 GO 与 $SOCl_2$ 反应形成 GO-COCl，然后相继用叠氮化钠和浓盐酸处理制得氨基功能化 GO[169]。

2. 非共价官能化

一般来说，共价功能化容易损害石墨烯 sp^2 的结构，而非共价功能化既能较好地保留石墨烯自身的结构和电子性质，又在石墨烯表面上引入新的化学基团。可以通过静电相互作用、非共价 π-π 堆积和疏水相互作用等方式改进石墨烯类材料在水溶液中的溶解性和生物相容性。但是，这类方法也有其缺点，由于非共价键之间的作用力比较弱，导致有些修饰过的石墨烯类材料不够稳定。

石墨烯的二维平面具有离域 π 电子体系，使其能与带有芳香结构的分子强烈相互作用。π-π 堆积可用于石墨烯类材料的表面改性。Su 等[170]利用带磺酸基的芘和苝酰亚胺衍生物与石墨烯纳米片间的强烈 π-π 作用修饰 rGO，磺酸基引起的复合纳米结构之间的排斥力使 rGO 能在水中高度分散。Geng 和 Jung[171]发现，带负电荷的卟啉衍生物(TPP-SO_3Na)相比较带正电的卟啉衍生物(TPP-ammonium)能更好地使石墨烯分散在溶液中，归因于 TPP-SO_3Na 非共价功能化石墨烯后，其负电荷之间产生了相互静电排斥力，这种 π-π 堆积作用可进一步用于 GO 表面上修饰 DNA，利用单链 DNA(ssDNA)的碱基和石墨烯平面之间的 π-π 结合，Liu

等在 GO 化学还原过程中引入 DNA，获得了具有优异水溶性的 DNA 包裹的 rGO[172]。基于互补 DNA 链之间发生的强相互作用，这种石墨烯或 GO 与 ssDNA 复合物已被用来制作生物传感器，用于与某些疾病和遗传病症相关的 DNA 序列的检测[173,174]。

石墨烯和 GO 表面上可通过疏水相互作用方式修饰表面活性剂或两亲性聚合物，以提高其在水溶液中的稳定性，在生物医学方面，更常用的是生物相容性聚合物。Hu 等[175]使用 PF127 对石墨烯进行功能化，获得石墨烯/PF127 复合材料，其中 PF127 的疏水链段通过疏水结合锚定在石墨烯表面，而亲水链则延伸至水溶液，使石墨烯复合材料有良好的水溶性。Robinson 等[176]开发了超小 rGO，其通过共价偶联 PEG 和非共价包覆聚 PEG 化磷脂进行功能化。Yang 等[177]用 PEG 接枝的 1-十八烯马来酸酐聚合物(C18PMH-PEG)对 rGO 功能化修饰，获得具有优异生理稳定性和超长血液循环半衰期的 rGO-PEG。生物分子也能通过疏水相互作用用于 GO 的功能化。Hu 等[178]通过 GO 在胎牛血清溶液中超声波处理，得到一种 GO 蛋白复合物。血清蛋白内部非极性氨基酸能通过疏水相互作用固定在石墨烯表面，与未涂覆的 GO 相比，这种复合物显示出明显减小的细胞毒性，通过类似方法，还可用明胶对 GO 进行功能化[179]。

由于 GO 带有大量负电荷，可通过静电相互作用修饰带正电的聚电解质。PEI 是一种广泛用于基因转染的带正电荷的聚合物，可与 GO 发生静电相互作用，以非共价的方式涂覆 GO。这种复合材料的生理稳定性优于未修饰的 GO，与裸 PEI 相比毒性降低，基因转染效率提高[180]。Dong 等[181]利用这种修饰方法将石墨烯纳米棒(NGR)功能化，将获得的 PEI 修饰的 GNR 用于 miRNA 的体外转染和原位检测。最近，Zhang 等[182]通过 GO 与 CS 之间的静电相互作用自组装，开发了一种基于 GO-壳聚糖(GO-CS)纳米复合材料的新型 CpG 寡脱氧核苷酸(ODN)递送系统，与 GO 相比，GO-CS 纳米复合材料具有更小的尺寸、正的表面电荷和更低的细胞毒性。最后，CpG ODN 通过静电相互作用装载到 GO-CS 纳米复合材料上，大大提高了 CpG ODN 的负载能力和细胞摄取量。

3. 纳米颗粒的修饰

石墨烯具有大表面积和高机械强度，能够与功能无机纳米粒子结合，以增加其功能。石墨烯/无机纳米粒子复合材料可通过直接在石墨烯表面上生长纳米粒子或通过石墨烯和预制的纳米粒子之间进行共价或非共价结合。为了确保纳米粒子能与石墨烯牢固结合，石墨烯通常被预功能化或掺杂杂原子，为纳米粒子的生长提供必要的锚定位点[183,184]。石墨烯/无机纳米粒子复合材料常通过纳米粒子直接在石墨烯上沉积制得，采用的制备方法有水热法、溶剂热法、高温热解法、微波辅助法、电沉积法等。有时，为了控制石墨烯/纳米粒子复合材料中纳米粒子的尺寸和形状的均匀性，可先制备单分散纳米粒子，然后将这些纳米粒子组装到石墨烯上。迄今，已有各种无机纳米粒子，包括金属、金属氧化物、金属硫化物、稀土金属氟化物等，和石墨烯及其石墨烯衍生物结合，用于各种不同的应用[140,184]。

在众多石墨烯/无机纳米粒子复合材料中，GO-氧化铁纳米粒子(GO-IONP)复合材料在生物医学领域引起了关注，归因于其有趣的磁学和光学特性。Yang等[185,186]通过简单有效的化学沉淀法制备超顺磁性 GO-Fe_3O_4 纳米复合材料，将其作为药物载体用于药物的控制递送和释放。Chen 等[187]将表面包裹了葡聚糖的 Fe_3O_4 纳米粒子与 GO 通过共价键连接，可用于细胞标记和 MRI 造影剂。Liu 等[188]用两亲性 C_{18}PMH-PEG 对水热法制备的 GO-IONP 复合材料进行非共价修饰，将该材料用于体内多模态成像引导的光热疗法。

其他无机纳米颗粒与 GO 的复合材料在生物医学中也表现出很好的应用前景，例如，金纳米簇-rGO 纳米复合材料被制备并用于癌细胞的药物递送和成像[189]，另外，量子点(QD)-rGO 纳米复合材料被开发和用于细胞荧光成像和光热治疗[190]。通过精细调整 QD 与 RGO 之间的距离，可最大限度地减少 rGO 对 QD 的荧光猝灭。Hu 等[191]通过使用 $Ti(OC_4H_9)_4$ 和 GO 作为反应物，制备了 GO/TiO_2 杂化材料(GOT)。这种 TiO_2 改性的 GO 细胞毒性很小，具有优异的光动力抗癌活性。Wu 等采用溶剂热法在 GO 上原位沉积 $BaGdF_4$ 纳米粒子，一步法制得亲水性 GO/$BaGdF_4$ 纳米复合材料，将其用于肿瘤 MRI/CT 双模式成像和光热治疗[192]。Wu 等还用溶剂热法在 GO 上修饰硒化铋纳米粒子，可用于肿瘤 CT/光声双模式成像和光热治疗[193]。

6.2.3　生物医学应用

1. 药物和基因递送

目前，药物化学治疗仍然是临床治疗肿瘤的主要方法之一。但是，传统化疗药物不可避免存在专一性差、全身毒副作用大等弊端。而且，由于机体免疫系统、酶及其他因素的影响，具有疗效的生物活性分子通常在到达靶部位前即被降解或吸收。所以，寻找高效药物递送系统成为肿瘤治疗领域的研究热点，其目的为实现药物的控制释放或缓慢释放，提高疗效，减少毒副作用。作为一类新型无机载体材料，石墨烯及其衍生物由于具有超高表面积、易于修饰等特性，可用于高效负载药物，在生物医学领域，尤其是肿瘤治疗方面受到极大关注[144,176,194]。

1) 抗癌药物递送

石墨烯及其衍生物可通过 π-π 堆积、氢键和疏水效应等非共价相互作用来负载芳香型药物分子，如阿霉素(DOX)和喜树碱(CPT)及其衍生物。Dai 课题组[158]在石墨烯作为抗癌药物载体方面做出了开创性的研究，他们用 PEG 对纳米尺寸

GO(NGO)进行了表面修饰，然后利用石墨烯表面存在的苯环结构与不溶性药物 SN38 通过疏水相互作用和 π-π 堆积的方式结合，有效避免化学方式结合，有利于药物在体内的释放。研究发现，NGO-SN38 复合物有良好的水溶性，表明其作为药物载体可用于难溶性药物的增溶，且复合物中 SN38 仍高度保持活性。Dai 等[195]还研究了 PEG 修饰的 NGO 用于抗癌药物 DOX 的靶向输运，将 PEG 与抗 CD20 抗体 Rituxan 偶联，使 DOX 与 NGO-PEG-anti-CD20 的复合物对 Raji B 淋巴瘤细胞具有特异性的杀伤作用。Yang 等[196]也发现 DOX 的蒽环和 GO 的苯环之间具有强烈的 π-π 相互作用，且 DOX 上的羟基和氨基还能与 GO 的羟基和羧基形成氢键，因此 GO 能通过非共价键负载 DOX，负载量远高于一般纳米材料载体。实验还发现，DOX 在酸性环境下更易释放，GO-DOX 被细胞内吞后能在酸性溶酶体控制释放药物。功能化 GO 还可用于同时负载两种抗癌药物，如抗癌药物 DOX 和 CPT-11 可同时被偶联了叶酸的 NGO 控制负载，这种载有两种抗癌药物的 FA-NGO 显示出对 MCF-7 细胞的特异性靶向[168]。

在药物递送体系中引入环境刺激响应功能，能减少药物在运输过程中的损失和降低副作用，同时提高药物在肿瘤部位的释放效率。一些课题组开发了环境刺激响应的基于 GO 的药物输送系统，Wen 等[197]发现，GO 外包裹的 PEG 层会阻碍从 NGO-PEG 释放负载的药物(如 DOX)。在 GO 表面上包覆在还原环境下可切割的由二硫键交联合成的 PEG，则该药物递送系统中的 DOX 释放显著增强，从而提高杀死癌细胞的效果。Pan 等[198]设计了一种基于 GO 的热响应药物载体，通过点击化学将热响应性聚(*N*-异丙基丙烯酰胺，PNIPAM)与 GO 结合，所制备的 GO-PNIPAM 纳米复合材料具有良好的生理稳定性，没有任何明显的细胞毒性。装载 CPT 后，该纳米复合材料显示出优异的体外癌细胞杀伤能力，其杀死细胞效果显著优于溶解于 DMSO 中的 CPT。Kavitha 等[199]在 GO 上共价修饰了聚 *N*-乙烯基己内酰胺(PVCL)在生理溶液中稳定性好和生物相容性好，可通过 π-π 堆积和疏水作用高效负载 CPT，载药后对细胞的毒性明显增强，药物从 GO-PVCL 载体上的释放行为对温度和 pH 敏感，可实现肿瘤靶向给药。

2) 基因传递

基因治疗被认为是治疗基因相关疾病(包括癌症)的最有前景的治疗手段。然而，由于缺乏安全、高效和选择性的基因递送载体，基因治疗的发展受到阻碍[200]。随着纳米技术的发展，许多纳米颗粒已被证明可能用于基因递送载体[201]。由于表面上丰富的羧基，GO 表面可修饰 PEI 和壳聚糖等，再通过静电作用、π-π 堆积及分子间相互作用来负载基因治疗药物，能有效递送 DNA 或小干扰 RNA(siRNA)[165,202,203]。

2011 年，Feng 等[180]通过带负电荷的 GO 与阳离子聚电解质 PEI 之间的静电相互作用，获得与裸 PEI 相比细胞毒性较小的 GO-PEI 复合物，带正电荷的 GO-PEI

复合物能够进一步与 DNA(pDNA)结合，用于增强型绿色荧光蛋白(enhanced green fluorescent protein，EGFP)基因在 HeLa 细胞内转染。研究结果表明，石墨烯是一种具有低细胞毒性和高转染效率的新型基因递送纳米载体，有望应用于基于非病毒的基因治疗。Zhang 等[204]首先将 PEI 通过酰胺键连接到 GO 表面，然后在 GO-PEI 复合物上同时负载 siRNA 和 DOX。该 PEI-GO 载药系统在最佳 N/P 值时，所载 siRNA 具有高转染效率，能有效降低细胞中 Bcl-2 蛋白的表达，并增强了 DOX 对细胞的杀伤作用，实现了基因疗法与化疗的协同治疗。Bao 等[161]利用酰胺化过程制备 CS 修饰的 GO，得到的 GO-CS 不仅能通过 π-π 堆积和疏水相互作用负载 CPT，也能负载 DNA(pDNA)，并压缩成稳定的纳米复合物 GO-CS/pDNA，当该纳米粒中 N/P 达到某一合适值时，其在 HeLa 细胞中显示出良好的转染效率。Yang 等[203]在 GO 上修饰 PEG 和 FA，然后通过 π-π 堆积借助 1-芘甲胺盐酸盐加载人端粒酶逆转录酶(hTERT)特异性 siRNA。结果发现，这种基于 GO 的基因载体能将 siRNA 靶向递送至 HeLa 细胞，有效降低细胞中蛋白的表达水平和mRNA 水平。H. Kim 和 W. J. Kim[205]用低分子量支化聚乙烯亚胺(BPEI)连接亲水的 PEG 和 rGO，然后负载 DNA(pDNA)，构建了一种基于 rGO 的光热控释基因纳米载体系统。体外基因转染研究表明，所制备的载体 PEG-BPEI-rGO 对 PC-3 和 NIH/3T3 细胞显示出较高的基因转染效率以及较低的细胞毒性，且经近红外光照射可提高其转染效率。

2. *癌症的光学疗法*

化疗和放疗是癌症治疗的两种常用手段。然而，这两种治疗会对正常细胞和器官产生毒副作用，且容易诱发癌细胞的抗药性。光学疗法通常采用具有很强的组织穿透能力的近红外光作为光源来摧毁肿瘤细胞，不会对正常的组织造成明显损伤，能克服化疗和放疗的缺陷。光学疗法主要包括光热疗法(photothermal therapy，PTT)和光动力疗法(photodynamic therapy，PDT)[206]。光热治疗主要是利用光热转换物质，将对生物组织具有良好穿透力的近红外光转变成热能，导致病灶部位温度升高而杀死肿瘤细胞。光动力治疗主要是利用光敏剂在光照条件下产生化学性质很活泼的单线态氧或活性氧自由基，从而杀死肿瘤细胞。在纳米技术的帮助下，光学治疗纳米药物可通过被动或主动靶向，在肿瘤部位富集，然后，肿瘤部位暴露在近红外激光下，使光学治疗发挥作用，而未被光照的正常器官没有受到显著损伤。近年来，由于其独特的光学和化学性质，纳米石墨烯类材料在光学疗法方面已越来越受到关注。

1) *光热治疗*

作为一种新型微创治疗技术，光热疗法吸引了研究人员的广泛兴趣。在过去几年里，各种具有强 NIR 吸收的纳米材料已经被用作光热试剂用于癌症光热治疗，包括各种金纳米结构[207]、碳纳米材料[208]、Pd 纳米片[209]、CuS 纳米颗粒[210]及有机纳米颗粒[211]等。GO 在近红外区具有较强的光吸收，而且这一吸收特性会随着 GO 的还原程度增大而增强[212]。GO 和 rGO 的光热稳定性好，长时间激光照射不会发生性能衰减。因此，功能化的 GO 和 rGO 在肿瘤的 NIR 光热治疗中具有潜在的应用价值。

2010 年，Yang 等[208]首次报道了关于 GO 在肿瘤光热治疗中的应用研究。他们将 PEG 修饰的纳米 GO（*n*GO-PEG）通过尾静脉注射到小鼠体内，发现 *n*GO-PEG 能通过实体瘤的高通透性和滞留（EPR）效应在肿瘤部位被动富集，其在肿瘤部位的摄入量远远高于正常组织。用 808 nm 激光（2 W/cm^2）照射肿瘤部位后，NGO-PEG 处理的小鼠肿瘤能够被有效消融，而肿瘤周围正常组织却没有损伤。通过 40 天的跟踪实验，光热治疗后的小鼠全都存活，而且肿瘤逐渐变小愈合。在体外实验中，Markovic 等[213]比较了石墨烯和 CNT 的光热杀伤癌细胞能力。结果表明，石墨烯虽然对 808 nm 光的吸收比 CNT 低，但其产生的热量却多于 CNT，因此石墨烯对人胶质瘤细胞 U251 表现出更强的杀伤能力，这可能与石墨烯有着比 CNT 更好的分散性有关。石墨烯介导的癌细胞光热杀伤的机制涉及氧化应激和线粒体膜去极化，导致半胱天冬酶活化、DNA 断裂和细胞膜损伤，诱导细胞凋亡和坏死。

考虑到 GO 的还原可显著提高 NIR 区域的光吸收而有利于光热转换，Robinson 等[176]通过 PEG 化 GO（*n*GO-PEG）的还原，并进一步用磷脂 PEG 进行包覆，制备了超小尺寸的 rGO（nrGO）。nrGO-PEG 的 NIR 吸收比未还原的 *n*GO-PEG 高 6 倍，具有更强的光热转换能力。他们在 rGO 上偶联了靶向分子 RGD 和荧光标记 Cy5，研究了所得材料对肿瘤细胞的高效靶向光热杀伤与实时荧光成像。纳米尺寸 GO 的表面修饰及尺寸大小对 GO 的光热治疗效果有重要影响。Yang 等[177]发现，表面修饰及尺寸在调节动物中石墨烯的药代动力学和生物分布方面起着重要作用。与共价接枝 PEG 相比，更密的非共价修饰 PEG 能使 nrGO-PEG 显示出长时间的血液循环和显著增加的肿瘤被动吸收。而且，与大尺寸 rGO-PEG 相比，超小尺寸 nrGO-PEG 在肝脾富集的量明显减少。因此，他们选择了具有长血循环半衰期、高肿瘤被动吸收和相对较低网状内皮系统（RES）保留率的 nrGO-PEG 作为体内肿瘤光热治疗的优化光热剂，发现静脉注射 nrGO-PEG 后，在非常低的近红外激光功率密度下（808 nm，0.15 W/cm^2）就能将 Balb/c 小鼠上生长的鼠 4T1 乳腺癌肿瘤完全消融。2013 年，Akhavan 和 Ghaderi[214]制备了一种新颖的 rGO 网状结构（rGONM），然后用 PEG、RGD 肽和 Cy7 修饰 rGONM，用于小鼠 U87MG 肿瘤模型的体内肿瘤靶向和荧光成像，发现 rGONM-PEG-Cy7-RGD 能高选择性地被肿瘤摄取。rGONM 对 808 nm 激光的吸收分别高出 rGO（约 60 nm）及 GO（约 2 μm）的 4.2 倍和 22.4 倍。rGONM-PEG-Cy7-RGD 优异的近红外吸光度和肿瘤靶向性导致其对小鼠 U87MG 肿瘤的高效光热治疗。

纳米尺寸石墨烯材料的光热效应可与化疗联合应用于癌症治疗。与单独化疗相比，联合治疗会降低治疗需要的药物用量，从而降低治疗期间的副作用。重要的是，联合治疗有可能克服或降低多药耐药，提高抗癌治疗效果。2011 年，Zhang 等[215]研究了将 PEG 化纳米 GO 应用于化疗-光热联合治疗的协同效应，他们将 DOX 装载在 *n*GO-PEG 的表面，由于 *n*GO-PEG 具有较高的 NIR 吸收，因此化疗和光热疗法能够同时进行。与单独化疗或光热疗法相比，化疗-光热联合治疗在小鼠模型中获得了显著提高的体内肿瘤治疗效果。Wang 等[216]制备了一种壳聚糖修饰的 rGO 凝胶(CGN)，发现 CGN 不仅对抗癌药物 DOX 显示出很高的负载能力，而且在 NIR 光诱导下产生良好的热效应，有利于 DOX 从 DOX-CGN 中快速释放。

2) *光动力疗法*

2010 年，Dong 等[217]首次报道了基于石墨烯的 PDT 研究，他们将常用的光敏分子锌酞菁(ZnPc)通过 π-π 堆积和疏水相互作用装载在 GO-PEG 表面，GO-PEG-ZnPc 在氙光照射下，对肿瘤细胞表现出显著的杀伤力。Huang 等[218]将光敏剂二氢卟吩 e6(Ce6)装载到纳米尺寸 GO 表面，GO 上偶联了叶酸(FA)，用于靶向 FA 受体高表达 MGC803 细胞。石墨烯纳米载体显著增加了 Ce6 在肿瘤细胞中的积累，并导致了明显的光动力学效应。Zhou 等[219]通过简单的非共价方法，以 GO 为载体负载苝醌类疏水性药物竹红菌甲素 A(HA)，所制得的 GO-HA 可以在适当波长的光照射下产生单线态氧，导致明显的细胞死亡。Hu 等[191]合成了 GO/TiO_2 复合材料，发现该材料在可见光照射下，具有光动力学活性。GO/TiO_2 复合材料产生的活性氧自由基可显著降低癌细胞的线粒体膜电位及超氧化物歧化酶、过氧化氢酶和谷胱甘肽过氧化物酶的活性，并增加丙二醛的产生和提高 caspase-3 的活性，诱导细胞凋亡和死亡。

PDT 治疗手段可以与其他治疗方式结合，提高对肿瘤细胞的杀伤效果。Liu 等[220]将光敏性分子 Ce6 通过超分子 π-π 堆积作用负载到 PEG 官能化的 GO 上。所制 GO-PEG-Ce6 具有良好的水溶性，并且能在光的激发下产生具有细胞毒性的单线态氧。与游离的 Ce6 相比，GO-PEG-Ce6 显著提高了光敏剂在细胞内的摄取量和对癌细胞的光动力破坏作用。还可利用石墨烯的光热效应，通过温和的局部加热来促进 GO-PEG-Ce6 的细胞摄取，进一步增强 PDT 对癌细胞的杀伤作用，实现了光热与光动力的协同治疗。Miao 等[221]则报道了一种 PEG 接枝的 GO(pGO)作为光敏剂 Ce6 和 DOX 的协同载体。实验结果表明，pGO 的生物安全性高于 GO，且 pGO 同时负载 Ce6 和 DOX 后可发挥化疗与 PDT 的协同抗肿瘤作用，获得比单一疗法更好的治疗效果。

3. 生物成像和成像引导治疗

1) 光学成像

纳米石墨烯及其衍生物本身具有特定的光致发光性能，或者由荧光染料分子标记后，可用于体外细胞及活体光学成像。Dai 等[195]首次将 NGO-PEG 近红外发光性质应用于细胞成像，并发现 NGO 与 NGO-PEG 都有从可见光至红外区域的荧光发射。他们制备了 B 细胞特异性抗体 Rituxan（抗 CD20）偶联的聚乙二醇（PEG）修饰的 GO（*n*GO-PEG-Rituxan），在 658 nm 激光激发下，用于 Raji B 细胞的靶向荧光成像。然而，*n*GO-PEG 的荧光量子产率很低，限制了其进一步的动物体内成像，可利用有机荧光染料将 GO 或 rGO 功能化用于体外和体内荧光成像。Liu 课题组[208]利用近红外染料 Cy7 标记 *n*GO-PEG，将 *n*GO-PEG-Cy7 注射到移植了肿瘤模型的小鼠体内进行荧光成像。实验结果表明，*n*GO-PEG-Cy7 能通过 EPR 效应在肿瘤组织内显示很强的荧光信号。Chen 课题组[222]研制了一种血管内皮生长因子（vascular endothelial growth factor，VEGF）负载的 IRDye800 偶联 GO（GO-IRDye800-VEGF）多功能材料，用于鼠后肢缺血模型中缺血性肌肉组织的荧光成像。在静脉给药后的所有测试时间点，缺血肢体的荧光强度比非缺血性肢体的荧光强度强，表明 GO-IRDye800-VEGF 能够主动靶向缺血性肌肉，这可能归因于缺氧组织中血管通透性增加。

石墨烯量子点（GQD）具有稳定光致发光、良好溶解性和生物相容性等，已被应用于生物成像探针[223]。GQD 的发光机制可能源于量子尺寸效应、电子空穴复合、锯齿状位点和缺陷效应（能量陷阱）。Nahain 等[224]开发了平均尺寸为 20 nm 的透明质酸官能化 GQD（GQD-HA），发现 GQD-HA 能有效地靶向 CD44 高表达肿瘤模型，从肿瘤组织中显示出明亮的荧光。2014 年，Ge 等[225]成功制备了几种具有宽泛吸收的 GQD，其吸收跨越 UV 区域和整个可见区域，并在 680 nm 处具有强烈的深红色发射峰。体外和体内研究发现，GQD 显示出优异的光稳定性和 pH 稳定性，可作为荧光成像造影剂用于活体内荧光成像。当然，为了进一步拓展生物成像应用，GQD 的量子产率仍需要改进。同时，还需要进一步表面改性以增强 GQD 的光学性能，并且提高其在肿瘤中的积聚率和减少 RES 截留。

2) 核素成像

光学成像往往会受到荧光猝灭、光漂白及组织穿透深度等问题的限制。相比之下，放射性标记是一种更灵敏的方法，能以定量的方式精确跟踪体内标记物质。Liu 等[226]利用核素 ^{64}Cu 标记 *n*GO-PEG，并将 *n*GO-PEG 与抗体 TRC105 偶联，实现了良好的肿瘤靶向 PET 成像，同时，Hong 等[227]使用 ^{66}Ga 标记了 *n*GO-PEG 实现了 4T1 肿瘤靶向 PET 成像。

2011 年，Liu 等[154]开发了一种通过将碘原子锚定在 GO 的缺陷和边缘上，以 ^{125}I 标记 *n*GO-PEG 的方法，这种方法已经在许多后续研究中被采用。2012 年，Cornelissen 等[228]基于 NGO 的放射免疫复合材料，在移植了 HER2 阳性肿瘤模型的裸鼠体内肿瘤靶向与 SPECT 成像。他们在抗体 Tz（曲妥珠单抗）修饰的 NGO 上标记了 ^{111}In，并用于肿瘤模型鼠的 SPECT 成像。研究表明，^{111}In-NGO-Tz 在肿瘤组织高度富集，可用 SPECT 图像清晰观察肿瘤部位，比非 HER2 受体特异性的 ^{111}In-NGO-IgG 和 Tz 抗体本身 ^{111}In-Tz 具有更好的肿瘤成像效果。

3）光声成像

光声成像（photoacoustic imaging，PAI）是近年来发展起来的一种非入侵式和非电离式的新型生物医学成像模式。光声成像由于结合了纯光学组织成像的高选择特性和纯超声组织成像的深穿透特性，可得到高分辨率和高对比度的组织图像，实现活体内 50 mm 的深层组织成像。石墨烯纳米材料在光声成像方面也表现出了一定的应用潜力，特别是在 NIR 有很强吸收的 rGO[229]。

2013 年，Patel 等[230]制备了含氧基团较少的小尺寸（约 10 nm）GO 纳米片，该材料容易分散在水中，具有较高的 NIR 吸收，可用于光声成像。为了进一步增强 GO 的吸收截面，可将在 NIR 区域具有强吸收的吲哚菁绿（ICG）通过 π-π 堆积相互作用负载到 GO 上，ICG-GO 复合材料在 NIR 区域强度吸收大，有望用于超高灵敏的光声成像造影剂[231]。此外，通过一步还原方法可以用 BSA 还原和稳定 GO，获得具有高稳定性和低细胞毒性的纳米尺寸 rGO[232]。BSA 修饰的纳米 rGO 具有良好的单分散性，其光声成像信号和浓度呈线性相关。该材料具有高效的肿瘤被动靶向能力，并能够长时间停留在肿瘤组织中，静脉注射后在很短时间内就能明显增强肿瘤区域的光声信号，是一种性能良好的 PA 造影剂。

4）生物医学成像引导治疗

石墨烯材料易于多功能化修饰，可用于构建集诊断和治疗功能为一体的多功能纳米平台，实现在生物成像引导下的肿瘤有效治疗。2011 年，Wang 等[189]将具有近红外光致发光的金纳米团簇锚定在 rGO 上，用于药物递送和细胞成像。紧接着，Hu 等[190]将具有强荧光的半导体量子点标记在水溶性多肽功能化 rGO 上，获得 QD-rGO 纳米复合材料。由于量子点和 rGO 被适当隔开，量子点的荧光强度没有明显下降，QD-rGO 在肿瘤细胞中仍有强的荧光，通过吸收入射在 rGO 上的 NIR 辐射并将其转化为热，QD-rGO 能引起癌细胞死亡，同时材料自身的荧光也会减弱，这种现象可用于监控加热剂量和治疗进展，并且可能用于成像引导的光热治疗。

磁性纳米粒子与 GO 的复合材料在肿瘤诊断和治疗中具有重要应用。通过简单的共沉淀法在 GO 表面直接生长氧化铁纳米粒子，可制得超顺磁性 GO-IONP

纳米复合材料，用作磁靶向抗癌药物载体和 MRI 造影剂[185,186]。Liu 等[188]设计了一种基于 RGO-IONP 纳米复合材料的新型多功能纳米探针，通过疏水相互作用修饰了两亲性 C_{18}PMH-PEG 聚合物。由于复合材料具有高 NIR 吸收、强磁性和荧光标记，RGO-IONP-PEG 可用于光声、磁共振和荧光三模态活体内肿瘤成像。由于在 NIR 区有高吸收，RGO-IONP-PEG 还可用作体内肿瘤 PTT 的光热剂。RGO-IONP-PEG 静脉注射后，在肿瘤部位用较低功率密度($0.5\ W/cm^2$)的 808 nm 激光照射 5 min，就能将小鼠 4T1 肿瘤完全消融，还可通过 MR 成像对肿瘤的光热治疗进行实时监测，因此，基于石墨烯的纳米复合材料可以作为多功能纳米试剂多模式成像引导癌症治疗。

除了在石墨烯材料上附着 IONP 用于 T_2 加权磁共振成像外，还可以在石墨烯上修饰 T_1 加权磁共振造影剂。Wu 等[164]将氨基封端的树枝状化合物接枝在 GO 上，通过控制氨基密度，再偶联 Gd-DTPA 和 PSCA 抗体，得到 GO-DEN(Gd-DTPA)-mAb 多功能材料。使用该材料可对裸鼠 PC-3 肿瘤模型的靶向磁共振成像和抗癌药物递送，能有效地将抗癌药物 DOX 递送至恶性前列腺肿瘤并抑制肿瘤生长。

GO 上还可以沉积其他纳米粒子，用于肿瘤多模式成像和治疗。Wu 等[192]使用溶剂热法，将 $BaGdF_5$ 纳米粒子牢固地附着在 GO 纳米片表面，形成 GO/$BaGdF_5$/PEG 纳米复合材料，具有低细胞毒性、正磁共振对比效应和优于碘海醇的 X 射线衰减特性，并在裸鼠肿瘤模型上获得了有效的双模态 MR 和 CT 成像效果。由于增强的近红外吸收、良好的光热稳定性和有效的肿瘤被动靶向，GO/$BaGdF_5$/PEG 经静脉注射后在肿瘤部位用 808 nm 激光照射($0.5\ W/cm^2$)能导致肿瘤的高效光热消融。组织学和生化分析显示，GO/$BaGdF_5$/PEG 用于光热治疗对小鼠没有产生明显的毒副作用。Wu 等[193]还制备了 GO/Bi_2Se_3/PVP 纳米复合材料，研究其在裸鼠肿瘤模型中的 CT/光声双模式成像效果，并将该材料用于光热消融移植 HeLa 肿瘤，取得了良好的治疗效果。

4. 生物传感器

近年来，由于其独特的结构和优越的性能，石墨烯在生物传感器领域的应用研究越来越多。基于石墨烯的生物传感器按一次传感原理分类可分为酶传感器、免疫传感器、基因传感器、微生物传感器、细胞传感器和组织传感器等；按二次传感器件分类包括 FRET 传感器、电流型传感器、电阻型传感器和场效应晶体管传感器等。这些生物传感器可用于生物大分子(如 DNA、蛋白质和核酸)、癌症标记物(如甲胎蛋白、癌胚抗原、糖类抗原和前列腺特异抗)、病毒和细菌、生物小分子(如多巴胺、抗坏血酸、尿酸、酪氨酸和色氨酸等)等的检测[233,234]。与 CNT 相比，石墨烯的制备成本比较低，而且易于大规模生产，因此在生物检测方面具有更好的实际应用前景。

1) 酶传感器

酶传感器是应用固定化酶作为敏感元件的生物传感器。在基于石墨烯的酶传感器中，常用的固定化酶主要有葡萄糖氧化酶(GO_x)、过氧化物酶、乙醇脱氢酶、黄嘌呤氧化酶和胆固醇氧化酶等。石墨烯能够为酶分子的固定提供一个良好的生物相容性微环境。通常情况下，酶可通过共价键偶联、非共价键吸附或共混滴加等方法被固定到石墨烯基修饰电极表面。

石墨烯基酶传感器中研究最多的是基于石墨烯的葡萄糖传感器。2009 年，Shan 等[235]首次报道聚乙烯吡咯烷酮(PVP)保护的石墨烯，能很好地分散在水中且对 O_2 和 H_2O_2 具有良好的电化学还原作用，由此构建了一种新型的 PVP 保护石墨烯/PEI 功能化离子液体/GO_x 电化学生物传感器，实现了 GO_x 的直接电子转移，并保持其生物活性。该修饰电极对葡萄糖检测的线性响应最高达 14mmol/L，有望用于构建新型葡萄糖生物传感器。离子液体具有导电性质且化学性质稳定，其本身与石墨烯存在相互作用，因此离子液体与石墨烯复合后有望提高传感器检测性能。当石墨烯与离子液体纳米复合物用于制备葡萄糖传感器，能促进电子转移，使传感器对葡萄糖的检测灵敏度提高[236,237]。Zhang 等[238]通过将普鲁士蓝(PB)电聚合到 GO 改性玻璃碳电极上制得了 GO/PB 杂化膜，并构建了 GO/PB/GOD/壳聚糖复合改性电极。该生物传感器对葡萄糖具有良好的电流响应，重现性好，检测限低，而且具有高选择性和长期稳定性。金和铂等贵金属纳米粒子也被用来与石墨烯复合，兼顾固定生物大分子和增强导电性的功能，所制备的修饰电极对葡萄糖显示了很好的检测性能[239,240]。

H_2O_2 的快速定量检测在食品安全、医药、环境保护等领域受到重视。辣根过氧化物酶(HRP)可直接用于 H_2O_2 的电化学催化，且灵敏度高，因此被广泛用于制备 H_2O_2 生物传感器。Shan 等[166]将聚 L-赖氨酸(PLL)共价接枝在石墨烯片上，得到水溶性和生物相容性的 PLL 功能化 GO(GO-PLL)，然后以 3-巯基丙酸为偶联剂，将 GO-PLL 修饰到金电极表面，再利用酰胺键偶联 HRP，构建了 H_2O_2 传感器。Zhou 等[241]制备了磺化石墨烯，将磺化石墨烯和 HRP 一起固定在壳聚糖中，然后用该生物复合材料修饰玻碳电极，最后在表面上电沉积 Au 纳米颗粒，构建了 Au/石墨烯/HRP/CS/GCE 修饰电极，该传感器实现了 HRP 的直接电子转移，在对 H_2O_2 的电催化还原方面具有优异性能，随后，人们探索了各种各样的基于石墨烯的生物传感器，用于 H_2O_2 的高灵敏检测[242-244]。

NADH 是所有活细胞中重要辅酶和代谢过程中的氧化还原载体，参与了数百种酶反应。NADH 的电化学氧化通常涉及基于脱氢酶的生物传感器的制备。石墨烯材料已经被用于 NADH 电化学生物传感器的开发，所构建的传感器实现了对 NADH 的优异的电催化活性[245,246]。Li 等[247]利用 rGO 和导电聚合物聚硫堇(PTH)在玻碳电极上的电沉积形成纳米复合膜，将该纳米复合膜用于改善 NADH 的电催化氧化，并用于构建基于脱氢酶的安培生物传感器，该纳米结构的协同作用可增强检测的电催化活性。Gai 等[248]使用 N 掺杂石墨烯开发了一种新型的电化学 NADH 生物传感器，N 掺杂石墨烯显示出与 NADH 脱氢酶高度相似的性质，从而有效催化 NADH 氧化。由于其非常高的导电性，N 掺杂石墨烯还作为从 NADH 到电极的电子传输“桥”，这种基于石墨烯材料的生物传感器背景电流低，对 NADH 测定的选择性和灵敏度高。

2) 免疫传感器

免疫传感器具有灵敏度高、特异性高、无标记、可直接快速检测等优点。石墨烯材料具有易于表面修饰、高导电性、大表面积和优异光致发光性能(如石墨烯量子点)等特点，使其在免疫检测方面具有较大的应用潜力。到目前为止，各种基于石墨烯的免疫传感器已被开发用于病毒和细菌、癌症标记物(如甲胎蛋白、癌胚抗原、糖类抗原和前列腺特异抗原)等的检测研究。

Jung 等[249]先将 GO 阵列通过静电相互作用沉积在氨基修饰的玻璃片表面，然后通过酰胺化反应将轮状病毒抗体固定在 GO 阵列上，利用特异性抗原-抗体相互作用即可捕获轮状病毒细胞病毒，并通过观察 GO 和金纳米粒子之间的荧光共振能量转移(fluorescence resonance energy transfer，FRET)导致 GO 的荧光猝灭来验证靶细胞的捕获。Huang 等[250]利用化学气相沉积法制备了大尺寸石墨烯膜，并以 1-芘丁酸琥珀酰亚胺酯为连接剂将大肠杆菌抗体固定在石墨烯膜表面，制备了大肠杆菌免疫传感器。在暴露于低至 10 cfu/mL 浓度的大肠杆菌细菌后，观察到该传感器的电导率显著增加，而在另一种高浓度的细菌中却没有明显的响应，说明该传感器对大肠杆菌的检测灵敏度高。这种简单、快速、灵敏和无标记的纳米电生物传感器原则上可以作为检测任何病原菌的高通量平台及用于抗菌药物的功能研究或筛选。

癌症标记物是存在于血液或组织中与癌症相关的分子，根据其生化或免疫特性可以识别或诊断肿瘤。高灵敏度和高选择性检测这些癌症标记物对于癌症的早期诊断、肿瘤发展程度的判断、肿瘤治疗效果的观察和评价都具有非常重要的意义。甲胎蛋白是被广泛应用的临床癌症标记物之一，是诊断原发性肝癌的一个特异性临床指标。Huang 等[251]用氨基功能化的石墨烯和金纳米粒子复合物修饰碳离子液体电极，制备了灵感的无标记安培免疫传感器。带负电荷的金纳米粒子通过静电相互作用吸附在带正电荷的 GO 修饰的碳离子液体电极表面上，然后利用自组装作用固定甲胎蛋白抗体用于甲胎蛋白的测定。该免疫传感器对甲胎蛋白检测的线性范围为 1～250 ng/mL，相关系数为 0.995，检出限为 0.1 ng/mL，表现出良好的灵敏度、选择性、稳定性和长期维持生物活性等优点。Lin 等[252]设计了三重信号放大策略，用于癌症生物标志物的超敏感免疫检测。三重信号放大显著提高了生物标志物检测灵敏度，可检测线性范围为 0.5 pg/mL～0.5 ng/mL 的癌胚抗原，检测限低至 0.12 pg/mL。免疫传感器表现出良好的稳定性、重现性和准确性，在临床诊断具有潜在应用。

Wu 等[253]制备了一种纸张微流体生物传感器，其中在预印刷区域上建立了多重工作电极，并且它们都采用相同的对电极和参比电极，首先将 GO 和壳聚糖的混合溶液滴加到工作电极上，接着进行电化学还原以形成更具导电性的 rGO 界面。然后，通过戊二醛交联法将不同的捕获抗体修饰到电极上，以实现不同癌症生物标志物的同时免疫检测。Wang 等[254]使用丝网印刷工作电极制造了检测癌胚抗原的高灵敏度无标签纸基电化学免疫传感器，为了提高检测灵敏度并固定癌胚抗原抗体，合成了氨基功能石墨烯/硫堇/金纳米颗粒纳米复合材料，并涂在丝网印刷工作电极上。实验结果表明，该免疫传感器测定癌胚抗原的线性工作范围为 50 pg/mL 至 500 ng/mL，检测限为 10 pg/mL，相应的相关系数为 0.996。此外，该免疫传感器还可用于测定临床血清样品。

3）基因传感器

基因生物传感器是一种能将目标基因的存在转变为可检测信号的传感装置。人类的一些疾病如遗传性疾病、癌症等都直接或间接地与基因有关，基因的高灵敏和选择性检测对于基因相关的疾病诊断非常重要。近年来，由于其独特的结构和性质，如高导电性和特殊的光电性能等，石墨烯材料在基因检测方面的应用受到了极大的关注。DNA 或 RNA 链探针分子可通过共价键或非共价键等方式固定到石墨烯表面，制备成各种石墨烯基基因生物传感器。

2009 年，Lu 等[255]首次报道了 GO 可以结合染料标记的 ssDNA 并完全猝灭染料的荧光，而当染料标记的 DNA 和靶分子之间的结合将使染料标记的 DNA 从 GO 上释放时。导致染料荧光的恢复。利用这一机制，他们研究了 GO 对 DNA 和蛋白的选择性检测，发现石墨烯类材料可用于构建 DNA 和蛋白等生物分子快速、灵敏和选择性检测平台。Mei 和 Zhang[256]发现 GO 传感器可以在微孔膜上形成，用于可视检测肽、蛋白质和 DNA。用配体、抗体和寡核苷酸修饰的银纳米颗粒吸附在 GO 纳米片的表面上并猝灭 GO 的荧光，加入分析物后，银纳米颗粒与 GO 纳米片分离，因此 GO 的荧光立即恢复，这种 FRET 传感器可用于超灵敏地测定各种生物分子。

Zhao 等[257]用 GQD 修饰热解石墨电极，并偶联特定序列的 ssDNA 分子作为探针，制造了电化学生物传感器。修饰在电极表面的探针 ssDNA 将抑制电化学活性物质$[Fe(CN)_6]^{3-/4-}$和电极之间的电子转移，然而当目标分子如靶 ssDNA 或靶蛋白存在于测试溶液中时，则探针 ssDNA 将与靶标分子产生特异性相互作用而从石墨烯上脱落，结果，得到的$[Fe(CN)_6]^{3-/4-}$的峰值电流将随着目标分子浓度的增加而增大，因此可以利用这类平台开发各种电化学生物传感器。Cai 等[258]报道了一种基于 rGO 的场效应晶体管生物传感器，通过肽核酸（PNA）-DNA 杂交技术进行超灵敏无标记检测 DNA，其检测限低至 100 fM。有趣的是，这种 DNA 生物传感器具有再生能力。由于 r-GO FET DNA 生物传感器具有超灵敏性和高特异性，可用于疾病现场即时诊断。

微小 RNA(miRNA)在多种生物进展中起重要作用，并被认为是癌症治疗中的生物标志物和治疗靶点。miRNA 的敏感和准确检测对于更好地了解其在癌细胞中的作用并进一步验证其在临床诊断中的功能至关重要。2014 年，Liu 等[259]开发了一种稳定、灵敏和特异的 miRNAs 检测方法，该方法利用了基于 GO 荧光开关的循环指数扩增和荧光染料 SYBR Green I(SG)的多分子标记的协同扩增。由于通过 GO 保护了靶 miRNA、协同扩增和低荧光背景，能够实现敏感和准确的 miRNA 检测。肽核酸(PNA)作为 miRNA 感测的探针具有许多优点，包括高 DNA 序列特异性、NGO 表面比 DNA 的高负载能力及抗核酸酶介导的降解。Hizir 等[260]开发了一种基于纳米级氧化石墨烯(NGO)的 miRNA 传感器，可同时检测包括血液、尿液和唾液在内的人体液中的外源性 miR-21 和 miR-141，实验结果与实际的 miRNA 组成之间高度一致。他们的策略是基于 NGO 与 PNA 探针的紧密结合，导致 PNA 上缀合染料的荧光猝灭，随后在加入靶 miRNA 时荧光恢复。

5. 组织工程支架

石墨烯可以与 DNA、酶、蛋白质或肽等生物分子相互作用，而且石墨烯具有卓越的机械强度、刚度和电导率，这些性质使这类材料在骨骼和神经组织工程方面有着很好的应用前景[146]。

1) 骨组织修复和再生

2010 年，Kalbacova 等[261]使用人类成骨细胞和间充质干细胞，研究了通过化学气相沉积产生的大单层石墨烯的生物相容性。主要研究细胞在石墨烯支架材料表面的黏附、形态和增殖能力，结果发现，石墨烯能够促进成骨细胞及间充质干细胞的黏附及增殖，其效果优于 SiO_2 基质。Biris 等[262]通过射频化学气相沉积法制备了金/羟基磷灰石和石墨烯的复合纳米材料，发现该材料具有良好的生物相容性并能很好地诱导骨细胞增殖。因为具有优异的生物相容性、3D 结构和独特的组成，这种多组分复合物在骨再生领域具有潜在应用前景。Misra 等[263]通过 GO 的羧基与壳聚糖的氨基之间共价连接构建了壳聚糖-石墨烯网络结构支架，不仅相容性好，细胞附着和增殖效果也非常显著，而且接种的细胞能够渗透到支架的孔内，这表明在支架中掺入 GO 有望用于骨组织工程。骨再生治疗成功的关键之一是通过使用生长因子和成骨诱导剂来控制干细胞的增殖，并以可控的方式加速其分化。Nayak 等[264]发现石墨烯复合膜不妨碍人间充质干细胞(hMSC)的增殖，并加速其特异性分化为骨细胞，其引起的分化率与普通生长因子 BMP-2 相当，这表明石墨烯有望作为生物相容性支架应用于组织工程领域。Lu 等[265]发现自支撑石墨烯水凝胶膜有利于细胞的黏附、扩散和增殖，将这种膜植入大鼠的皮下组织后，仅产生很小的纤维囊和体内轻度宿主组织反应，而新血管的形成清晰可见。重要的是，体外和体内实验表明，石墨烯水凝胶膜能够刺激干细胞的成骨分化，而不需要额外的诱导剂。因此，这种膜具有高生物相容性和骨诱导性，这表明石墨烯具有骨再生医学应用的潜力。

骨骼的无机部分主要由能支持骨再生的羟基磷灰石[HAP：$Ca_{10}(PO_4)_6(OH)_2$]组成，基于石墨烯材料与 HAP 组合，可增强细胞的成骨分化和新骨的形成[266,267]。为了增强 GO 的仿生矿化作用，GO 表面可用硫酸根等官能团改性，以促进 Ca^{2+} 结合，从而为 HAP 矿化提供成核点[268]。通过水热处理 GO 纳米片和柠檬酸盐稳定的 HAP 纳米颗粒的水悬浮液，可制得均匀的石墨烯-HAP 三维纳米复合凝胶[269]。由于柠檬酸根离子的存在，在水热处理中 GO 还原为 rGO。当小鼠 MSC 在石墨烯-HAP 纳米复合水凝胶上培养时，可观察到高细胞活力，与 rGO 水凝胶基质相比，具有更细长的形态，表明增强石墨烯-HAP 纳米复合水凝胶对细胞具有更好的亲和力。

2）神经组织工程

Agarwal 等[270]研究发现，rGO 膜表面对几种类型细胞的相容性优于 SWCNT 网格结构。神经内分泌 PC12 细胞、少突神经胶质细胞和成骨细胞都能在 rGO 膜表面很好地黏附生长，甚至 rGO 膜能够促进人类少突神经胶质细胞向着神经元细胞的分化，他们认为 rGO 二维平面膜与细胞膜具有相似性而更有利于细胞在其表面生长增殖。Li 等[271]探索了在小鼠海马培养模型中，石墨烯对神经功能的关键结构之一神经突的发展直到成熟的影响，发现石墨烯膜能够明显增强神经生长相关蛋白(GAP-43)的表达，导致神经突发芽和生长的增强。Park 等[272]报道了石墨烯基质能促进人神经干细胞黏附及其分化为神经元，并进行微阵列研究以对这种效果进行合理解释。此外，他们还证明了通过石墨烯电极能够对分化细胞产生电刺激。神经组织工程的关键挑战之一是开发具有强大功能的支撑材料，不仅可以控制细胞特异性行为，而且可以形成功能神经网络。Tang 等[273]等发现石墨烯能够很好地支撑功能化神经回路的生长，而且神经网络中的电信号传递更为通畅，显示出石墨烯作为神经接口在组织工程领域的巨大应用潜力。

Li 等[274]制备了多孔状的三维石墨烯泡沫，将其作为一种新的促神经干细胞分化的支架材料。研究发现，该支架能够促进干细胞的生长和分化，同时，这种三维石墨烯泡沫能促使神经干细胞向着神经元细胞和星型胶质细胞分化。Jakus 等[275]制备了由大多数石墨烯和少数聚乙丙交酯组成的 3D 打印石墨烯复合材料(3DG)。3D 打印所得 3DG 材料的机械强度和柔性俱佳，同时保持优异的电导率。在没有神经源性刺激的简单生长培养基中的体外实验显示，3DG 能显著上调神经胶质和神经基因，促使人间充质干细胞(hMSC)的黏附、活力、增殖和神经源性分化。体内实验表明，3DG 在至少 30d 的测试过程中具有良好的生物相容性。使用人类尸体神经模型的外科手术测试也说明，3DG 具有手术可操作性并应用于精细手术。

6. 抗菌材料

除了上述的各种生物医学应用，石墨烯还有一个重要的应用是作为抗菌材料。用作抗菌材料的石墨烯主要有三种形式，即原始形式、与其他抗菌剂(如 Ag 和壳聚糖)的混合形式和使用基材形式，如聚 *N*-乙烯基咔唑和聚乳酸等。迄今，关于石墨烯及其衍生物抗菌行为的主要机制包括膜应力假说、氧化应激假说、诱捕假说、电子转移假说和光热假说[147]等。

2010 年，Fan 等首次报道了石墨烯在抗菌材料方面的应用研究[276]。他们发现，GO 烯悬液可有效地抑制大肠杆菌生长，其抗菌性可能来源于氧化应激或者细胞膜的机械切割破坏。他们还通过真空抽滤法将 GO 制备成片状石墨烯纸，发现这种纸也显示出有效的抗菌性能。Akhavan 和 Ghaderi[277]通过电泳法在不锈钢基质上沉积石墨烯纳米片，发现 GO 和 RGO 对革兰氏阴性菌和革兰氏阳性菌都具有良好的抗菌性能，RGO 的抗菌活性更好，他们认为，细菌与纳米壁极端锋利边缘直接接触引起的细菌细胞膜损伤是细菌灭活的有效机制。Liu 等[278]比较了石墨、氧化石墨、GO 和 RGO 的抗菌活性，发现 GO 的抗菌效果最佳，其余的依次是 RGO、石墨和氧化石墨。研究表明，石墨烯纳米片与细菌直接接触能破坏细胞膜，而且这四种材料能够氧化细菌的电子媒介谷胱甘肽。因此，他们认为石墨烯材料的抗菌性可能包括以下三步机制：首先细菌黏附在石墨烯类材料上，其次石墨烯通过其尖锐的边角损伤细胞膜，最后超氧阴离子介导氧化应激而最终导致细菌死亡。Krishnamoorthy 等[279]研究了石墨烯纳米片对四种致病菌的抗菌效率，发现石墨烯可以通过脂质过氧化而产生抗菌作用。石墨烯纳米片的自由基调节活性的测量结果表明，活性氧参与抗菌性能。2013 年，Tu 等[280]在实验和理论模拟研究基础上，提出了一种新的石墨烯抗菌机理。石墨烯可以诱导大肠杆菌内外细胞膜的降解，降低细菌的生存力。由于石墨烯和脂质分子之间强烈的分散相互作用，石墨烯纳米片可穿过细胞膜并提取大量的磷脂。他们认为，这种破坏性提取为石墨烯抗菌活性提供了新的机制。Zhao 等[281]将 GO 交联固定到棉布上，制备了基于 GO 的抗菌棉织物。抗菌试验表明，所有这些含 GO 织物均具有很强的抗菌能力，可灭杀 98%的细菌，而且即使洗涤 100 次，这些织物仍然可以杀死大于 90%的细菌。动物试验表明，GO 改性棉织物对兔子皮肤没有刺激性，因此，这些柔性的、可折叠和可重复使用的基于 GO 的抗菌棉织物在抗菌材料方面有望推广应用。

石墨烯基材料的抗菌性能研究还涉及石墨烯负载银及石墨烯与其他材料复合后的抗菌效果研究。2011 年，Ma 等[282]将 Ag 纳米粒子沉积在 GO 纳米片上，制备银改性 GO 纳米片(Ag-GO)并将其用作新型抗菌材料。由于 GO 和银纳米颗粒的协同作用，Ag-GO 对大肠杆菌表现出优异的抗菌活性。Cai 等[283]为了提高银纳米粒子的稳定性和降低细胞毒性，采用聚乙烯亚胺改性的 RGO(PEI-RGO)作为银纳米粒子载体，将银纳米粒子锚定在 RGO 表面。这种杂化材料比聚乙烯吡咯烷酮(PVP)稳定的银纳米粒子具有更高的抗菌活性，而且 PEI-RGO 上的银纳米粒子比 PVP 上的银纳米粒子更稳定，导致长周期抗菌作用。此外，Santos 等[284]将聚 *N*-乙烯基咔唑(PVK)和 GO 复合物电沉积在 ITO 上，相对于未改性的表面，包覆抗菌薄膜表现出高效抗菌效果，更重要的是，纳米复合薄膜比纯 GO 改性表面显示出更高的抑菌活性。因此，PVK-GO 纳米复合材料有望用作电极或金属表面的替代抗微生物涂层，应用于生物医药和工业领域。Lim 等[285]将 GO 和 rGO 分别与壳聚糖进行复合，并探究所得复合物的抗菌性能，结果表明，rGO 与壳聚糖复合材料的抗菌性能明显优于 GO 与壳聚糖复合物，由于壳聚糖和 rGO 之间的协同作用，绿脓杆菌的生长被完全抑制。

6.2.4 毒性研究

纳米材料的安全性对其生物医学应用也非常重要。为了能在生物医学中得以安全应用，人们对纳米石墨烯在生物系统中的行为及其毒理学特征进行了大量研究。虽然 CNT 和石墨烯材料是研究最广泛的纳米尺度 sp^2 碳同素异形体，且具有非常相似的化学成分，但近来研究发现，这两类材料的毒性水平完全不同。与碳纳米管不同，石墨烯材料的细胞毒性可忽略不计[139]。石墨烯纳米材料对细胞和组织的影响，取决于它们的化学成分、合成方法、外部共价或非共价官能化、形状或大小等因素。虽然石墨烯具有很好的生物相容性，但其生物安全性仍然是关注焦点。类似于许多其他无机纳米材料，石墨烯可能不容易生物降解，研究主要涉及细胞毒性和动物毒性。

1) 细胞毒性

2008 年，Chen 等[286]发现，小鼠成纤维细胞(L-929)能够在石墨烯膜上很好地附着和增殖，效果优于商用的聚苯乙烯组织培养塑料，表明石墨烯具有良好的生物相容性。2010 年，Hu 等[276]比较了 GO 和 RGO 对人肺腺癌细胞(A549)的细胞毒性，发现两种材料在较高浓度下对 A549 细胞增殖有一定抑制，但并未诱发细胞凋亡和死亡，同时还发现，相同剂量下，RGO 对 A549 细胞的毒性高于 GO，可能来自于 GO 和 rGO 不同的表面电荷和官能团。Hu 等[178]还对 GO 纳米片的细胞效应进行了系统的研究，发现细胞培养基中的胎牛血清(FBS)对 GO 细胞毒性有一定影响。在低浓度的 FBS(1%)，细胞对 GO 的存在敏感，并显示浓度依赖性细胞毒性，而在细胞培养基中常用的 10% FBS 浓度下，GO 的细胞毒性大大降低。GO 纳米片的细胞毒性起因于细胞膜和 GO 纳米片之间的直接相互作用导致细胞膜的物理损伤。由于 GO 对蛋白质吸附能力极高，因此当 GO 与 FBS 一起孵育时，这种作用大大减弱。Zhang 等[287]研究了不同尺寸 GO(205.8 nm、146.8 nm、33.78 nm)的细胞毒性和细胞摄取率，发现 GO 尺寸越小，细胞摄取量越大，细胞毒性越小。与大尺寸 GO 相比，尺寸均匀的超小型 GO 纳米片显示优异的生物相容性和较高的细胞摄取量，说明石墨烯的氧化程度及尺寸大小直接影响其细胞毒性，GO 的细胞毒性小于 rGO，而 GO 细胞毒性随着尺寸减小而显著降低。

基于 GO 材料对不同癌细胞产生类似作用，Jaworski 等[288]研究了石墨烯纳米片对多形性胶质母细胞瘤细胞的作用。将人胶质母细胞瘤细胞 U87 和 U118 细胞系与石墨烯纳米片(直径 450 nm～1.5 μm)以 5～100 μg/mL 的浓度孵育 24 h，发现石墨烯对胶质瘤细胞具有剂量依赖性毒性，在 100 μg/mL 时具有约 50%的毒性，U118 细胞中观察到凋亡的激活，而无诱导坏死。Zhou 等[289]报道了用 40 μg/mL 或 80 μg/mL PEG-GO 处理时，材料对三种不同乳腺癌细胞系(MDA-MB 231、MDA-MB-436 和 SK-BR-3)癌细胞迁移的影响，发现所有的乳腺癌细胞由于线粒体磷酸化受阻而迁移和侵袭能力减弱，但健康的乳腺细胞却没有相似的作用。Zhou 等[290]还综合评估了石墨烯处理的人乳腺癌细胞系(MDA-MB-231)、人前列腺癌细胞系(PC3)和小鼠黑素瘤细胞系(B16F10)的迁移和侵袭能力。在 20 μg/mL 的 GO 孵育浓度下，发现 GO 能通过扰乱线粒体中的电子传递链活性导致这些细胞的转移能力降低。

Yuan 等[291]研究了三种功能化[NH_2、COOH 和 $CON(CH_3)_2$]石墨烯量子点对人神经胶质瘤 C6 和 A549 肺癌细胞的细胞毒性和分布。结果发现，在所有处理浓度范围内，三种 GQD 与细胞孵育 24 h 后都没有引起细胞存活率的下降。拉曼光谱分析显示，三种 GQD 都能在细胞内积累，它们随机分散在细胞质中，而没有进入细胞核。Chng 等[292]报道了 GO 纳米带(GONR)和 GO 纳米粒子(GONP)细胞毒性的比较研究，使用人肺癌细胞(A549)的体外细胞毒性研究显示，在所有浓度(3～400 μg/mL)范围内，GONR 所产生的细胞毒性反应显著高于 GONP，归因于其存在更大量的羰基和高纵横比。

2) 动物毒性

除了体外毒性评价，石墨烯及其衍生物在动物活体内的毒性也是生物安全性评估的重要指标。2011 年，Zhang 等[293]发现 ^{188}Re 标记的 GO 静脉注射后，在小鼠肺中表现出高积累，但网状内皮系统对 GO 的摄取量较少，高剂量的 GO 注射会使小鼠肺部出现明显的病理性改变。Wang 等[294]发现 GO 对小鼠表现出剂量依赖性毒性，低剂量(0.1 mg)和中等剂量(0.25 mg)的 GO 对小鼠没有显示明显毒性，而在高剂量(0.4 mg)下则呈现慢性毒性，造成肺肉芽肿形成和近一半小鼠死亡。Schinwald 等[295]发现，大尺寸石墨烯纳米片被吸入后能越过纤毛气道沉积在肺部，并引起小鼠肺部严重的炎症。Li 等[296]系统研究了纳米尺寸 GO(NGO)对小鼠肺部的毒性作用，放射性同位素追踪和形态学观察表明，气管内灌注 NGO 主要保留在肺，使小鼠表现出明显的急性肺损伤和慢性肺纤维化，这种 NGO 诱导的急性肺损伤与氧化应激相关，可以用地塞米松治疗实现有效缓解。从上述结果可以看出，没有经表面改性的原始石墨烯和 GO 注射或吸入后，可能积聚在肺部并引起明显的肺部毒性。

Liu 等[154]仔细研究了小鼠中 *n*GO-PEG 的体内行为和长期毒理学，^{125}I 标记的 *n*GO-PEG 通过静脉注射进入小鼠体内，发现 ^{125}I-*n*GO-PEG 主要积累在包括肝脏和脾脏在内的 RES 器官中，而肺吸收较低。随着时间推移，观察到 ^{125}I-*n*GO-PEG 在肝脏和脾脏的摄取量明显减少，这表明 *n*GO-PEG 能从小鼠体内逐渐排泄。血液生化和血液学检测结果表明，*n*GO-PEG 没有明显影响小鼠的肝肾功能和其他血液学参数，组织病理分析也未在主要器官和组织中观察到明显的损伤或炎症。因此，他们认为具有超小尺寸和生物相容性表面涂层的 *n*GO-PEG 在所测试的剂量 (20 mg/kg) 下，对小鼠没有产生显著毒性。Liu 等[160]还研究了葡聚糖 (DEX) 功能化 GO 的体内毒性，发现 GO-DEX 在静脉注射后也没有对小鼠产生明显的毒性。

Duch 等[297]发现，尽管非功能化石墨烯或 GO 对肺的毒性较大，但是具有优异分散性的普兰尼克功能化石墨烯在吸入后不会引起肺部明显炎症。GO 对哺乳动物的肺毒性可以通过对 GO 的修饰来减轻和避免。Sahu 等[298]将 GO 用普朗尼克制成水凝胶，然后小鼠皮下注射给药，3 周后，注射部位仅发生轻度炎性反应，8 周后炎性反应消失，注射期间，其他部位未发现明显的炎性、组织坏死等病变。Gollavelli 和 Ling[162]使用聚合物聚丙烯酸 (PAA) 来改性石墨烯，发现该材料注射入斑马鱼内不会引起任何明显的异常，也不影响斑马鱼的存活率。上述研究表明，适当的表面改性可以有效降低石墨烯的体内毒性，提高其生物相容性。

参 考 文 献

[1] Kumar S, Rani R, Dilbaghi N, et al. Carbon nanotubes: A novel material for multifaceted applications in human healthcare [J]. Chemical Society Reviews, 2017, 46 (1): 158-196.

[2] Alshehri R, Ilyas A M, Hasan A, et al. Carbon nanotubes in biomedical applications: Factors, mechanisms, and remedies of toxicity [J]. Journal of Medicinal Chemistry, 2016, 59 (18): 8149-8167.

[3] Sharma P, Mehra N K, Jain K, et al. Biomedical applications of carbon nanotubes: A critical review [J]. Current Drug Delivery, 2016, 13 (6): 796-817.

[4] Sajid M I, Jamshaid U, Jamshaid T, et al. Carbon nanotubes from synthesis to in vivo biomedical applications [J]. International Journal of Pharmaceutics, 2016, 501 (1-2): 278-299.

[5] Rogers-Nieman G M, Dinu C Z. Therapeutic applications of carbon nanotubes: opportunities and challenges [J]. Wiley Interdisciplinary Reviews Nanomedicine and Nanobiotechnology, 2014, 6 (4): 327-337.

[6] Saito N, Haniu H, Usui Y, et al. Safe clinical use of carbon nanotubes as innovative biomaterials [J]. Chemical Reviews, 2014, 114 (11): 6040-6079.

[7] Vardharajula S, Ali S Z, Tiwari P M, et al. Functionalized carbon nanotubes: Biomedical applications [J]. International Journal of Nanomedicine, 2012, 7 (3) : 5361-5374.

[8] Klumpp C, Kostarelos K, Prato M, et al. Functionalized carbon nanotube as emerging nanovectors for delivery of therapeutics [J]. Biochimicaet Biophysica Acta, 2006, 1758 (3) : 404-412.

[9] Liu Z, Sun X, Nakayama-Ratchford N, et al. Supramolecular chemistry on water-soluble carbon nanotubes for drug loading and delivery[J]. ACS Nano, 2007, 1 (1) : 50-56.

[10] Hadidi N, Kobarfard F, Nafissi-Varcheh N, et al. Optimization of single-walled carbon nanotube solubility by noncovalent pegylation using experimental design methods [J]. International Journal of Nanomedicine, 2011, 6 (6) : 737-746.

[11] Hsiao A E, Tsai S Y, Hsu M W, et al. Decoration of multi-walled carbon nanotubes by polymer wrapping and its application in MWCNT/polyethylene composites [J]. Nanoscale Research Letters, 2012, 7 (1) : 240-243.

[12] Chen J, Liu H, Weimer W A, et al. Noncovalent engineering of carbon nanotube surfaces by rigid, functional conjugated polymers [J]. Journal of the American Chemical Society, 2002, 124 (31) : 9034-9035.

[13] Moore V C, Strano M S, Haroz E H, et al. Individually suspended single-walled carbon nanotubes in various surfactants [J]. Nano Letters, 2003, 3 (10) :1379-1382.

[14] Bahader A, Gui H, Fang H G, et al. Preparation and characterization of poly (vinylidene fluoride) nanocomposites containing amphiphilic ionic liquid modified multiwalled carbon nanotubes[J]. Journal of Polymer Research, 2016, 23 (9) : 184.

[15] Rausch J, Zhuang R C, Mader E. Surfactant assisted processing of carbon nanotube/polypropylene composites: Impact of surfactants on the matrix polymer [J]. Journal of Applied Polymer Science, 2010, 117 (5) : 2583-2590.

[16] Wu H X, Cao W M, Chen Q, et al. Metal sulfide coated multiwalled carbon nanotubes synthesized by an *in situ* method and their optical limiting properties [J]. Nanotechnology, 2009, 20 (19) : 195604.

[17] Adsul M G, Rey D A, Gokhale D V. Combined strategy for the dispersion/dissolution of single walled carbon nanotubes and cellulose in water [J]. Journal of Materials Chemistry, 2011, 21 (7) : 2054-2056.

[18] Rochez O, Zorzini G, Amadou J, et al. Dispersion of multiwalled carbon nanotubes in water by lignin [J]. Journal of Materials Science, 2013, 48 (14) : 4962-4964.

[19] Wang B, Han Y, Song K, et al. The use of anionic gum arabic as a dispersant for multi-walled carbon nanotubes in an aqueoussolution [J]. Journal of Nanoscience and Nanotechnology, 2012, 12 (6) : 4664-4669.

[20] Lu L H, Chen W. Large-scale aligned carbon nanotubes from their purified, highly concentrated suspension [J]. ACS Nano, 2010, 4 (2) : 1042-1048.

[21] Chen R J, Zhang Y, Wang D, et al. Noncovalent sidewall functionalization of single-walled carbon nanotubes for protein immobilization [J]. Journal of the American Chemical Society, 200l, 123 (16) : 3838-3839.

[22] Petrov P, Stassin F, Pagnoulle C, et al. Noncovalent functionalization of multiwalled carbon nanotubes by pyrene containing polymers [J]. Chemical Communications, 2004, 9 (23) : 2904-2905.

[23] Balavoine F, Schultz P, Richard C, et al. Helical crystallization of proteins on carbon nanotubes: A first step towards the development of new biosensors [J]. Angewandte Chemie International Edition, 1999, 38 (13-14) : 1912-1915.

[24] Azamian B R, Davis J J, Coleman K S, et al. Bioelectrochemical single-walled carbon nanotubes [J]. Journal of the American Chemical Society, 2002, 124 (43) : 12664-12665.

[25] Ito T, Sun L, Crooks R M. Observation of DNA transport through a single carbon nanotube channel using fluorescence microscopy [J]. Chemical communications, 2003, (13) : 1482-1483.

[26] Dieckmann G R, Dalton A B, Johnson P A, et al. Controlled assembly of carbon nanotubes by designed amphiphilic peptide helices [J]. Journal of the American Chemical Society, 2003, 125(7): 1770-1777.

[27] Smalley R E, Li Y, Moore V C, et al. Single wall carbon nanotube amplification: En route to a type-specific growth mechanism [J]. Journal of the American Chemical Society, 2006, 128(49): 15824-15829.

[28] Yu J G, Huang K L, Tang J C V. Preparation and characterization of soluble methyl-β -cyclodextrin functionalized single-walled carbon nanotubes [J]. Physica E, 2008, 40(3): 689-692.

[29] Gu Y J, Cheng J, Jin J, et al. Development and evaluation of pH-responsive single-walled carbon nanotube-doxorubicin complexes in cancer cells[J]. International Journal of Nanomedicine, 2011, 6: 2889-2898.

[30] Zhang Y, Bai Y H, Yan B. Functionalized carbon nanotubes for potential medicinal applications [J]. Drug Discovery Today, 2010, 15(11-12): 428-435.

[31] Kitano H, Tachimoto K, Gemmei-Ide M, et al. Interaction between polymer chains covalently fixed to single - walled carbon nanotubes [J]. Macromolecular Chemistry and Physics, 2006, 207(9): 812-819.

[32] Qin S H, Qin D Q, Ford W T, et al. Solubilization and purification of single-wall carbon nanotubes in water by in situ radical polymerization of sodium 4-styrenesulfonate [J]. Macromolecules, 2004, 37(11): 3965-3967.

[33] Chen C, Liang B, Lu D, et al. Amino group introduction onto multiwall carbon nanotubes by NH_3/Ar plasma treatment [J]. Carbon, 2010, 48(4): 939-948.

[34] Valentini L, Puglia D, Carniato F, et al. Use of plasma fluorinated single-walled carbon nanotubes for the preparation of nanocomposites with epoxy matrix[J]. Composites Science and Technology, 2008, 68(4): 1008-1014.

[35] Prato M, Kostarelos K, Bianco A. Functionalized carbon nanotubes in drug design and discovery [J]. Accounts of Chemical Research, 2008, 41(1): 60-68.

[36] Nayak T R, Jian L, Phua L C, et al. Thin films of functionalized multiwalled carbon nanotubes as suitable scarfold materials for stem cells proliferation and bone formation [J]. ACS Nano, 2010, 4(12): 7717-7725.

[37] Lu F, Gu L, Meziani M J, et al. Advances in bioapplications of carbon nanotubes [J]. Advanced Materials, 2009, 21(2): 139-152.

[38] Wu W, Wieckowski S, Pastorin G, et al. Targeted delivery of amphotericin B to cells by using functionalized carbon nanotubes [J]. Angewandte Chemie International Edition, 2005, 44(39): 6358-6362.

[39] Feazell R P, Nakayamaratchford N, Dai H, et al. Soluble single-walled carbon nanotubes as longboat delivery systems for platinum(Ⅳ) anticancer drug design [J]. Journal of the American Chemical Society, 2007, 129(27): 8438-8439.

[40] Zhu Y H, Ang T P, Keith C, et al. Substituted carborane-appended water-soluble single-wallcarbon nanotubes: new approach to boron neutron capturetherapy drug delivery [J]. Journal of the American Chemical Society, 2005, 127(27): 9875-9880.

[41] Pastorin G, Wu W, Wieckowski S, et al. Double functionalization of carbon nanotubes for multimodal drug delivery[J]. Chemical Communications, 2006, 42(11): 1182-1184.

[42] Bhirde A A, Patel V, Gavard J, et al. Targeted killing of cancer cells in vivo and in vitro with EGF-directed carbon nanotube-based drug delivery [J]. ACS Nano, 2009, 3(2): 307-316.

[43] Dhar S, Liu Z, Thomale J, et al. Targeted single-wall carbon nanotube-mediated Pt(Ⅳ) prodrug delivery using folate as a homing device [J]. Journal of the American Chemical Society, 2008, 130(34): 11467-11476.

[44] Chen J, Chen S, Zhao X, et al. Functionalized single-walled carbon nanotubes as rationally designed vehicles for tumor-targeted drug delivery [J]. Journal of the American Chemical Society, 2008, 130(49): 16778-16785.

[45] McDevitt M R, Chattopadhyay D, Kappel B J, et al. Tumor targeting with antibody-functionalized, radiolabeled carbon nanotubes [J]. Journal of Nuclear Medicine, 2007, 48 (7): 1180-1189.

[46] Heister E, Neves V, Tîlmaciu C, et al. Triple functionalisation of single-walled carbon nanotubes with doxorubicin, a monoclonal antibody, and a fluorescent marker for targeted cancer therapy [J]. Carbon, 2009, 47 (9): 2152-2160.

[47] Li R, Wu R, Zhao L, et al. P-glycoprotein antibody functionalized carbon nanotube overcomes the multidrug resistance of human leukemia cells [J]. ACS Nano, 2010, 4 (3): 1399-1408.

[48] Wu H, Shi H, Zhang H, et al. Prostate stem cell antigen antibody-conjugated multiwalled carbon nanotubes for targeted ultrasound imaging and drug delivery [J]. Biomaterials, 2014, 35 (20): 5369-5380.

[49] Peng X, Zhuang Q, Peng D, et al. Sustained release of naproxen in a new kind delivery system of carbon nanotubes hydrogel [J]. Iranian Journal of Pharmaceutical Research, 2013, 12 (4): 581-586.

[50] Giri A, Bhowmick M, Pal S, et al. Polymer hydrogel from carboxymethyl guar gum and carbon nanotube for sustained trans-dermal release of diclofenac sodium [J]. International Journal of Biological Macromolecules, 2011, 49 (5): 885-893.

[51] Giri A, Bhunia T, Mishra S R, et al. A transdermal device from 2-hydroxyethyl methacrylate grafted carboxymethyl guar gum-multi-walled carbon nanotube composites [J]. RSC Advances, 2014, 4 (26): 13546-13556.

[52] Giri A, Bhunia T, Goswami L, et al. Fabrication of acrylic acid grafted guar gum-multiwalled carbon nanotube hydrophobic membranes for transdermal drug delivery [J]. RSC Advances, 2015, 5 (52): 41736-41744.

[53] Bhunia T, Giri A, Nasim T, et al. A transdermal diltiazem hydrochloride delivery device using multi-walled carbon nanotube/poly (vinyl alcohol) composites [J]. Carbon, 2013, 52 (2): 305-315.

[54] Giri A, Bhunia T, Pal A, et al. *In-situ* synthesis of polyacrylate grafted carboxymethylguargum-carbon nanotube membranes for potential application in controlled drug delivery [J]. European Polymer Journal, 2016, 74: 13-25.

[55] Li H, He J, Zhao Y, et al. The effect of carbon nanotubes added into bullfrog collagen hydrogel on gentamicin sulphate release: *in vitro* [J]. Journal of Inorganic and Organometallic Polymers and Materials, 2011, 21 (4): 890-892.

[56] Cirillo G, Vittorio O, Hampel S, et al. Quercetin nanocomposite as novel anticancer therapeutic: improved efficiency and reduced toxicity [J]. European Journal of Pharmaceutical Sciences, 2013, 49 (3): 359-365.

[57] Wu J, Paudel K S, Strasinger C, et al. Programmable transdermal drug delivery of nicotine using carbon nanotube membranes [J]. Proceedings of the National Academy of Sciences of the United States of America, 2010, 107 (26): 11698-11702.

[58] Servant A, Methven L, Williams R P, et al. Electroresponsive polymer-carbon nanotube hydrogel hybrids for pulsatile drug delivery *in vivo* [J]. Advanced Healthcare Materials, 2013, 2 (6): 806-811.

[59] Mandal B, Das D, Rameshbabu A P, et al. A biodegradable, biocompatible transdermal device derived from carboxymethyl cellulose and multi-walled carbon nanotubes for sustained release of diclofenac sodium [J]. RSC Advances, 2016, 6 (23): 19605-19611.

[60] Pantarotto D, Singh R, McCarthy D, et al. Functionalized carbon nanotubes for plasmid DNA gene delivery [J]. Angewandte Chemie, 2004, 43 (39): 5242-5246.

[61] Singh R, Pantarotto D, McCarthy D, et al. Binding and condensation of plasmid DNA onto functionalized carbon nanotubes: toward the construction of nanotube-based gene delivery vectors [J]. Journal of the American Chemical Society, 2005, 127 (12): 4388-4396.

[62] Goux-Capes L, Filoramo A, Cote D, et al. Coupling carbon nanotubes through DNA linker using a biological recognition complex [J]. Physica Status Solidi A: Application and Materials Science, 2006, 203 (6): 1132-1136.

[63] Kam N W, Liu Z, Dai H. Carbon nanotubes as intracellular transporters for proteins and DNA: An investigation of the uptake mechanism and pathway [J]. Angewandte Chemie, 2006, 45 (4) : 577-581.

[64] Gao L, Nie L, Wang T, et al. Carbon nanotube delivery of the GFP gene into mammalian cells [J].ChemBioChem, 2006, 7 (2) : 239-242.

[65] Zhang Z, Yang X, Zhang Y, et al. Delivery of telomerase reverse transcriptase small interfering RNA in complex with positively charged single-walled carbon nanotubes suppresses tumor growth [J]. Clinical Cancer Research, 2006, 12 (16) : 4933-4939.

[66] Podesta J E, Al-Jamal K T, Herrero M A, et al. Antitumor activity and prolonged survival by carbon-nanotubemediated therapeutic siRNA silencing in a human lung xenograft model [J]. Small, 2009, 5 (10) : 1176-1185.

[67] Herrero M A, Toma F M, Aljamal K T, et al. Synthesis and characterization of a carbon nanotube-dendron series for efficient siRNA delivery [J]. Journal of the American Chemical Society, 2009, 131 (28) : 9843-9848.

[68] Foillard S, Zuber G, Doris E. Polyethylenimine-carbon nanotube nanohybrids for siRNA-mediated gene silencing at cellular level [J]. Nanoscale, 2011, 3 (4) : 1461-1464.

[69] Kam N W, Liu Z, Dai H. Functionalization of carbon nanotubes via cleavable disulfide bonds for efficient intracellular delivery of siRNA and potent gene silencing [J]. Journal of the American Chemical Society, 2005, 127 (36) : 12492-12493.

[70] Liu Z, Winters M, Holodniy M, et al. siRNA delivery into human T cells and primary cells with carbon-nanotube transporters [J]. Angewandte Chemie, 2007, 46 (12) : 2023-2027.

[71] Cherukuri P, Bachilo S M, Litovsky S H, et al. Near-infrared fluorescence microscopy of single-walled carbon nanotubes in phagocytic cells [J]. Journal of the American Chemical Society, 2004, 126 (48) : 15638-15639.

[72] Heller D A, Baik S, Eurell T E, et al. Single-walled carbon nanotube spectroscopy in live cells: towards long-term labels and optical sensors [J]. Advanced Materials, 2005, 17 (23) : 2793-2799.

[73] Duque J G, Cognet L, Parra-Vasquez A N, et al. Stable luminescence from individual carbon nanotubes in acidic, basic, and biological environments [J]. Journal of the American Chemical Society, 2008, 130 (8) : 2626-2633.

[74] Welsher K, Liu Z, Daranciang D, et al. Selective probing and imaging of cells with single walled carbon nanotubes as near-infrared fluorescent molecules [J]. Nano Letters, 2008, 8 (2) : 586-590.

[75] Cherukuri P, Gannon C J, Leeuw T K, et al. Mammalian pharmacokinetics of carbon nanotubes using intrinsic near-infrared fluorescence [J]. Proceedings of the National Academy of Sciences of the United States of America, 2006, 103 (50) : 18882-18886.

[76] Leeuw T K, Reith R M, Simonette R A, et al. Single-walled carbon nanotubes in the intact organism: Near-IR imaging and biocompatibility studies in drosophila [J]. Nano Letters, 2007, 7 (9) : 2650-2654.

[77] Hashimoto A, Yorimitsu H, Ajima K, et al. Selective deposition of a gadolinium (Ⅲ) cluster in a hole opening of single-wall carbon nanohorn [J]. Proceedings of the National Academy of Sciences of the United States of America, 2004, 101 (23) : 8527-8530.

[78] Sitharaman B. Superparamagnetic gadonanotubes are high-performance MRI contrast agents [J]. Chemical Communications, 2005, 36 (31) : 3915-3917.

[79] Hartman K B, Laus S, Bolskar R D, et al. Gadonanotubes as ultrasensitive pH-smart probes for magnetic resonance imaging [J]. Nano Letters, 2008, 8 (2) : 415-419.

[80] Richard C, Doan B T, Beloeil J C, et al. Noncovalent functionalization of carbon nanotubes with amphiphilic Gd^{3+} chelates: Toward powerful T_1 and T_2 MRI contrast agents [J]. Nano Letters, 2008, 8 (1) : 232-236.

[81] Miyawaki J, Yudasaka M, Imai H, et al. *In vivo* magnetic resonance imaging of single-walled carbon nanohorns by labeling with magnetite nanoparticles [J]. Advanced Materials, 2006, 18 (8): 1010-1014.

[82] Faraj A A, Cieslar K, Lacroix G, et al. *In vivo* imaging of carbon nanotube biodistribution using magnetic resonance imaging [J]. Nano Letters, 2009, 9 (3): 1023-1027.

[83] Wu H, Liu G, Zhuang Y, et al. The behavior after intravenous injection in mice of multiwalled carbon nanotube/Fe_3O_4 hybrid MRI contrast agents [J]. Biomaterials, 2011, 32 (21): 4867-4876.

[84] Wang H, Wang J, Deng X, et al. Biodistribution of carbon single-wall carbon nanotubes in mice [J]. Journal of Nanoscience and Nanotechnology, 2004, 4 (8): 1019-1024.

[85] Singh R, Pantarotto D, Lacerda L, et al. Tissue biodistribution and blood clearance rates of intravenously administered carbon nanotube radiotracers [J]. Proceedings of the National Academy of Sciences of the United States of America, 2006, 103 (9): 3357-3362.

[86] Liu Z, Cai W, He L, et al. *In vivo* biodistribution and highly efficient tumour targeting of carbon nanotubes in mice[J]. Nature Nanotechnology, 2007, 2 (1): 47-52.

[87] McDevitt M R, Chattopadhyay D, Jaggi J S, et al. PET imaging of soluble Yttrium-86-labeled carbon nanotubes in mice [J]. Plos One, 2007, 2 (9): 907.

[88] Polizu S, Savadogo O, Poulin P, et al. Applications of carbon nanotubes-based biomaterials in biomedical nanotechnology [J]. Journal of Nanoscience and Nanotechnology, 2006, 6 (7): 1883-1904.

[89] Odom T W, Huang J L, Kim P, et al. Atomic structure and electronic properties of single-walled carbon nanotubes[J]. Nature, 1998, 391 (6662): 62-64.

[90] Kong J, Franklin N R, Zhou C, et al. Nanotube molecular wires as chemical sensors [J]. Science, 2000, 287 (5453): 622-625.

[91] Yang N, Chen X, Ren T, et al. Carbon nanotube based biosensors [J]. Sensors and Accuators B, 2015, 207: 690-715.

[92] Jacobs C B, Peairs M J, Venton B J. Review: Carbon nanotube based electrochemical sensors for biomolecules [J]. Analytica Chimica Acta, 2010, 662 (2): 105-127.

[93] Wang J, Musameh M. Carbon nanotube/Teflon composite electrochemical sensors and biosensors [J]. Analytical Chemistry, 2003, 75 (9): 2075-2079.

[94] Lim S H, Wei J, Lin J, et al. A glucose biosensor based on electrode position of palladium nanoparticles and glucose oxidase onto nafion-solubilized carbon mnotube electrode [J]. Biosensors and Bioelectronics, 2005, 20 (11): 2341-2346.

[95] Liu G D, Lin Y H. Amperometric glucose biosensor based on self-assembling glucose oxidase on carbon nanotubes[J]. Electrochemistry Communications, 2006, 8 (2): 251-256.

[96] Wu H X, Cao W M, Li Y, et al. In situ growth of copper nanoparticles on multiwalled carbon nanotubes and their application as non-enzymatic glucose sensor materials [J]. Electrochimica Acta, 2010, 55 (11): 3734-3740.

[97] Manikandan P N, Imrana H, Dharuman V. Direct glucose sensing and biocompatible properties of a zinc oxide-multiwalled carbon nanotube-poly (vinyl chloride) ternary composite [J]. Analytical Methods, 2016, 8 (12): 2691-2697.

[98] Vicentini F C, Janegitz B C, Brett C M A, et al. Tyrosinase biosensor based on a glassy carbon electrode modified with multi-walled carbon nanotubes and 1-butyl-3-methylimidazolium chloride within a dihexadecylphosphate film[J]. Sensors and Actuators B: Chemical, 2013, 188 (11): 1101-1108.

[99] Mundaca R A, Moreno-Guzmán M, Eguílaz M, et al. Enzyme biosensor for androsterone based on 3α-hydroxysteroid dehydrogenase immobilized onto a carbon nanotubes/ionic liquid/NAD^+ composite electrode [J]. Talanta, 2012, 99(99): 697-702.

[100] Lin Y, Lu F, Wang J. Disposable carbon nanotube modified screen-printed biosensor for amperometric detection of organophosphorus pesticides and nerve agents [J]. Electroanalysis, 2004, 16(1-2): 145-149.

[101] Fennouh S, Casimiri V, Burstein C. Increased paraoxon detection with solvents using acetylcholinesterase inactivation measured with a choline oxidase biosensor [J]. Biosensors and Bioelectronics, 1997, 12(2): 97-104.

[102] Cremisini C, Mela J, Pilloton R, et al. Evaluation of the use of free and immobilised acetylcholinesterase for paraoxon detection with an amperometric choline oxidase based biosensor [J]. Analytica Chimica Acta, 1995, 311(311): 273-280.

[103] Li J, Ng H T, Cassell A, et al. Carbon nanotube nanoelectrode array for ultrasensitive DNA detection [J]. Nano Letters, 2003, 3(5): 597-602.

[104] Jung D H, Kim B H, Ko Y K, et al. Covalent attachment and hybridization of DNA oligonucleotides on patterned single-walled carbon nanotube films [J]. Langmuir, 2004, 20(20): 8886-8891.

[105] He P G, Li S, Dai L. DNA-modified carbon nanotubes for self-assembling and biosensing applications [J]. Synthetic Metals, 2005, 154(1-3): 17-20.

[106] Cheng G, Zhao J, Tu Y, et al. A sensitive DNA electrochemical biosensor based on magnetite with a glassy carbon electrode modified by muti-walled carbon nanotubes in polypyrrole [J]. Analytica Chimica Acta, 2005, 533(1): 11-16.

[107] Zhang R Y, Wang X M, Chen C. Electrochemical biosensing platform using carbon nanotube activated glassy carbon electrode [J]. Electroanalysis, 2007, 19(15): 1623-1627.

[108] Wang J, Liu G D, Jsn M R. Ultrasensitive electrical biosensing of proteins and DNA: Carbon-nanotube derived amplification of the recognition and transduction events [J]. Journal of the American Chemical Society, 2004, 126(10): 3010-3011.

[109] Maehashi K, Matsumoto K. Aptamer-based label-free immunosensors using carbon nanotube field-effect transistors[J]. Electroanalysis, 2009, 21(11): 1285-1290.

[110] Dong X, Lu X, Zhang K, et al. Chronocoulometric DNA biosensor based on a glassy carbon electrode modified with gold nanoparticles, poly (dopamine) and carbon nanotubes [J]. Microchimica Acta, 2013, 180(1-2): 101-108.

[111] Middleton K, Jones J, Lwin Z, et al. Interleukin-6: an angiogenic target in solid tumours [J]. Critical Reviews in Oncology Hematology, 2014, 89(1): 129-139.

[112] Justino C I L, Rocha-Santos T A P, Duarte A C. Advances in point-of-care technologies with biosensors based on carbon nanotubes [J]. TrAC Trends in Analytical Chemistry, 2013, 45(4): 24-36.

[113] Yu X, Munge B, Patel V, et al. Carbon nanotube amplification strategies for highly sensitive immunodetection of cancer biomarkers [J]. Journal of the American Chemical Society, 2006, 128(34): 11199-11205.

[114] Chikkaveeraiah B V, Bhirde A, Malhotra R, et al. Single-wall carbon nanotube forest arrays for immunoelectrochemical measurement of four protein biomarkers for prostate cancer [J]. Analytical Chemistry, 2009, 81(21): 9129-9134.

[115] Mattson M P, Haddon R C, Rao A M. Molecular functionalization of carbon nanotubes and use as substrates for neuronal growth [J]. Journal of Molecular Neuroscience, 2000, 14(3): 175-182.

[116] Supronowicz P R, Ajayan P M, Ullmann K R, et al. Novel current-conducting composite substrates for exposing osteoblasts to alternating current stimulation [J]. Journal of Biomedical Materials Research, 2002, 59(3): 499-506.

[117] Balani K, Anderson R, Laha T, et al. Plasma-sprayed carbon nanotube reinforced hydroxyapatite coatings and their interaction with human osteoblasts *in vitro* [J]. Biomaterials, 2007, 28 (4) : 618-624.

[118] Gonçalves E M, Oliveira F J, Silva R F, et al. Three-dimensional printed PCL-hydroxyapatite scaffolds filled with CNTs for bone cell growth stimulalion [J]. Journal of Biomedical Materials Research Part B: Applied Biomaterials, 2016, 104 (6) : 1210-1219.

[119] Martinelli V, Cellot G, Toma F M, et al. Carbon nanotubes promote growth and spontaneous electrical activity in cultured cardiac myocytes [J]. Nano Letters, 2012, 12 (4) : 1831-1838.

[120] Crowder S W, Liang Y, Rath R, et al. Poly (ε-caprolactone) -carbon nanotube composite scaffolds for enhanced cardiac differentiation of human mesenchymal stem cells [J]. Nanomedicine, 2017, 8 (11) : 1763-1776.

[121] Donaldson K, Stone V, Tran C L, et al. Nanotoxicology [J]. Journal of Occupational and Environmental Medicine, 2004, 61 (9) : 727-728.

[122] Jia G, Wang H, Yan L, et al. Cytotoxicity of carbon nanomaterials: single-wall nanotube, multi-wall nanotube, and fullerene [J]. Environmental Science and Technology, 2005, 39 (5) : 1378-1383.

[123] Magrez A, Kasas S, Salicio V, et al. Cellular toxicity of carbon-based nanomaterials [J]. Nano Letters, 2006, 6 (6) : 1121-1125.

[124] Nel A, Xia T, Mädler L, et al. Toxic potential of materials at the nanolevel [J]. Science, 2006, 311 (5761) : 622-627.

[125] Tran H V, Piro B, Reisberg S, et al. Label-free and reagentless electrochemical detection of microRNAs using a conducting polymer nanostructured by carbon nanotubes: application to prostate cancer biomarker miR-141[J]. Biosensors and Bioelectronics, 2013, 49 (21) : 164-169.

[126] Yang S T, Wang X, Jia G. Long-term accumulation and low toxicity of single-walled carbon nanotubes in intravenously exposed mice [J]. Toxicology Letters, 2008, 181 (3) : 182-189.

[127] Poland C A, Duffin R, Kinloch I, et al. Carbon nanotubes introduced into the abdominal cavity of mice show asbestos-like pathogenicity in a pilot study [J]. Nature Nanotechnology, 2008, 3 (7) : 423-428.

[128] Schipper M L, Nakayamaratchford N, Davis C R, et al. A pilot toxicology study of single-walled carbon nanotubes in a small sample of mice [J]. Nature Nanotechnology, 2008, 3 (4) : 216-221.

[129] Fenoglio I, Tomatis M, Lison D, et al. Reactivity of carbon nanotubes: free radical generation or scavenging activity? [J]. free Radical Biology and Medicine, 2005, 40 (7) : 1227-1233.

[130] Penny N, Keld A J, Satu S, et al. Free radical scavenging and formation by multi-walled carbon nanotubes in cell free conditions and in human bronchial epithelial cells [J]. Particle and Fibre Toxicology, 2014, 11 (4) : 1-18.

[131] Firme C P, Bandaru P R. Toxicity issues in the application of carbon nanotubes to biological systems [J]. Nanomedicine, 2010, 6 (2) : 245-256.

[132] Coccini T, Roda E, Sarigiannis D A, et al. Effects of water-soluble functionalized multi-walled carbon nanotubes examined by different cytotoxicity methods in human astrocyte D384 and lung A549 cells [J]. Toxicology, 2010, 269 (1) : 41-53.

[133] Lacerda L, Russier J, Pastorin G, et al. Translocation mechanisms of chemically functionalised carbon nanotubes across plasma membranes [J]. Biomaterials, 2012, 33 (11) : 3334-3343.

[134] Ye J S, Liu A L. Functionalization of carbon nanotubes and nanoparticles with lipid [J]. Advances in Planar Lipid Bilayers and Liposomes, 2008, 8: 201-224.

[135] Montes-Fonseca S L, Orrantia-Borunda E, Aguilar-Elguezabal A, et al. Cytotoxicity of functionalized carbon nanotubes in J774A macrophages [J]. Nanomedicine, 2012, 8 (6) : 853-859.

[136] Gutiérrez-Praena D, Pichardo S, Sánchez E, et al. Influence of carboxylic acid functionalization on the cytotoxic effects induced by single wall carbon nanotubes on human endothelial cells (HUVEC) [J]. Toxicology *in Vitro*, 2011, 25(8): 1883-1888.

[137] Geim A K, Novoselov K S.The rise of graphene [J]. Nature Materials, 2007, 6 (3): 183-191.

[138] Allen M J, Tung V C, Kaner R B. Honeycomb carbon: A review of graphene [J]. Chemical Reviews, 2010, 110(1): 132-145.

[139] Yoo J M, Kang J H, Hong B H. Graphene-based nanomaterials for versatile imaging studies [J]. Chemical Society Reviews, 2015, 44(14): 4835-4852.

[140] Yang K, Feng L, Shi X, et al. Nano-graphene in biomedicine: theranostic applications [J]. Chemical Society Reviews, 2013, 42 (2): 530-547.

[141] Tang L H, Wang Y, Li J H. The graphene/nucleic acid nanobiointerface [J]. Chemical Society Reviews, 2015, 44(19): 6954-6980.

[142] Chen D, Tang L H, Li J H. Graphene-based materials in electrochemistry [J]. Chemical Society Reviews, 2010, 39(8): 3157-3180.

[143] Lin J, Chen X Y, Huang P. Graphene-based nanomaterials for bioimaging [J]. Advanced Drug Delivery Reviews, 2016, 105: 242-254.

[144] Shim G, Kim M G, Park J Y, et al. Graphene-based nanosheets for delivery of chemotherapeutics and biological drugs [J]. Advanced Drug Delivery Reviews, 2016, 105: 205-227.

[145] Wu S, He Q, Tan C, et al. Graphene-based electrochemical sensors [J]. Small, 2013, 9(8): 1160-1172.

[146] Su R S, Li Y C, Jang H L, et al. Graphene-based materials for tissue engineering [J]. Advanced Drug Delivery Reviews, 2016, 105: 255-274.

[147] Shi L, Chen J, Teng L, et al. The Antibacterial applications of graphene and its derivatives [J]. Small, 2016, 12(31): 4165-4184.

[148] Nguyen K T, Zhao Y L. Integrated graphene/nanoparticle hybrids for biological and electronic applications [J]. Nanoscale, 2014, 6(12): 6245-6266.

[149] Hummers J W, Offeman R E. Preparation of graphitic oxide [J]. Journal of the American Chemical Society, 1958, 80 (6): 1339-1339.

[150] Zhang J, Yang H, Shen G, et al. Reduction of graphene oxide via L-ascorbic acid [J]. Chemical Communications, 2010, 46(7): 1112-1114.

[151] Shen J, Zhu Y, Yang X, et al. Graphene quantum dots: emergent nanolights for bioimaging, sensors, catalysis and photovoltaic devices [J]. Chemical Communications, 2012, 48(31): 3686-3699.

[152] Zhu S, Zhang J, Qiao C, et al. Strongly green-photoluminescent graphene quantum dots for bioimaging applications[J]. Chemical Communications, 2011, 47 (24): 6858-6860.

[153] Yang K, Gong H, Shi X, et al. *In vivo* biodistribution and toxicology of functionalized nano-graphene oxide in mice after oral and intraperitoneal administration [J]. Biomaterials, 2013, 34 (11): 2787-2795.

[154] Yang K, Wan J, Zhang S, et al. *In vivo* pharmacokinetics, long-term biodistribution, and toxicology of PEGylated graphene in mice [J]. ACS Nano, 2011, 5(1): 516-522.

[155] Huang P, Wang S, Wang X, et al. Surface functionalization of chemically reduced graphene oxide for targeted photodynamic therapy [J]. Journal of Biomedical Nanotechnology, 2015, 11 (1): 117-125.

[156] Lerf A, He H, Forster A M, et al. Structure of graphite oxide revisited [J]. The Journal of Physical Chemistry B, 1998, 102(23): 4477-4482.

[157] Chua C K, Pumera M. Chitosan-functionalized graphene oxide as a nanocarrier for drug and gene delivery [J]. Small, 2011, 7(11): 1569-1578.

[158] Liu Z, Robinson J T, Sun X, et al. PEgylatednanographene oxide for delivery of water-insoluble cancer drugs[J]. Journal of the American Chemical Society, 2008, 130(33): 10876-10877.

[159] Zhang W, Chai Y, Yuan R, et al. Facile synthesis of graphene hybrid tube-like structure for simultaneous detection of ascorbic acid, dopamine, uric acid and tryptophan[J]. Analytica Chimica Acta, 2012, 756: 7-12.

[160] Zhang S, Yang K, Feng L, et al. *In vitro* and *in vivo* behaviors of dextran functionalized graphene [J]. Carbon, 2011, 49(12): 4040-4049.

[161] Bao H, Pan H, Ping Y, et al. Chitosan-functionalized graphene oxide as a nanocarrier for drug and gene delivery[J]. Small, 2011, 7(11): 1569-1578.

[162] Gollavelli G, Ling Y C. Multi-functional graphene as an in vitro and *in vivo* imaging probe [J]. Biomaterials, 2012, 33(8): 2532-2545.

[163] Wu H X, Shi H L, Wang Y P, et al. Hyaluronic acid conjugated graphene oxide for targeted drug delivery [J]. Carbon, 2014, 69(69): 379-389.

[164] Guo L, Shi H, Wu H, et al. Prostate cancer targeted multifunctionalized graphene oxide for magnetic resonance imaging and drug delivery [J]. Carbon, 2016, 107: 87-99.

[165] Chen B, Liu M, Zhang L, et al. Polyethylenimine-functionalized graphene oxide as an efficient gene delivery vector[J]. Journal of Matreials Chemistry, 2011, 21(21): 7736-7741.

[166] Shan C, Yang H, Han D, et al. Water-soluble graphene covalently functionalized by biocompatible poly-L-lysine[J]. Langmuir, 2009, 25(20): 12030-12033.

[167] Quintana M, Spyrou K, Grzelczak M, et al. Functionalization of graphene via 1,3-dipolar cycloaddition [J]. ACS Nano, 2010, 4(6): 3527-3533.

[168] Zhang L, Xia J, Zhao Q, et al. Functional graphene oxide as a nanocarrier for controlled loading and targeted delivery of mixed anticancer drugs [J]. Small, 2010, 6(4): 537-544.

[169] Singh S K, Singh M K, Kulkarni P P, et al. Amine-modified graphene: Thrombo-protective safer alternative to graphene oxide for biomedical applications [J]. ACS Nano, 2012, 6(3): 2731-2740.

[170] Su Q, Pang S, Alijani V, et al. Composites of graphene with large aromatic molecules [J]. Advanced Materials, 2009, 21(31): 3191-3195.

[171] Geng J X, Jung H. Porphyrin functionalized graphene sheets in aqueous suspensions: From the preparation of graphene sheets to highly conductive graphene films [J]. Journal of Physical Chemistry C, 2010, 114(18): 8227-8234.

[172] Liu J, Li Y, Li Y, et al. Noncovalent DNA decorations of graphene oxide and reduced graphene oxide toward water-soluble metal-carbon hybrid nanostructures via self-assembly [J]. Journal of Materials Chemistry, 2010, 20(48): 10944-10945.

[173] Liu Y X, Dong X C, Chen P. Biological and chemical sensors based on graphene materials [J]. Chemical Society Reviews, 2012, 41(6): 2283-2307.

[174] Green N S, Norton M L. Interactions of DNA with graphene and sensing applications of graphene field-effect transistor devices: a review [J]. Analytica Chimica Acta, 2015, 853(1): 127-142.

[175] Hu H, Yu J, Li Y, et al. Engineering of a novel pluronic F127/graphene nanohybrid for pH responsive drug delivery[J]. Journal of Biomedical Materials Research Part A, 2012, 100A(1): 141-148.

[176] Robinson J T, Tabakman S M, Liang Y, et al. Ultrasmall reduced graphene oxide with high near-infrared absorbance for photothermal therapy [J]. Journal of the American Chemical Society, 2011, 133 (17) : 6825-6831.

[177] Yang K, Wan J, Zhang S, et al. The influence of surface chemistry and size of nanoscalegraphene oxide on photothermal therapy of cancer using ultra-low laser power [J]. Biomaterials, 2012, 33 (7) : 2206-2214.

[178] Hu W, Peng C, Lv M, et al. Protein corona-mediated mitigation of cytotoxicity of graphene oxide [J]. ACS Nano, 2011, 5 (5) : 3693-3700.

[179] Liu K, Zhang J J, Cheng F F, et al. Green and facile synthesis of highly biocompatible graphene nanosheets and its application for cellular imaging and drug delivery [J]. Journal of Materials Chemistry, 2011, 21 (32) : 12034-12040.

[180] Feng L Z, Zhang S A, Liu Z. Graphene based gene transfection[J]. Nanoscale, 2011, 3 (3) : 1252-1257.

[181] Dong H, Ding L, Yan F, et al. The use of polyethylenimine-grafted graphene nanoribbon for cellular delivery of locked nucleic acid modified molecular beacon for recognition of microRNA [J]. Biomaterials, 2011, 32 (15) : 3875-3882.

[182] Zhang H, Yan T, Xu S, et al. Graphene oxide-chitosan nanocomposites for intracellular delivery of immunostimulatory Cp goligodeoxynucleotides [J]. Materials Science and Engineering. C: Materials for Biological Applications, 2017, 73: 144-151.

[183] Xin S, Guo Y G, Wan L J. Nanocarbon networks for advanced rechargeable lithium batteries [J]. Accounts of Chemical Research, 2012, 45 (10) : 1759-1769.

[184] Li Q, Mahmood N, Zhu J, et al. Graphene and its composites withnanoparticles for electrochemical energy applications [J]. Nano Today, 2014, 9 (5) : 668-683.

[185] Yang X, Zhang X, Ma Y, et al. Superparamagnetic graphene oxide-Fe_3O_4 nanoparticles hybrid for controlled targeted drug carriers [J]. Journal of Materials Chemistry, 2009, 19 (18) : 2710-2714.

[186] Yang X, Wang Y, Huang X, et al. Multi-functionalized graphene oxide based anticancer drug-carrier with dual-targeting function and pH-sensitivity [J]. Journal of Materials Chemistry, 2011, 21 (10) : 3448-3454.

[187] Chen W, Yi P, Zhang Y, et al. Composites of aminodextran-coated Fe_3O_4 nanoparticles and graphene oxide for cellular magnetic resonance imaging [J]. ACS Applied Materials and Interfaces, 2011, 3 (10) : 4085-4091.

[188] Yang K, Hu L, Ma X, et al. Multimodal imaging guided photothermal therapy using functionalized graphene nanosheets anchored with magnetic nanoparticles [J]. Advanced Materials, 2012, 24 (14) : 1868-1872.

[189] Wang C, Li J, Amatore C, et al. Gold nanoclusters and graphene nanocomposites for drug delivery and imaging of cancer cells [J]. Angewandte Chemie, 2011, 50 (49) : 11644-11648.

[190] Hu S H, Chen Y W, Hung W T, et al. Quantum-dot-tagged reduced graphene oxide nanocomposites for bright fluorescence bioimaging and photothermal therapy monitored *in situ*[J]. Advanced Materials, 2012, 24 (13) : 1748-1754.

[191] Hu Z, Huang Y, Sun S, et al. Visible light driven photodynamic anticancer activity of graphene oxide/TiO_2 hybrid[J]. Carbon, 2012, 50 (3) : 994-1004.

[192] Zhang H, Wu H, Wang J, et al. Graphene oxide-$BaGdF_5$ nanocomposites for multi-modal imaging and photothermal therapy [J]. Biomaterials, 2015, 42: 66-77.

[193] Zhang Y, Zhang H, Wang Y, et al. Hydrophilic graphene oxide/bismuth selenidenanocomposites for CT imaging, photoacousticimaging, and photothermal therapy [J]. Journal of Materials Chemistry B, 2017, 5 (9) : 1846-1855.

[194] Yang W, Ratinac K R, Ringer S P, et al. Carbon nanomaterials in biosensors: should you use nanotubes or graphene?[J]. Angewandte Chemie, 2010, 49 (12) : 2114-2138.

[195] Sun X, Liu Z, Welsher K, et al. Nano-graphene oxide for cellular imaging and drug delivery [J]. Nano Research, 2008, 1 (3) : 203-212.

[196] Yang X Y, Zhang X Y, Liu Z F. High-efficiency loading and controlled release of doxombicin hydrochloride ongraphene oxide [J]. The Journal of Physical Chemistry C, 2008, 112 (45) : 17554-17558.

[197] Wen H, Dong C, Dong H, et al. Engineered redox-responsive PEG detachment mechanism in PEGylated nano-graphene oxide for intracellular drug delivery [J]. Small, 2012, 8 (5) : 760-769.

[198] Pan Y, Bao H, Sahoo N G, et al. Water-soluble poly (*N*-isopropylacrylamide) -graphene sheets synthesized via click chemistry for drug delivery [J]. Advanced Functional Materials, 2011, 21 (14) : 2754-2763.

[199] Kavitha T, Kang I K, Park S Y. Poly (*N*-vinyl caprolactam) grown onnanographene oxide as an effective nanocargo for drug delivery [J]. Colloid Surface B: Biointerfaces, 2014, 115 (3) : 37-45.

[200] Whitehead K A, Langer R, Anderson D G. Knocking down barriers: advances in siRNA delivery[J]. Nature Reviews Drug Discovery, 2009, 8 (2) : 129-138.

[201] Whitehead K A, Langer R, Anderson D G. Knocking down barriers: Advances in siRNA delivery[J]. Nature Reviews Drug Discovery, 2010, 9 (5) : 412.

[202] Kim H, Namgung R, Singha K, et al. Graphene oxide-polyethylenimine nanoconstruct as a gene delivery vector and bioimaging tool [J]. Bioconjugate Chemistry, 2011, 22 (12) : 2558-2567.

[203] Yang X Y, Niu G L, Cao X F, et al. The preparation of functionalized graphene oxide for targeted intracellular delivery of siRNA [J]. Journal of Materials Chemistry, 2012, 22 (14) : 6649-6654.

[204] Zhang L M, Lu Z X, Zhao Q H, et al. Enhanced chemotherapy efficacy by sequential delivery of siRNA and anticancer drugs using PEI-grafted graphene oxide [J]. Small, 2011, 7 (4) : 460-464.

[205] Kim H, Kim W J. Photothermally controlled gene delivery by reduced graphene oxide-polyethylenimine nanocomposite [J]. Small, 2014, 10 (1) :117-126.

[206] Shanmugam V, Selvakumar S, Yeh C S. Near-infrared light-responsive nanomaterials in cancer therapeutics [J]. Chemical Society Reviews, 2014, 43 (17) : 6254-6287.

[207] von Maltzahn G, Park J H, Agrawal A, et al. Computationally guided photothermal tumor therapy using long-circulating gold nanorod antennas [J]. Cancer Research, 2009, 69 (9) : 3892-3900.

[208] Yang K, Zhang S, Zhang G X, et al. Graphene in mice: ultrahigh *in vivo* tumor uptake and efficient photothermaltherapy [J]. Nano Letters, 2010, 10 (9) : 3318-3323.

[209] Huang X Q, Tang S H, Mu X L, et al. Free standing palladium nanosheets with plasmonic and catalytic properties[J]. Nature Nanotechnology, 2010, 6 (1) : 28-32.

[210] Tian Q W, Jiang F R, Zou R J, et al. Hydrophilic Cu_9S_5 nanocrystals: a photothermal agent with a 25.7% heat conversion efficiency for photothermal ablation of cancer cells *in vivo* [J]. ACS Nano, 2011, 5 (12) : 9761-9771.

[211] Cheng L, Yang K, Chen Q, et al. Organic stealth nanoparticles for highly effective *in vivo* near-infrared photothermaltherapy of cancer [J]. ACS Nano, 2012, 6 (6) : 5605-5613.

[212] Li D, Muller M B, Gilje S, et al. Processable aqueous dispersions of graphene nanosheets [J]. Nature Nanotechnology, 2008, 3 (2) : 101-105.

[213] Markovic Z M, Harhaji-Trajkovic L M, Todorovic-Markovic B M, et al. *In vitro* comparison of the photothermal anticancer activity of graphene nanoparticles and carbon nanotubes [J]. Biomaterials, 2011, 32 (4) : 1121-1129.

[214] Akhavan O, Ghaderi E. Graphene nanomesh promises extremely efficient *in vivo* photothermal therapy [J]. Small, 2013, 9 (21) : 3593-3601.

[215] Zhang W, Guo Z Y, Huang D Q, et al. Synergistic effect of chemo-photothermal therapy using PEGylated graphene oxide [J]. Biomaterials, 2011, 32(33): 8555-8561.

[216] Wang C Y, Mallela J, Garapati U S, et al. A chitosan-modified graphene nanogel for noninvasive controlled drug release [J]. Nanomedicine-Nanotechnology Biology and Medicine, 2013, 9(7): 903-911.

[217] Dong H Q, Zhao Z L, Wen H Y, et al. Poly (ethylene glycol) conjugated nano-graphene oxide for photodynamic therapy [J]. Science China Chemistry, 2010, 53(11): 2265-2271.

[218] Huang P, Xu C, Lin J, et al. Folic acid-conjugated graphene oxide loaded with photosensitizers for targeting photodynamic therapy [J]. Theranostics, 2011, 1(1): 240-250.

[219] Zhou L, Wang W, Tang J, et al. Graphene oxide noncovalent photosensitizer and its anticancer activity *in vitro*[J]. Chemistry—A European Journal, 2011, 17(43): 12084-12091.

[220] Tian B, Wang C, Zhang S, et al. Photothermally enhanced photodynamic therapy delivered by nano-graphene oxide[J]. ACS Nano, 2011, 5(9): 7000-7009.

[221] Miao W, Shim G, Lee S, et al. Safety and tumor tissue accumulation of pegylated graphene oxide nanosheets for co-delivery of anticancer drug and photosensitizer [J]. Biomaterials, 2013, 34(13): 3402-3410.

[222] Sun Z C, Huang P, Tong G, et al. VEGF-loaded graphene oxide as theranosticsformulti-modality imaging-monitored targeting therapeutic angiogenesis of ischemic muscle [J]. Nanoscale, 2013, 5(15): 6857-6866.

[223] Li L, Wu G, Yang G, et al. Focusing on luminescent graphene quantum dots: current status and future perspectives[J]. Nanoscale, 2013, 5(10): 4015-4039.

[224] Abdullah-Al-Nahain, Lee J E, In I, et al. Target delivery and cell imaging using hyaluronic acid-functionalized graphene quantum dots [J]. Molecular Pharmaceutics, 2013, 10(10): 3736-3744.

[225] Ge J, Lan M H, Zhou B J, et al. A graphene quantum dot photodynamic therapy agent with high singlet oxygen generation [J]. Nature Communications, 2014, 5: 4596.

[226] Hong H, Yang K, Zhang Y, et al. *In vivo* targeting and imaging of tumor vasculature with radiolabeled, antibody-conjugated nanographene [J]. ACS Nano, 2012, 6(3): 2361-2370.

[227] Hong H, Zhang Y, Engle J W, et al. *In vivo* targeting and positron emission tomography imaging of tumor vasculature with 66Ga-labeled nano-graphene [J]. Biomaterials, 2012, 33(16): 4147-4156.

[228] Cornelissen B, Able S, Kersemans V, et al. Nanographene oxide-based radioimmunoconstructs for *in vivo* targeting and SPECT imaging of HER2-positive tumors [J]. Biomaterials, 2012, 34(4): 1146-1154.

[229] Lalwani G, Cai X, Nie L, et al. Graphene-based contrast agents for photoacoustic and thermoacoustic tomography[J]. Photoacoustics, 2013, 1 (3-4): 62-67.

[230] Patel M A, Yang H, Chiu P L, et al. Direct production of graphene nanosheets for near infrared photoacoustic imaging [J]. ACS Nano, 2013, 7(9): 8147-8157.

[231] Wang Y W, Fu Y Y, Peng Q L, et al. Dye-enhanced graphene oxide for photothermal therapy and photoacoustic imaging [J]. Journal of Materials Chemistry B, 2013, 1(42): 5762-5767.

[232] Sheng Z H, Song L, Zheng J X, et al. Protein-assisted fabrication of nano-reduced graphene oxide for combined *in vivo* photoacoustic imaging and photothermal therapy [J]. Biomaterials, 2013, 34(21): 5236-5243.

[233] Song Y, Luo Y N, Zhu C Z, et al. Recent advances in electrochemical biosensors based on graphene two-dimensional nanomaterials [J]. Biosensors and Bioelectonics, 2016, 76: 195-212.

[234] Lee J, Kim J, Kim S, et al. Biosensors based on graphene oxide and its biomedical application [J]. Advanced Drug Delivery Reviews, 2016, 105: 275-287.

[235] Shan C S, Yang H F, Song J F, et al. Direct electrochemistry of glucose oxidase and biosensing for glucose based on graphene [J]. Analytical Chemistry, 2013, 81(6): 2378-2382.

[236] Yang M H, Choi B G, Park H, et al. Development of a glucose biosensor using advanced electrode modified by nanohybrid composing chemically modified graphene and ionic liquid [J]. Electroanalysis, 2010, 22(11): 1223-1228.

[237] Zhang Q, Wu S Y, Zhang L, et al. Fabrication of polymeric ionic liquid/graphenenanocomposite for glucose oxidase immobilization and direct electrochemistry [J]. Biosensors and Bioelectronics, 2011, 26(5): 2632-2637.

[238] Zhang Y, Sun X M, Zhu L Z, et al. Electrochemical sensing based on graphene oxide/Prussian blue hybrid film modified electrode [J]. Electrochimica Acta, 2011, 56(3): 1239-1245.

[239] Chen Y, Li Y, Sun D, et al. Fabrication of gold nanoparticles on bilayer graphene for glucose electrochemical biosensing [J]. Journal of Materials Chemistry, 2011, 21(21): 7604-7611.

[240] Song M J, Kim J H, Lee S K, et al. Analytical characteristics of electrochemical biosensor using Pt-dispersed graphene on boron doped diamond electrode [J]. Electroanalysis, 2011, 23(10): 2408-2414.

[241] Zhou K F, Zhu Y H, Yang X L, et al. A novel hydrogen peroxide biosensor based on Au-graphene-HRP-chitosan biocomposites [J]. Electrochimica Acta, 2010, 55(9): 3055-3060.

[242] Lu L M, Qiu X L, Zhang X B, et al. Supramolecular assembly of enzyme on functionalized graphene for electrochemical biosensing [J]. Biosensors and Bioelectronics, 2013, 45(1): 102-107.

[243] Muthurasu A, Ganesh V. Horseradish peroxidase enzyme immobilized graphene quantum dots as electrochemical biosensors [J]. Applied Biochemistry and Biotechnology, 2014, 174(3): 945-959.

[244] Fan Z, Lin Q, Gong P, et al. A new enzymatic immobilization carrier based on graphene capsule for hydrogen peroxide biosensors [J]. Electrochimica Acta, 2015, 151: 186-194.

[245] Gasnier A, Pedano M L, Rubianes M D, et al. Graphene paste electrode: electrochemical behavior and analytical applications for the quantification of NADH [J]. Sensors and Actuators B: Chemical, 2013, 176(6): 921-926.

[246] Teymourian H, Salimi A, Khezrian S. Fe_3O_4 magnetic nanoparticles/reduced graphene oxide nanosheets as a novel electrochemical and bioeletrochemical sensing platform [J]. Biosensors and Bioelectronics, 2013, 49: 1-8.

[247] Li Z, Huang Y, Chen L, et al. Amperometric biosensor for NADH and ethanol based on electroreduced graphene oxide-polythionine nanocomposite film [J]. Sensors and Actuators B: Chemical, 2013, 181(5): 280-287.

[248] Gai P P, Zhao C E, Wang Y, et al. NADH dehydrogenase-like behavior of nitrogen-doped graphene and its application in NAD^+-dependent dehydrogenase biosensing [J]. Biosensors and Bioelectronics, 2014, 62(20): 170-176.

[249] Jung J H, Cheon D S, Liu F, et al. A graphene oxide based immuno-biosensor for pathogen detection [J]. Angewandte Chemie, 2010, 49(33): 5708-5711.

[250] Huang Y X, Dong X C, Liu Y X, et al. Graphene-based biosensors for detection of bacteria and their metabolic activities [J]. Journal Materials Chemistry, 2011, 21(33): 12358-12362.

[251] Huang K J, Niu D J, Sun J Y, et al. An electrochemical amperometric immunobiosensor for label-free detection of alpha-fetoprotein based on amine-functionalized graphene and gold nanoparticles modified carbon ionic liquid electrode [J]. Journal of Electroanalytical Chemistry, 2011, 656(1-2): 72-77.

[252] Lin D J, Wu J, Wang M, et al. Triple signal amplification of graphene film, polybead carried gold nanoparticles as tracing tag and silver deposition for ultrasensitive electrochemical immunosensing [J]. Analytical Chemistry, 2012, 84(8): 3662-3668.

[253] Wu Y F, Xue P, Kang Y J, et al. Paper-based microfluidic electrochemical limmunodevice integrated with nanobioprobes onto graphene film for ultrasensitive multiplexed detection of cancer biomarkers [J]. Analytical Chemistry, 2013, 85 (18) : 8661-8668.

[254] Wang Y, Xu H R, Luo J P, et al. A novel label-free microfluidic paper-based immunosensor for highly sensitive electrochemical detection of carcinoembryonic antigen [J]. Biosensors and Bioelectronics, 2016, 83: 319-326.

[255] Lu C H, Yang H H, Zhu C L, et al. A graphene platform for sensing biomolecules [J]. Angewandte Chemie, 2009, 48 (26) : 4785-4787.

[256] Mei Q, Zhang Z. Photoluminescent graphene oxide ink to print sensors onto microporous membranes for versatile visualization bioassays [J]. Angewandte Chemie, 2012, 51 (23) : 5602-5606.

[257] Zhao J, Chen G F, Zhu L, et al. Graphene quantum dots-based platform for the fabrication of electrochemical biosensors [J]. Electrochemistry Communications, 2011, 13 (1) : 31-33.

[258] Cai B J, Wang S T, Huang L, et al. Ultrasensitive label-free detection of PNA-DNA hybridization by reduced graphene oxide field-effect transistor biosensor [J]. ACS Nano, 2014, 8 (3) : 2632-2638.

[259] Liu H Y, Li L,Wang Q, et al. Graphene fluorescence switch-based cooperative amplification: A sensitive and accurate method to detection microRNA [J]. Analytical Chemistry, 2014, 86 (11) : 5487-5493.

[260] Hizir M S, Balcioglu M, Rana M, et al. Simultaneous detection of circulating oncomirs from body fluids for prostate cancer staging using nanographene oxide [J]. ACS Applied Materials and Interfaces, 2014, 6 (17) : 14772-14778.

[261] Kalbacova M, Broz A, Kong J, et al. Graphene substratespromote adherence of human osteoblasts and mesenchymal stromal cells [J]. Carbon, 2010, 48 (15) : 4323-4329.

[262] Biris A R, Mahmood M, Lazar M D, et al. Novel multicomponent and biocompatible nanocomposite materials based on few-layer graphenes synthesized on a gold/hydroxyapatite catalytic system with applications in bone regeneration [J]. Journal of Physical Chemistry C, 2011, 115 (39) : 18967-18976.

[263] Depan D, Girase B, Shah J S, et al. Structure-process-property relationship of the polar graphene oxide-mediated cellular response and stimulated growth of osteoblasts on hybrid chitosan network structure nanocomposite scaffolds [J]. Acta Biomaterialia, 2011, 7 (9) : 3432-3445.

[264] Nayak T R, Andersen H, Makam V S, et al. Graphene for controlled and accelerated osteogenic differentiation of human mesenchymal stem cells [J]. ACS Nano, 2011, 5 (6) : 4670-4678.

[265] Lu J Y, He Y S, Cheng C, et al. Self-supporting graphene hydrogel film as an experimental platform to evaluate the potential of graphene for bone regeneration [J]. Advanced Functional Materials, 2013, 23 (28) : 3494-3502.

[266] Lee J H, Shin Y C, Lee S M, et al. Enhanced osteogenesis by reduced graphene oxide/hydroxyapatite nanocomposites [J]. Scientific Reports, 2015, 5: 18833.

[267] Lee J H, Shin Y C, Jin O S, et al. Reduced graphene oxide-coated hydroxyapatite composites stimulate spontaneous osteogenic differentiation of human mesenchymal stem cells [J]. Nanoscale, 2015, 7 (27) : 11642-11651.

[268] Liu H Y, Cheng J, Chen F J, et al. Biomimetic and cell-mediated mineralization of hydroxyapatite by carrageenan functionalized graphene oxide [J]. ACS Applied Materials and Interfaces, 2014, 6 (5) : 3132-3140.

[269] Xie X Y, Hu K, Fang D D, et al. Graphene and hydroxyapatite self-assemble into homogeneous, free standing nanocomposite hydrogels for bone tissue engineering [J]. Nanoscale, 2015, 7 (17) : 7992-8002.

[270] Agarwal S, Zhou X Z, Ye F, et al. Interfacing live cells with nanocarbon substrates [J]. Langmuir, 2010, 26 (4) : 2244-2247.

[271] Li N, Zhang X M, Song Q, et al. The promotion of neurite sprouting and outgrowth of mouse hippocampal cells in culture by graphene substrates [J]. Biomaterials, 2011, 32(35): 9374-9382.

[272] Park S Y, Park J, Sim S H, et al. Enhanced differentiation of human neural stem cells into neurons on graphene [J]. Advanced Materials, 2011, 23(36): 263-267.

[273] Tang M L, Song Q, Li N, et al. Enhancement of electrical signaling in neural networks on graphene films [J]. Biomaterials, 2013, 34(27): 6402-6411.

[274] Li N, Zhang Q, Gao S, et al.Three-dimensional graphene foam as a biocompatible and conductive scaffold for neural stem cells [J]. Scientific Reports, 2013, 3(4): 1604.

[275] Jakus A E, Secor E B, Rutz A L, et al. Three dimensional printing of high-content graphene scaffolds for electronic and biomedical applications [J]. ACS Nano, 2015, 9(4): 4636-4648.

[276] Hu W B, Peng C, Luo W J, et al. Graphene-based antibacterial paper [J]. ACS Nano, 2010, 4(7): 4317-4323.

[277] Akhavan O, Ghaderi E. Toxicity of graphene and graphene oxide nanowalls against bacteria [J]. ACS Nano, 2010, 4(10): 5731-5736.

[278] Liu S B, Zeng T H, Hofmann M, et al. Antibacterial activity of graphite, graphite oxide, graphene xide, and reduced graphene oxide: Membrane and oxidative stress [J]. ACS Nano, 2011, 5(9): 6971-6980.

[279] Krishnamoorthy K, Veerapandian M, Zhang L H, et al. Antibacterial efficiency of graphene nanosheets against pathogenic bacteria via lipid peroxidation [J]. Journal of Physical Chemistry C, 2012, 116(32): 17280-17287.

[280] Tu Y S, Lv M, Xiu P, et al. Destructive extraction of phospholipids from *Escherichia coli* membranes by graphene nanosheets [J]. Nature Nanotechnology, 2013, 8(8): 594-601.

[281] Zhao J M, Deng B, Lv M, et al. Graphene oxide-based antibacterial cotton fabrics [J]. Advanced Healthcare Materials, 2013(2): 1259-1266.

[282] Ma J Z, Zhang J T, Xiong Z G, et al. Preparation, characterization and antibacterial properties of silver-modified graphene oxide [J]. Journal Materials Chemistry, 2011, 21(10): 3350-3352.

[283] Cai X, Lin M S, Tan S Z, et al. The use of polyethyleneimine-modified reduced graphene oxide as a substrate for silver nanoparticles to produce a material with lower cytotoxicity and long-term antibacterial activity [J]. Carbon, 2012, 50(10): 3407-3415.

[284] Santos C M, Tria M C, Vergara R A , et al. Antimicrobial graphene polymer (PVK-GO) nanocomposite films [J]. Chemical Communications, 2011, 47(31): 8892-8894.

[285] Lim H N, Huang N M, Loo C H. Facile preparation of graphene-based chitosan films: enhanced thermal, mechanical and antibacterial properties [J]. Joural of Non-Crystalline Solids, 2012, 358(3): 525-530

[286] Chen H Q, Mueller M B, Gilmore K J, et al. Mechanically strong, electrically conductive, and biocompatible graphene paper[J]. Advanced Materials, 2008, 20(18): 3557-3561.

[287] Zhang H, Peng C, Yang J Z, et al. Uniform ultrasmallgraphene oxide nanosheets with low cytotoxicity and high cellular uptake[J]. ACS Applied Material Interfaces, 2013, 5(5): 1761-1767.

[288] Jaworski S, Sawosz E, Grodzik M, et al. I*n vitro* evaluation of the effects of graphene platelets on glioblastoma multiforme cells [J]. International Journal of Nanomedicine, 2013, 8: 413-420.

[289] Zhou T, Zhang B, Wei P, et al. Energy metabolism analysis reveals the mechanism of inhibition of breast cancer cell metastasis by PEG-modified graphene oxide nanosheets [J]. Biomaterials, 2014, 35(37): 9833-9843.

[290] Zhou H J, Zhang B, Zheng J J, et al. The inhibition of migration and invasion of cancer cells by graphene via the impairment of mitochondrial respiration [J]. Biomaterials, 2014, 35(5): 1597-1607.

[291] Yuan X, Liu Z, Guo Z, et al. Cellular distribution and cytotoxicity of graphene quantum dots with different functional groups [J]. Nanoscale Research Letters, 2014, 9(1): 1-9.

[292] Chng E L, Chua C K, Pumera M. Graphene oxide nanoribbons exhibit significantly greater toxicity than graphene oxide nanoplatelets [J]. Nanoscale, 2014, 6(18): 10792-10797.

[293] Zhang X Y, Yin J L, Peng C, et al. Distribution and biocompatibility studies of graphene oxide in mice after intravenous administration [J]. Carbon, 2011, 49(3): 986-995.

[294] Wang K, Ruan J, Song H, et al. Biocompatibility of graphene oxide [J]. Nanoscale Research Letters, 2011, 6(1): 1-8.

[295] Schinwald A, Murphy F A, Jones A, et al. Graphene-based nanoplatelets: a new risk to the respiratory system as a consequence of their unusual aerodynamic properties [J]. ACS Nano, 2012, 6(1): 736-746.

[296] Li B, Yang J, Huang Q, et al. Biodistribution and pulmonary toxicity of intratracheally instilled graphene oxide in mice [J]. NPG Asia Materials, 2013, 5(5): 237-239.

[297] Duch M C, Budinger G R, Liang Y T, et al. Minimizing oxidation and stable nanoscale dispersion improves the biocompatibility of graphene in the lung [J]. Nano Letters, 2011, 11(12): 5201-5207.

[298] Sahu A, Choi W I, Tae G. A stimuli-sensitive injectable graphene oxide composite hydrogel [J]. Chemical Communications, 2012, 48(47): 5820-5822.